通信工程专业基本理论与工程实践系列丛书

微计算机原理与应用

（第2版）

刘　磊 李　丹 张佳芬 编著

清华大学出版社
北京

内容简介

本书以 8086/8088/80X86 为基础，系统全面地介绍其硬件结构、工作原理、指令系统、接口技术及综合应用等。同时还介绍了 32 位汇编指令及其相关硬件系统。

全书共分 8 章，贯穿了理论和实践相结合、知识与技能相结合的指导思想。书中内容重点突出，图文并茂，实例丰富，思路清晰。

本书可作为高等院校非计算机专业的微计算机课程的本科和专科教材，也可作为培养应用型人才的各种层次教学班的教学用书以及研究生、工程技术人员和编程爱好者的参考书。

图书在版编目(CIP)数据

微计算机原理与应用/刘磊，李丹，张佳芬编著. —2 版. —北京：清华大学出版社，2021.2（2023.8 重印）
（通信工程专业基本理论与工程实践系列丛书）
ISBN 978-7-302-56568-0

Ⅰ. ①微… Ⅱ. ①刘… ②李… ③张… Ⅲ. ①微型计算机 Ⅳ. ①TP36

中国版本图书馆 CIP 数据核字(2020)第 187098 号

责任编辑：佟丽霞 赵从棉
封面设计：常雪影
责任校对：赵丽敏
责任印制：曹婉颖

出版发行：清华大学出版社
网　址：http://www.tup.com.cn，http://www.wqbook.com
地　址：北京清华大学学研大厦 A 座　**邮　编**：100084
社 总 机：010-83470000　**邮　购**：010-62786544
投稿与读者服务：010-62776969，c-service@tup.tsinghua.edu.cn
质量反馈：010-62772015，zhiliang@tup.tsinghua.edu.cn
印 装 者：北京国马印刷厂
经　销：全国新华书店
开　本：185mm×260mm　**印　张**：18.5　**字　数**：446 千字
版　次：2013 年 9 月第 1 版　2021 年 2 月第 2 版　**印　次**：2023 年 8 月第3 次印刷
定　价：52.00 元

产品编号：081858-01

FOREWORD

为了适应21世纪信息学科与通信学科快速发展的需要，配合当前高等教育教学改革和教材建设的需要。作者经过一年多的编写和修订，《微计算机原理与应用》（第2版）终于问世。

本书作者把第1版使用过程中积累的经验和多年来从事教学的心得体会融合在一起，力求体现普通高等院校培养"应用型人才"这一目标。为此，本书中尽量体现当前计算机最新芯片的特性。

基于"应用型人才"培养的特点，教材选材时突出实用。在内容深度上满足"理论够用"，在广度上通过各种实践方式，扩大学生的视野。教材中把过于深奥的理论浅显化，把浅显化后的理论实例化，以激发学生的学习兴趣和学习的积极性、主动性，着重培养开发学生的实践能力和创新能力。

本书在编写上除了继承第1版的编写思路以外，还做了以下变化：

- 突出了使用频率较高的重点指令，对于实用较少的部分做了综合和删减。
- 增加了32位的汇编指令，使学有余力的同学能进一步提高。
- 删除了过多的芯片引脚特性，使之更为简洁明了，重点突出。
- 调整合并了部分章节的顺序，使之更有利于教学。
- 对于后边的硬件部分也有部分改动。

根据章节安排，建议本书讲授72～80学时，也可以根据需要进行取舍，满足48学时的教学安排。

本书共8章，其中：第1～4章由刘磊编写，第5、6章由李丹编写，第7、8章由张佳芬编写。由刘磊负责全书的策划、审稿和定稿。

感谢清华大学出版社在本书编写过程中给予的大力支持和帮助，以及为本书出版所作的一切努力。感谢第1版主编——电子科技大学马争教授在本书编写过程中提出的真知灼见。

本书在编写时参考了有关书籍和文献，对于参考书籍和文献的诸位作者在此表示衷心的感谢。有些参考资料无法确定原始作者，这里也一并表示感谢。

由于微计算机的发展日新月异，所涉及的应用面宽，书中出现的疏漏和不妥之处，敬请广大读者批评指正。

编著者

2020年9月于电子科技大学

第1版前言

FOREWORD

为了适应新世纪信息学科与通信学科飞速发展的需要，配合当前高等教育教学改革和教材建设的需要，作者经过一年多的编写和修订，《微计算机原理与应用》一书现在与读者见面了。

本书是作者多年来从事教学和科研实践的经验积累，同时也凝聚了作者的殷切期望，希望它能成为广大读者喜爱的一本好书！

本书编写的指导思想是力求体现普通高等院校培养“应用型人才”这一目标。

基于“应用型人才”培养的特点，在教材选材时，突出应用，在“应用”上下功夫。首先在内容深度上满足“理论够用”，在广度上通过各种实践方式，以提高学生的动手操作能力。教材中把过于深奥的理论浅显化，把浅显化后的理论实例化，以激发学生的学习兴趣和学习的积极性、主动性。同时注重开发学生的实践能力和创新能力。

教材的编写思路，力求符合认知规律，循序渐进、由浅入深。对于基本内容讲深讲透，然后结合应用介绍带有扩展性的关键技术。

本书具有以下特色：

(1) 教材配套齐全。除本教材外，尚配备有习题解答，目的是将理论与实践结合，讲与练结合，学与用结合，使学生加深对理论知识的理解，进一步培养学生的综合应用能力。

(2) 每章开头标出“重点”和“难点”，使读者一开始便能把握本章要领；每章末尾有“小结”，作为本章的回顾。

(3) 在文字上力求语言严谨流畅，注重逻辑性和条理性，尽量减少读者因内容烦琐，缺乏内在逻辑关联而陷入文字困境之中。

根据当前教学大纲，建议本书讲授72～80学时。

本书共有8章，由马争主编，并负责全书的策划、审稿和定稿。其中，第1、6、7、8章由马争编写，第2、5章由彭芳编写，第3、4章由刘磊编写。

感谢清华大学出版社在本书编写过程中给予的大力支持和帮助，以及为本书出版所作的一切努力。感谢汪亚南老师在本书编写中付出的辛勤劳动。感谢许茂鹏、张达明两位同学认真参加了本书部分文稿的编写工作。

在编写过程中参考了有关书籍和文献,在此对其著作者表示衷心的感谢。

由于微计算机的发展日新月异,本书涉及的应用面宽,对于书中出现的疏漏和不妥之处,敬请广大读者批评指正。

编　者

2012年11月于电子科技大学

CONTENTS

目录

第 1 章　80X86 微机系统基础 …… 1

1.1　80X86 的基本结构 …… 1
1.2　80X86 系统的入门概念 …… 3
1.2.1　微处理器 …… 3
1.2.2　微计算机 …… 4
1.2.3　微处理器系统 …… 4
1.2.4　微计算机系统 …… 4
1.3　80X86 微计算机系统的组成 …… 4
1.3.1　硬件系统 …… 4
1.3.2　软件系统 …… 5
1.3.3　微计算机系统特殊的结构 …… 7
1.4　微计算机系统举例 …… 8
1.4.1　实例一——IBM PC/XT 微计算机 …… 8
1.4.2　实例二——Pentium 4 微计算机 …… 9
1.4.3　实例三——Core 2 系列微计算机 …… 12
1.5　酷睿双核、酷睿 2 双核、奔腾双核、酷睿 i 系列的区别 …… 13
1.5.1　酷睿、酷睿双核与酷睿 2 双核 …… 13
1.5.2　酷睿双核、酷睿 2 双核与奔腾双核 …… 14
1.5.3　酷睿 i 系列 …… 15
习题 …… 16

第 2 章　80X86 微处理器 …… 17

2.1　微处理器的主要性能指标 …… 17
2.2　8086/8088 微处理器 …… 18
2.2.1　8086/8088 微处理器的内部结构 …… 18
2.2.2　8086/8088 的寄存器结构 …… 20
2.3　8086/8088 的引脚及功能 …… 23
2.3.1　8086/8088 两种模式下定义相同的引脚 …… 23
2.3.2　8086/8088 的工作模式 …… 26
2.3.3　8086/8088 工作模式下的系统结构 …… 26

2.4 8086/8088 的总线操作时序 …… 29
2.4.1 基本概念 …… 29
2.4.2 最小模式下的总线操作时序 …… 29
2.4.3 最大模式下的总线操作时序 …… 31
2.5 8086/8088 的存储器组织 …… 32
2.5.1 8086 存储器结构 …… 32
2.5.2 存储器的分段管理 …… 33
2.5.3 存储器中的堆栈 …… 35
2.5.4 8086/8088 的 I/O 端口组织 …… 35
2.6 Pentium 微处理器的内部寄存器 …… 37
2.6.1 Pentium 的体系结构和指令流水线 …… 39
2.6.2 Pentium 的主要引脚特性 …… 41
2.6.3 内部寄存器 …… 43
2.6.4 Pentium 的四种工作方式 …… 53
习题 …… 55

第 3 章 80X86 指令集 …… 58

3.1 8086/8088 指令格式 …… 58
3.1.1 操作码与地址码 …… 58
3.1.2 8086/8088 的操作数 …… 58
3.2 8086/8088 指令寻址方式 …… 60
3.2.1 数据寻址方式 …… 60
3.2.2 I/O 端口寻址 …… 68
3.3 8086/8088 指令集及应用 …… 68
3.3.1 数据传送类指令 …… 70
3.3.2 算术运算类指令 …… 80
3.3.3 逻辑运算和移位循环类指令 …… 94
3.3.4 控制转移类指令 …… 100
3.3.5 字符串操作类指令 …… 104
3.3.6 处理器控制类指令 …… 111
3.4 32 位微处理器的寻址方式与指令系统 …… 112
3.4.1 80286 相对 8086 增加的指令 …… 112
3.4.2 80386 的寻址方式和 80386 相对 80286 增加的指令 …… 113
3.4.3 80486 相对 80386 增加的指令 …… 119
习题 …… 120

第 4 章 汇编语言程序设计 …… 124

4.1 汇编语言程序和汇编程序 …… 124
4.1.1 汇编语言源程序和机器语言目标程序 …… 124

4.1.2 汇编和汇编程序…… 124
4.1.3 汇编语言程序的语句类型…… 125
4.2 汇编语言中的标识符、运算符及操作符…… 127
4.2.1 标识符…… 127
4.2.2 运算符…… 127
4.2.3 操作符…… 129
4.3 伪指令 …… 131
4.3.1 数据定义伪指令…… 131
4.3.2 符号定义伪指令…… 136
4.3.3 段定义伪指令(SEGMENT/ENDS) …… 138
4.3.4 过程定义伪指令(PROC/ENDP)…… 139
4.3.5 当前地址计数器($)和定位伪指令(ORG) …… 140
4.4 宏指令 …… 142
4.4.1 宏定义…… 142
4.4.2 宏调用…… 143
4.5 DOS 和 BIOS 功能子程序调用 …… 144
4.5.1 DOS 系统功能子程序调用 …… 144
4.5.2 BIOS 基本 I/O 功能子程序调用…… 147
4.6 8086/8088 汇编语言程序的基本架构 …… 148
4.6.1 8086/8088 汇编语言程序基本架构的特点 …… 148
4.6.2 8086/8088 汇编语言程序的基本架构 …… 149
4.6.3 8086/8088 汇编语言程序正确返回 DOS 操作系统的方法 …… 150
4.7 8086/8088 汇编语言程序设计 …… 151
4.7.1 顺序结构程序设计示例…… 152
4.7.2 分支结构程序设计示例…… 154
4.7.3 循环结构程序设计示例…… 156
习题…… 160

第 5 章 存储器系统…… 164

5.1 半导体存储器概述 …… 165
5.1.1 半导体存储器的概念及其分类…… 165
5.1.2 半导体存储器的性能指标…… 166
5.2 随机存取存储器 …… 167
5.2.1 静态 RAM(SRAM) …… 167
5.2.2 动态 RAM(DRAM) …… 168
5.2.3 PC 内存条 …… 169
5.3 只读存储器 …… 170
5.4 高速缓冲存储器 …… 172
5.4.1 工作原理…… 173

5.4.2 地址映像…… 174
5.5 虚拟存储器 …… 177
5.5.1 虚拟存储器的基本概念…… 177
5.5.2 页式虚拟存储器…… 178
5.5.3 段式虚拟存储器…… 179
5.5.4 段页式虚拟存储器…… 180
5.6 存储器接口技术 …… 180
5.6.1 存储器芯片与CPU的连接 …… 180
5.6.2 存储器片选控制方法…… 181
5.6.3 存储器扩展技术…… 184
习题…… 188
第6章 I/O系统控制技术 …… 190
6.1 I/O系统概述 …… 190
6.1.1 I/O接口电路的重要作用…… 190
6.1.2 I/O接口电路的典型结构…… 191
6.1.3 I/O接口的基本功能…… 192
6.1.4 I/O接口的分类…… 193
6.2 8086/8088微机I/O端口的地址分配及地址译码 …… 193
6.2.1 8086微处理器的I/O端口的地址范围 …… 193
6.2.2 8086微机I/O端口的地址分配 …… 194
6.3 数据传送的控制方式 …… 196
6.3.1 程序控制传送方式…… 196
6.3.2 中断传送方式…… 202
6.3.3 DMA(直接存储器存取)传送方式 …… 203
6.3.4 四种I/O方式的比较 …… 204
6.4 DMA控制器8237A及其应用 …… 205
6.4.1 8237A接口信号与内部结构 …… 205
6.4.2 内部寄存器…… 206
6.4.3 8237A的初始化及实现 …… 209
6.5 微计算机I/O接口扩展及总线技术 …… 211
6.5.1 微计算机I/O接口扩展 …… 211
6.5.2 总线标准分类…… 211
6.5.3 串行接口标准…… 213
6.5.4 并行接口标准IEEE 1284 …… 215
6.5.5 ISA工业标准总线…… 217
6.5.6 PCI外围器件互连总线…… 219
6.5.7 USB通用串行总线 …… 220
6.5.8 外存储设备接口标准…… 222

习题…………………………………………………………………………………………… 224

第7章 中断……………………………………………………………………………… 226

7.1 中断概述 ……………………………………………………………………………… 226
7.2 8086/8088的中断系统 ……………………………………………………………… 227
7.2.1 8086/8088的中断源 ……………………………………………………………… 227
7.2.2 中断优先级的定义………………………………………………………………… 228
7.2.3 中断嵌套…………………………………………………………………………… 228
7.2.4 中断类型及类型码………………………………………………………………… 229
7.2.5 中断向量及向量表………………………………………………………………… 229
7.3 8086/8088响应中断的过程 ………………………………………………………… 230
7.4 硬件中断的响应过程 ………………………………………………………………… 232
7.5 可编程中断控制器8259A …………………………………………………………… 232
7.5.1 8259A的基本构成及引脚作用 …………………………………………………… 233
7.5.2 中断优先级管理方式……………………………………………………………… 235
7.5.3 8259A的级联方式 ………………………………………………………………… 237
7.5.4 8259A的控制字和初始化编程 …………………………………………………… 238
7.5.5 8259A应用举例 …………………………………………………………………… 239
习题…………………………………………………………………………………………… 241

第8章 微机接口芯片及应用…………………………………………………………… 243

8.1 可编程并行接口芯片8255A ………………………………………………………… 243
8.1.1 8255A的引脚和内部结构 ………………………………………………………… 244
8.1.2 8255A的控制字 …………………………………………………………………… 246
8.1.3 8255A工作方式的特点 …………………………………………………………… 248
8.1.4 8255A的编程应用 ………………………………………………………………… 251
8.2 可编程定时器/计数器接口芯片8253 ……………………………………………… 254
8.2.1 8253的主要特点及其应用 ………………………………………………………… 255
8.2.2 8253内部结构及其引脚信号 ……………………………………………………… 255
8.2.3 8253的控制字 ……………………………………………………………………… 258
8.2.4 8253的工作方式 …………………………………………………………………… 258
8.2.5 8253的应用 ………………………………………………………………………… 263
8.3 可编程串行接口芯片8250…………………………………………………………… 267
8.3.1 串行通信基础……………………………………………………………………… 268
8.3.2 串行异步通信接口标准…………………………………………………………… 269
8.3.3 8250芯片的内部结构及其初始化 ………………………………………………… 270
8.3.4 8250的应用 ………………………………………………………………………… 276
习题…………………………………………………………………………………………… 280

参考文献…………………………………………………………………………………… 282

第1章 80X86微机系统基础

1946年电子数字计算机问世。它作为20世纪的先进技术成果之一，最初只是一种自动化的计算工具。经过半个多世纪，从第一代采用电子管、第二代采用晶体管、第三代采用中小规模集成电路已发展到超大规模集成电路。尤其在20世纪70年代初，在大规模集成电路技术发展的推动下，微计算机(也简称为微机)的出现为计算机的应用开拓了极其广阔的前景。计算机特别是微计算机的科学技术水平、生产规模和应用深度已成为衡量一个国家数字化、信息化水平的重要标志。计算机已经远不只是一种计算工具，它已渗透到国民经济和人们生活的各个领域，极大地改变着人们的工作和生活方式，已成为社会前进的巨大推动力。

本章将全面介绍微处理器和微计算机的基本概念、组成、特点和应用概貌，以期对微计算机和其应用有一个概括的了解。

本章重点：

- 80X86的基本结构；
- 80X86系统的入门概念；
- 80X86系统的组成。

1.1 80X86的基本结构

微型计算机是通过总线将微处理器、存储器和输入/输出接口连接在一起的有机整体，简称微型机、微计算机或微机。它包括冯·诺依曼计算机体系结构中的5个部件。

微计算机是计算机设备的一种，相对于其他类型的计算机而言有着体积小、质量轻、价格低、使用灵活、用途广泛等特点，是人们使用最为广泛的一种计算机设备。

第一台电子数字计算机虽然是作为一种计算工具出现的，但是经过半个多世纪的发展，不管从构成器件上、性能提升上还是应用的发展上都出现了惊人的变化。按照1989年由IEEE科学巨型机委员会提出的运算速度分类法，计算机可分为巨型机、大型机、小型机、工作站和微计算机。但是当前大多数计算机，究其基本组成结构，均属于图1-1所示结构，即由运算器、控制器、存储器、输入设备和输出设备等5部分组成。微计算机也不例外。它是以微处理器为核心，配以内部存储器及输入/输出接口和相应的辅助电路而构成的裸机，其中的微处理器(micro processing unit，MPU)是由运算器和控制器集成的一块芯片。这五大基本组成部分是计算机的实体,统称为计算机的硬件(hardware)。硬件中的运算器、控制器称为计算机系统的主机,而把包括解题步骤在内的各式各样的程序叫作计算机的软件(software)。该结构即为冯·诺依曼结构。

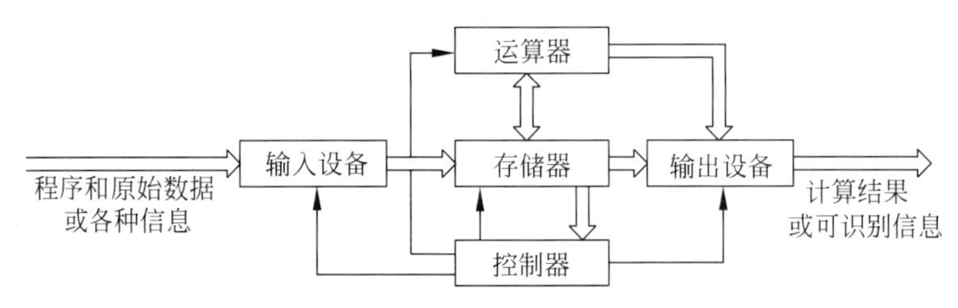

图 1-1 计算机的基本结构框图

(1) 运算器(arithmetic unit,AU):是计算机对各种数据进行运算,对各种信息进行加工、处理的部件,因此,它是数据运算、加工和处理的中心。它由算术逻辑单元(ALU)、累加器(ACC)、状态寄存器、通用寄存器、多路转换器、数据总线等组成。其中,运算器又称为算术逻辑单元(arithmetic logic unit,ALU),主要负责算术或逻辑运算以及移位循环等操作。寄存器组(register set,RS)也叫寄存器阵列(register array,RA),是一组 CPU 内部的存储单元。寄存器可以分为通用寄存器和专用寄存器两类。通用寄存器用于临时存放运算的数据,而专用寄存器则用于存放一些特定的地址或状态参数,寄存器的访问速度与 CPU 同步。

(2) 存储器(memory):是计算机存放各种数据、信息和执行程序的部件,包括存放供运算、加工的原始数据,运算、加工的中间结果,运算、加工的最终结果,以及指挥控制运算、加工的指令代码。它是存放数据的大仓库。存储器又分主存储器(又称内存储器或内存)和辅助存储器(又称外存储器或外存)。

内存储器由半导体器件构成,存储容量较小,通过微计算机系统总线与微处理器连接,可以很高的速度与微处理器进行数据交换。但是通常内存储器在断电后(除特殊情况外)不再保存数据或程序。

外存储器通常是由光、磁记录装置构成的设备,存储容量大,需要通过输入/输出接口与微处理器进行数据交换,数据交换速率较低,在断电后外存储器仍然可以保存数据,直到被修改或擦除。

微计算机中通常会同时配备内存储器和外存储器,外存储器用于永久存储数据和程序,内存储器用于数据处理过程中临时存放数据或程序。

(3) 输入设备:它给计算机输入各种原始信息,包括数据、文字、声音、图像和程序,并将它们转换成计算机能识别的二进制代码存入存储器中。因此,它是信息接收并进行转换的装置。常用的输入设备有键盘、鼠标、扫描仪、手写板及数码相机等。

(4) 输出设备:它将计算机中各种数据运算的结果,各种信息加工、处理的结果以人们可识别的信息形式输出。因此,它是信息输出并进行转换的装置。常用的输出设备有显示器、打印机等。

输入、输出设备是人机交互的设备,统称为外部设备,简称外设。外设实现了计算机与外界交换各种数据的功能,而不同的外设具有不同的接口特征,如电气特性、功能特性、时序特性等。这些特征的不同决定了外设需要多样化的连接方式,并且在实际使用中,外设的数

量可以随需要进行增减。因此外设无法与微处理器直接连接，需要通过一定的接口电路与CPU进行间接连接，这些接口电路统称为输入/输出接口。

（5）控制器(control unit，CU)：是计算机对以上各部件进行控制、指挥，以实现计算机运行过程自动化的部件。因此，它是计算机发布操作命令的控制中心和指挥系统。当然，这种控制和指挥是由人们事先进行设计的。即人们需要事先把解题和处理的步骤根据设计要求按先后顺序排列起来，也就是编制成程序(program)，由输入设备送入存储器中存放起来。启动计算机运行程序后，便由控制器控制、指挥各组成部件，自动地完成全部处理过程，直至得到预定的计算结果，并转换成可识别的信息。

1.2　80X86系统的入门概念

1.2.1　微处理器

微处理器(microprocessor)就是把中央处理器(CPU)的复杂电路，包括运算器和控制器做在一片或几片大规模集成电路的半导体芯片上。把这种微缩的CPU大规模集成电路(large scale integration，LSI)称为微处理器，简称MP、μP或CPU。其职能是执行算术、逻辑运算和控制整个计算机自动地、协调地完成操作。

微处理器的发展历程如下所述。

第一代微处理器：1971年由Intel公司研制的4004微处理器(4位)和低档的8008微处理器(8位)。其指令系统简单、速度慢，并且运算能力差。

第二代微处理器：1973年，Intel 8080、MC 6800微处理器。指令系统比较完善，特别是在后期开始配备了CP/M操作系统。

第三代微处理器：1978年，16位的Intel 8086，后来又研制出了Intel 8088及80286、16位的Z 8000和MC 68000；IBM公司推出IBM PC/XT机，从此，IBM PC成为个人计算机的主流机之一。

第四代微处理器：1985年，32位的80386，它具有32位数据线和32位地址线。1989年，Intel 80486出现。在80486中集成了一个8kB的高速缓冲存储器(cache)。

第五代微处理器：1993年3月，Intel公司推出了第五代80X86系列微处理器(仍然是32位微处理器)。为了不再使用不受专利保护的数字命名方式，新的处理器被命名为Pentium，中文译名为“奔腾”，简称P5。

第六代微处理器：1995年，Intel公司推出32位微处理器P6，即Pentium pro(高能奔腾)。

第七代微处理器：2000年，Intel公司推出非P6核心结构全新的32位微处理器Pentium 4。

第八代微处理器：2006年，Intel微处理器全面转向基于Pentium M而非Pentium 4的新一代架构。

2008年至今：Intel智能处理器时代。

自2005年Intel公司制定Tick-Tock战略以来，伴随着2008年发布的Nehalem平台上的首款桌面级产品(即配合X58的酷睿i7产品)、2010年发布的Clarkdale和2011年发布的Sandy Bridge，Intel公司所引领的CPU行业已经全面晋级到了智能CPU时代。

1.2.2 微计算机

所谓微计算机(microcomputer)就是以微处理器为核心,配上大规模集成电路的可读/写存储器(RAM)和只读存储器(ROM)、I/O 接口以及相应的辅助电路而构成的微型化的计算机主机装置,简称 MC 或 μC。这些大规模集成电路芯片被组装在一块印制板上,即微计算机主板。

微计算机是按照 1945 年冯·诺依曼提出的体系结构设计实现的,这种设计思想被人们称为冯·诺依曼结构,它由运算器、存储器、输入设备、输出设备和控制器 5 大部件组成。

1.2.3 微处理器系统

用户根据自己的用途,选购某种微处理器为核心,并选购相应数量的与之相配的系列大规模集成电路,自行设计,装配成满足需要的特殊微计算机装置;或者在选购微机主板后,再根据其提供的扩展总线槽,自行设计特殊需要的部分以构成某种专门用途的系统。这种以微处理器为核心构成的专用系统为微处理器系统(micro processing system),简称 MPS 或 μPS。典型的 MPS 的结构如图 1-2 所示。

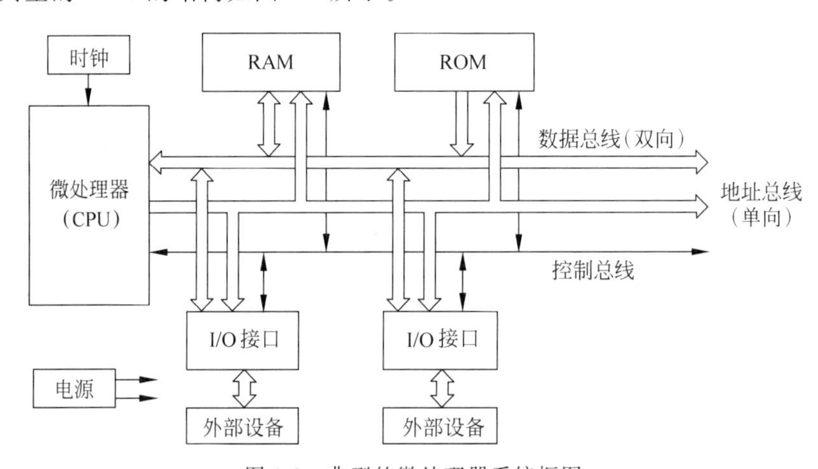

图 1-2 典型的微处理器系统框图

1.2.4 微计算机系统

在微计算机主机上配以各种外设和各种软件就构成微计算机系统(microcomputer system)。微计算机系统和微处理器系统在使用的概念上有其共同之处,都是以 CPU 为核心组建的。但是微计算机系统具有其通用性,而微处理器系统是为实现某些功能而专门搭建起来的,具有专用性。

1.3 80X86 微计算机系统的组成

微计算机系统由硬件系统和软件系统两部分组成,其组成构件的列表如图 1-3 所示。

1.3.1 硬件系统

硬件系统是微计算机系统硬设备的总称,是微计算机工作的物质基础,是实体部分。本

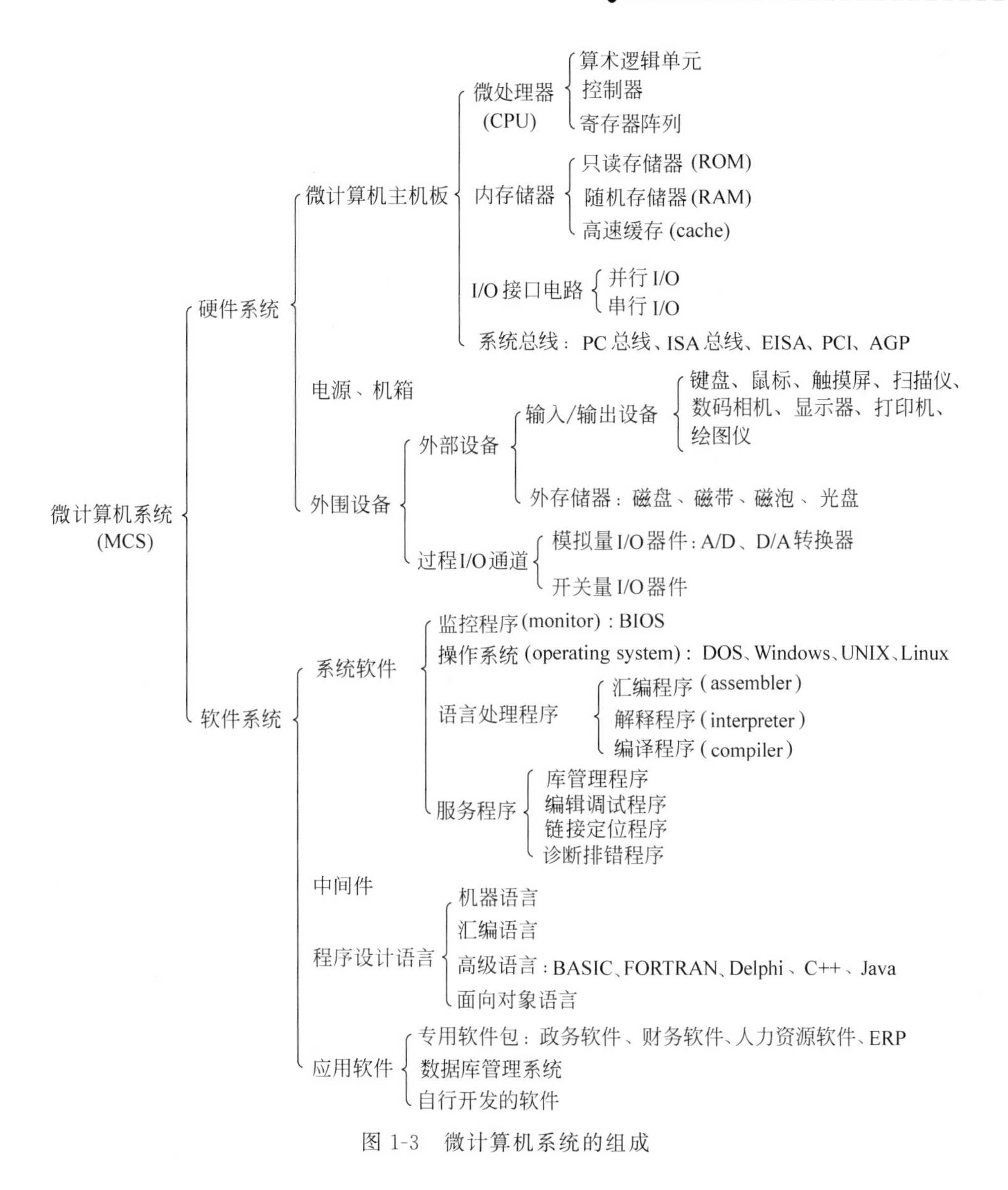

图 1-3　微计算机系统的组成

书将从计算机组成原理出发，根据其外部引脚特性和连接的原则、方法进行阐述。

1.3.2　软件系统

软件系统是微计算机为了方便用户使用和充分发挥微计算机硬件效能所必备的各种程序的总称。这些程序或存在于内存储器中，或存放在外存储器中。

1. 程序设计语言

程序设计语言是指用来编写程序的语言，是人和计算机之间交换信息所用的一种工具，又称编程环境。程序设计语言可分为机器语言、汇编语言和高级语言三类。

1）机器语言

机器语言就是能够直接被计算机识别和执行的语言。计算机中传送的信息是一种用

"0"和"1"表示的二进制代码,因此,机器语言程序就是用二进制代码编写的代码序列。用机器语言编写程序,优点是灵活、直接执行和速度快等;缺点是直观性差、烦琐、容易出错,对不同CPU的机器也没有通用性等,难于交流,在实际应用中很不方便,因此很少直接采用。

2) 汇编语言

用英文字母或缩写符来表示机器的指令,并称这种用助记符(mnemonic)表示的机器语言为汇编语言。汇编语言程序比较直观,易记忆、易检查、便于交流。但是,汇编语言程序(又称源程序)计算机是不认识的,必须要翻译成与之对应的机器语言程序(又称目标程序)后,计算机才能执行。

机器语言和汇编语言都是面向机器的,故又称为初级语言或低级语言。使用它们便于利用计算机的所有硬件特性,是一种能直接控制硬件、实时能力强的语言。

3) 高级语言

高级语言又被称为算法语言。用高级语言编写的程序通用性更强,如BASIC、FORTRAN、Delphi、C/C++、Java等都是常用的高级语言。

为了提高编程的实际开发效率,可以采用混合语言编程的方法,即采用高级语言和汇编语言混合编程,彼此互相调用,进行传递,共享数据结构及数据信息。

2. 系统软件

系统软件是人和硬件系统之间的桥梁。系统软件是由机器的设计者或销售商提供给用户的,是硬件系统首先应安装的软件。系统软件包括监控程序和操作系统。

1) 监控程序

监控程序又称为管理程序。其主要功能是对主机和外部设备的操作进行合理的安排,接收、分析各种命令,实现人机联系。

2) 操作系统

操作系统是在管理程序基础上,进一步扩充许多控制程序所组成的大型程序系统。操作系统是计算机系统的指挥调度中心,管理和调度各种软、硬件资源。操作系统常驻留在磁盘(disk)中,又称DOS(disk operation system)。

微计算机系统常用的操作系统有以下几种:

(1) MS-DOS(Microsoft-disk operating system):这是通用16位单用户磁盘操作系统,主要包括文件管理和外设管理,也是微计算机的主要操作系统之一。

(2) Windows:Windows 1.0宣告了MS-DOS操作系统的终结。Windows 3.0是一种图形用户界面和具有先进动态内存管理方式的操作系统。Windows 95是80486和Pentium微计算机的基本操作系统。Windows 95/98/2000提供了支持MS-DOS应用程序的运行和绝对的兼容性。2009年,微软又推出更美观、更稳定、对硬件更好支持的Windows 7系统。而2012年,Windows 8作为微软的下一代操作系统,引入了全新的Metro界面,提供了更快、更流畅的触控浏览体验。目前,全世界流行的微软操作系统是Windows 10。

(3) UNIX/Linux

UNIX是一个强大的多用户、多任务操作系统,具有开放性、多用户、多任务、良好的用户界面等特点,支持多种处理器架构,目前已成长为一种主流的操作系统技术和基于这种技术的产品大家族。UNIX具有技术成熟、可靠性高、网络和数据库功能强、伸缩性好等特色。

Linux是一套免费使用和自由传播的类UNIX操作系统，它主要用于基于Intel 80X86系列CPU的计算机上。

Linux之所以受到广大计算机爱好者的喜爱，主要有两个原因：①它属于自由软件，用户可以根据自己的需要对它进行必要的修改，无偿使用，无约束地继续传播；②它具有UNIX的全部功能，任何使用UNIX操作系统的人都可以从Linux中获益。

3. 语言处理程序

语言处理程序包括汇编程序、解释程序、编译程序，其作用是将高级语言源程序翻译成计算机能识别的目标程序。

4. 服务程序

程序编好后，要进行编辑、调试并将程序装配到计算机中去执行。在此过程中，还需要一些其他的辅助程序，这类辅助程序称为服务程序。微计算机系统常用的服务程序有文本编辑程序、连接程序、定位程序、调试程序和诊断排错程序。

调试程序(debugger)的任务就是对程序错误进行纠错。诊断程序用来检查程序的错误或计算机的故障，并指出出错的地方。

5. 应用软件

应用软件是用户利用计算机及其各种系统软件、程序设计语言为解决各种实际问题而开发的程序。

6. 中间件

中间件是一种独立的系统软件或服务程序。分布式应用软件借助中间件在不同的技术之间共享资源。中间件位于客户机服务器的操作系统之上，管理计算资源和网络通信。它是一类软件，而非一种软件；中间件不仅仅要实现互连，还要实现应用之间的互操作；中间件是基于分布式处理的软件，其最突出的特点是网络通信功能。

1.3.3 微计算机系统特殊的结构

1. 软件的固化

微计算机中，在大规模集成电路技术的支持下，出现了各种半导体固定存储器，如ROM、PROM、EPROM、E^2PROM、Flash、Memory，将软件固化于这样的硬件中，称这类器件为固件(firmware)。

2. 总线结构

任何一种微计算机、微处理器系统的核心都是CPU。CPU通过总线(BUS)和其他组成部件进行连接来实现其核心作用。所有的地址信号、数据信号和控制信号都经由总线进行传输。微计算机系统内的总线可归为4级，如图1-4中(1)、(2)、(3)、(4)所示。

(1) 片内总线：又称芯片内部总线，位于CPU芯片内部，用来实现CPU内部各功能单元电路之间的相互连接和信号的相互传递。

(2) 片总线：又称元件级总线，是微计算机主板上以CPU为核心，芯片与芯片间连接的总线。

(3) 内总线：通常又称为微计算机系统总线，用来实现计算机系统中的插件板与插件

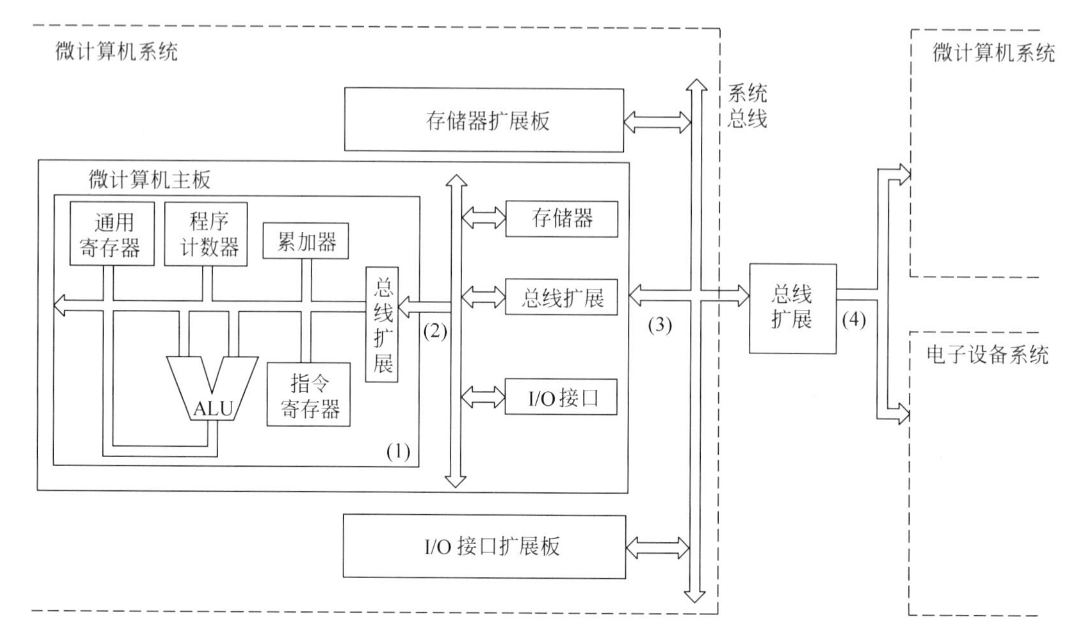

图 1-4　微计算机的总线结构

板间的连接。各种微计算机系统中都有自己的系统总线，如 IBM 微计算机的 PC 总线，IBM PC/XT 微计算机的 ISA 总线，80386/80486 微计算机的 EISA 总线以及 Pentium 微计算机的 PCI、AGP 总线等。

（4）外总线：又称通信总线，用于系统之间的连接，完成系统与系统间的通信。例如，微计算机系统与微计算机系统之间、微计算机系统与测量仪器之间、微计算机系统与其他电子设备系统之间、微计算机系统与多媒体设备之间的通信。

1.4　微计算机系统举例

1.4.1　实例一——IBM PC/XT 微计算机

IBM PC/XT 微计算机是世界最大商务机器公司 IBM 选用 Intel 公司的 CPU 和 Microsoft 公司的 MS-DOS 操作系统组建的个人计算机，它曾是 20 世纪 80 年代末、90 年代初应用最广泛的一种微计算机，作为里程碑载入史册。

IBM PC XT/AT 系统主板上的电源共有 4 种：±5V，±12V。

系统主板可划分为以下 5 个功能子系统。

1）CPU 处理器子系统

采用 Intel 8088/80286 CPU。

2）ROM 子系统

系统板上提供 60KB 的 ROM 空间，实际安装了一片 32K×8b 和一片 8K×8b 共 40KB 的 ROM 芯片。40KB 的 ROM 中固化了系统的 BIOS 和 BASIC 的解释程序。

3）RAM 子系统

采用动态 DRAM。最初的 IBM PC 机上提供两个 128K×8b 的 RAM 区，其余的空间可由扩展槽扩展。IBM PC/AT 机主板上多数已安装 640KB RAM，甚至 1MB 的 RAM。

4）系统主板上的 I/O 芯片和 I/O 接口子系统

（1）I/O 芯片

DMA 控制器 8237A-5。这是一片可以管理 4 个 DMA 通道，实现 CPU 不干预 I/O 设备和存储器之间直接进行高速数据传送的大规模集成电路芯片。

定时器/计数器 8253-5。这是一片含 3 个通道的 16b 的定时/计数电路。

并行接口 8255A-5。这是一片含 3 个 8b I/O 并行端口的芯片。

中断控制器 8259A。这是一片可允许 8 级中断源输入的中断优先权管理电路。

（2）I/O 接口电路

串行键盘接口、扬声器接口。

5）总线扩展槽

在 PC XT 机主板后部有 8 个平行槽 J1～J8（即 PC 总线），均为 62 芯印制插座；在 PC/AT 机主板上除 J1～J8 外，还配有 5 个 36 芯插槽 J10～J14 和 J16，为 36 芯印制插座。这种 62 芯＋36 芯总线构成了工业标准结构总线（industry standard architecture，ISA）。详见第 6 章。

1.4.2　实例二——Pentium 4 微计算机

当 Intel 公司 2000 年 11 月推出 Pentium 4（奔腾 4）微处理器芯片后，世界著名 IT 厂商 IBM、DEC、Compaq、HP、联想等相继组建了“Intel inside Pentium 4”微计算机。另外，如华硕、微星、梅捷、技嘉等公司生产了 P4 主板，提供各种规格的兼容机。因此，市场上便有各种名牌机、品牌机和兼容机之分。

图 1-5 示出 Intel DX38BT 主板的实物照片。其布局图如图 1-6 所示。主板尺寸为 ATX 标准 12in×9.6in（30.5cm×24.4cm），适合安置于 ATX 机箱中。从两图中可见：现代的奔腾微计算机主板结构与早期的 IBM PC XT/AT 已有很大的不同，主要由于 CPU 集成度增加、功能增强而带来一系列变化。归结起来有如下几点。

1）CPU 及其插座

Intel DX38BT 主板支持的 64 位 CPU 是 775 引脚的 LGA 封装芯片，如图 1-5 所示。

CPU 是不包括在主板内构置的另外部件。该主板支持 Intel 的 Pentium D 和 Core™ 2 系列双核甚至是四核处理器。

2）BIOS 和 CMOS RAM 芯片

图 1-5　Intel 公司采用 X38 芯片组的主板

BIOS 采用 Flash ROM，具有闪速和电可擦写的功能。用户通过运行加载 BIOS 软件，按照该主板的 BIOS 支持即插即用（Plug&Play），可以自动侦测主板上的外围设备和扩展卡，具有 Crash Free BIOS（刷不死技术）。DX38BT 主板采用串行外围接口（serial peripheral interface flash memory），大小为 16MB。主板 DX38BT

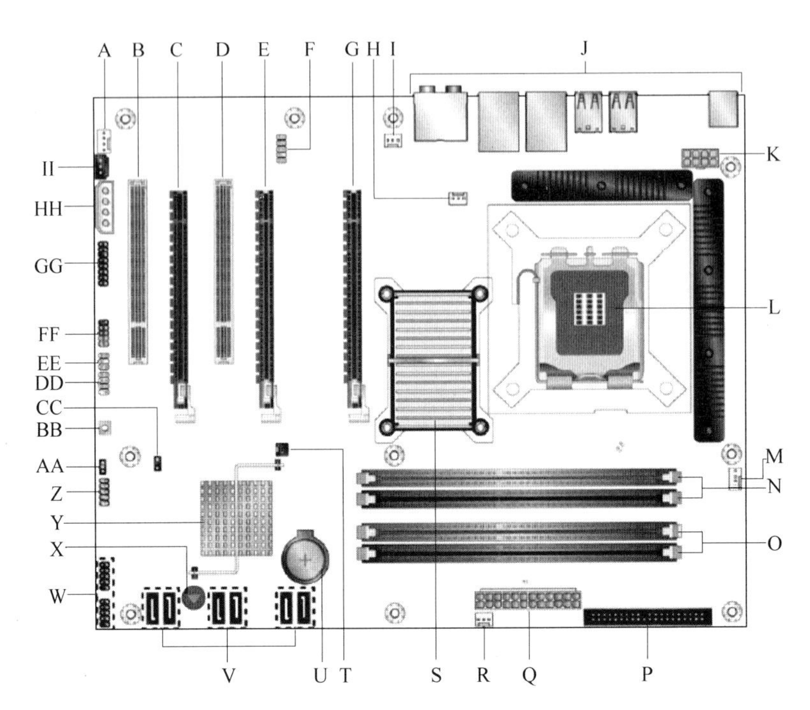

图 1-6 Intel公司采用X38芯片组主板布局图

组件如表1-1所示。

表 1-1 主板 DX38BT 组件

标签	说　　明	标签	说　　明
A	机箱背面风扇接头连接器 2(4 针)	Q	主电源连接器(2×12 针)
B	PCI 总线连接器 2	R	机箱前面风扇接头连接器(3 针)
C	PCI express 1.1×16(×4 电气规格)连接器	S	机箱开启接头连接器
D	PCI 总线连接器 1	T	电池
E	PCI express 2.0×16 次连接器	U	串行 ATA 连接器
F	前面板音频接头连接器	V	USB 2.0 接头连接器
G	PCI express 2.0×16 主连接器	W	扬声器
H	机箱背面风扇接头连接器(3 针)	X	IEEE 1394a 接头连接器
I	MCH 风扇接头连接器(3 针)	Y	BIOS 配置跳线块
J	背面板连接器	Z	板上电源按钮
K	12V 处理器内核电压连接器(2×4 针)	AA	备用前面板电源 LED 指示灯接头连接器
L	处理器插槽	BB	前面板 CIR 接收机(输入)接头连接器
M	处理器风扇接头连接器(4 针)	CC	背面板 CIR 发射机(输出)接头连接器
N	DDR3 DIMM0 插槽	DD	前面板接头连接器
O	DDR3 DIMM1 插槽	EE	高保真音频链路接头连接器
P	IDE 连接器	FF	辅助 PCI express 图形电源连接器(1×4 针)

3) 内存储器插槽

Intel DX38BT 主板上有 4 个带有镀金触点的 240 针 DDR3 SDRAM 双列直插式内存

模块(DIMM)插槽,可支持最高为8GB的内存,比早期的IBM PC XT/AT大得多,这对提高运行速度是很有好处的。

目前流行的内存储器为DDR3和DDR4。由于DDR2内存的各种不足,制约了其进一步的广泛应用。DDR3内存的出现,正是为了解决DDR2内存出现的问题,它拥有更高的外部数据传输速率、更先进的地址/命令与控制总线的拓扑架构,在保证性能的同时将功耗进一步降低。DDR3内存采取8b预取设计(DDR2为4b预取),这样DRAM内核的频率只有接口频率的1/8,DDR3-800的核心工作频率只有100MHz。同时DDR3采用点对点的拓扑架构,减轻地址/命令与控制总线的负担,工作电压从1.8V降至1.4V,增加异步重置(reset)与ZQ校准功能。DDR4在DDR3的基础上具有更大的前端总线带宽、更快的传输速率。为用户提供了更优越的多媒体体验。

4) 芯片组

芯片组(chip set)代替了早期IBM PC XT/AT微机主板上大量的中小规模集成电路和接口芯片,如并行接口芯片8255A、串行接口芯片8250、定时/计数器芯片8253/8254、中断控制器8259和DMA控制器等分立芯片,并根据CPU集成度增加、功能扩大的需要将以上芯片进行集成并扩大其功能,以提高可靠性,降低功耗。这些芯片组通常由两块芯片组成。

Intel DX38BT主板中的Intel X38 Express MCH(memory controller hub)又称为北桥,担任着管理CPU、高速缓存、主存储器和PCI总线间的信息传送等功能,其功耗较大,一般带有散热片或风扇;主板中的Intel ICH9R(第九代I/O controller hub)又称南桥,其作用是对所有的I/O接口和中断请求进行管理、对DMA传输进行控制、负责系统的定时与计数等,即兼有8255、8250、8259、8237和8254等分立接口芯片的功能及支持USB(通用串行总线)的功能。

当前,Intel公司计划把内存控制器及绘图核心放置于处理器内,北桥功能被大幅简化,因此南北桥整合将成为未来Intel平台的趋势。

5) 产生各种时钟频率的电路

自第一台PC机诞生以来,其主板上均采用一个14.318MHz(美国NTSC彩色电视负载波频率的4倍)晶振作为基准频率发生器,由芯片组和控制电路产生出主板、CPU及外部设备所需要的各种时钟信号。

主板上的时钟发生器,输入14.318MHz的基准频率后,将产生以下5种频率,即System时钟、CPU时钟(或FSB时钟)、USB时钟、Super I/O时钟和PCI时钟。其中FSB时钟又输入芯片组的北桥芯片中,产生SDRAM和AGP需要的2种时钟信号,共计7种时钟信号。

6) 总线扩展槽

目前PCI-express是最新的总线和接口标准。这个新标准将全面取代现行的PCI和AGP,最终实现总线标准的统一。它的主要优势就是数据传输速率高,目前最高可达到10GB/s以上,而且还有相当大的发展潜力。

7) 串行接口与并行接口

现在的很多主板几乎不带串口和并口,但是主板内留有接口,需要时可以用插口插上USB接口使用。

串行接口有两个 9 针 D 型插座(按 PC99 标准规定串行接口颜色是蓝绿色),是主板的通信接口(COM1 和 COM2),从相当于有串行接口 8250 功能的南桥芯片组引出。

并行接口有 1 个 25 针的 D 型插座,颜色为酒红色。从相当于有并行接口 8255 功能的南桥芯片组引出,供主板连接并行设备,如行式打印机使用。

8) 其他插座

如软磁盘驱动器插座、IDE 插座、USB 插座等。

9) P4 微计算机的系统软件

P4 微计算机可配置 Windows 98/2000/XP 及 Windows NT 等系统软件。

1.4.3 实例三——Core 2 系列微计算机

基于 NetBurst 微架构的 Pentium 4 微计算机,在不改变现有工艺的前提下,提升了处理器的速度。而 Core(酷睿)微架构是兼顾"性能、功能和省电"的不同于 NetBurst 的一种新的微体系架构,解决了 NetBurst 提高性能会大大增加功耗的问题,Core 架构的使用使处理器在整体上功耗降低了 40%。目前 Core 2 Duo、Core 2 Extreme 及 Core 2 Quard 都是基于 Core 微架构的多核处理器。

Core 2 系列微计算机与 Pentium 4 微计算机的最大不同是微处理器采用的微架构不同。

从发展的角度来说,可以把 Intel 微处理器核心体系结构分为 80X86 架构(8086/8088、80286、80386 和 80486)、P5 架构(Pentium、MMX Pentium)、P6 架构(Pentium Pro、Pentium Ⅱ和 Pentium Ⅲ)、NetBurst 架构(Pentium 4)和 Core 架构(Pentium Dual-Core、Core 2 Duo、Core 2 Quard 和 Core 2 Extreme 等)。

其中,Core 架构是 Intel 处理器历史上又一个里程碑。Core 微架构拥有双核心、64 位指令集、4 发射的超标量体系结构和乱序执行机制等技术,支持 36 位的物理寻址,支持 Intel 所有的扩展指令集。Core 微架构的每个内核拥有 L1 指令 Cache、双端口 L1 数据级,其流水线效率大幅度提升。拥有全新的整数与浮点单元,Core 具备了 3 个 64 位的整数执行单元,每一个都可以单独完成 64 位的整数运算操作,即 Core 能够在一个周期内同时完成三组 64 位的整数运算。

1. Core 微架构的主要特征

(1) 前端总线频率 667/800/1066/1333MHz。

(2) 制造工艺为 65nm、45nm。

(3) 4 个超标量指令流水线,每个流水线 14 级。

(4) 双核心架构,两个核心共享 2/4/6/8/12MB L2 Cache。

(5) 外部数据线 64 条,地址线 36 条。

2. Core 2 Extreme QX9770 硬件系统

Core 2 Extreme(酷睿 2 至尊版)处理器采用 Intel 64 技术,支持 Intel 虚拟技术,主要包括 65nm 的 QX6000 系列(支持的芯片组有 G965、P965 及 3 系列,LGA775 封装)和 45nm QX9000 系列(支持 3 系列及以后的芯片组,LGA775 封装),QX 标注的是四核结构的 Extreme 处理器,QX9775 封装形式为 LGA771,其支持的芯片组为 5400 系列,应用于双处理器平台。

QX9770 是四核至尊版的 Core 2 Extreme 处理器，12MB 的 L2 Cache，系统前端总线(FSB)为 1600MHz，45nm 制造。基于 X48 芯片组的 Core 2 Extreme QX9770 硬件系统如图 1-7 所示。

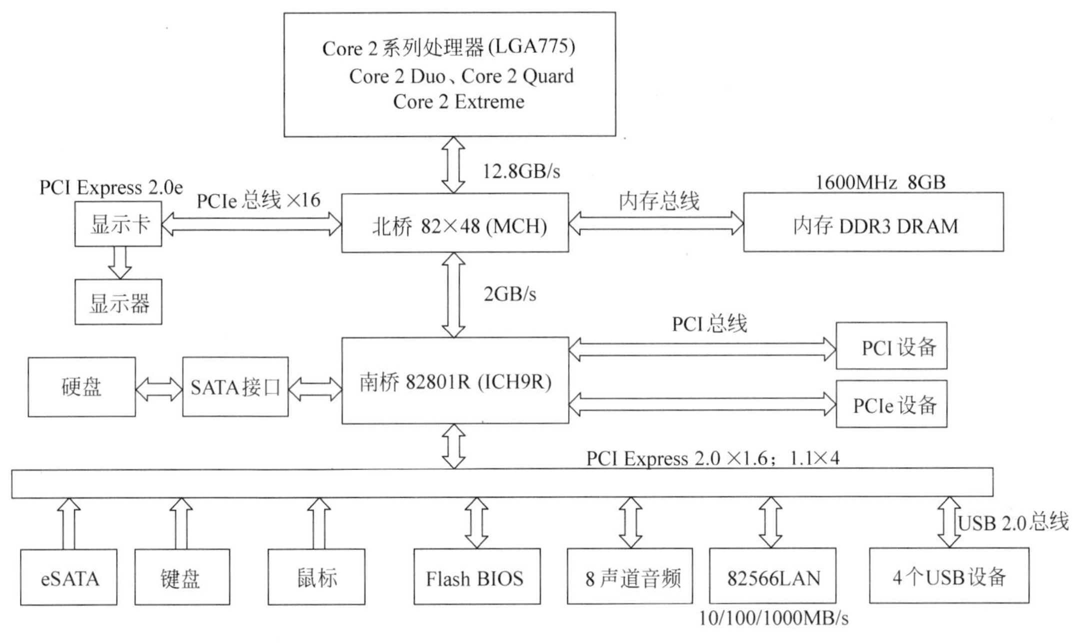

图 1-7　基于 X48 芯片组的 Core 2 Extreme QX9770 硬件结构示意图

1.5　酷睿双核、酷睿 2 双核、奔腾双核、酷睿 i 系列的区别

面对纷繁芜杂的命名，本节简单讲述一下它们的区别。

1.5.1　酷睿、酷睿双核与酷睿 2 双核

酷睿是英文单词 core 的音译，译为“核心”。“酷睿”是一款领先节能的新型微架构，设计的出发点是提供卓越的性能和能效，提高能效比。早期的酷睿是基于笔记本处理器的。酷睿架构的应用使得 CPU 不再是计算机内的能耗大户，Intel 公司也因此摆脱了对 AMD 公司的能耗劣势。酷睿双核分 1 代和 2 代，1 代只有笔记本系列，而 2 代既有移动平台系列，也有桌面平台系列。

酷睿双核：也就是酷睿 1 代，英文是 Core Duo，主要用于移动平台、T 系列。

酷睿 2 双核：英文是 Core 2 Duo，是 Intel 公司推出的新一代基于 Core 微架构的产品体系统称，于 2006 年 7 月 27 日发布，是一个跨平台的构架体系，包括服务器版、桌面版、移动版三大领域。其中，服务器版的开发代号为 Woodcrest，桌面版的开发代号为 Conroe，移动版的开发代号为 Merom。全新的 Core 架构，彻底抛弃了 Netburst 架构；全部采用 65nm 和 45nm 制造工艺；所有产品均为双核心，L2 缓存容量提升到 4MB；晶体管数量达到 2.91 亿个，核心尺寸为 $143mm^2$；性能提升 40%、能耗降低 40%，主流产品的平均能耗为 65W；前端总线提升至 1066MHz(Conroe)，1333MHz(Woodcrest)，667MHz(Merom)；采用

LGA775 接口。台式机类 Conroe 处理器分为普通版和至尊版两种，产品线包括 E6000 系列和 E4000 系列，两者的主要差别为 FSB 频率不同。此外，Conroe 处理器还支持 Intel 的 VT、EIST、EM64T 和 XD 技术，并加入了 SSE4 指令集。

酷睿双核与酷睿 2 双核的区别：2 代主要改进是将流水线长度增加 1 级，有利于提高频率，还具有 128 位动态执行能力。酷睿双核是 32 位的 CPU，而酷睿 2 双核是 64 位 CPU，并且二级缓存提高到 4MB，处理能力更强大；由于加入了对 EM64T、SSE4 指令集的支持，加强了多媒体处理能力，同时使得其拥有更大的内存寻址空间，以便能更好支持 Vista、Windows 7 等。

1.5.2 酷睿双核、酷睿 2 双核与奔腾双核

奔腾双核，英文名为 Pentium dual-core，采用与酷睿 2 相同的架构，是酷睿双核的简化版，为了保留奔腾这个品牌，所以没有摒弃奔腾。与之前奔腾单核相比，奔腾双核是双核双线程，功耗低，处理能力更强，主要有 E 系列、T 系列、P 系列和 U 系列。

奔腾系列的台式机里面有两种双核：一种诞生在酷睿 2 之前，叫奔腾 D。奔腾 D 是假双核，高频低能，功耗发热量都极大，所以已经淘汰，基本买不到了。一种诞生在酷睿 2 之后，叫奔腾 E。因为酷睿 2 诞生后，以其出色的性能和低频高能、低功耗、超频性能好的特点受到大家的青睐，但苦于价格太贵，低端用户难以承受，所以才推出了一系列阉割版的酷睿 2——奔腾 E(也就是常说的奔腾双核)，所以奔腾 E 也就是酷睿 2 的低端系列。Intel 公司之所以要那么叫一方面可能是为了纪念奔腾系列过去的成就，全面代替过去的那款蹩脚的奔腾 D；另一方面 Intel 公司同时也是想以此划分酷睿与奔腾的界限。

最初出来的酷睿双核是 1333MHz 的总线和 4MB 二级缓存，也就是 E6000 系列，性能非常好，但是由于二级缓存晶体成本比较高，造成酷睿 E6000 系列价格比较高，无法和 AMD 公司的中低端产品竞争。于是 Intel 公司将二级缓存和总线降低，推出了 800MHz 总线、2MB 二级缓存的酷睿 E4000 系列；后来又继续推出了 800MHz 总线、1MB 二级缓存的 E2000 系列，并命名为奔腾双核 E；后来又推出了 512KB 二级缓存的赛扬双核，占领低端市场。这些 CPU 的架构都是酷睿架构，所以在执行效率上没有什么区别，差别就在二级缓存和总线频率上。

CPU 总线带宽＝总线频率×总线位宽÷8，内存带宽＝内存数据频率×总线位宽÷8。现在 CPU 都是 64 位技术，所以 CPU 总线带宽＝总线频率×8，内存带宽＝内存数据频率×8。

目前酷睿双核、奔腾双核中，CPU 类型分 E 系、Q 系、T 系、P 系、L 系、U 系和 S 系。

E 系是普通的台式机的双核 CPU，功率为 65W；

Q 系就是四核 CPU，功率为 100～150W；

T 系是普通的笔记本 CPU，功率为 35W；

P 系是迅驰 5 的低电压 CPU，功率为 25W；

L 系是迅驰 4 的低电压 CPU，功率为 17W；

U 系是迅驰 4 的超低电压 CPU，功率为 5.5W；

S 系是小封装系列，SL 的功率是 12W；

Pentium Extreme 系列是酷睿双核。

那么，Intel CPU E 系列、T 系列、P 系列、Q 系列有什么区别？

(1) E系列是桌面双核系列：E1、E3是赛扬双核，E2、E5和E6是奔腾双核，E4、E7和E8是酷睿双核(其中还包括E6320～E6850这个系列)，性能从高到低是E8＞E7＞E6 ＝E5＞E4＞E2＞E1。

(2) T系列是移动系列：包括65nm酷睿双核CPU(如T7500)、45nm酷睿双核CPU(如T8100)、65nm奔腾双核CPU(如T2300)、45nm奔腾双核CPU(如T3200)。T1是赛扬双核，T2、T3和T4是奔腾双核，T5、T6、T7、T8和T9都是酷睿双核。

(3) P系列是移动节能性处理器：45nm酷睿双核CPU(如P8400)(25W)。

(4) Q系列是主流桌面四核处理器：45nm和65nm酷睿四核。

1.5.3 酷睿i系列

目前流行的是酷睿i3、i5、i7和i9。每一个系列目前都已经是第九代，部分系列已经进入第十代。2010年1月8日下午，Intel公司正式面向全球发布基于全新32nm制程的i7、i5、i3处理器产品，为第一代酷睿i系列，是Nehelem架构的经典延续。采用了革命性的微架构，具备了睿频加速技术、超线程技术、增强型的智能高速缓存与集成内存控制器等多项技术。此外，还增加了图形处理功能，即现实CPU＋GPU的整合，不但提高了PC的兼容性和稳定性，同时令高清电影的播放更流畅，画面颜色更逼真，同时，游戏运行效率也会高于以往的集成显卡。其中酷睿i7及酷睿i5-700系列均采用了原生四核心设计，同时还将三级缓存引入其中；其L1缓存的设计与酷睿微架构相同，而L2缓存则采用超低延迟的设计，不过容量大大降低，每个内核仅有256KB，新加入的L3缓存采用共享式设计，均配备了8MB的三级缓存。而新酷睿家族中的酷睿i5-600系列与酷睿i3系列产品则是采用了原生双核，通过睿频加速技术的支持与否来划分产品的定位。

根据Intel公司的“Tick-Tock”钟摆策略，在2011年年初推出全新微架构的Sandy Bridge第二代酷睿i系列。相比上一代的Nehalem微架构(即Core i5/i7)，Sandy Bridge有三大重要革新：①原生整合GPU(显示核心)，GPU就像内存控制器、PCI-E控制器一样，已成为第二代Core i3/i5/i7内部的一个处理单元，Intel称之为“核芯显卡”。核芯显卡将支持DX10特效，支持OpenGL运算，支持3D技术。②第二代睿频加速技术，CPU和GPU可以一起睿频，并且不再受TDP限制，而是受内部最高温度控制，可以超过TDP提供更大的睿频幅度，不睿频时却更节能、更智能、更高效。③在CPU、GPU、L3缓存和其他I/O之间引入全新RING(环形)总线，以保证低延迟、高效率的通信。第二代的命名方式为“Core i7/5/3 2×××”的形式，“Core”是处理器品牌，“i7/5/3”是定位标识，“2”表示第二代，“×××”是该处理器的型号。至于型号后面的字母，不带字母的是标准版，也是最常见的版本；“K”是不锁倍频版；“S”是节能版，默认频率比标准版稍低，但睿频幅度与标准版一样；“T”是超低功耗版，主打节能。第二代Core i3/i5/i7采用全新的LGA 1155接口，与LGA 1156接口并不兼容。第二代Core ix搭配的家用主板是6、7系列芯片组。

2012年4月24日Intel公司在北京正式发布了核心代号为Ivy Bridge的第三代酷睿处理器。IVB有四大革新：是Intel公司首款22nm工艺处理器；核芯显卡升级为HD Graphics 4000，是Intel公司首款支持DX11的GPU核心；首次内建了USB 3.0功能；增加了对于PCI-E 3.0的支持，这样主板上绝大部分PCI-E插槽都由CPU直联，减少了内存和芯片组的过渡，延迟更低、响应时间更短，性能也因此提升。第三代的命名为“Core i7/5/

3 3×××”的形式。这种命名方式延续至今。

习题

1-1　解释和区别下列术语：

(1) 微处理器(MP)、微计算机(MC)、微处理器系统(MPS)、微计算机系统(MCS)。

(2) 硬件和软件。

(3) 系统软件、中间件和应用软件。

(4) 芯片总线、片总线、内总线和外总线。

(5) 机器语言、汇编语言和高级语言。

(6) 汇编语言程序和汇编程序。

(7) 汇编和手编。

(8) 监控程序和操作系统。

1-2　画出典型的(8 位)微处理器系统的结构框图，说明各组成部分的作用。

1-3　试比较微计算机和一般电子计算机在结构上的异同点。

1-4　试述微计算机应用层次的灵活性，概括说明各应用层次应做的工作。

1-5　列出 IBM PC/XT 微计算机主板所用芯片及主要作用。

1-6　试说明 P4 微计算机主板上的芯片组北桥和南桥的主要功能。

1-7　找一个微机主板，观察主板上的各个插槽，了解对应接插件的功能，并与书中图 1-6 Intel DX38BT 主板相比较。

1-8　各类微计算机之间的最大不同的关键是基于什么不同？

第2章 80X86微处理器

在微处理器领域，Intel 系列 CPU 产品一直占据着主导地位。8086 是 Intel 公司于 1978 年设计的一个 16 位微处理器芯片，是 X86 架构的鼻祖。一年后，Intel 公司推出了 8088。8086 与 8088 在内部结构上基本相同，同属于 16 位微处理器范畴。后续的 80286、80386、80486 以及 Pentium 系列 CPU 都是经典 8086/8088 的延续与提升。

本章重点：

- 掌握 8086 CPU 的内部结构与寄存器组织，了解 CPU 引脚功能；
- 掌握 8086 存储器组织的基本结构和 I/O 端口的编址方式；
- 了解最小/最大模式的概念和系统组建，了解系统三总线结构的形成；
- 理解 CPU 总线读/写操作时序。
- 理解 80386、80486 的系统结构。

2.1 微处理器的主要性能指标

1. 主频

主频是 CPU 工作的时钟频率，单位是 Hz。CPU 的主频＝外频×倍频系数。它决定了计算机的运行速度。随着计算机的发展，主频由过去的 MHz 发展到了现在的 GHz(1GHz＝1024MHz)。通常来讲，在同系列微处理器中，主频越高就代表计算机的运算速度也越快，但对于不同类型的处理器，它只能作为一个参数来作参考。CPU 的运算速度还要看 CPU 的流水线等各方面的性能指标，主频仅仅是 CPU 性能表现的一个方面，而不代表 CPU 的整体性能。

2. 外频

外频是 CPU 乃至整个计算机系统的基准频率，是 CPU 与主板之间同步运行的速率。在早期的计算机系统中，外频也是内存与主板之间的同步运行速度。计算机系统中大多数硬件的频率都是在外频的基础上，乘以一定的倍数来实现。

3. 倍频系数

CPU 的工作频率与外频之间存在着一个比值关系，这个比值就是倍频系数，简称倍频。

原先并没有倍频的概念。CPU 的主频和系统总线的速度是一样的。随着 CPU 的速度越来越快,倍频技术也就应运而生。它可使系统总线工作在相对较低的频率上,而 CPU 速度可以通过倍频来无限提升。理论上倍频是从 1.5 一直到无限的,但现在 CPU 的倍频很多已经被锁定,无法修改。

4. 位和字长

位:CPU 运算使用的是二进位制——0 和 1,一个 0 或一个 1 叫一位,8 个位组成一个字节,2 个字节组成 1 个字(16 位)。

字长:计算机在同一时间内处理的一组二进制数的位数称为计算机的"字长"。在其他指标相同时,字长越大计算机处理数据的速度就越快。早期的微机字长一般是 8 位和 16 位,386 以及更高的处理器大多是 32 位。目前市面上计算机的处理器大部分已达到 64 位。

5. 高速缓存

早期计算机的 CPU 与主存的工作速度较为接近,主存的速度并不影响整机的运算速度。随着 IC 设计和半导体制造工艺的发展,CPU 的运行速度远高于主存的速度。为解决高速 CPU 与低速内存之间的速度差异,最经济、有效的方法是在两者之间插入容量不大但操作速度很高的存储器——高速缓存(cache),起到缓冲作用,使 CPU 既可以较快速度存取 cache 中的数据,又不使系统成本过高。高速缓存大小已成为 CPU 的重要指标之一。

6. 工作电压

工作电压指的是 CPU 正常工作所需的电压。早期 CPU(386、486)由于工艺落后,其工作电压一般为 5V,发展到奔腾 586 时,已经是 3.5、3.3、2.8V 了。随着 CPU 制造工艺的提高,CPU 的工作电压有逐步下降的趋势,如当前使用的 Intel 酷睿 i7 3960X 已经采用 1.18V 的内核电压。低电压能解决耗电过大和发热过高的问题,这对于笔记本电脑尤其重要。

7. 制造工艺

在生产 CPU 过程中,要加工各种电路和电子元件,制造导线连接各个元器件。其生产的精度过去以微米(μm)来表示,精度越高,生产工艺越先进,在同样的材料中可以制造更多的电子元件,连接线也越细,可以极大地提高 CPU 的集成度和工作频率。0.18μm 的生产工艺 CPU 可达到 GHz 的水平。从 Pentium 4 开始,制作工艺采用纳米(nm)为单位,现在主要应用的是 65nm、45nm、32nm、28nm、14nm 技术。

2.2 8086/8088 微处理器

2.2.1 8086/8088 微处理器的内部结构

8086 与 8088 的内部结构基本相同,主要区别是 8086 的外部数据总线是 16 位的,而 8088 的外部数据总线是 8 位的。从功能上讲,8086 CPU 内部有两个独立的功能部件,即执行单元(execution unit,EU)和总线接口单元(bus interface unit,BIU),其内部结构框图如图 2-1 所示。

1. 执行单元

执行单元(EU)的主要功能是负责指令的执行,而不与外部总线打交道。EU 执行的指

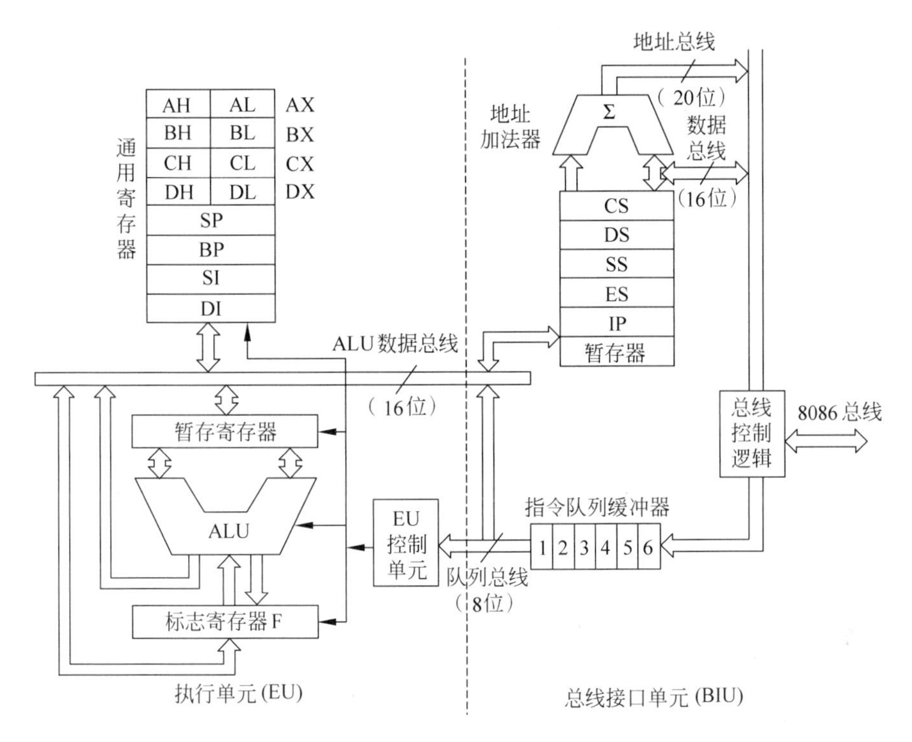

图 2-1 8086 CPU 的内部结构框图

令从 BIU 的指令队列缓冲器中取得，执行指令的结果或执行指令所需要的数据，都由 EU 向 BIU 发出请求，由 BIU 向存储器或 I/O 端口存取。

EU 包括 1 个 16 位的算术逻辑运算单元、1 个 16 位的标志寄存器、8 个 16 位的通用寄存器、1 个数据暂存寄存器和执行单元控制电路。

(1) 16 位的算术逻辑运算单元(arithmatic and logic unit，ALU)。可用于 8 位、16 位二进制算术和逻辑运算，也可按指令的寻址方式计算出寻址单元的 16 位偏移量。

(2) 16 位的标志寄存器(flag，F)。用来反映 CPU 运算的状态特征和存放某些控制标志。

(3) 通用寄存器组。用于暂存中间数据及其他一些重要信息。

(4) 数据暂存寄存器。协助 ALU 完成运算，暂存参加运算的数据。

(5) 执行单元控制电路。是执行指令的控制电路，接收从 BIU 指令队列取来的指令，经过指令译码形成各种定时控制信号，对 EU 的各个部件实现特定的定时操作。

2. 总线接口单元

总线接口单元(BIU)是 8086 CPU 与存储器、I/O 设备之间的接口部件，主要功能是根据执行单元(EU)的请求，负责完成 CPU 与存储器或 I/O 设备之间的数据传送。其具体任务是：BIU 负责从存储器的指定单元取出指令，送至指令队列中排队或直接传送给 EU，或者把执行单元的操作结果传送到指定的存储单元或外设端口中。

BIU 由 20 位地址加法器、4 个 16 位段寄存器、1 个 16 位指令指针(IP)、指令队列缓冲器和总线控制电路等组成。

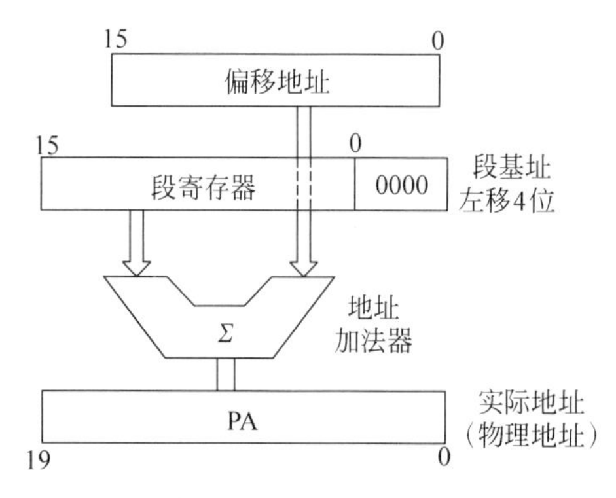

图 2-2 实际地址(物理地址)产生过程

(1) 地址加法器和段寄存器。8086 CPU 有 20 根地址线可直接寻址 1MB 存储器物理空间,但内部寄存器只有 16 位,无法直接产生 20 位的寻址信息。如何用 16 位的寄存器实现对 20 位地址的寻址呢?这里采用了"段加偏移"的方法,即将有关段寄存器内容左移 4 位后,与 16 位偏移地址相加,形成 20 位的实际地址(又称为物理地址(physical address,PA)),以对存储单元寻址。图 2-2 所示为利用地址加法器产生实际地址的过程。例如,在取指令时,由指令指针(IP)提供 16 位的偏移地址,代码段寄存器(CS)左移 4 位后的内容与 IP 的值相加,形成 20 位的实际地址,送到总线上实现取指令的寻址。

即:物理地址(PA)=段基址×10H+偏移地址(EA)

注意:

- 段基址:一个逻辑段的起始地址(16b)。每一个逻辑段的段基址存放在相应的段寄存器中。
- 偏移地址(又称有效地址(effective address,EA)):段内一个存储单元到达段起始地址的距离(16b)。
- 物理地址(PA):存储单元的实际地址(20b)。

(2) 16 位的指令指针(instruction pointer,IP)。用于保存 EU 要执行的下一条指令的偏移地址。

(3) 指令队列缓冲器。是用来暂存指令的一组暂存器,由 6B 的寄存器组成,最多可同时存放 6B 的指令。采用"先进先出"原则,顺序存放,顺序被取到 EU 中去执行。

(4) 总线控制电路。总线控制电路将 8086 CPU 的内部总线和外部总线相连,是 8086 CPU 与存储器或 I/O 端口进行数据交换的必经之路。它包括 16 位数据总线、20 位地址总线和若干条控制总线,CPU 通过这些总线与外部取得联系,从而构成各种规模的微计算机系统。

3. EU 和 BIU 的动作管理

EU 和 BIU 这两个功能部件在很多时候可以并行工作,使取指令、指令译码和执行指令构成作业流水线。每当指令队列中出现空字节,BIU 就自动从存储器取出指令,存于指令队列,供 EU 执行。这样,在一条指令执行的过程中,就可以预取下一条(或多条)指令,从而减少了 CPU 为取指令而等待的时间,提高了 CPU 的效率,加快了系统的运行速度。

2.2.2 8086/8088 的寄存器结构

寄存器是 CPU 用来暂存地址、数据、状态标志信息的部件,对于微机应用系统的开发者来说,掌握寄存器结构是正确使用 8086 的关键。8086/8088 CPU 内部共有 14 个 16 位寄存器(见图 2-3),按用途,将它们分成 4 组进行介绍。

1. 通用寄存器

通用寄存器可分为两组:数据寄存器、地址指针与变址寄存器。

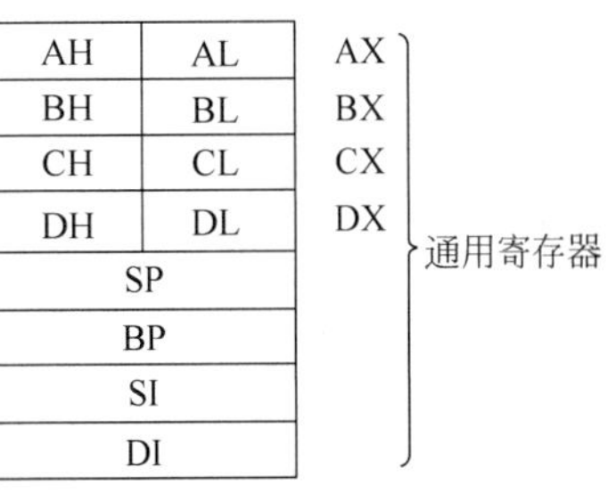

图 2-3 8086/8088 CPU 的寄存器结构

1）数据寄存器

数据寄存器包括 AX、BX、CX 和 DX 4 个 16 位寄存器，它们中的每一个又可根据需要将高 8 位和低 8 位分成独立的两个 8 位寄存器来使用。在多数情况下，数据寄存器用在算数和逻辑运算指令中存放数据，此外它们还有各自的特殊用途，被系统隐含使用。

AX——AH(高)、AL(低)累加器(accumulator)

BX——BH(高)、BL(低)基址寄存器(base address register)

CX——CH(高)、CL(低)计数器(counter)

DX——DH(高)、DL(低)数据寄存器(data register)

2）地址指针和变址寄存器

地址指针和变址寄存器包括 SP、BP、SI 和 DI，前两个是地址指针寄存器，后两个是变址寄存器，它们只能按 16 位进行操作。这组寄存器在功能上的共同点是，在对存储器操作数寻址时，存放了段内偏移地址的全部或一部分，用于形成 20 位的实际地址 PA，后面讨论寻址方式时将进一步说明。

SP——堆栈指针寄存器(stack pointer)

BP——基址指针寄存器(base pointer)

SI——源变址寄存器(source index)

DI——目的变址寄存器(destination index)

SP 和 BP 都用来指出存放于当前堆栈段中的数据所在的地址。SP 保存堆栈栈顶的偏移地址，与段寄存器 SS 配合来确定堆栈在内存中的位置。而 BP 则存放位于堆栈段中一个数据区的基地址，专门用于访问堆栈段中的某个数据。

SI 和 DI 变址寄存器用来存放当前数据段中数据的偏移地址。例如，在字符串操作指令中，常用于指示存放操作数物理地址中的偏移量，SI 存放源操作数的偏移地址，DI 存放目的操作数的偏移地址。

地址指针与变址寄存器主要用来存放地址，但也可以像数据寄存器那样，存放 CPU 常用数据。总体而言，通用寄存器用于存放 CPU 要进行处理的常用数据或地址，因而减少了访问存储器或 I/O 端口的次数，可以有效提高数据处理速度。

2. 段寄存器

存储器存放的信息通常按特征分为程序指令信息、数据信息和堆栈信息三大类。程序指令信息用以指示 CPU 应执行何种操作；数据信息是程序执行中要处理的对象；而堆栈信息是指需要压入堆栈的数据、状态信息、返回地址和中间结果等。8086/8088 CPU 系统中，把 1MB 的空间划分为若干个逻辑段，每个段最多 64KB。CPU 按所存储信息不同，可使用 4 个逻辑段。为寻址这 4 个逻辑段，8086/8088 CPU 内部设计了 4 个 16 位的段寄存器用于存放当前可访问的 4 个逻辑段的段基址（段起始地址的高 16 位）。它们分别是：

(1) CS：代码段寄存器(code segment)，存放当前执行程序所在段的段基址。其内容左移 4 位再加上指令指针(IP)的内容，就形成下一条要执行的指令存放的实际物理地址。

(2) DS：数据段寄存器(data segment)，存放当前数据段的段基址。其内容左移4位再加上按指令中存储器寻址方式计算出来的偏移地址，即为数据段指定的单元进行读写的地址。

(3) SS：堆栈段寄存器(stack segment)，存放当前堆栈段的段基址。其内容左移4位加上SP的内容形成存放在堆栈中的操作数存放地址。

(4) ES：附加段寄存器(extended segment)，存放当前附加段的段基址。附加段实际是一个附加数据段，同样用于存放数据信息，特别是在进行字符串操作指令时作为目的区使用。其内容左移4位再加上偏移地址即为存放操作数的实际地址。

3. 指令指针IP

IP是一个16位的地址指针寄存器，用来存放下一条即将执行的指令的段内偏移地址。程序不能直接读写IP，但在程序运行中IP会被自动修改。当执行顺序程序时，BIU从内存中每取一个指令字节，IP自动加1指向BIU要取的下一条指令(或字节)的偏移地址。而需要改变程序执行顺序时，IP的内容也可以被转移、调用、返回等指令强迫改写。

4. 标志寄存器FLAGS

8086/8088 CPU设有一个16位的标志寄存器，但仅使用了其中的9个位，6个位是状态标志，3个位是控制标志，各位定义如图2-4所示。

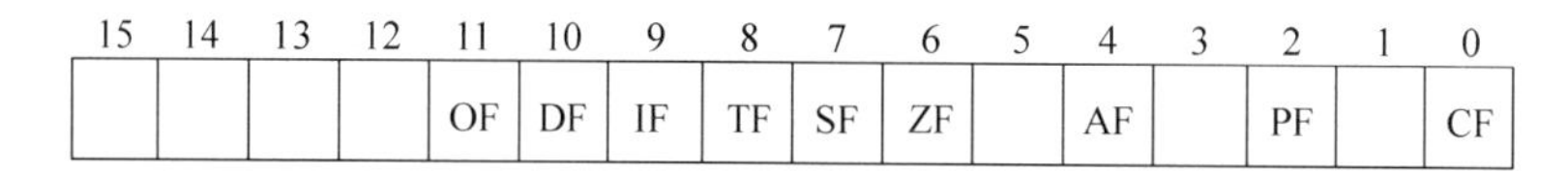

15	14	13	12	11	10	9	8	7	6	5	4	3	2	1	0
				OF	DF	IF	TF	SF	ZF		AF		PF		CF

图2-4 8086/8088标志寄存器的标志位

1) 状态标志

状态标志位用来记录程序运行结果的状态信息，许多指令的执行都将对它进行相应设置。状态标志位反映了EU执行算术和逻辑运算后的结果特征，依靠这些标志位可以控制后续指令的走向。

(1) CF(carry flag) 进位标志。

当执行一个加法或减法运算使最高位产生进位或借位时，CF=1，否则CF=0。

(2) PF(parity flag) 奇偶标志。

当操作数结果的低8位中含有偶数个1时，PF=1，否则PF=0。

(3) AF(auxiliary carry flag) 辅助进位标志。

当执行一个加法或减法运算使结果的低字节的低4位向高4位(D3位向D4位)进位或借位时，AF=1，否则AF=0。

(4) ZF(zero flag) 零标志。

反映运算结果是否为零的标志。若运算结果各位都为零，则ZF=1，否则ZF=0。

(5) SF(sign flag) 符号标志。

它总是和结果的最高位(字节操作时是D7，字操作时是D15)相同。若用补码表示的带符号数运算结果的最高位为1时，则SF=1，否则SF=0。

(6) OF(overflow flag) 溢出标志。

当带符号数的加法或减法运算中结果超出8位或16位符号数所表示的数值范围

(−128～127 或−32768～32767)时，产生溢出使 OF=1，否则 OF=0。

溢出的判断方法可用下式实现：OF=Cs⊕Cp，式中 Cp 为次高位向最高位的进位或借位，Cs 为最高位的进位或借位。若运算的结果 OF=1，说明两者进位或借位情况不同，有溢出产生；若 OF=0，说明两者进位或借位情况相同，无溢出产生。

值得注意的是，OF 是用于带符号数的溢出检测，而对于无符号数而言，结果是否超出了数值表示范围应该使用 CF 标志位判断。例如以 8 位数 06H 与 FCH 相加为例，其运算结果为 02H，根据前述方法运算后的标志位为 OF=0，CF=1，如果把它们看作带符号数，运算结果没有溢出，而若把它们看作无符号数，则发生了溢出。因此，应根据程序中进行运算的数据类型——是带符号数还是无符号数，来决定所用的溢出检测标志。

2）控制标志

控制标志是用于控制 CPU 工作方式或工作状态的标志，用户可以通过指令设置或清除。

(1) DF(direction flag)　方向标志。

方向标志(DF)用于控制字符串操作指令的步进方向，它决定串地址是增量还是减量。DF=1 时，字符串操作指令将以地址递减的顺序对字符串进行处理；DF=0 时，字符串操作指令将以地址递增的顺序对字符串进行处理。

(2) IF(interrupt enable flag)　中断允许标志。

它是可屏蔽中断能否被系统响应的控制位。若 IF=1，则开启中断，允许 CPU 响应可屏蔽中断；若 IF=0，则表示关闭中断，禁止 CPU 响应可屏蔽中断。对于不可屏蔽中断及内部中断，IF 不起作用。

(3) TF(trap flag)　陷阱标志或单步操作标志。

它是为调试程序方便而设置的。若 TF=1，则使 8086/8088 CPU 进入单步工作方式，在这种工作方式下，CPU 每执行完一条指令，就自动产生一个内部中断(单步中断)，转去执行一个中断服务程序，将每条指令执行后 CPU 内部寄存器的情况显示出来，程序员借助该中断服务程序可以检查每条指令执行的结果；当 TF=0 时，CPU 正常执行程序。

2.3　8086/8088 的引脚及功能

8086/8088 CPU 有 40 条引脚，采用双列直插式(DIP)封装形式，如图 2-5 所示。由于受引脚数量的限制，8086/8088 CPU 采用了分时复用的地址/数据总线，所以有一部分引脚具有双重功能。还有一部分引脚将根据 8086/8088 工作模式的不同，体现不同的功能。功能的转换由 33 号引脚 MN/$\overline{\text{MX}}$ 进行控制。

2.3.1　8086/8088 两种模式下定义相同的引脚

8086/8088 的引脚图如图 2-5 所示，24～31 引脚在不同工作模式下有不同的定义，括号中的引脚为最大模式功能。下面先讨论两种模式下定义相同的引脚。

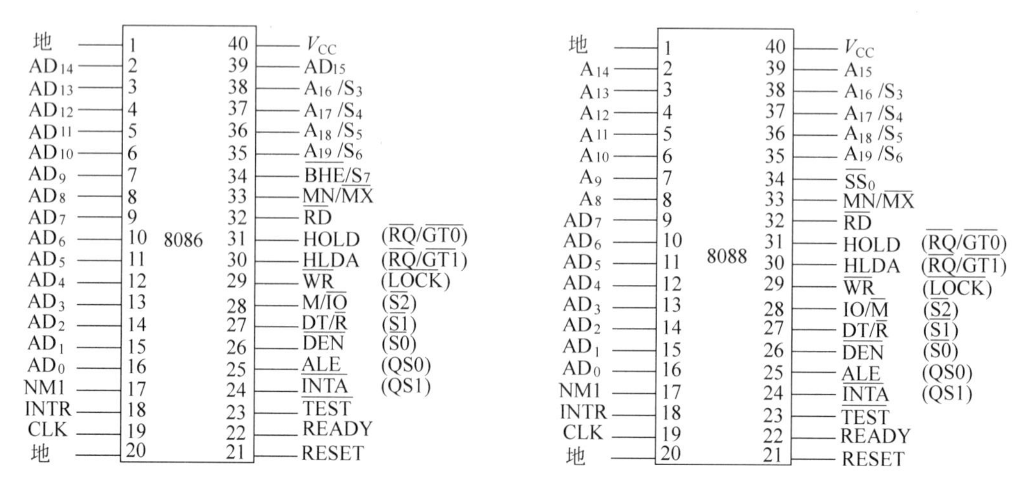

图 2-5 8086 和 8088 引脚图

1. 地址/数据总线 AD_{15}～AD_0(双向、三态)

AD_{15}～AD_0 为地址/数据复用引脚,采用分时的方法,先输出用于访问存储器或 I/O 端口的地址信息 A_{15}～A_0,再作为与存储器或 I/O 端口交换的数据信息 D_{15}～D_0。地址和数据信息的分时传送是由 CPU 内的多路开关实现的,而由于 8086 CPU 先输出地址信息,其余时间用来传送数据,因此,芯片外部要配置一个地址锁存器(如 8282 地址锁存器)以锁存先在 16 条地址线(AD_{15}～AD_0)上出现的地址信息。

2. 地址/状态总线 A_{19}/S_6～A_{16}/S_3(输出、三态)

A_{19}/S_6～A_{16}/S_3 为地址/状态复用引脚,这些引脚也采用多路开关分时输出,先输出用于访问存储器的 20 位地址的高 4 位 A_{19}～A_{16},再输出 CPU 的一些工作状态信息。S_6 始终保持低电平;S_5 指示中断允许标志 IF 的当前设置;S_4、S_3 状态结合起来指示当前正在使用的是哪个段寄存器,如表 2-1 所示。

表 2-1 S_4、S_3 的代码组合和对应的状态

S_4	S_3	当前正在使用的段寄存器
0	0	ES
0	1	SS
1	0	CS 或未用
1	1	DS

3. 控制信号线

1) $\overline{BHE}/S_7$ 高 8 位数据总线允许/状态(输出、三态)

$\overline{BHE}$ 用来对以字节组织的存储器和 I/O 端口实现高位和低位字节的选择,低电平有效。当 $\overline{BHE}/S_7$ 引脚输出 $\overline{BHE}$ 信号时,表示高 8 位数据线 D_{15}～D_8 上的数据有效。S_7 为备用状态信号,在当前的 8086/8088 系统中未被定义。

2) $\overline{RD}$ 读控制信号线(输出、低电平有效、三态)

当 $\overline{RD}$ 有效,表示 CPU 正在进行读存储器单元或读 I/O 端口的操作。具体到底是读存储器单元还是I/O端口中的数据,取决于$M/\overline{IO}$(8086)或$IO/\overline{M}$(/8088)信号。

3) READY 准备好信号(输入、高电平有效)

它是由CPU所访问的存储器或I/O端口发来的响应信号。该信号有效时,表示被访问的存储器或I/O端口已准备就绪,马上就可进行一次数据传送。

4) $\overline{TEST}$ 等待测试信号(输入、低电平有效)

$\overline{TEST}$信号是和WAIT指令结合起来使用的。当CPU执行WAIT指令时,它就进入空转等待状态,并且每隔5个时钟周期对该线的输入进行一次测试;若$\overline{TEST}$=1时,CPU继续等待,重复执行WAIT指令,直至$\overline{TEST}$=0时,等待状态结束,继续执行下一条指令。

5) INTR 可屏蔽中断请求信号(输入、高电平有效)

当INTR=1时,表示外设向CPU发出中断请求,若此时中断允许标志IF=1(开中断),则CPU在结束当前指令周期后响应中断请求,转去执行中断服务程序;若IF=0(关中断)时,则外设的请求被屏蔽,CPU不响应中断。

6) NMI 非屏蔽中断请求信号(输入、上升沿触发)

该信号不受中断允许标志IF的影响,也不能用软件进行屏蔽,只要此信号一出现,CPU就在现行指令结束以后,执行对应的非屏蔽中断处理程序。

7) RESET 复位信号(输入、高电平有效)

8086/8088要求复位脉冲的宽度不得小于4个时钟周期,复位信号的到来,将立即结束CPU的当前操作,内部寄存器恢复到初始状态,如表2-2所示。

CPU复位之后,将从FFFF0H单元开始取出指令,通常,在安排存储器区域时,将高地址区作为只读存储区,而且,在FFFF0H单元开始的几个单元中放一条无条件转移指令,转到一个特定的程序中,实现系统初始化、引导监控程序或者引导操作系统等功能。

表2-2 复位后内部寄存器的状态

内部寄存器	状 态
指令队列缓冲器	清空
标志寄存器	清零
IP	0000H
CS	FFFFH
其他寄存器	0000H

8) CLK 系统时钟(输入)

它为CPU和总线控制电路提供基准时钟,8086/8088要求时钟信号的占空比为1∶2,即1/3周期为高电平,2/3周期为低电平。

9) $MN/\overline{MX}$ 最小/最大模式信号(输入)

当$MN/\overline{MX}$引脚接+5V时,则CPU工作于最小模式;若该引脚接地时,则CPU工作于最大模式。

4. 电源线V_{CC}和地线GND

电源线V_{CC}接入的电压为+5V×(1±10%),8086有两条GND线,均应接地。

5. 8086 CPU与8088 CPU的区别

8086 CPU和8088 CPU的内部结构基本相同,软件方面也完全兼容,但它们在芯片上有所区别,归纳起来有以下几点。

(1) 外部数据总线位数不同。8086是16位数据总线,一个总线周期内可以输入/输出一个16位的数据;而8088是8位数据总线,一个总线周期内只能输入/输出一个8位数据。

(2) 引脚特性不同。8086的$M/\overline{IO}$高电平为存储器操作,低电平为外设IO操作,8088

则正好相反。8086 的 34 引脚定义为 $\overline{BHE}/S_7$ 引脚,而 8088 的 34 引脚定义为 $\overline{SS_0}$。

(3) 指令队列缓冲器容量不同。8086 指令队列缓冲器有 6 个字节,而 8088 指令队列缓冲器只能容纳 4 个字节。

2.3.2 8086/8088 的工作模式

为了适应各种应用场合,8086/8088 CPU 提供两种不同的工作模式:最小模式和最大模式。

最小模式适用于较小规模的单处理器系统。系统中只有一个 CPU,所有的总线控制信号都直接由 CPU 提供。系统中总线控制逻辑电路被减到最少。

最大模式适用于大、中型规模的微处理器系统。系统中有多个微处理器,其中一个主处理器,其他为协处理器。与 8086 配合的协处理器有两个:一个是数值运算协处理器 8087;另一个是输入/输出协处理器 8089,它有一套专门用于输入/输出操作的指令系统,独立于 8086,直接作为输入/输出设备使用。在最大模式下,系统中的总线控制信号由 8288 总线控制器产生。

8086/8088 工作在何种工作模式,由设计者根据应用场合来决定。当微处理器的引脚 MN/$\overline{MX}$ 接高电平时,工作在最小模式;当 MN/$\overline{MX}$ 接低电平时,则工作在最大模式。

2.3.3 8086/8088 工作模式下的系统结构

1. 8086/8088 最小模式时的系统结构

当 8086 的第 33 引脚 MN/$\overline{MX}$ 固定接到+5V 时,就处于最小工作模式。

8086/8088 最小模式系统如图 2-6 所示,其典型配置如下:

(1) MN/$\overline{MX}$ 端接+5V,决定了 8086/8088 工作在最小模式。

(2) 有一片 8284A,作为时钟发生器。

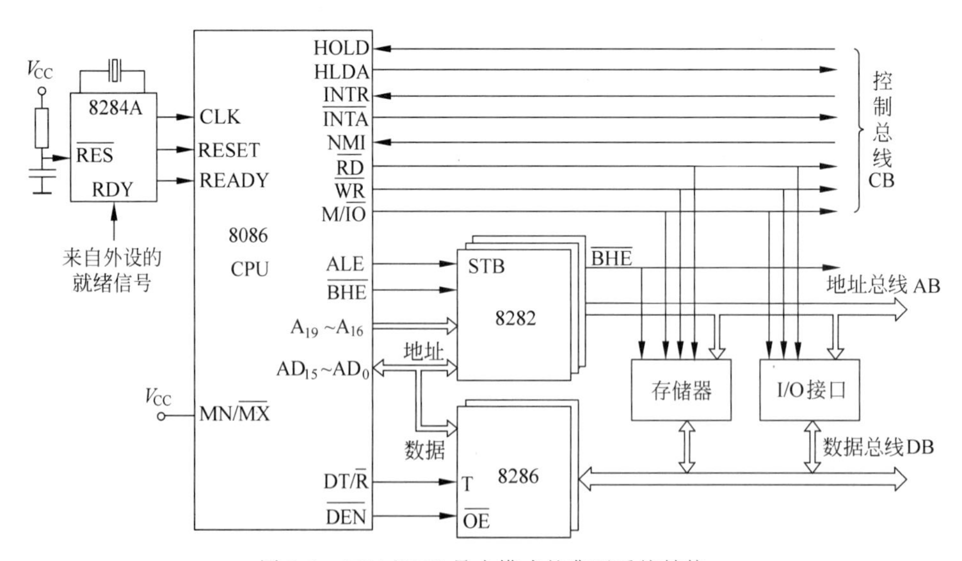

图 2-6 8086/8088 最小模式的典型系统结构

（3）有三片 8282 或 74LS373，作为地址锁存器。

（4）当系统中所连接的存储器和外设比较多时，需要增加系统数据总线的驱动能力，这时，可用两片 8286 作为数据收发器。

1）8284A 时钟信号发生器

8284A 是 Intel 公司专为 8086 设计的时钟发生器，能产生 8086 所需的频率恒定的系统时钟信号（即主频），并对外界输入的 READY 信号和 RESET 信号进行同步。8284A 外接 15MHz 或 14.31818MHz 振荡源，经 8284A 三分频后，送给 CPU 作系统时钟。

2）8282 地址锁存器

Intel 公司的 8282 是 8 位带锁存器的单向三态不反相的缓冲器，用来锁存 8086 访问存储器或 I/O 端口时，于总线周期 T_1 状态下发出的地址信号。8086 有 20 位地址信号 A_{19}～A_0，一位高位数据线使能信号 $\overline{BHE}$，因此，采用 3 片 8282 对地址信号进行锁存。经 8282 锁存后的地址信号可以在整个周期保持不变，为外部提供稳定的地址信号。

由图 2-6 可知，在系统中，用 8086 的 ALE（地址锁存允许信号）作 STB（锁存选通信号），$\overline{OE}$ 为输出允许信号，当 $\overline{OE}$ 为低电平时，8282 的输出信号 DO_7～DO_0 有效。在 8086 单处理器系统中，将 $\overline{OE}$ 接地保持常有效。这样，当且仅当 ALE 有效信号到来时，8086 的地址信号才被 8282 锁存并以同相方式传至输出端，供存储器芯片或 I/O 接口芯片使用。

3）8286 总线收发器

当一个系统中所含的外设接口较多时，数据总线上需要有发送器和接收器来增加驱动能力。发送器和接收器简称为收发器，也常常称为总线驱动器。Intel 系列芯片的典型收发器为 8 位的 8286。所以，在数据总线为 16 位的 8086 系统中，需要用两片 8286。

Intel 公司的 8286 是 8 位双向三态不反相缓冲器，采用 20 引脚的 DIP 封装。

8286 具有两组对称的数据引线。$\overline{OE}$ 和 T 则是缓冲器的三态控制信号。$\overline{OE}$ 为允许输出控制信号，此信号决定了是否允许数据通过 8286，低电平有效；T 为传送方向控制信号，高电平有效。在 8086 系统中，$\overline{OE}$ 端与 CPU 的 $\overline{DEN}$ 相连，T 端与 CPU 的 DT/$\overline{R}$ 端相连，故有：

（1）当 $\overline{DEN}$＝0（有效）时，如果 DT/$\overline{R}$＝1，则 CPU 进行数据输出（A→B）；

（2）当 $\overline{DEN}$＝0（有效）时，如果 DT/$\overline{R}$＝0，则 CPU 进行数据输入（A←B）。

当系统中 CPU 以外的主控制器对总线有请求，并且得到 CPU 允许时，CPU 的 $\overline{DEN}$ 和 DT/$\overline{R}$ 端呈现高阻状态，从而使 8286 各输出端也成为高阻状态。

2．8086/8088 最大模式时的系统结构

当 MN/$\overline{MX}$ 引脚接地，则 8086 工作在最大模式。最大模式就是多处理器系统模式，此时系统中可以有两个或多个微处理器，其中有一个是主处理器 8086/8088，其他的处理器称为协处理器，它们协助主处理器工作。

1）最大模式下的典型结构

8086/8088 最大模式系统如图 2-7 所示，其典型配置如下：

（1）MN/$\overline{MX}$ 端接地，决定了 8086 工作在最大模式；

（2）有一片 8284A，作为时钟发生器；

（3）有三片 8282 或 74LS373，作为地址锁存器；

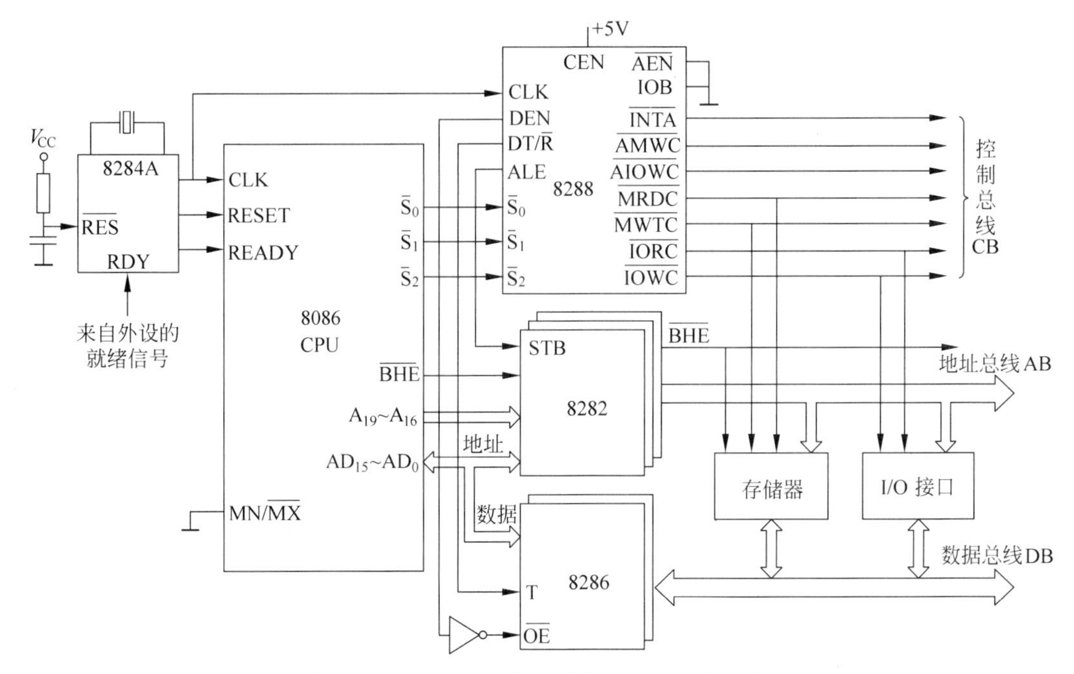

图 2-7 8086/8088 最大模式的典型系统结构

(4) 有两片 8286,作为总线收发器;

(5) 有一片 8288 总线控制器;

(6) 若再加入 8289 总线仲裁器,可构成多处理器系统。

最大模式与最小模式的主要区别是在最大模式下增加了 8288 总线控制器,系统的许多控制信号不再由 8086 直接产生,而是由总线控制器 8288 对 8086 发出的控制信号进行变换和组合,以得到各种总线控制信号。在最大模式下,一般包含两个或多个处理器,需要解决主处理器和协处理器之间的协调工作以及对总线的共享控制权,8288 总线控制器就用来完成这种功能。

最大模式系统既可以是规模较大的单处理器系统,也可以是多处理器系统。最大模式系统的其他组件,例如协处理器 8087 或 8089、总线仲裁器 8289、中断控制器 8259 等根据实际应用系统的需要选配。这里重点讨论 8288 总线控制器及其与系统的连接。

2) 总线控制器 8288

总线控制器 8288 由状态译码电路、控制逻辑、命令信号发生器以及控制信号发生器组成,与此对应,8288 对外连接的信号也分成了四组。它接收 8086 执行指令时提供的状态信号 $\overline{S}_2$、$\overline{S}_1$、$\overline{S}_0$,在时钟信号 CLK 控制下,译码产生各种命令信号和控制信号。

$\overline{MRDC}$、$\overline{MWTC}$ 是存储器读/写控制信号,$\overline{IORC}$、$\overline{IOWC}$ 是 I/O 端口读/写控制信号,$\overline{AMWC}$、$\overline{AIOWC}$ 是超前写内存命令和超前写 I/O 命令,其功能与 $\overline{MWTC}$、$\overline{IOWC}$ 相同,只是将超前一个时钟周期发出,可用它们来控制速度较慢的外设或存储器芯片,得到一个额外的时钟周期去执行写操作。

8288 提供两种工作方式,由 IOB 信号决定。当 IOB 接地时,系统为单处理器工作的方式;当 IOB 接+5V 时,系统为多处理器工作方式。

2.4 8086/8088 的总线操作时序

2.4.1 基本概念

1. 时序

总线操作时序是指 CPU 通过总线进行操作（读/写、释放总线、中断响应）时，总线上各信号之间在时间上的配合关系。时序指明了 CPU 内部以及内部与外部互连所必须遵守的规律，掌握 CPU 的操作时序有助于进一步了解系统的总线功能，弄清楚 CPU 与存储器以及各种外设之间如何进行时序配合完成数据传送，以便更好地掌握微处理器的工作原理，优化程序设计。

2. 时钟周期、总线周期、指令周期

8086 CPU 工作时是在统一的时钟脉冲控制下，一个节拍一个节拍地工作。CPU 执行指令时涉及 3 种周期：时钟周期、总线周期、指令周期。

时钟周期是 CPU 的基本时间计量单位，由计算机主频决定（主频的倒数）。例如 8086 CPU 的主频为 5MHz，一个时钟周期就是 200ns。一个时钟周期又称为一个 T 状态。

总线周期是 CPU 通过系统总线对存储器或 I/O 端口进行一次访问所需的时间。根据总线操作功能的不同，总线周期又分为存储器读周期、存储器写周期、I/O 读周期和 I/O 写周期等。一个基本的总线周期由 4 个时钟周期组成，称为 T_1、T_2、T_3 和 T_4。8086 CPU 的总线周期如图 2-8 所示。如果访问的存储器或外设的速度较慢，CPU 会在 T_3 之后插入一个或多个 T_W 等待状态，直到 READY 引脚检测到有效的"准备就绪"信号，CPU 才会脱离 T_W 状态而进入 T_4 状态。如果一个总线周期之后，不立即执行下一个总线周期，则系统处于空闲状态，执行空闲周期 T_i，空闲周期可包含一个或多个时钟周期。

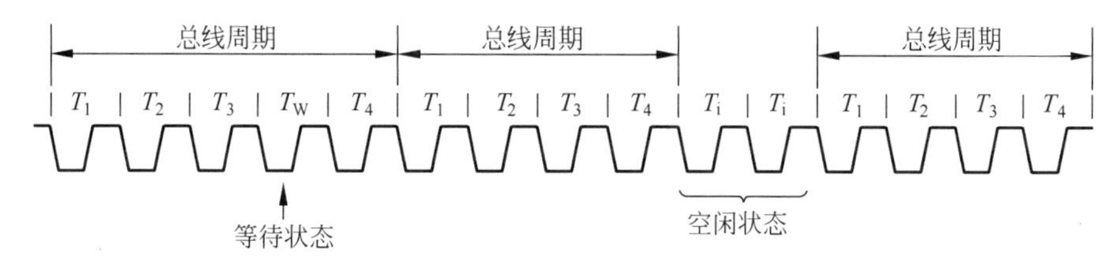

图 2-8 8086 CPU 的总线周期

指令周期是执行一条指令所需要的时间。一个指令周期由一个或若干个总线周期组成，不同指令的指令周期不等长，最短为一个总线周期，长的指令周期，如最长的 16 位乘法指令执行约需要 200 个时钟周期。

综上所述，一条指令周期由若干个总线周期组成，而每一个总线周期又至少由 4 个时钟周期组成，由此建立了指令周期、总线周期、时钟周期的关系。

2.4.2 最小模式下的总线操作时序

8086 CPU 为了与存储器或 I/O 端口交换数据，需要执行一个总线周期，即完成一次总线操作。下面以典型的写总线周期、读总线周期为例，介绍最小模式下的总线周期序列。

1. 最小模式下的总线写周期时序

写操作周期是指 CPU 将数据写入存储器或 I/O 端口的总线周期，其时序如图 2-9 所示。

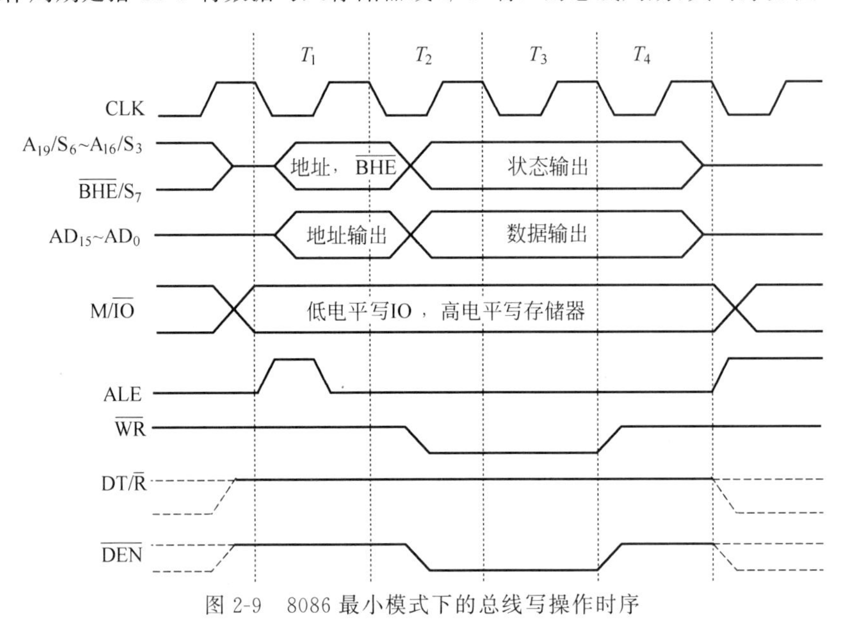

图 2-9　8086 最小模式下的总线写操作时序

T_1 状态：输出地址信息，若访问存储器则输出 20 位地址 $A_{19}\sim A_0$，若访问 I/O 端口则输出 16 位地址 $A_{15}\sim A_0$；发出存储器/输入输出控制信号 M/$\overline{IO}$，用于指明当前操作对象是存储器(M/$\overline{IO}$=1)还是 I/O 端口(M/$\overline{IO}$=0)；ALE 输出正脉冲，表明复用总线上输出的是地址信息，8282 地址锁存器利用 ALE 的下降沿将总线上地址信息及 $\overline{BHE}$ 信号进行锁存。DT/$\overline{R}$ 用来控制 8286 总线收发器的数据传输方向，在整个总线周期中 DT/$\overline{R}$ 始终保持高电平，表明 8286 用于数据的发送。

T_2 状态：$A_{19}\sim A_{16}/S_6\sim S_3$ 复用引脚由地址信息转变为状态信息，此状态信号保持到写周期结束；$AD_{15}\sim AD_0$ 复用总线输出 16 位数据信息；$\overline{WR}$ 在 T_2 状态变为有效，指示 CPU 当前执行的是写操作；$\overline{DEN}$ 也变为低电平有效，启动 8286 总线收发器。

T_3 状态：CPU 在 T_3 状态上升沿检测 READY 引脚，若 READY 为低，表明要访问的存储器或 I/O 端口未准备好接收数据，CPU 将在 T_3 之后插入一个或多个 T_W 等待状态，直到检测到 READY 为高电平，表明存储器或 I/O 端口已"准备就绪"，CPU 则将数据写入存储器或 I/O 端口。

T_4 状态：$\overline{WR}$ 和 $\overline{DEN}$ 转为无效，数据从数据总线上撤销，总线周期结束。

2. 最小模式下的总线读周期时序

读操作周期是指 CPU 从存储器或 I/O 端口读取数据的总线周期，其时序如图 2-10 所示。8086 CPU 读总线周期时序与写总线周期时序基本相似，不同点有：

(1) 在 T_2 状态时，CPU 从总线上撤销地址后，$AD_{15}\sim AD_0$ 地址/数据复用总线置成高阻态，为数据的输入作准备。

(2) 在 T_2 状态输出 $\overline{RD}$ 信号指示本周期为读操作周期。

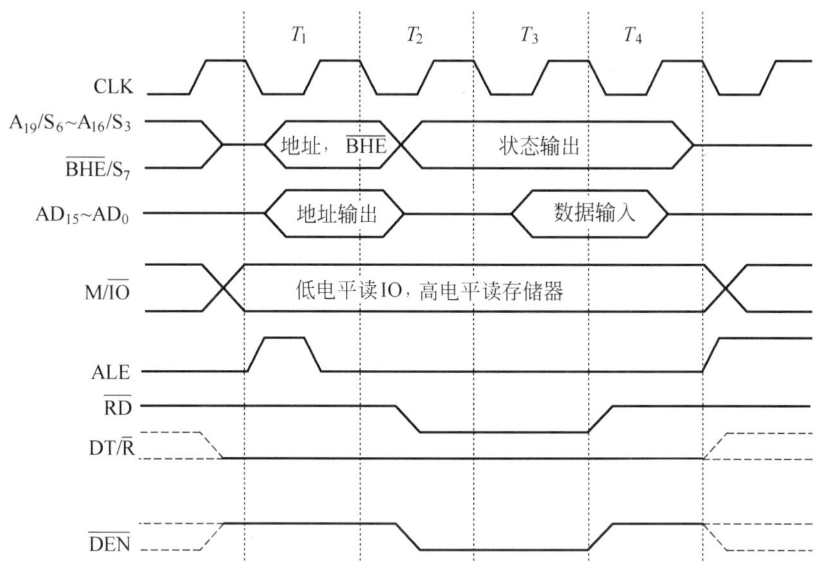

图 2-10 8086 最小模式下的总线读操作时序

(3) $DT/\overline{R}$ 整个总线周期为低电平，用于控制 8286 进行数据的接收。

2.4.3 最大模式下的总线操作时序

最大模式下的总线时序与最小模式类似，但与最小模式不同，最大模式下许多控制信号由 8288 总线控制器提供，因此，最大模式总线周期需要考虑 8288 所产生的有关控制信号和命令信号。

1. 最大模式下的总线写周期时序

最大模式下总线写周期时序如图 2-11 所示。在最大模式下，总线控制器 8288 根据 $\overline{S}_2$、

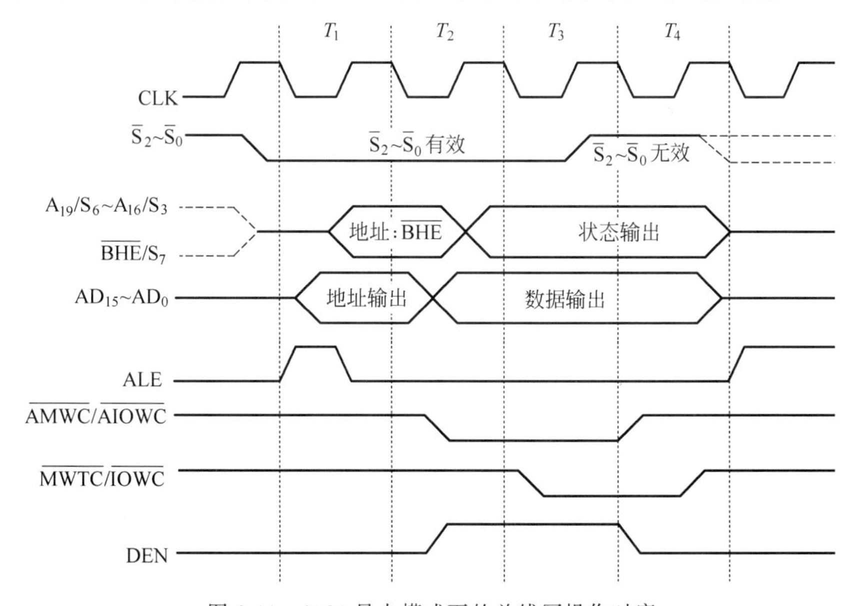

图 2-11 8086 最大模式下的总线写操作时序

$\overline{S_1}$、$\overline{S_0}$ 的状态信息产生 $\overline{MWTC}$、$\overline{AMWC}$、$\overline{IOWC}$、$\overline{AIOWC}$ 命令信号。另外，ALE、DT/$\overline{R}$ 和 DEN 总线控制信号也由 8288 发出。此时注意 8288 发出的 DEN 信号的极性与 CPU 在最小模式下发出的 $\overline{DEN}$ 信号正好相反。

2. 最大模式下的总线读周期时序

最大模式下总线读周期时序如图 2-12 所示。8288 总线控制器根据 $\overline{S_2}$、$\overline{S_1}$、$\overline{S_0}$ 的状态信息产生 $\overline{MRDC}$、$\overline{IORC}$ 命令信号，ALE、DT/$\overline{R}$ 和 DEN 信号也由 8288 发出。

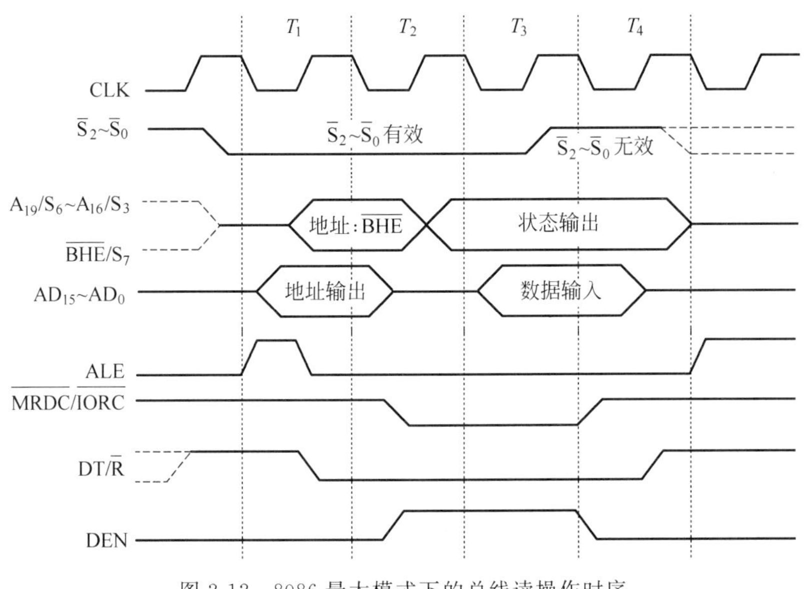

图 2-12 8086 最大模式下的总线读操作时序

2.5 8086/8088 的存储器组织

存储器是计算机存放信息的部件，是计算机系统的重要组成部分。有了存储器，计算机才具有了"记忆"功能，才能存储与处理相关的数据和程序，使计算机自动工作。

在 8086/8088 系统中，存储器以字节为单位存储信息，每个字节存储单元都分配有唯一的一个地址，CPU 利用地址信息确定要访问的存储单元。如 8086/8088 有 20 条地址线，能访问的存储器的最大存储空间为 1MB(2^{20}B)，其内存单元按照 00000H～FFFFFH 进行编址。

2.5.1 8086 存储器结构

8086 CPU 在组织 1MB 的存储器时，其空间实际被分成两个 512KB 的存储体(存储库)，分别叫高位库(奇数)和低位库(偶数)，如图 2-13 所示。高位库与数据总线的高 8 位 D_{15}～D_8 相连，该库中每个存储单元的地址皆为奇数地址；低位库与数据总线的低 8 位 D_7～D_0 相连，该库中每个存储单元的地址皆为偶数地址。地址线 A_0 和控制线 $\overline{BHE}$ 用于库的选择，当 $\overline{BHE}$=0 时，选中奇数地址的高位库；当 A_0=0 时，选中偶数地址的低位库。

利用 A_0 和 $\overline{BHE}$ 可以实现对两个库进行多种读/写操作，如表 2-3 所示。

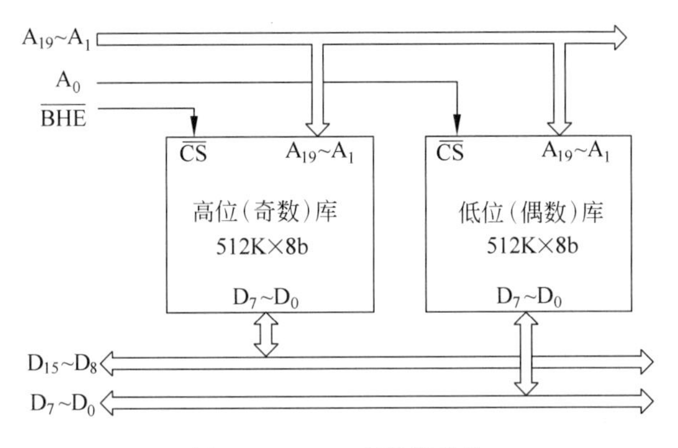

图 2-13　8086 存储器结构

表 2-3　8086 存储器高、低位库的访问

$\overline{BHE}$	A_0	有效数据	操作
0	0	$D_{15}\sim D_0$	同时访问两个存储体，从偶地址读/写一个字(只需一个总线周期)
0	1	$D_7\sim D_0$	从奇地址读/写一个字节
1	0	$D_{15}\sim D_8$	从偶地址读/写一个字节
0	1	第一个总线周期读/写高 8 位 $D_{15}\sim D_8$	从奇地址读/写一个字(需要两个总线周期)
1	0	第一个总线周期读/写低 8 位 $D_7\sim D_0$	

8086 存储器的物理组织虽然分成了奇数库和偶数库，但在逻辑结构上，存储单元还是按地址顺序排列的。存储单元中存放的信息，分为字节、字、双字等，8086 规定，基本数据类型在内存中按字节存放，低字节存入低地址单元（“低对低”），高字节存入高地址单元（“高对高”），并以低字节所在单元的地址作为字或双字数据的地址。

值得注意的是：由于 8088 的数据总线是 8 位的，因此 8088 的存储器为单一存储体组织，没有高低位库之分。

2.5.2　存储器的分段管理

1. 存储器分段

由于 8086/8088 CPU 提供 20 位地址信息，而用于存放地址信息的寄存器，如 IP、BX、SP、BP、SI、DI 等都是 16 位的，只能直接寻址 64KB 的存储空间，为了能寻址 1MB 的存储空间，引入了存储器分段技术。8086/8088 把 1MB 内存划分成若干个逻辑段，每个逻辑段最长可达 64KB。同时规定每个段的段起始地址必须能被 16 整除，其特征是：20 位段起始地址的最低 4 位为 0(用 16 进制表示为××××0H)。暂时忽略段起始地址的低 4 位，其高 16 位(称段基址)存放在相应的段寄存器中。

各逻辑段在整个物理存储空间是浮动的，各段之间可以分开、部分或完全重叠，也可以首尾相接。根据存放信息的不同，将其定义为代码段、数据段、堆栈段和附加段，并将每个段的段基址分别存放在 CS、DS、SS 和 ES 寄存器中，如图 2-14 所示。当 CPU 访问存储单元时，先由段寄存器提供存储单元所在段的段基址，然后段基址左移 4 位，再与待访问存储单元的偏移地址(距段起始地址的字节距离)相加，得到该单元的 20 位物理地址。

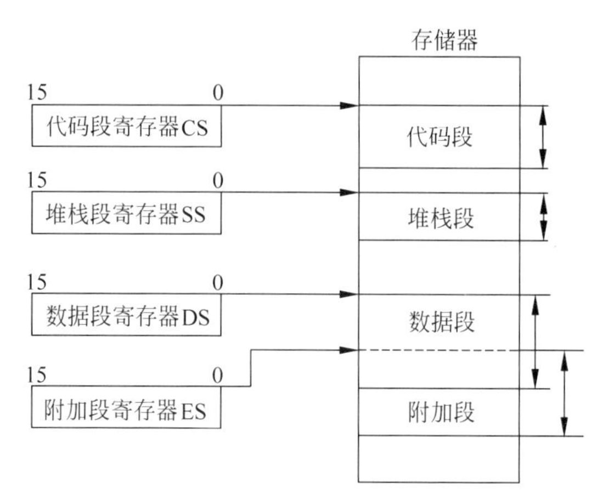

图 2-14 存储器分段结构

2. 物理地址与逻辑地址

物理地址是 CPU 对存储器进行访问时实际寻址所使用的 20 位地址，而逻辑地址是在程序和指令中表示的一种地址，由段基址和偏移地址两部分组成。逻辑地址的表示方式为

段基址: 偏移地址

逻辑地址实际上是物理地址的另一种表述方法，物理地址 PA＝段基址×10H＋偏移地址。值得注意的是，一个存储单元只可能有一个物理地址(具有唯一性)，但可能对应有多个逻辑地址。例如有两个逻辑地址 002BH：0013H 和 002CH：0003H，它们都对应着同一个存储单元 002C3H。

8086/8088 CPU 访问存储器时，其段基址来源于 4 个段寄存器，偏移地址则来源于 IP、SP、SI、DI 和根据各种寻址方式计算出的有效地址。至于哪个段寄存器与哪个偏移地址搭配，参见表 2-4。

表 2-4 8086/8088 CPU 访问存储器时逻辑地址成分的来源

访问存储器类型	默认段基址	可指定段地址	段内偏移地址来源
取指令码	CS	无	IP
堆栈操作	SS	无	SP
一般数据存取	DS	CS、ES、SS	有效地址 EA
BP 用作基址寄存器时	SS	CS、DS、ES	有效地址 EA
字符串操作源地址	DS	CS、ES、SS	SI
字符串操作目的地址	ES	无	DI

从表 2-4 可得出 CPU 从代码段取指令、访问堆栈段和数据段时的物理地址的计算方法分别为

取指令时用 PA＝CS×10H＋IP

进行堆栈操作时用 PA＝SS×10H＋SP

数据段某一操作数用 PA＝DS×10H＋有效地址 EA

2.5.3 存储器中的堆栈

1. 堆栈的概念

堆栈是存储器中的一个特殊数据区，按照"后进先出"的原则进行数据存取。用 SS：SP 指示堆栈当前数据的存放处，SS 表明堆栈所在的基地址，SP 存放栈顶地址，始终指向最后推入堆栈的数据所在的单元。

堆栈最典型的应用是为了在调用子程序（或转向中断服务程序）时，把断点地址及有关的寄存器、标志位及时正确地保存下来，并保证逐次正确返回。断点地址是指子程序调用或转入中断服务程序时，调用程序被中断的下一条指令的地址，包括 IP 和（或）CS 的值。

2. 堆栈的操作

堆栈的操作有两种：入栈操作 PUSH 和出栈操作 POP，均为 16 位的字操作，而且都在栈顶进行。栈顶是由堆栈指针 SP 所指的"实"栈顶，所谓"实"栈顶是以最后推入堆栈信息所在的单元为栈顶。入栈操作时，先 SP 减 2，内容再入栈；出栈操作时，内容先出栈，SP 再加 2。下面以 PUSH AX 和 POP BX 指令的执行过程为例介绍堆栈的实际操作情况。

例 2-1 若已知当前 SS＝1050H，SP＝0006H，AX＝1234H，试画出 PUSH AX 和 POP BX 时堆栈操作示意图。

根据题意，入栈操作前栈顶地址为 10506H，在执行 PUSH AX 指令时，如图 2-15(a)所示，先修改堆栈指针 SP，完成 SP－2→SP，才能将 AX 的内容推入，推入时，先推高 8 位 AH 入栈，再推低 8 位 AL 入栈；入栈完成后，SP＝0004H，指向新的栈顶 10504H。执行 POP BX 指令时，如图 2-15(b)所示，先将图 2-15(a)中栈顶所指内容 1234H 弹出给 BX，(10505H)→BH，(10504H)→BL，再将 SP＋2→SP；出栈后，SP＝0006H，指向新的栈顶 10506H。

从堆栈的操作可以看出，堆栈指针 SP 总是指向堆栈的栈顶，入栈时 8086/8088 的堆栈是朝地址小的方向增长的，在堆栈操作的整个过程中，字数据的存放依然满足"低对低""高对高"的基本存储原则。

2.5.4 8086/8088 的 I/O 端口组织

8086/8088 CPU 和外部设备之间是通过 I/O 接口芯片进行联系，达到相互间传输信息的目的。每个 I/O 芯片上都有一个或几个端口，一个端口往往对应于芯片上的一个寄存器或一组寄存器。微机系统要为每个端口分配一个地址，叫端口地址或端口号，各个端口号和存储器单元地址一样，应具有唯一性。

1. I/O 端口编址方式

I/O 端口有两种编址方式：统一编址和独立编址。

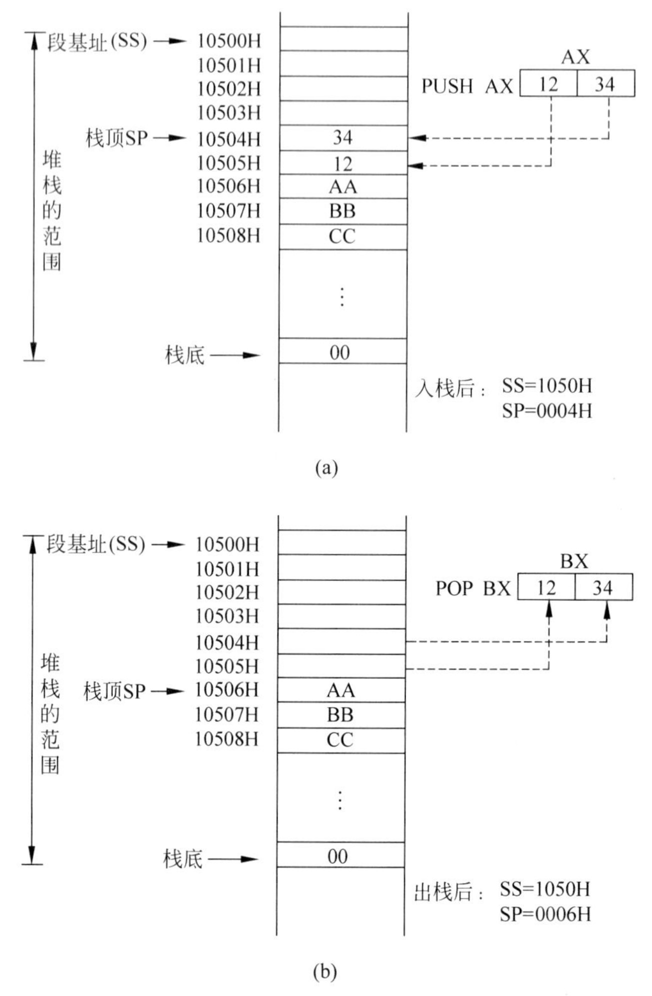

图 2-15 堆栈的入栈与出栈操作

(a) 入栈操作；(b) 出栈操作

1）统一编址

统一编址是将 I/O 端口和存储器统一编址，即把 I/O 端口地址置于存储器空间中，把它们看作存储器单元对待，此时，I/O 端口地址空间是内存地址空间的一部分。这种编址方式的优点是：存储器的各种寻址方式都可用于寻址端口，这种方式下端口操作灵活，I/O 芯片与 CPU 的连接和存储器芯片与 CPU 的连接类似。缺点是：I/O 端口占用存储器的地址空间，使存储器地址资源更加紧张，而且执行 I/O 操作时，因地址位数长，速度会较慢。

2）独立编址

独立编址将 I/O 端口和存储器分开编址，I/O 端口地址空间与内存地址空间是相互独立的两个不同空间。这就需要设置专门的输入、输出指令对 I/O 端口进行操作。这种编址方式的优点是：采用专用的 I/O 指令，程序清晰，很容易看出是 I/O 操作还是存储器操作；不占用内存空间；端口所需的地址线较少，译码电路比较简单，端口操作指令执行时间少，指令长度短。而缺点是：输入、输出指令类别少，一般只能进行传送操作。

2. 8086/8088 的 I/O 端口

8086/8088 的 I/O 端口采用独立编址方式，设置有专门的输入指令 IN 和输出指令 OUT，以对独立编址的 I/O 端口进行操作。

8086/8088 使用 $A_{15} \sim A_0$ 这 16 条地址线作为 I/O 端口地址线，可访问的 I/O 端口最多可有 64K 个 8 位端口或 32K 个 16 位端口。任何两个相邻的 8 位端口可以组合成一个 16 位的端口，其地址范围为 0000H～FFFFH。

2.6 Pentium 微处理器的内部寄存器

Pentium 是 Intel 公司于 1993 年 3 月推出的第五代 80X86 系列微处理器，简称 P5 或 80586，中文译名为"奔腾"。与其前辈 80X86 微处理器相比，Pentium 采用了全新的设计，它有 64 位数据线和 32 位地址线，但依然保持了与其前辈 80X86 的兼容性，在相同的工作方式上可以执行所有的 80X86 程序。

Pentium 的内部结构如图 2-16 所示。它主要由执行单元、指令 cache、数据 cache、指令预取单元、指令译码单元、地址转换与管理单元、总线单元以及控制器等部件组成。其中核心是执行单元（又叫运算器），它的任务是高速完成各种算术和逻辑运算，其内部包括两个整数算术逻辑运算单元（ALU）和一个浮点运算器，分别用来执行整数和实数的各种运算。为了提高效率，它们都集成了几十个数据寄存器用来临时存放一些中间结果。这些功能部件除地址转换和管理单元与 80386/80486 保持兼容外，其他都进行了重新设计。

新一代微处理器的技术特点如下：

1. 超流水线和超标量技术

流水线技术是一种将每条指令分解为多步，并让各步操作重叠，从而实现几条指令并行处理的技术。一般 CPU 的流水线为基本的指令预取、译码、执行和写回结果四级。而超流水线技术是通过细化流水，提高主频，使得机器在一个周期内完成一个甚至多个操作。例如 Pentium Pro 的流水线就长达 14 步。

超标量是通过内置多条流水线来同时执行多个处理。这在 486 或者以前的 CPU 上是很难想象的，只有 Pentium 级以上 CPU 才具有这种超标量结构。超标量 CPU 能同时对若干条指令进行译码，将可以并行执行的指令送往不同的执行部件，在程序运行期间，由硬件来完成指令调度。

2. 乱序执行和分支预测

乱序执行是指 CPU 采用了允许将多条指令不按程序规定的顺序分开发送给各相应电路单元处理的技术。例如乱序执行引擎程序某一段有 7 条指令，此时 CPU 将根据各单元电路的空闲状态和各指令能否提前执行的具体情况分析后，将能提前执行的指令立即发送给相应电路执行。采用乱序执行技术的目的是为了使 CPU 内部电路满负荷运转并相应提高 CPU 运行程序的速度。

分支是指程序运行时需要改变的节点。在程序中一般都包含有分支转移指令，据统计，平均每七条指令中就有一条分支转移指令。而在指令流水线结构中，对于分支转移指令相当敏感，一旦遇到分支指令，整个指令流水线就被打乱一次，稍后才能恢复到正常。显然，这

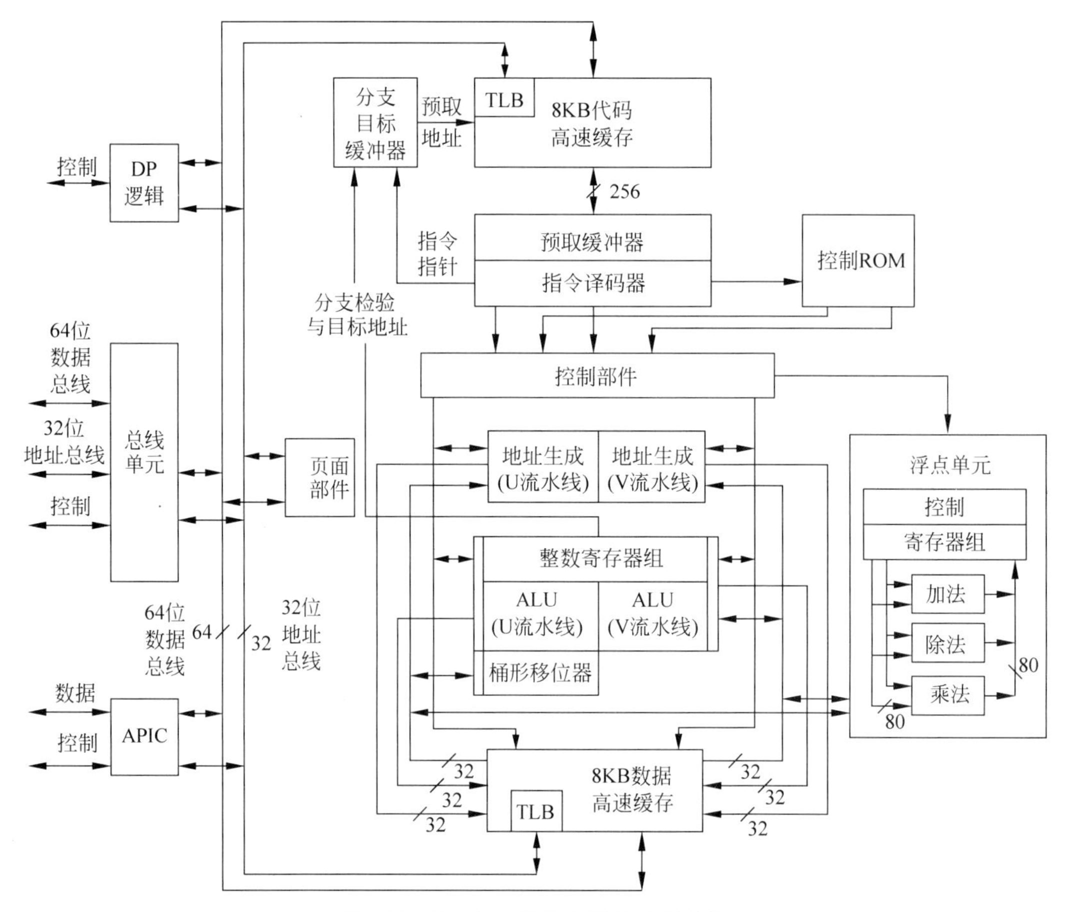

图 2-16 Pentium 微处理器的内部结构

影响了机器的运行速度。为此,在 Pentium 处理器中使用了分支目标缓冲器(branch target buffer,BTB)来预测分支指令,并根据预测的结果进行预取,从而提高 CPU 的运行效率。

3. 多核心技术

从 1971 年 Intel 公司推出的全球第一颗通用型微处理器 4004 开始,在很长时间的发展过程中,在一块芯片上集成的晶体管数目越多,就意味着运算速度即主频就越快。但到了 2005 年,当主频接近 4GHz 时,Intel 公司和 AMD 公司发现,速度也会遇到自己的极限:那就是单纯的主频提升,已经无法明显提升系统整体性能。以 Intel 公司发布的采用 NetBurst 架构的 Pentium 4 CPU 为例,按照当时的预测,Pentium 4 在该架构下最终可以把主频提高到 10GHz,但结果 3.6GHz Pentium 4 芯片在性能上反而还不如早些时间推出的 3.4GHz 产品。

多核心 CPU 解决方案的出现,给人们带来了新的希望。多核心也指单芯片多处理器(chip multiprocessors,CMP),是由美国斯坦福大学提出的,其思想是将大规模并行处理器中的对称多处理器(symmetrical multi-processing,SMP)集成到同一芯片内,各个处理器并行执行不同的进程。CMP 可以比超标量处理器更具并行性。特别是,当半导体工艺进入 0.18μm 以后,要求微处理器通过划分许多规模更小、局部性更好的基本单元结构进行设计。相比之下，由于CMP结构已经被划分成多个处理器核来设计，每个核都比较简单，有利于优化设计，因此更有发展前途。目前，Intel、AMD等处理器都采用了多核技术，从2005年的双核到这几年陆续推出的四核、六核、八核，在今后很长一段时间内，多核处理器将一直是市场上的主流。

4. 指令集

1）CISC指令集

CISC指令集，也称为复杂指令集(complex instruction set computer，CISC)。在CISC微处理器中，程序的各条指令是按顺序串行执行的，每条指令中的各个操作也是按顺序串行执行的。顺序执行的优点是控制简单，但计算机各部分的利用率不高，执行速度慢。Intel公司生产的X86系列(也就是IA-32架构)CPU以及AMD生产的X86-64(又称AMD64)都属于CISC的范畴。

2）RISC指令集

RISC是英文“reduced instruction set computing”的缩写，中文意思是“精简指令集”。它是在CISC指令系统基础上发展起来的，有人对CISC机进行测试表明，各种指令的使用频率相当悬殊，最常使用的是一些比较简单的指令，它们仅占指令总数的20%，但在程序中出现的频率却占80%。复杂的指令系统必然增加微处理器的复杂性，使处理器的研制时间长，成本高，并且复杂指令需要复杂的操作，必然会降低计算机的速度。基于上述原因，20世纪80年代中后期RISC型CPU诞生了，相对于CISC型CPU，RISC型CPU不仅精简了指令系统，还采用了“超标量和超流水线结构”，大大增加了并行处理能力，提高了CPU处理速度。目前在中高档服务器中普遍采用这一指令系统的CPU，特别是高档服务器全都采用RISC指令系统的CPU，RISC指令系统也更加适合高档服务器的UNIX操作系统。

2.6.1 Pentium的体系结构和指令流水线

1. 超标量结构和指令操作

Pentium由“U”和“V”两条指令流水线构成超标量流水线结构，其中每条流水线都有自己的ALU、地址生成逻辑和cache接口。这种双流水线技术可以使两条指令在不同流水线中并行执行。

每条流水线又分为指令预取PF、指令译码(一次译码)D1、地址生成(二次译码)D2、指令执行EX和回写WB共5个步骤。图2-17给出了Pentium的指令流水线操作示意。

当第一条指令完成指令预取，进入第二个操作步骤D1，执行指令译码操作时，流水线就可以开始预取第二条指令；当第一条指令进入第三个步骤D2，执行地址生成时，第二条指令进入第二个步骤D1，开始指令译码，流水线又开始预取第三条指令；当第一条指令进入第四个步骤EX，执行指令规定的操作时，第二条指令进入第三个步骤D2，执行地址生成，第三条指令进入第二个步骤D1，开始指令译码，流水线又开始预取第四条指令；当第一条指令进入第五个步骤WB，执行回写操作时，第二条指令进入第四个步骤EX，执行指令规定的操作，第三条指令进入第三个步骤D2，执行地址生成，第四条指令进入第二个步骤D1，开始指令译码，流水线又开始预取第五条指令。

这种流水线操作并没有减少每条指令的执行步骤，5个步骤哪一步都不能跳越。但由于各指令的不同步骤之间并行执行，从而极大地提高了指令的执行速度。从第一个时钟

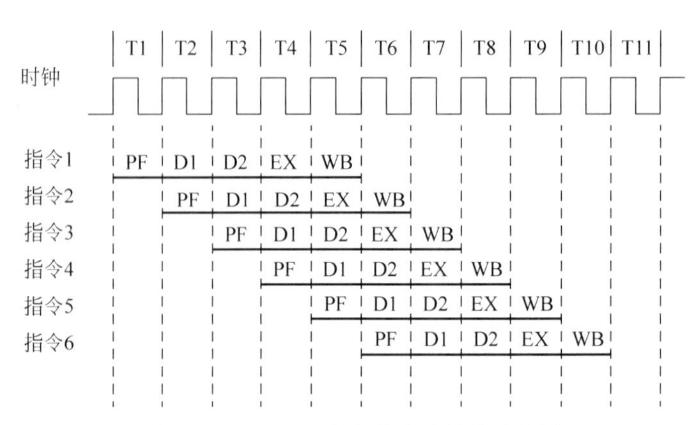

图 2-17 Pentium 指令流水线操作示意图

开始,经过 5 个时钟后,每个时钟都有一条指令执行完毕从流水线输出。在这种理想情况下,Pentium 的超标量体系结构每个时钟周期内可执行两条整数指令(每条流水线执行一条指令)。

2. 重新设计的浮点运算部件

Pentium 的浮点运算部件在 80486 的基础上进行了重新设计,采用了超流水线技术,由 8 个独立执行部件进行流水线作业,使每个时钟周期能完成一个浮点操作(或两个浮点操作)。采用快速算法可使诸如 ADD、MUL 和 LOAD 等运算的速度最少提高 3 倍,在许多应用程序中利用指令调度和重叠(流水线)执行可使性能提高 5 倍以上。同时,这些指令用电路进行固化,用硬件来实现,使执行速度得到更大提高。

3. 独立的指令 cache 和数据 cache

Pentium 片内有两个 8KB 的超高速缓存器,一个是指令 cache,一个是数据 cache。转换后备缓冲器(translation look-aside buffer,TLB)的作用是将线性地址转换为物理地址。这两种 cache 采用 32×8 线宽,是对 Pentium 的 64 位总线的有力支持。指令和数据分别使用不同的 cache,使 Pentium 中数据和指令的存取减少了冲突,提高了性能。

Pentium 的数据 cache 有两种接口,分别与 U 和 V 两条流水线相连,以便能在相同时刻向两个独立工作的流水线进行数据交换。当向已被占满的数据 cache 中写数据时,将移走当前使用频率最低的数据,同时将其写回内存,这种技术称为 cache 回写技术。由于 CPU 向 cache 写数据和将 cache 释放的数据写回内存是同时进行的,所以采用 cache 回写技术将节省处理时间。

4. 分支指令预测。

Pentium 提供了一个称为 BTB(branch target buffer)的小 cache 来动态地预测程序的分支操作。当某条指令导致程序分支时,BTB 记忆下该条指令和分支的目标地址,并用这些信息预测该条指令再次产生分支时的路径,预先从该处预取,保证流水线的指令预取步骤不会空置。这一机构的设置,可以减少在循环操作时对循环条件的判断所占用的 CPU 的时间。

5. 采用 64 位外部数据总线

Pentium 芯片内部 ALU 和通用寄存器仍是 32 位,所以还是 32 位微处理器,但它同内存储器进行数据交换的外部数据总线为 64 位,使两者之间的数据传输速度可达 528MB/s。

此外 Pentium 还支持多种类型的总线周期，在突发方式下，可以在一个总线周期内读入 256B 数据。

2.6.2　Pentium 的主要引脚特性

Pentium 芯片有 168 个引脚，这些引脚信号线也即 Pentium CPU 总线，分为三大类：总线接口信号、处理器控制信号、调试与测试信号。

1. 总线接口信号

Pentium 的总线接口信号如表 2-5 所示。这些引脚信号包括用于管理访问外部存储器和 I/O 端口必需的地址、数据和总线周期控制信号，以及 cache 控制信号。

表 2-5　总线接口信号

类型	符　号	功　　能	方向
地址信号	$A_{31} \sim A_3$	地址总线。用于指明某一 8 字节(64 位)单元地址	输出
	AP	地址奇偶校验	输出
	APCHK	地址奇偶校验出错	输出
	$\overline{BE_7} \sim \overline{BE_0}$	字节允许。用于指明访问 8 字节中的哪些字节	输出
数据信号	$D_{63} \sim D_0$	数据总线。$D_{63} \sim D_{56}$、$D_7 \sim D_0$ 分别是最高和最低有效字节	输入/输出
	$DP_7 \sim DP_0$	数据奇偶校验引脚。分别对应数据的 8 个字节	输入/输出
	$\overline{PEN}$	数据奇偶校验允许	输出
	$\overline{PCHK}$	数据奇偶校验状态指示。低电平表示有奇偶校验错	输出
	$\overline{BUSCHK}$	总线检查	输入
总线周期控制信号	$\overline{ADS}$	地址状态。它有效表明地址和总线定义信号是有效的	输出
	$\overline{BRDY}$	突发就绪。表明当前周期已完成	输出
	$D/\overline{C}$	数据/控制周期指示。用来区分数据和控制周期	输出
	$W/\overline{R}$	写/读周期指示。用来区别读还是写周期	输出
	$M/\overline{IO}$	存储器/IO 周期指示。用来区分存储器和 IO 周期	输出
	SCYC	分离周期。表示未对齐操作锁定期间有 2 个以上的周期被锁定	输出
	$\overline{CACHE}$	cache 输出信号，指示当前 Pentium 周期可对数据缓存	输出
	$\overline{LOCK}$	总线锁定。它有效表明 Pentium 正在读—修改—写周期中运行，在读与写周期间不释放外部总线，即独占系统总线	输出
cache 控制信号	PWT	页面通写。PWT＝1 表明写操作命中时既要写 cache，也要写内存	输出
	PCD	页面 cache 禁止。PCD＝1 时禁止以页为单位的 cache 操作	输入
	$\overline{KEN}$	cache 允许。用来确定当前周期所传送的数据是否能用于高速缓存	输入
	$\overline{NA}$	下一地址，用于形成流水线式总线周期	输入
	$WB/\overline{WT}$	回写/通写	输出
	$\overline{EWBE}$	外部写缓冲器空	输入

D_{63}～D_0 是 Pentium 的 64 位双向数据总线。A_{31}～A_3 和 $\overline{BE_7}$～$\overline{BE_0}$ 构成 32 位地址总线，以提供存储器和 I/O 端口的物理地址。A_{31}～A_3 用于确定一个 8 字节单元地址，$\overline{BE_7}$～$\overline{BE_0}$ 则用于指明在当前的操作中要访问 8 字节中的哪些字节。Pentium 微处理器规定：$\overline{BE_0}$ 对应数据线 D_7～D_0；$\overline{BE_1}$ 对应数据线 D_{15}～D_8；$\overline{BE_2}$ 对应数据线 D_{23}～D_{16}；$\overline{BE_3}$ 对应数据线 D_{31}～D_{24}；$\overline{BE_4}$ 对应数据线 D_{39}～D_{32}；$\overline{BE_5}$ 对应数据线 D_{47}～D_{40}；$\overline{6}$ 对应数据线 D_{55}～D_{48}；$\overline{7}$ 对应数据线 D_{63}～D_{56}。

Pentium 微处理器的地址线没有设置 A_2、A_1 和 A_0 引脚，但可由 $\overline{BE_7}$～$\overline{BE_0}$ 这 8 个字节使能信号产生，为保持与前辈 80X86 的兼容性，还应产生 $\overline{BHE}$ 信号。

D/$\overline{C}$(数据/控制)、W/$\overline{R}$(写/读)、M/$\overline{IO}$(存储器/IO)是总线周期定义的基本信号，这 3 个信号的不同组合可以决定当前的总线周期所要完成的操作，如表 2-6 所示。这些操作的意义将在有关章节加以介绍。

表 2-6 总线周期定义

M/$\overline{IO}$	D/$\overline{C}$	W/$\overline{R}$	启动的总线周期
0	0	0	中断响应周期
0	0	1	停机/暂停
0	1	0	I/O 读周期
0	1	1	I/O 写周期
1	0	0	微代码读周期
1	0	1	Intel 公司保留
1	1	0	存储器读周期
1	1	1	存储器写周期

2. 处理器控制信号

处理器控制信号如表 2-7 所示，包括时钟、处理器初始化、FRC、总线仲裁、cache 窥视、中断请求、执行跟踪、数字出错和系统管理等信号。

表 2-7 处理器控制信号

类型	符号	功 能	方向
时钟	CLK	时钟输入信号。为 CPU 提供内部工作频率	输入
处理器初始化	RESET INIT	复位。高电平强制 Pentium 从已知的初始状态开始执行程序 初始化。INIT 的作用类似于 RESET 信号，不同之处是它在进行处理器初始化时，将保持片内 cache、写缓冲器和浮点寄存器的内容不变	输入
FRC	$\overline{FRCM}$	功能冗余检查方式	输出
	$\overline{IERR}$	内部出错	输出
总线仲裁	HOLD	总线保持请求。它有效时，表示请求 Pentium 交出总线控制权	输入
	HLDA	总线保持响应。它有效时，指明 Pentium 已经交出总线控制权	输出
	BREG	总线请求。该引脚有效时，表示 Pentium 需要使用系统总线	输出
	$\overline{BOFF}$	总线占用。它有效时，强制 Pentium 在下一时钟浮空其总线	输入

续表

类型	符号	功　　能	方向
cache 窥视	AHOLD	地址保持请求。信号决定地址线 A31～A4 是否接收地址输入	输入
	$\overline{\text{EADS}}$	有效外部地址。该信号表示地址总线 A31～A4 上的地址信号有效	输入
	$\overline{\text{FLUSH}}$	cache 清洗。低电平有效时，强制 Pentium 清洗整个内部高速缓存	输入
	$\overline{\text{HITM}}$	未命中	输出
	$\overline{\text{HIT}}$	命中	输出
	INV	无效请求	输入
中断	INTR	可屏蔽中断请求。高电平表示有外部中断请求	输入
	NMI	不可屏蔽中断请求。上升沿表示该中断请求有效	输入
执行跟踪	IU	U 流水线指令完成	输出
	IV	V 流水线指令完成	输出
	IBT	转移跟踪指令	输出
数字出错	$\overline{\text{FERR}}$	浮点出错。用来报告 Pentium 中 PC 类型的浮点出错	输出
	$\overline{\text{IGNNE}}$	忽略数字出错	输入
系统管理	$\overline{\text{SMI}}$	系统管理中断。该信号有效，使 Pentium 进入到系统管理运行模式	输入
	$\overline{\text{SMIACT}}$	系统管理中断激活。该信号有效，表明 Pentium 正工作在系统管理模式	输出
其他	A20M	第 20 位地址屏蔽。该信号有效时，将屏蔽 A20 及以上地址，使 Pentium 仿真 8086 的 1MB 存储空间	输入

3. 调试与测试信号

调试与测试信号如表 2-8 所示，包括探针方式、断点/性能监测和边界扫描等引脚信号。

表 2-8　调试与测试信号

类型	符　　号	功　　能	方向
探针方式	R/S	进入或退出探针方式	输入
	PRDY	探针方式就绪	输出
断点/性能监测	PM0/BP0	性能监测 0/断点 0	输出
	PM1/BP1	性能监测 1/断点 1	输出
	BP3～BP2	断点 3～断点 2	输出
边界扫描	TCK	测试时钟	输入
	TDI	测试数据输入	输入
	TDO	测试数据输出	输出
	TMS	测试方式选择	输入
	$\overline{\text{TRST}}$	测试复位	输入

2.6.3 内部寄存器

Pentium 的内部寄存器按功能分为四类：基本寄存器、系统级寄存器、调试与模型专用寄存器、浮点寄存器。它们是在 80486 内部寄存器的基础上扩充而来的，并与其前辈 80X86

保持了兼容。Pentium 的内部寄存器与 80486 内部寄存器的主要差别是 Pentium 用一组模型专用寄存器代替了 80486 的测试寄存器，并扩充了一个系统控制寄存器。

1. 基本寄存器

基本寄存器包括通用寄存器、指令指针寄存器、标志寄存器和段寄存器，这些寄存器都是在 8086/8088 基础上扩展而来的，如图 2-18 所示。

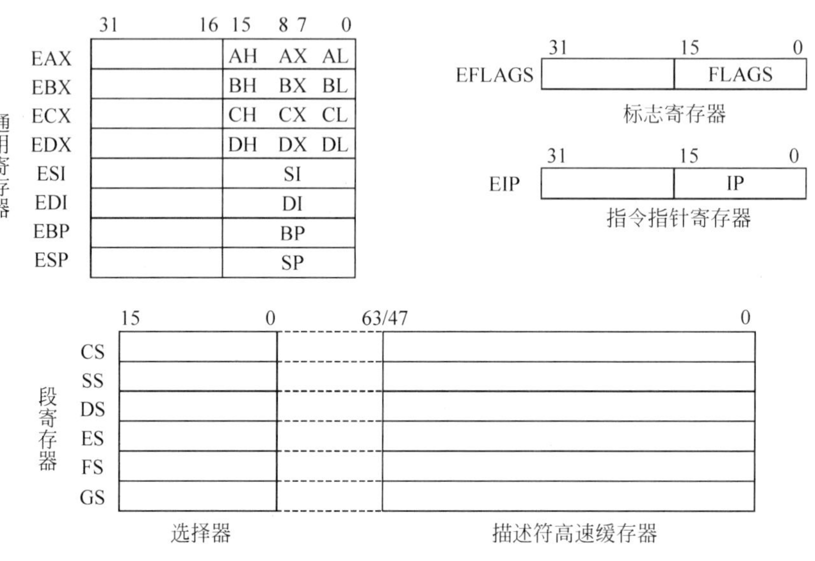

图 2-18 基本寄存器

1）通用寄存器

8 个 32 位通用寄存器 EAX、EBX、ECX、EDX、ESI、EDI、EBP、ESP 是在 8086/8088 的 8 个 16 位寄存器基础上扩展位数而来的。为了与 8086/8088 兼容，它们的低 16 位可以单独访问，并以与 8086/8088 中相同的名称命名：AX、BX、CX、DX、SI、DI、BP、SP。其中 AX、BX、CX、DX 还可进一步分成两个 8 位寄存器单独访问，且同样有自己独立的名称：AH、AL，BH、BL，CH、CL，DH、DL。上述寄存器中，(E)SP 是指示栈顶的指针，称为堆栈寄存器。在 32 位寻址时，8 个 32 位寄存器均可用作存储器访问的地址寄存器，但在 16 位寻址时，只能使用 BX、BP、SP、SI、DI 寄存器，其中 BX 和 BP 称为基址寄存器，SI 和 DI 称为变址寄存器，(E)CX 则常用于循环控制，又称为循环计数寄存器，(E)AX 则称为累加器。

2）指令指针寄存器(EIP)

EIP 用于保存下一条待预取指令相对于代码段基址(由 CS 提供)的偏移量。它的低 16 位也可以单独访问，并称之为 IP 寄存器。当 80X86/Pentium 工作在 32 位操作方式时，采用 32 位的 EIP；工作在 16 位操作方式时，采用 16 位的 IP。用户不可随意改变其值，只能通过转移类、调用及返回类指令改变其值。

3）标志寄存器(EFLAGS)

标志寄存器是 32 位的，它是在 8086/8088/80286 标志寄存器(FLAGS)的基础上扩充而来的，共定义了三类 17 种(18 位)标志，即：状态标志 6 种(CF、PF、AF、ZF、SF 和 OF)，用于报告算术/逻辑运算指令执行后的状态；控制标志 1 种(DF)，用于控制串操作指令的地址改变方向；系统标志 10 种 11 位(TF、IF、IOPL、NT、RF、VM、AC、VIF、VIP 和 ID)，用

于控制 I/O、屏蔽中断、调试、任务转换和控制保护方式与虚拟 8086 方式间的转换。

图 2-19 给出了 EFLAGS 中各位的标志名以及各标志位与 CPU 的隶属关系，取值为 0 的位是 Intel 公司保留的，并未使用。各标志位意义如下：

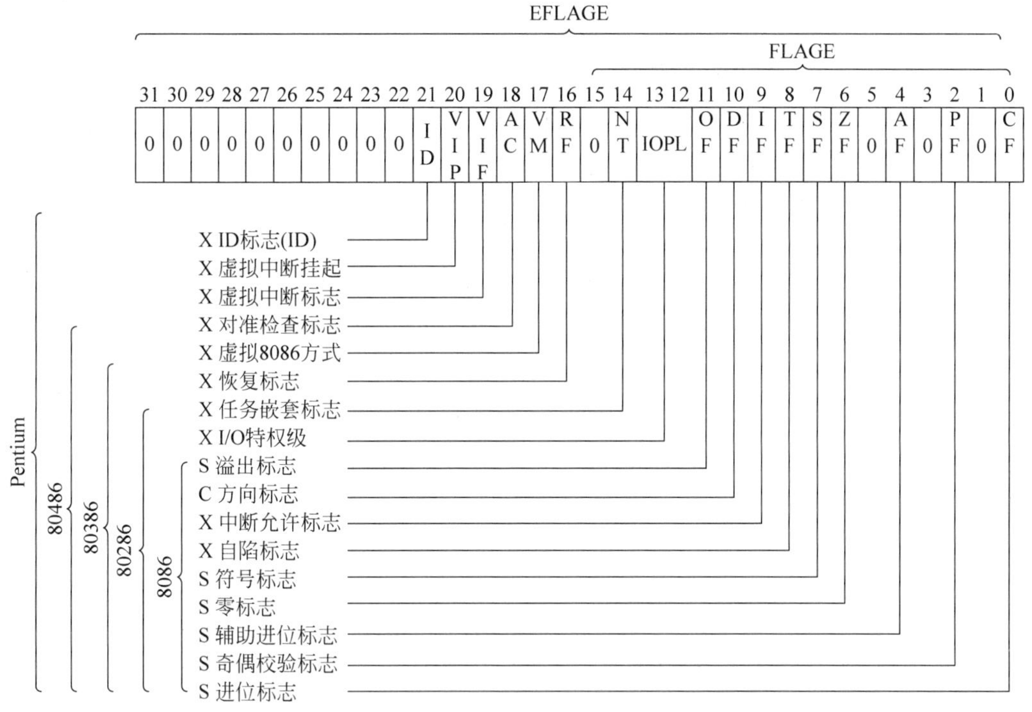

图 2-19 标志寄存器

(1) 进位标志 CF(位 0)：CF=1 表示运算结果的最高位产生了进位或借位。这个标志主要用于多字节数的加减法运算。移位和循环指令也用到它。

(2) 奇偶标志 PF(位 2)：PF=1 表示运算结果中有偶数个 1。该标志主要用于数据传输过程中检错。

(3) 辅助进位标志 AF(位 4)：AF=1 表示运算导致了低 4 位向第 5 位(位 4)的进位或借位。该标志主要用于 BCD 码运算。

(4) 零标志 ZF(位 6)：ZF=1 表示运算结果的所有位为 0。

(5) 符号标志 SF(位 7)：SF=1 表示运算结果的最高位为 1。对于用补码表示的有符号数，SF=1 表示结果为负数。

(6) 自陷标志 TF(位 8)：TF=1 表示 CPU 将进入单步执行方式，即每执行一条指令后都产生一个内部中断。利用它可逐条指令地调试程序。

(7) 中断允许标志 IF(位 9)：IF=1 表示 CPU 允许外部可屏蔽中断，否则禁止外部可屏蔽中断。注意，IF 标志对内部中断和外部不可屏蔽中断(NMI)不会产生影响。

(8) 方向标志 DF(位 10)：DF=1 表示在串操作过程中地址指针(E)DI 和(E)SI 的变化方向是递减，否则为递增。

(9) 溢出标志 OF(位 11)：OF=1 表示有符号数运算时，运算结果的数值超过了结果操作数的表示范围。OF 对无符号数是无意义的。

(10) I/O 特权级标志 IOPL(位 13 和位 12)：这两位表示 0～3 级 4 个 I/O 特权级，用于保护方式。只有当任务的现行特权级高于 IOPL 时(0 级最高，3 级最低)，执行 I/O 指令才能保证不产生异常。

(11) 任务嵌套标志 NT(位 14)：指明当前任务是否嵌套，即是否被别的任务调用。该位的置位和复位通过向其他任务的控制转移来实现，NT 的值由 IRET 指令检测，以确定执行任务间返回还是任务内返回，NT 用于保护方式。

(12) 恢复标志 RF(位 16)：该标志与调试寄存器的断点或单步操作一起使用。该位为 1，即使遇到断点或调试故障，也不产生异常中断。在成功执行完每条指令时，该位自动清零，但在执行堆栈操作、任务切换、中断指令时有例外。

(13) 虚拟 86 模式标志 VM(位 17)：在保护方式下，若该位置 1，80386/80486/Pentium 处理器将转入虚拟 8086 方式。VM 位只能以两种方式来设置：在保护方式下，由最高特权级(0 级)代码段的 IRET 指令来设置；或者由任务转换来设置。

(14) 对准检查标志 AC(位 18)：该位只对 80486 和 Pentium 有效。AC=1，且 CR0 的 AM 位也为 1，则进行字、双字或 4 字的对准检查。若发现要访问的操作未按边界对齐时，会发生异常中断。

(15) 虚拟中断标志 VIF(位 19)：该位只对 Pentium 有效，是虚拟方式下中断允许标志位的副本(Copy)。

(16) 虚拟中断挂起标志 VIP(位 20)：该位只对 Pentium 有效，用于在虚拟方式下提供有关中断的信息，在多任务环境下，为操作系统提供虚拟中断标志和中断挂起信息。

(17) 标识标志 ID(位 21)：该位只对 Pentium 有效，用以指示 Pentium 微处理器对 CPUID 指令的支持状态。CPUID 指令为系统提供了有关 Pentium 处理器的信息，诸如型号及制造商。

4) 段寄存器

6 个段寄存器中，FS 和 GS 是 80386 以上 CPU 才有的。段寄存器用于决定程序使用的存储器区域块，其中 CS 指明当前的代码段；SS 指明当前的堆栈段；DS、ES、FS 和 GS 指明当前的四个数据段。

每个段寄存器由一个 16 位的段选择器和 64 位(80286 是 48 位)的描述符高速缓存器组成。段选择器是编程者可直接访问的，而描述符高速缓存器则是编程者不能访问的。由于 80X86/Pentium 在不同工作方式下，段的概念有所不同，因而段寄存器的使用也不相同。

(1) 实地址方式和虚拟 8086 方式下的段寄存器

在实地址方式和虚拟 8086 方式下，段的概念与 8086 的段定义相同，即每段的长度限定为 64KB。这时，段选择器就是段寄存器，它存放的是段基址的高 16 位。

在这两种方式下，处理器的物理地址实质上是这样产生的：CPU 将段寄存器的内容自动乘 16 并放在段描述符高速缓存器的基地址中；将段限定固定为 0FFFFH；其他属性也是固定的。即

$$物理地址=段选择器\times16+偏移地址$$

这种物理地址的形成与 8086 在本质上没有区别。由于段的最大长度、段基址的确定方

法和段的其他属性都是固定的，所以与 8086 一样，不必用段描述符来说明段的性质。

（2）保护虚拟地址方式下的段寄存器

保护虚拟地址方式是一种既支持虚拟存储管理和多任务，又具有保护功能的工作方式。在该方式下，段的长度和段的属性都不固定，每个段的长度可以在 1B～4GB 之间变化（80286 只能在 1B～64KB 之间变化），段的基址也只有在操作系统将该段从外存调入内存时才能确定。所以，为了描述每个段的基址、属性和边界（长度），为每个段定义了一个 64 位（80286 为 48 位）的描述符，称为段描述符或描述子。

段描述符的格式如图 2-20 所示。低 48 位是 80286 的描述符，包括 16 位段边界、24 位段基地址和 8 位属性。80386 以上的 32 位微处理器则在此基础上扩充了 8 位基地址、4 位边界和 4 位属性，即包括 20 位段边界、32 位段基地址和 12 位属性。其中属性位定义如下：

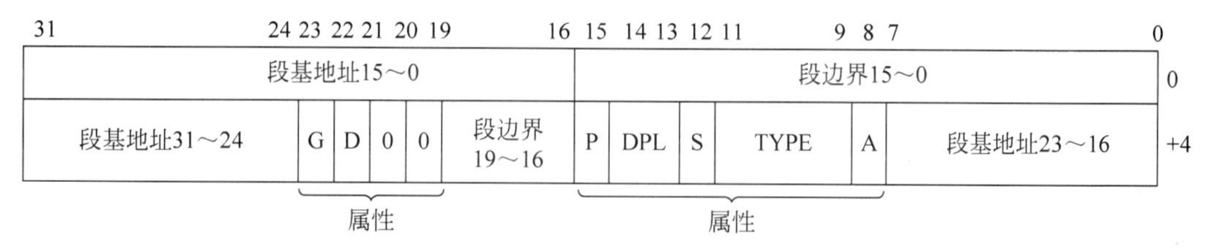

图 2-20　段描述符格式

① P 为存在位，为 1 表示存在（在实内存中），为 0 表示不存在。

② DPL 为描述符特权级，允许为 0～3 级。

③ S 为段描述符类别，为 1 表示代码段或数据段描述符，为 0 表示系统描述符。

④ TYPE 为段的类型。

⑤ A 为已访问位，为 1 表示已访问过。

⑥ G 为粒度位（段边界所用单位），为 0 表示字节，即段的最大长度为 2^{20}B＝1MB，为 1 表示页，在 80386/80486 中，每页为 4KB，即段的最大长度为 $2^{20}\times$4KB＝4GB，Pentium 则提供了 4KB 和 4MB 两种页面选择。

⑦ D 为默认操作数长度，为 0 表示 16 位，为 1 表示 32 位（该位仅对代码段有效）。

这些段描述符存放在两个系统表格 GDT 和 LDT 中。GDT 是全局描述符表，存放着操作系统使用的和各任务公用的段描述符；LDT 是局部描述符表，存放着某个任务专用的段描述符。程序（或系统）中装入段选择器的也不再是直接的段基址，而是一个指向某个段描述符的 16 位的段选择符，其格式如图 2-21 所示。其中 b_1b_0 位为请求特权级字段 RPL，这两位提供（0～3 级）4 个特权级用于保护；b_2 位为表指示符字段 TI，指明本段描述符是在 GDT 中还是 LDT 中；b_{15}～b_3 这 13 位构成描述符索引字段 INDEX，用于指明段描述符在指定描述符表中的序号。

当将一个选择符装入一个段选择器（给段选择器预置初值）时，处理器将自动从 GDT 或 LDT 中找到其对应的描述符，装入相应段寄存器的描述符高速缓存器中。该过程对用户来说是透明的。如图 2-22 所示，当将一个选择符装入 DS 段选择器时，处理器根据 INDEX 和 TI 指示自动从 LDT 中找到第 64 个描述符装入 DS 段寄存器的描述符高速缓存器。

以后，每当访问存储器时，与所用段相关的段描述符高速缓冲器就自动参与该次存储器

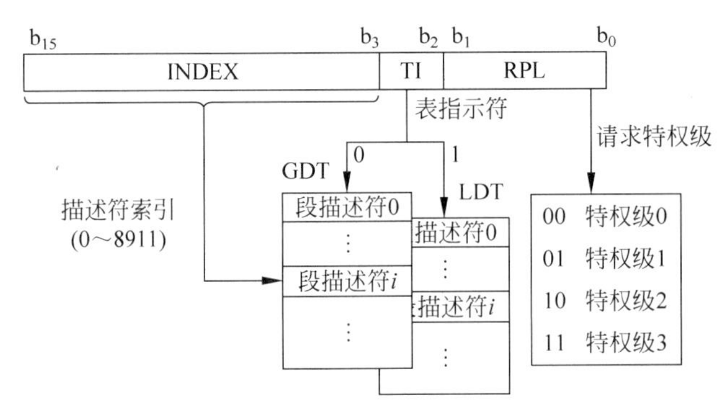

图 2-21 段选择符格式

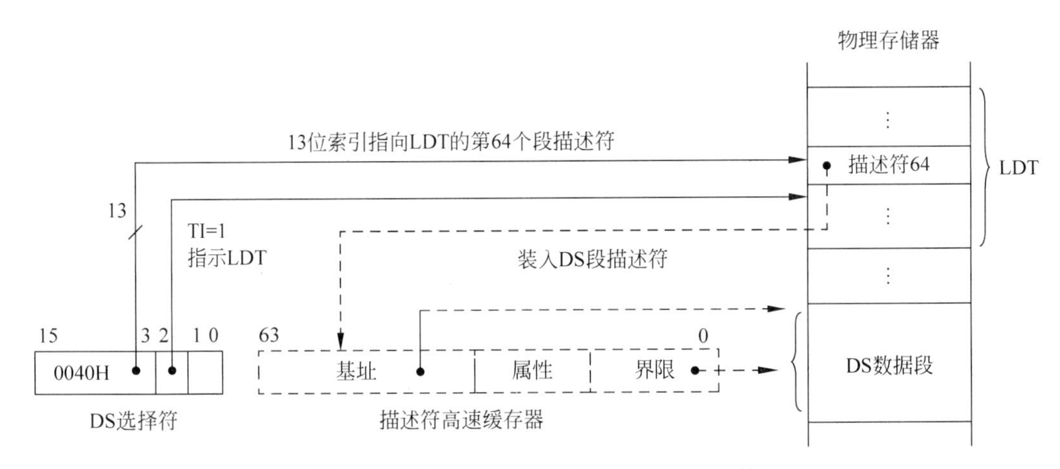

图 2-22 由段选择器指示自动装入段描述符

访问操作。段基地址成为线性地址或物理地址计算中的一个分量，界限用于段限检查操作，属性则对照所要求的存储器访问类型进行检查。即

线性地址=段描述符高速缓存器中段基址+偏移地址

不使用页部件时，线性地址即为物理地址；使用页部件时，上述线性地址需经页管理部件使用页目录表和页表转换成物理地址。

2. 系统寄存器

Pentium 微处理器中包含一组系统级寄存器，即 5 个控制寄存器 CR_0～CR_4 和 4 个系统地址寄存器。这些寄存器只能由在特权级 0 上运行的程序(一般是操作系统)访问。

1) 控制寄存器

Pentium 微处理器有 5 个控制寄存器，如图 2-23 所示。这些寄存器用来存放全局特性的机器状态和实现对 80X86/Pentium 微处理器的多种功能的控制与选择。

控制寄存器 CR_0 共定义了 11 个控制位。在 80286 微处理器中，CR_0 称为机器状态字(machine status word，MSW)，为一 16 位寄存器，定义了 PE、MP、EM 和 TS 4 位。80386 在此基础上扩充了 ET 和 PG 两位。80486 以上微处理器在 80386 的基础上又扩充了 NE、WP、AM、NW 和 CD 这 5 位。11 个控制位分别定义如下：

(1) PE 为保护允许位，该位为 1 表示允许保护，为 0 则以实地址方式工作。

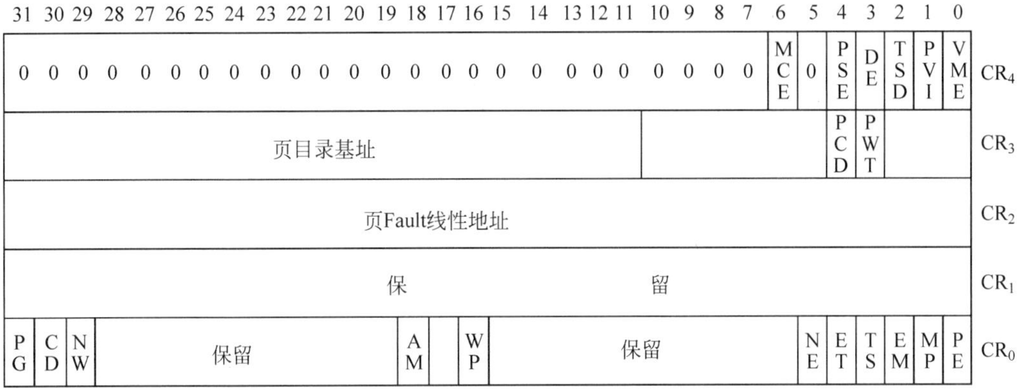

寄存器	位31~12	位11~7	位6	位5	位4	位3	位2	位1	位0
CR_4	0 0 0 0 0 0 0 0 0 0 0 0 0 0 0 0 0 0 0 0	0 0 0 0 0	MCE	0	PSE	DE	TSD	PVI	VME
CR_3	页目录基址				PCD	PWT			
CR_2	页Fault线性地址								
CR_1	保留								

寄存器	位31	位30	位29	位28~19	位18	位17	位16	位15~6	位5	位4	位3	位2	位1	位0
CR_0	PG	CD	NW	保留	AM		WP	保留	NE	ET	TS	EM	MP	PE

图 2-23 控制寄存器

(2) MP 为监控协处理器位，MP 位与 TS 位一起使用，用来确定 WAIT 指令是否自陷。当 MP=1，且 TS=1 时，执行 WAIT 指令将产生异常 7。

(3) EM 为仿真协处理器位，用以确定浮点指令是被自陷，还是被执行。EM=1，所有浮点指令将产生异常 7。

(4) TS 为任务切换位，用以指出任务是否切换，执行切换操作时，TS=1。TS=1 时，执行浮点指令将产生异常 7。

(5) ET 是处理器扩充类型，该位用于 80386 微处理器，标识系统中所采用的协处理器的类型，ET=1，采用 80387 协处理器，否则采用 80287。80486 以上系统中 ET 置 1。

(6) NE 是数字异常控制位，该位用于控制是由中断向量 16 还是由外部中断来处理未屏蔽的浮点异常。NE=0，处理器同 IGNNE 输入引脚和 FEPR 输出引脚配合工作；NE=1，在执行下一条非控制浮点指令或 WAIT 指令之前，任何未屏蔽的浮点异常(UFPE)将产生软件中断 16。

(7) WP 是写保护位，用来保护管理程序写访问用户级的只读页面。该位为 1 时，禁止特权级程序对只读页面的写操作，否则允许只读页面由特权级 0～2 写入。

(8) AM 是对准屏蔽位，用来控制标志寄存器中对准检查位(AC)是否允许对准检查。AM=1，允许 AC 位；否则禁止 AC 位。

(9) NW 为不通写控制位，该位用来选择片内数据 cache 的操作模式。NW=1 时，禁止通写，写命中时不修改内存；否则，允许通写。

(10) CD 是 cache 禁止或使能位，该位用来控制允许或禁止向片内 cache 填充新数据。CD=1，当 cache 未命中时，禁止填充 cache；否则，未命中时，允许填充 cache。

(11) PG 为页使能位，用于控制是否允许分页。PG=1，允许分页，否则禁止分页。

CR_1 为基本的寄存器设置，兼容 8086/8088，是今后 CPU 发展的基础。

CR_2 是页故障线性地址寄存器，用来保存发生页故障中断(异常 14)之前所访问的最后一个页面的线性页地址。用软件读出即可得到发生页故障的线性地址。CR_2 由 80386 以上微处理器定义。

CR_3 是页目录基地址寄存器，用来存放当前任务的页目录表的物理基地址。由于页目录表是按页对齐的(4KB)，因而 CR_3 通过高 20 位来实施这一要求，而低 12 位保留或定义为其他用途。CR_3 是 80386 以上微处理器才使用的，在 80486 中新定义了 PWT 和 PCD 两个控制位。PWT 是页面通写位，用于指示是页面通写还是回写，该位为 1，外部 cache 对页目录进行通写，否则进行回写；PCD 是页面 cache 禁止位，该位用于指示页面 cache 工作情况，PCD=1，禁止片内 cache，否则允许片内 cache。这两个位只有在 CR_0 中的页管理使能位 PG=0 或 cache 不使能位 CD=1 时才有效。

CR_4 是 Pentium 处理器中新增加的控制寄存器，共定义了 6 位，各位含义如下：

(1) VME 是虚拟方式扩充位，VME=1，允许虚拟 8086 方式扩充，否则禁止。

(2) PVI 是保护方式虚拟中断位，PVI=1，允许保护方式虚拟中断，否则禁止。

(3) TSD 是时间戳禁止位，该位为 1，且当前特权级不为 0 时，禁止读时间戳计数器指令 RDTSC，否则 RDTSC 将在所有特权级上执行。

(4) DE 是调试扩充位，该位用来控制是否支持 I/O 断点，当 DE=1 时，允许 I/O 断点调试扩充，否则禁止 I/O 断点调试扩充。

(5) PSE 是页尺寸扩充位，该位为 1，允许页面大小扩充，每页为 4MB，否则禁止页面大小扩充，每页仍为 4KB。

(6) MCE 是机器检查允许位，该位为 1，允许机器检查异常，否则禁止机器检查异常。

2) 系统地址寄存器

系统地址寄存器只在保护方式下使用，所以又叫保护方式寄存器。80X86/Pentium 用 4 个寄存器把在保护方式下常用的数据基地址、界限和属性保存起来，以确保其快速性。这 4 个寄存器如图 2-24 所示。

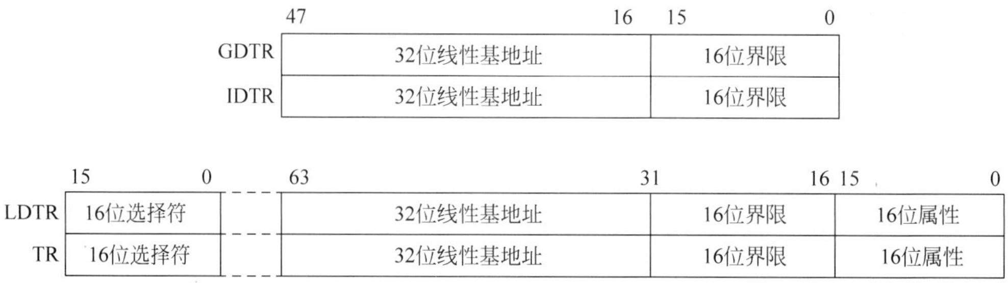

	47 … 16	15 … 0
GDTR	32位线性基地址	16位界限
IDTR	32位线性基地址	16位界限

	15 … 0		63 … 31	… 16	15 … 0
LDTR	16位选择符		32位线性基地址	16位界限	16位属性
TR	16位选择符		32位线性基地址	16位界限	16位属性

图 2-24 系统地址寄存器

(1) 全局描述符表寄存器(GDTR)。

全局描述符表寄存器是一个 48 位字长的寄存器(对 80286 而言，为 40 位寄存器)，用于存放全局描述符表(GDT)的 32 位(或 24 位)线性基地址和 16 位界限。

全局描述符表是 80X86/Pentium 用来定义全局存储器地址空间的一种机制。全局存储器是一种可能被许多或所有软件任务共享的通用系统资源。也就是说，全局存储器中的存储器地址可被微处理器上的所有任务访问。该表存放着操作系统使用的和任务公用的段描述符，这些描述符标识全局存储器中的段。

用 GDTR 定义的全局描述符表如图 2-25 所示。GDT 的最大长度为 2^{16} 字节(64KB)，由于每个描述符占 8 个字节，即 GDT 中最多能定义 $2^{13}=8192$ 个段描述符。

(2) 中断描述符寄存器(IDTR)。

中断描述符表寄存器也是一个 48 位字长的寄存器(对 80286 而言，为 40 位寄存器)，用

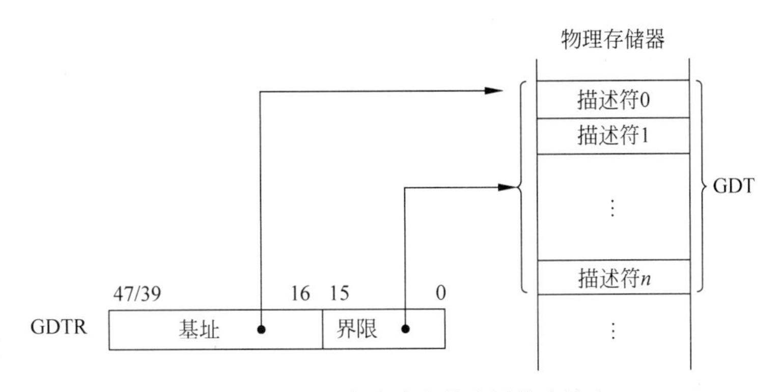

图 2-25　GDTR 与它定义的全局描述符表

于存放中断描述符表的 32 位(或 24 位)线性基地址和 16 位界限。

(3) 局部描述符表寄存器(LDTR)。

局部描述符表寄存器也是 80X86/Pentium 存储器管理支持机制的一部分。每个任务除了可访问全局描述符表外还可访问它自己的专用描述符表。该专用表称为局部描述符表(LDT),它定义了任务用到的局部存储器地址空间。LDT 中的段描述符可用来访问当前任务的存储器段中代码和数据。

由于每项任务都有它自己的存储器段,因此保护模式的软件系统可能会包含许多局部描述符表。所以,与段寄存器一样,LDTR 值并不直接定义一个局部描述符表。它只是一个指向 GDT 中 LDT 描述符的选择符,所以 LDTR 和 TR 也称为系统段寄存器。如图 2-26 所示,当 LDTR 中装入选择符时,相应的描述符就能够从 GDT 中读出来并装入 LDTR 的描述符高速缓存器,从而为当前任务建立了一个 LDT。

LDT 的最大长度也为 64KB,即 LDT 中最多也只能定义 8192 个局部段描述符。

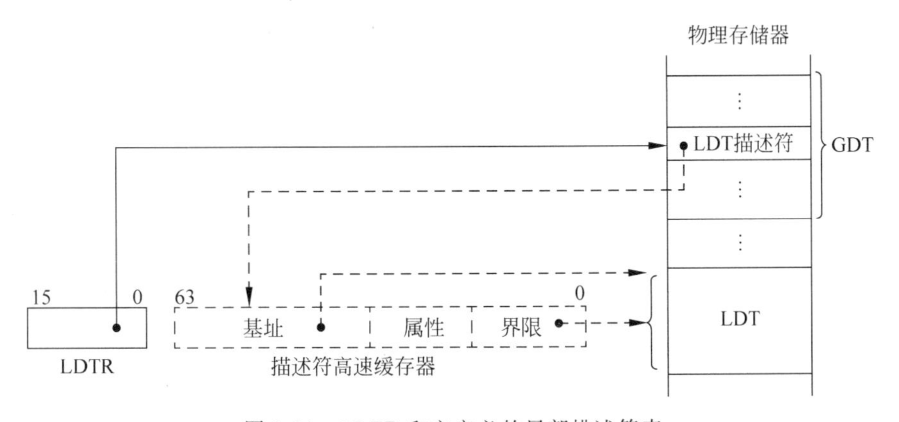

图 2-26　LDTR 和它定义的局部描述符表

(4) 任务寄存器(TR)。

任务寄存器在保护模式任务切换机制中很重要。与 LDTR 一样,该寄存器存放的也是一个称为选择符的 16 位索引值。TR 开始的选择符由软件装入,它开始第一个任务。这之后再执行任务切换的指令时就自动修改选择符。

如图 2-27 所示,TR 中的选择符用来指示全局描述符表中描述符的位置。当选择符装入TR中时，相应的任务状态段(TSS)描述符自动从存储器中读出并装入任务描述符高速缓存中。该描述符定义了一个称为任务状态段(TSS)的存储块，它提供了段起始地址(base)和段界限(limit)。每个任务都有它自己的TSS。TSS包含启动任务所需的信息，诸如用户可访问的寄存器初值。

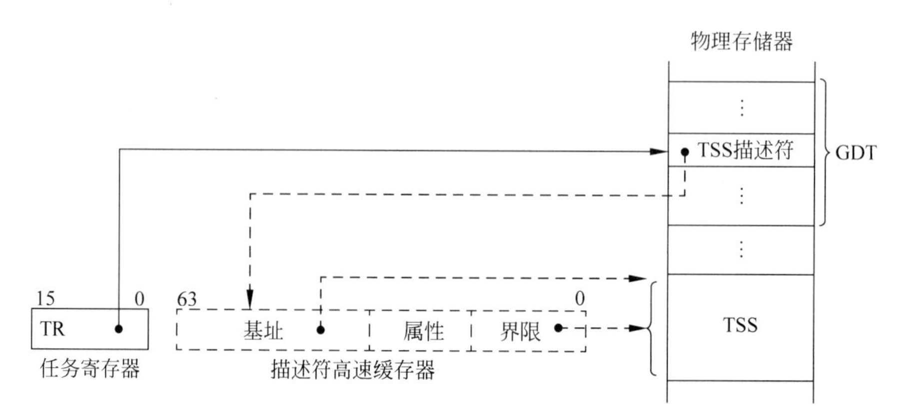

图 2-27 任务寄存器和任务切换机制

3. 调试和模型专用寄存器

Pentium处理器中提供了一组调试寄存器和一组模型专用寄存器，用于排除故障和执行跟踪、性能监测、测试及机器检查错误。

1) 调试寄存器(debug register)

调试寄存器如图2-28所示，这是一组32位的寄存器，是程序员可访问的，提供片上支持调试。80386/80486定义了6个调试寄存器，其中DR_0～DR_3指定了4个线性断点地址；DR_7为调试控制寄存器，用于设置断点；DR_6为调试状态寄存器，用于显示断点的当前状态。

寄存器内容	名称
线性断点地址 0	DR_0
线性断点地址 1	DR_1
线性断点地址 2	DR_2
线性断点地址 3	DR_3
DR_6 的别名	DR_4
DR_7 的别名	DR_5
断点状态寄存器	DR_6
断点控制寄存器	DR_7

图 2-28 调试寄存器

Pentium处理器对调试寄存器DR_4和DR_5给予调试寄存器DR_6和DR_7的别名。当控制寄存器CR_4中的DE位设置为0时，即禁止调试扩充，Pentium通过允许引用DR_6和DR_7的别名保持与现有软件兼容；当DE位设置为1时，即允许调试扩充，引用DR_4或DR_5将产生未定义的操作码异常。

2）模型专用寄存器

Pentium 处理器取消了 80386/80486 中的测试寄存器(TR)，其功能由一组模型专用寄存器(model special register，MSR)来实现，这一组 MSR 用于执行跟踪、性能监测、测试和机器检查错误。Pentium 处理器采用两条指令 RDMSR(读 MSR)和 WRMSR(写 MSR)来访问这些寄存器，ECX 中的值(8 位值)确定将访问该组寄存器中哪一个 MSR。表 2-9 给出了所有模型专用寄存器与需要装入 ECX 的值的关系。

表 2-9 模型专用寄存器与 ECX 的关系

ECX	寄存器名	说明
00H	机器检查地址	引起异常周期的存储器地址
01H	机器检查类型	引起异常周期的存储周期类型
02H	测试寄存器 1	奇偶校验逆寄存器
03H	保留	
04H	测试寄存器 2	指令超高速缓存结束位
05H	测试寄存器 3	超高速缓存测试数据
06H	测试寄存器 4	超高速缓存测试标志
07H	测试寄存器 5	超高速缓存测试控制
08H	测试寄存器 6	TLB 测试线性地址
09H	测试寄存器 7	TLB 测试控制和物理地址 $A_{31} \sim A_{12}$
0AH	测试寄存器 8	TLB 测试物理地址 $A_{35} \sim A_{32}$
0BH	测试寄存器 9	BTB 测试标志
0CH	测试寄存器 10	BTB 测试目标
0DH	测试寄存器 11	BTB 测试控制
0EH	测试寄存器 12	执行跟踪和转移预测
0FH	保留	
10H	时间戳计数器	性能监测
11H	控制和事件选择	性能监测
12H	计数器 0	性能监测
13H	计数器 1	性能监测
14H	保留	

2.6.4 Pentium 的四种工作方式

Pentium 在 80486 三种工作方式的基础上新增了一种系统管理方式，使 Pentium 微处理器具有四种工作方式，即实地址方式、保护虚拟地址方式、虚拟 8086 方式和系统管理方式。

1. 实地址方式

实地址方式是为了与 8086 兼容而设置的一种工作方式。在这种工作方式下，Pentium 的工作原理与 8086 的工作原理相同，所以实地址方式又称为 8086 方式。

在实地址方式下，Pentium 的地址线中只有低 20 条地址线起作用，即能寻址的物理存储器空间为 1MB。其中两个物理存储空间 00000000H～000003FFH 和 FFFFFFF0H～FFFFFFFFH 是需要保留的。前者为中断向量区，后者为 CPU 加电或复位时程序的启动地址。

系统复位时 CR_0 的 PE 位自动清零，进入实地址方式，此时，CS 寄存器所对应的描述符寄存器中的基地址为 FFFF0000H，段边界为 FFFFH，(EIP)=0000FFF0H，即

程序的执行地址=基地址+(EIP)=FFFFFFF0H

程序就从此地址开始运行。当首次遇到段间转移或段间调用指令时，物理地址又自动置为 000×××××H(×为任意值，由执行的指令而定)，从而进入实地址方式下的物理地址空间。此时，Pentium 处理器借助操作数长度前缀和地址长度前缀，可进行 32 位操作和 32 位寻址，但要注意 32 位偏移地址不能超出 64KB 的限制，否则必定发生异常。

因此，可以这样说，在实地址方式下，Pentium 仅是一个高速的 8086，它的许多优秀性能如多任务、多级保护等均不能实现。

2. 保护虚拟地址方式

保护虚拟地址方式是一种建立在虚拟存储器和保护机制基础上的工作方式，可最大限度地发挥 CPU 所具有的存储管理功能及硬件支持的保护机制，这就为多用户操作系统的设计提供了有力的支持。本节仅就存储空间及保护概念进行初步介绍，存储管理的具体实现将在存储器章节加以介绍。

保护方式下，Pentium 微处理器有三种存储器地址空间，即物理地址空间、线性地址空间和虚拟地址空间。物理地址空间是 CPU 可直接寻址的，取决于 CPU 地址总线的位数，为 2^{32} 字节(4GB)；线性地址空间是由分段机制产生的，也为 4GB，不分页时即为物理地址空间。

虚拟地址空间是用户编程使用的空间，取决于分段分页管理机制，无论是分段还是分段又分页，一个任务最多能访问的逻辑段数为 2×2^{13} 个，即 GDT 和 LDT 中所能存放的段描述符数。只分段时，每个逻辑段的最大长度为 1MB，即用户所拥有的虚拟地址空间为 $2\times2^{13}\times1\text{MB}=16\text{GB}$；分段又分页时，逻辑段的最大长度为 4GB，用户所拥有的虚拟地址空间为 $2^{14}\times4\text{GB}=64\text{TB}$。

3. 虚拟 8086 方式

虚拟 8086 方式是为在保护方式下能与 8086/8088 兼容而设置的，是一种既有保护功能又能执行 8086 代码的工作方式。CPU 与保护虚拟地址方式下的工作原理相同，但程序中指定的逻辑地址按 8086 方式解释。

4. 系统管理方式

Pentium 处理器除了上述三种工作方式外，还增加了一种系统管理方式(system management mode，SMM)。SMM 可使设计者实现高级管理功能，如对电源管理以及为操作系统和正在运行的程序提供安全性，而它最显著的应用就是电源管理。SMM 可以使处理器和系统外围部件都休眠一定时间，然后在一键按下或鼠标移动时能自动唤醒它们，并使之继续工作。利用 SMM 可实现软件关机。

SMM 主要为系统管理而设置，与保护方式一样，是 Pentium 的一个主要特征。在硬件的控制下，可从任何一种方式进入 SMM 方式，事后再返回原来方式。四种方式间的转换关系如图 2-29 所示，其中 $\overline{\text{SMI}}$ 表示系统管理中断信号有效，RSM 表示系统管理方式返回指令。

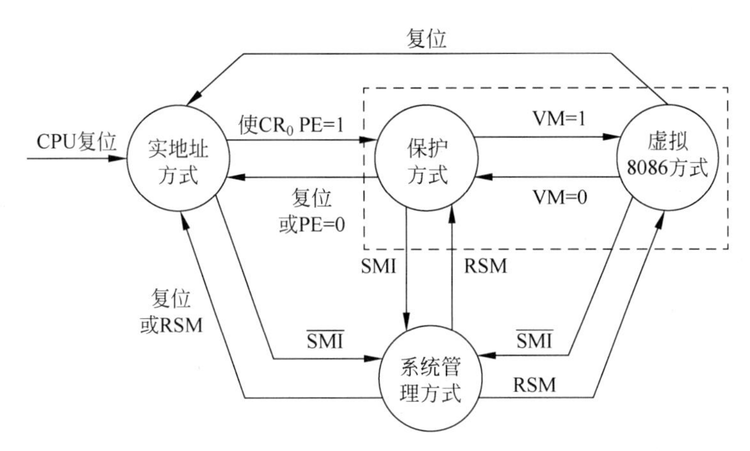

图 2-29 Pentium 四种工作方式的相互转换

习题

2-1 微处理器内部结构由哪几部分组成？阐述各部分的主要功能。

2-2 8086/8088 微处理器内部有哪些寄存器？其主要作用是什么？

2-3 将左边的术语和右边的含义联系起来，在括号中填入所选择的代号字母：

1	字长	( )	A	指由 8 个二进制位组成的通用基本单元。
2	字节	( )	B	是 CPU 执行指令的时间刻度。
3	指令	( )	C	CPU 所能访问的存储单元数，与其地址总线条数有关。
4	堆栈	( )	D	唯一能代表存储空间每个字节单元的地址，用 5 位十六进制数表示。
5	指令执行时间	( )	E	CPU 访问 1 次存储器或 I/O 操作所花的时间。
6	时钟周期	( )	F	由段基址和偏移地址两部分组成，均用 4 位十六进制数表示。
7	总线周期	( )	G	以“后进先出”方式工作的存储器空间。
8	cache	( )	H	完成操作的命令。
9	逻辑地址	( )	I	指微处理器在交换、加工、存放信息时信息的最基本长度。
10	访存空间	( )	J	各条指令执行所花的时间，不同指令，该值不一。
11	实际地址	( )	K	为缓解 CPU 与主存储器间交换数据的速度瓶颈而建立的高速缓冲存储器。

2-4 选择题

(1) 某微机具有 1MB 的内存空间，其 CPU 的地址总线应有(　　)条。

A. 18　　B. 19　　C. 20　　D. 21

(2) 下列逻辑地址中对应不同的物理地址的是(　　)。

A. 0400H：0340H　　B. 0420H：0140H

C. 03E0H：0740H　　D. 03C0H：0740H

(3) 当 RESET 信号进入高电平状态时，将使 8086/8088 CPU 的(　　)寄存器初始化为 FFFFH。

A. SS　　B. DS　　C. ES　　D. CS

(4) 在 8086/8088 中，一个最基本的总线周期由 4 个时钟周期(T 状态)组成，在 T_1 状态，CPU 在总线上发出(　　)信息。

A. 数据　　B. 状态　　C. 地址

2-5　填空题

(1) 在 8086 CPU 的时序中，为满足慢速外围芯片的需要，CPU 采样________信号，若未准备好，插入________时钟周期。

(2) 8086 系统总线形成时，需要用________信号锁定地址信号。

(3) 8086 系统的存储体系结构中，1MB 存储体分________个库，每个库的容量都是________字节，其中和数据总线 $D_{15} \sim D_8$ 相连的库称为________，用________作为此库的选通信号。

(4) 在 8086 系统中，若某一存储单元的逻辑地址为 7EFFH：002AH，则其物理地址为________。

(5) 8086 寻址 I/O 端口时，使用________条地址总线，可寻址________个字端口，或________个字节端口。

(6) 8086 I/O 端口的编址方式为________。

2-6　试将左边的标志和右边的功能联系起来。

要求：(1) 在括号中填入右边功能的代号；

(2) 填写其类型(属状态标志者填 S，属控制标志者填 C)；

(3) 写出各标志为 0 时，表示的状态。

标　志		类　型	为 0 时表示的状态
1. SF (　)	a. 陷阱标志		
2. CF (　)	b. 符号标志		
3. AF (　)	c. 溢出标志		
4. DF (　)	d. 进位标志		
5. TF (　)	e. 零标志		
6. OF (　)	f. 奇偶标志		
7. PF (　)	g. 中断标志		
8. IF (　)	h. 辅助进位标志		
9. ZF (　)	i. 方向标志		

2-7　将十六进制数 62A0H 与下列各数相加，求出其结果及标志位 CF、AF、SF、ZF、OF 和 PF 的值：

(1)1234H；(2)4321H；(3)CFA0H；(4)9D60H

2-8 逻辑地址和物理地址有什么区别？为什么8086微处理器要引入“段加偏移”的技术思想？段加偏移的基本含义又是什么？试举例说明。

2-9 有一个由20个字组成的数据区，其起始地址为610AH：1CE7H。试写出该数据区首、末单元地址PA。

2-10 若一个程序段开始执行之前CS=97F0H，IP=1B40H，试问该程序段启动执行指令的实际地址是什么？

2-11 将8086工作模式的特点填于下表中。

特点 方式	MN/$\overline{\text{MX}}$引脚	处理器个数	总线控制信号的产生
最小模式			
最大模式			

2-12 什么叫总线周期、时钟周期、指令周期？它们之间一般有什么关系？

2-13 有两个16位的字31DAH、5E7FH，它们在8086系统存储器中的地址分别为00130H和00134H，试画出它们的存储示意图。

2-14 有一个32位的地址指针67ABH：2D34H存放在从00230H开始的存储器中，试画出它们的存放示意图。

2-15 已知SS=20A0H，SP=0032H，欲将CS=0A5BH，IP=0012H，AX=0FF42H，SI=537AH，BL=5CH依次推入堆栈保存。

(1) 试画出堆栈存放示意图；

(2) 写出入栈完毕时SS和SP的值。

第3章 80X86指令集

计算机是通过执行指令来完成特定任务的,因此要有一组指令集。各种 CPU 都有自己的指令集,不同类型的计算机其指令集是不同的。

本章以 8086/8088 的指令集为核心。80X86 微处理器的一个显著特点是向前(或称向上)兼容,也就是后续开发的新一代微处理器都能兼容先前已开发的前代微处理器,原来在 8086/8088 16 位微处理器组建的微机上运行的程序无须作任何修改,就能在 Pentium(奔腾)系列的 PC 中照常运行。

学习指令集是学习微计算机原理的一大重点,也是编写汇编语言程序的基础。

本章重点:

- 80X86 的各种寻址方式;
- 80X86 指令集的各种常用指令;
- 80X86 存储器寻址方式中有效地址 EA 的计算。

3.1 8086/8088 指令格式

8086/8088 指令集是 80X86 最基本的指令集,是计算机汇编编程的基础。指令是控制计算机完成指定操作的命令。平时所称的"指令"皆是指可执行指令。操作数是被操作的对象,也是指令执行时所需的数据信息或数据存放的地址信息。有的指令不需要操作数,有的需要 1 个或多个操作数。为了满足执行各种指令不同功能的要求又要减少指令所占的空间,8086/8088 指令集采用了一种灵活的、由 1～6B 组成的可变字长指令格式。1 字节指令也称单字节指令,只有操作码而无操作数或者是隐含操作数。

3.1.1 操作码与地址码

大多数指令代码,经过分析都由两部分组成。第一部分:指令的操作码,用于指挥计算机正确操作的机器代码;第二部分:指令地址码,提供操作数的地址或者操作数本身,告知计算机从哪里取得操作数以及运算结果存往何处。其指令格式见图 3-1。

3.1.2 8086/8088 的操作数

在图 3-1 中,助记符用来指出该指令的基本功能,是每条指令必不可少的。操作数是指

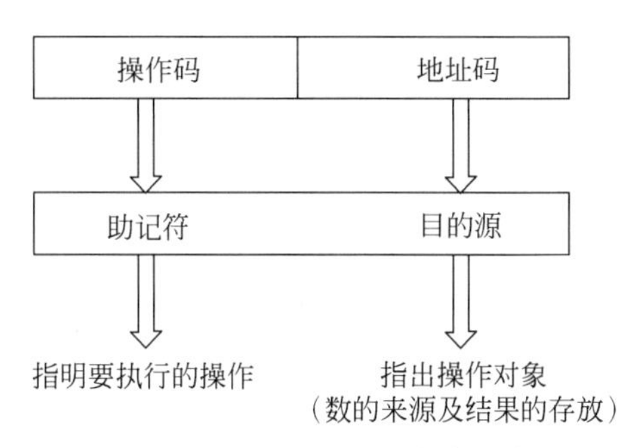

图 3-1 8086/8088 的指令格式

令操作所需要的数据。在一条指令中操作数可以仅取一个(单操作数指令),例如转移指令就只有一个目标操作数,也就是转移用的目标地址。也可以取两个操作数(双操作数指令),其中一个称为源操作数,在操作过程中其值不变;另一个称为目的操作数,在指令操作后一般被操作结果所代替。也有的指令只有操作码没有操作数,或者隐含操作数。

8086/8088 指令集中,操作数分为两大类,即数据操作数和转移地址操作数。

数据操作数分为以下 4 类:

1) 立即数

它是指令中参与操作且紧跟在操作码后面的常数。立即数只能作为源操作数使用。立即数的取值范围如表 3-1 所示。

表 3-1 立即数取值范围

类　　型	8 位二进制数	16 位二进制数
无符号数	00H～FFH(0～255)	0000H～FFFFH(0～65535)
有符号数	80H～7FH(－128～＋127)	8000H～7FFFH(－32768～＋32767)

2) 寄存器操作数

(1) 指令中要操作的数据存放在 8 个通用寄存器或者 4 个段寄存器中。

(2) AX、BX、CX、DX 可以当作 8 位寄存器使用,存放字节操作数;或者作为 16 位寄存器使用,存放字操作数。

(3) SI、DI、SP、BP 则只能存放字操作数。

(4) CS、DS、ES 和 SS 段寄存器用来存放当前操作数的段基址。

3) 存储器操作数

此类操作数存放在指定的存储单元中,若为字节操作数,则占用 1B 存储单元;若为字操作数,则占用 2B 存储单元;若为双字操作数,则占用 4B 存储单元。

4) I/O 端口操作数

指令中参与操作的数据来源于或者要传送到 I/O 端口。

5) 转移地址操作数

出现在转移指令或调用指令中,指出程序要转移的目标地址。

3.2 8086/8088指令寻址方式

在指令中,用于说明操作数所在地址的方法称为寻址方式。由于操作数存在于多种媒介中(例如存放在寄存器中,存放操作数的寄存器多达12个,而且寄存器是16位;存放在存储单元中,存放存储器操作数的存储单元地址空间可达1MB,存储单元地址需要20位),因而大大增加了寻址方式的复杂性。

所谓寻址就是寻找操作数(数据寻址)或者操作数地址(地址寻址)。前者是与数据有关的寻址方式,后者是与转移地址有关的寻址方式。

因此,8086/8088指令集的寻址方式分为两类。

(1) 数据的寻址方式:寻找指令操作所需数据的方法。

(2) 转移地址的寻址方式:寻找转移指令所需目标地址的方法。

3.2.1 数据寻址方式

无论哪种微计算机,操作数只可能在5个地方:隐含在指令中;以立即数形式直接写在指令中;在寄存器中;在存储器中;在字符串中。

1. 隐含寻址

有少数指令,操作数不在指令中出现,但操作码本身隐含指明了操作数的地址,这种寻址方式称为隐含寻址。它用于对特定的寄存器实现特定的操作。例如DAA(十进制数加法调整)指令和DAS(十进制数减法调整)指令,其功能是将AL的内容调整为十进制数,但在指令中并无AL出现。又如:查表指令XLAT也属隐含寻址,其隐含的寄存器为AL和BX。其他还有堆栈操作指令PUSHF、POPF和字符串传送指令MOVSB等亦属此类。

2. 立即寻址

8位或16位的操作数直接包含在指令中,紧跟在操作码之后,作为指令的一部分。该操作数在指令执行时便可"立即"获得,故称立即寻址。立即寻址主要用来给通用寄存器或存储器赋值。它只能用于源操作数,不能用于目的操作数。

例句:

```
MOV   BL,50H        ;将8位立即数50H传送到寄存器BL中
MOV   AX,2000H      ;将16位立即数2000H传送到累加器AX中
MOV   CL,'A'        ;将字符"A"的ASCII码(8位)传送到寄存器CL中
```

指令执行后:BL=50H,AX=2000H,CL=41H,即立即数50H、2000H和41H分别存入寄存器BL、累加器AX和寄存器CL之中。

3. 寄存器寻址

这是最常用也是最简明的一种寻址方式。指令所需的操作数就存放在指令规定的某个寄存器内。对于8位操作数,寄存器可以是4个通用的16位寄存器中任一个的高8位或者低8位。对于16位操作数,寄存器可以是8个通用寄存器AX、BX、CX、DX、SI、DI、SP、BP

或者 4 个段寄存器 DS、CS、SS、ES 中的任意一个。

例句：

```
MOV   BX,CX          ；将 CX 寄存器中的内容复制到 BX 中
MOV   DS,AX          ；将 AX 中的内容复制到 DS 段寄存器中
```

这两条指令中的源操作数和目的操作数都为寄存器寻址。

指令执行后：BX＝CX,DS＝AX,即源和目的两个寄存器中的内容一致,同时目的寄存器中原内容被刷新而丢失。

使用这种寻址方式时要注意保持源和目的寄存器类型一致,数据位数要相匹配。由于寄存器寻址方式的操作数就在 CPU 内部的寄存器中,因而可以有较高的运行速度。

4. 存储器寻址

下面将要介绍 5 种存储器寻址方式。它们的共同特点是操作数均在存储单元中,因此找操作数(也称寻址)就变成了“找存储单元地址”。每个段的最大段长为 64KB,若要寻址存储器操作数只能在此范围内寻找,为此,先将存储单元地址的表示形式作一介绍。

已知存储单元的地址有物理地址和逻辑地址之分,且逻辑地址的表示形式为段基址：偏移地址。其中段基址(16 位)应预放在某个段寄存器中,故使用前缀来指明段寄存器名,在许多情况下此段寄存器名可以缺省。此时只有偏移地址包含在指令中。例如,DS：[2000H]可省略为[2000H]。

偏移地址(16 位)表示该存储单元位置与段起始地址位置之间的距离偏差(用字节数表示)。偏移地址也称为有效地址(EA),它是根据不同寻址方式由 CPU 计算来确定和得到的地址。

有效地址 EA 的一般计算公式为

EA＝基址值 BX/BP＋变址值 SI/DI＋位移量 D8/D16

式中,基址值——基址寄存器 BX 或者基址指针寄存器 BP 的内容；

变址值——源变址寄存器 SI 或者目的变址寄存器 DI 的内容；

位移量——包含在指令中的一个带符号的 8 位或者 16 位的二进制数,但不是立即数,而是一个地址。在源程序中,它可用数值(常数)表示,或者用符号地址(该符号具有地址性质)如 VAR 来表示。这样使编程较为方便,在源程序汇编时,符号地址将被转换成实际的偏移量。

因为 EA 的构成方式有多种,它是三种地址分量的不同组合,因而形成了若干种不同的存储器寻址方式。它们是直接寻址、寄存器间接寻址、寄存器相对寻址、基址变址寻址、相对基址变址寻址,共 5 种寻址,具有 24 种形式。

1) 直接寻址

直接寻址方式是对存储器进行访问时可采用的最简单的存储器寻址方式。是指有效地址 EA 直接由指令提供并包含在指令中,该有效地址只含有位移量部分,即

EA＝位移量 d8/d16

例如要将存储器中逻辑地址为 DS：2000H 的两个字节单元内容传送到 AX,可以写成如下形式：

```
MOV   AX,DS:[2000H] ;
```

本指令也可写成MOV AX,[2000H],即该指令默认的操作数存放的段基址由DS段寄存器确定。由于操作数通常皆放在数据段中,故段寄存器DS可以缺省,而不必指明。

设DS=4000H;指令执行的过程如图3-2所示。

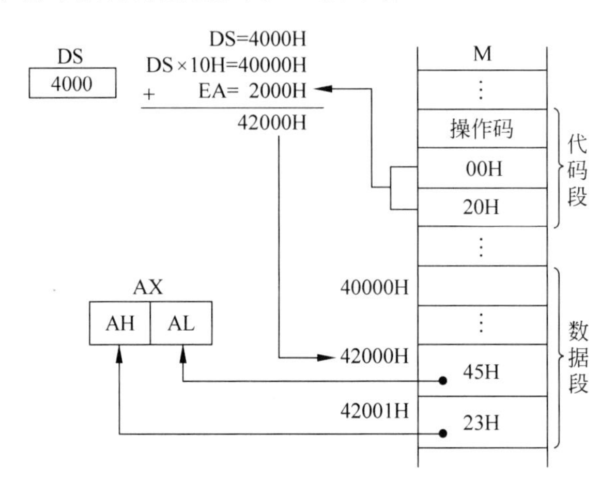

图3-2 直接寻址方式示意图

该条指令执行的结果是把数据段中存储单元42000H和42001H两个字节单元的内容传送到累加器AX。其中AL=45H,AH=23H。

若指令中源操作数不在数据段中而是在数据段以外的其他段,例如附加段ES(8086/8088也允许段跨越),即使用前缀来指出段寄存器名,再加上冒号分隔,指令应写成如下形式:

MOV AX,ES:[2000H]

在汇编语言中,若用符号地址VAR来表示地址位移量时,方括号[ ]可以省去。则指令写成如下形式:

MOV AX, VAR;

此例句的含义是:把由符号地址VAR所指定的字存储单元内容传送至AX。这里的符号VAR为存储器变量,它表示存储器数据段中的某存储单元已经定义位移量为VAR,由于AX是16位,所以VAR应定义为占用2B存储单元的字类型变量。段基址默认在DS。

注意:使用直接寻址方式时要求如下:

(1) 在常数位移量中,2000H必须加上方括号,此括号不能省,它不是立即数,而是有效地址EA。

(2) 从指令功能看,不是将立即数2000H传送至累加器AX,而是将有效地址为2000H所指字存储单元内容传送至AX。

(3) 同理,指令中的变量VAR是表示传送符号地址VAR所指字存储单元中存放的内容。

2) 寄存器间接寻址

这种寻址方式中的操作数是在存储器中,并不是在寄存器中,而存储单元的有效地址EA在寄存器中。为什么称为寄存器间接寻址?因为寄存器提供的不是操作数,而是操作数的地址(有效地址)。EA并不直接在指令中,而是在某一寄存器中,故称为间接寻址。16位有效地址从基址寄存器(BX或BP)中得到,或者从变址寄存器(SI或DI)中得到,也就是说操作数的有效地址只有通过访问寄存器才能间接得到。存放有效地址的寄存器常被称为间址寄存器。间接寻址方式的有效地址EA可表示为

$$EA=\begin{Bmatrix}[BX]\\ [BP]\\ [SI]\\ [DI]\end{Bmatrix}$$

除了有段跨越前缀的情况外,通常规定:

(1) 若用SI、DI、BX间接寻址,则操作数通常在当前数据段DS区域,计算操作数的物理地址,应使用数据段寄存器DS。

(2) 若用BP间接寻址,则操作数默认在堆栈段区域,即需使用堆栈段寄存器SS。将SS的内容左移4位加上BP的内容,即为操作数的地址。只要指令中未加特别说明要超越此约定则按此基本约定寻找操作数。

例句:

```
MOV  AX,[BX]
MOV  AX,[BP]
```

设已知DS=3000H,SS=1200H,BX=1000H,BP=2200H,则源操作数[BX]的物理地址为DS×10H+BX=31000H;源操作数[BP]的物理地址为SS×10H+BP=14200H,见图3-3。

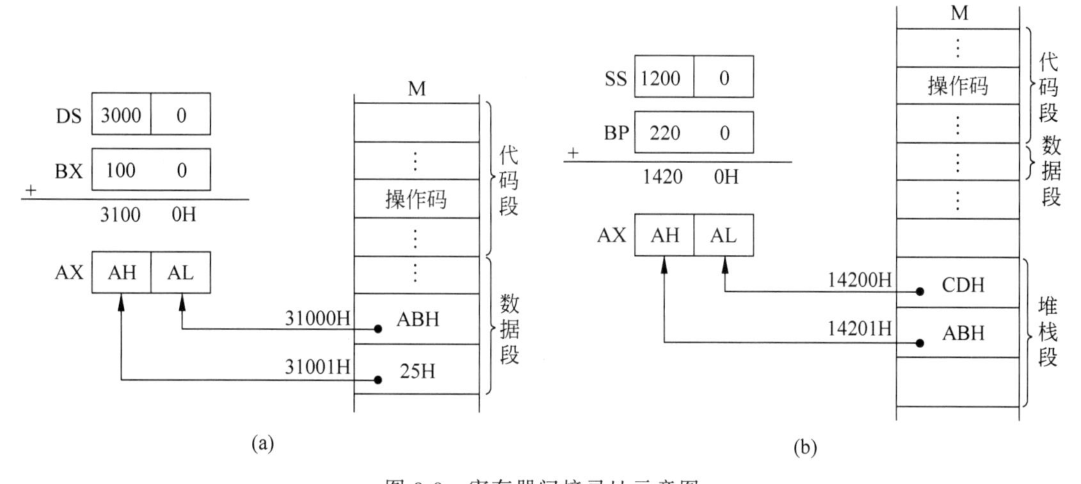

图3-3 寄存器间接寻址示意图

注意:

(1) 用作间接寻址的寄存器,在指令中必须使用方括号,否则,上例中将会误解为将BX的内容传送到累加器AX。一旦使用方括号,则表示BX寄存器中存放的是AX所需数据的有效地址。

(2) 寄存器间接寻址方式也允许段跨越。

(3) 若指令中指定是段跨越，则 SI、DI、BX 的内容也可以与其他段寄存器左移 4 位后的内容相加，形成操作数的地址，操作数在跨越段中。

寄存器间接寻址方式的特点是，只需对间址寄存器内容加以修改，使用指令就可对许多不同存储单元进行访问，因此可用于对成组数据的操作。

3) 寄存器相对寻址

这种寻址方式下，操作数据的存储器有效地址为两种分量之和，即由基址寄存器或变址寄存器内容加上位移量构成，也就是寄存器加位移量寻址。因此

$$EA=\begin{Bmatrix}[BX]\\ [BP]\\ [SI]\\ [DI]\end{Bmatrix}+\{d8/d16\}$$

例句：

```
MOV    AX,[BX+5]
```

或者

```
MOV    AX,5[BX]
```

与寄存器间接寻址方式不同的是，指令中还指定一个 8 位或者 16 位的位移量。式中，立即数 5 是由指令代码提供的。

指令中的立即数 5 表示位移量，亦即 EA=BX+05H。

其操作数物理地址的计算与寄存器间接寻址类似。

指令中的位移量也可以是一个变量，则指令应写成下列格式：

```
MOV    AX,DATE[BX]
```

或者

```
MOV    AX,[BX+DATE]
```

其操作过程如图 3-4 所示。

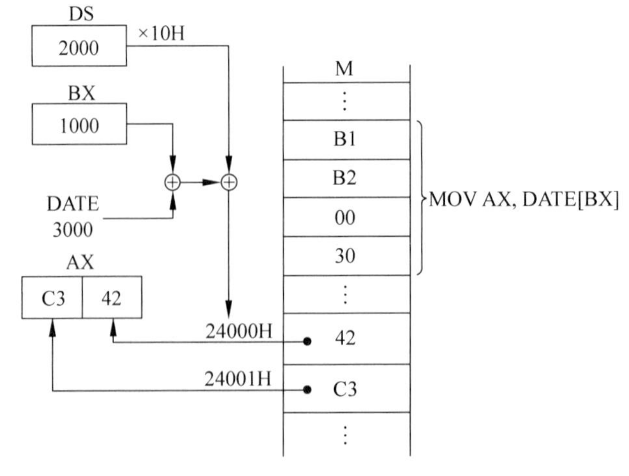

图 3-4　寄存器相对寻址示意图

本指令是将一个字存储单元的操作数传送至 AX 中,该指令采用基址寄存器 BX 与 16 位位移量 DATE,称为寄存器相对寻址。“相对”二字是指对于某个具体参考点而言需再加一个 8/16 位的位移量。

设 DS=2000H,BX=1000H,DATE=3000H

物理地址=DS×10H+BX+DATE=24000H

指令执行结果:AH=C3H,AL=42H

寄存器相对寻址方式应用比较广泛,同样可方便地用于对成组数据的操作,例如常用于存取表格或一维数组中的某个元素。即把表格的起始地址作为位移量,元素的下标值放在间址寄存器来实现。下面说明寄存器相对寻址方式的具体应用。

该寻址方式是由一个寄存器(基址寄存器或者变址寄存器)与给定的位移量组合成有效地址 EA,即 EA=[BX]+(d8/d16)或者 EA=[SI]+(d8/d16)。

例如,已知一维数组,其数组元素有 n 个,为 $a_0,a_1,a_2,\cdots,a_{n-1}$,每个数组元素有相同的长度(即字节数),皆由一个字节构成。现在要访问其中的第 5 个元素,从 a_0 算起,就是访问 a_4。今使用变址寄存器 SI,SI 的内容可设置为 $0\sim n-1$。现在 SI 的内容应为“4”。设限定存放数组的起始单元地址距离数据段开始单元有 16B,即位移量为 10H,把访问到的元素 a_4 传递到累加器中。

因此,利用下列传送指令可以实现:

```
MOV   AL, 0010H[SI]
```

指令操作示意图如图 3-5 所示。显然,只要修改寄存器内容,用同一条指令即可访问数组的任意一个元素。若要访问不同数组,可在指令中使用不同的位移量。

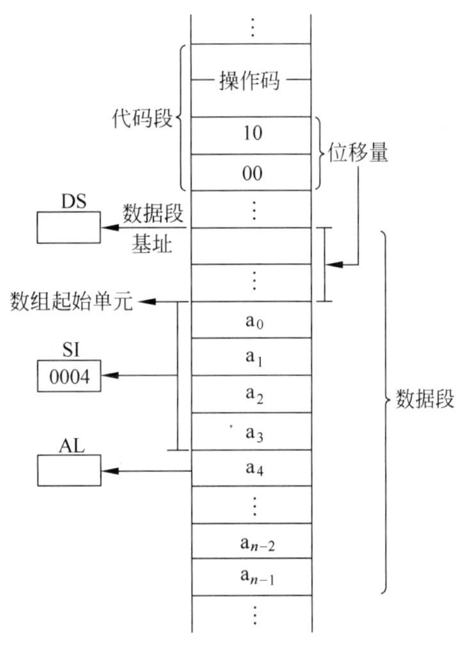

图 3-5 寄存器相对寻址一维数组示意图

4) 基址变址寻址

在 8086/8088 中,通常把 BX 和 BP 看作基址寄存器,把 SI 和 DI 看作变址寄存器,可分别得到基址寻址或者变址寻址方式。若把这两种寻址方式组合起来,比如把 BX(或者 BP)的内容加上一个变址寄存器 SI(或者 DI)的内容,则形成一种新的寻址方式——基址变址寻址。由此:

$$EA=\begin{Bmatrix}[BX]\\ [BP]\end{Bmatrix}+\begin{Bmatrix}[SI]\\ [DI]\end{Bmatrix}$$

例句:

```
MOV   AX,[BX][SI]  ;将 BX 与 SI 之和所指定的字存储单元内容送至 AX
```

或者

```
MOV   AX,[BX+SI]  ;
```

正常情况下,由基址寄存器决定哪个段寄存器作为地址基准(段基址),如用 BX 作为基址寄存器,则段寄存器为 DS,操作数在数据段中;若用 BP 作为基址寄存器,则段寄存器为 SS,操作数在堆栈区域中;若在指令中指明是段超越,则可用其他段寄存器作为地址基准。

设

DS=3000H,BX=2000H,SI=0006H

则

EA=BX+SI=2000H+0006H=2006H

操作数的逻辑地址为 DS:EA=3000H:2006H

对应的物理地址=3000H×10H+2006H=32006H

5) 相对基址变址寻址

此为基址加变址再加位移量寻址。

操作数的有效地址按基址寄存器、变址寄存器与位移量三者之和计算。其中位移量有常数或者变量两种类型。

$$EA=\begin{Bmatrix}[BX]\\ [BP]\end{Bmatrix}+\begin{Bmatrix}[SI]\\ [DI]\end{Bmatrix}+\{d8/d16\}$$

例句:

```
MOV   AX,1234H  [BX+SI]  ;这里位移量为常数,指令功能是将 BX、SI 与 1234H
                          之和作为有效地址所指定的字存储单元内容送
                          至 AX
MOV   AX,DATE  [BX+SI]   ;这里位移量用变量 DATE 表示
```

或者

```
MOV   AX,[BX+SI+DATE];
```

该指令生成的机器代码有 4 个字节,其中有两字节操作码和两字节位移量。

指令执行过程如图 3-6 所示。

设

DS=3000H,BX=2000H,SI=0006H,DATE=4000H

则

EA=2000H+0006H+4000H=6006H

物理地址=30000H+6006H=36006H

指令执行的结果:AH=20H,AL=40H

这种寻址方式可改变两个地址分量,所以使用相当灵活,适用于对二维数组中的任何一个数组元素进行操作。

归纳以上所述,在存储器寻址方式中,采用基址寻址、变址寻址、基址变址寻址、相对基址变址寻址方式时,书写格式有下列几种:

(1) 方括号[ ]内允许有 1 个或者 2 个寄存器的名字。若同时有基址和变址,可用“+”号连接。

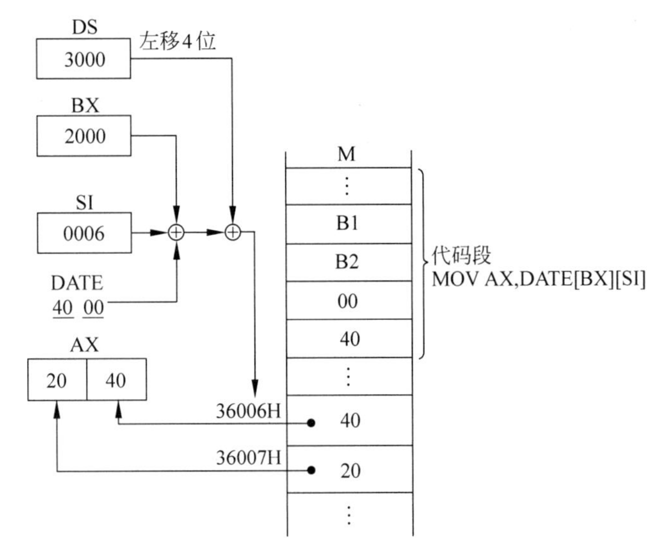

图 3-6 相对基址变址寻址示意图

(2) 方括号[ ]内允许有位移量,位移量可正可负,故可用"+"或"-"号连接。

(3) 方括号[ ]外允许有位移量,可放在[ ]之左或者之右。

例句:设有某汇编指令格式如下:

```
MOV   AX,[BX][SI]6
MOV   AX,6[BX][SI]
MOV   AX,6[BX+SI]
MOV   AX,[BX+SI+6]
```

它们之间是等效的。这 4 条汇编指令代表同一条 8086 机器指令。

根据上述 5 种寻址方式所确定的操作数都在存储单元中,需要注意的是,在基址变址和相对基址变址寻址方式中,都使用 BX、BP、SI、DI 寄存器,但其中 BX、SI、DI 对应的是 DS,而 BP、SI、DI 对应的是 SS 段寄存器。8086/8088 有一个基本约定:只要指令中未特别说明要"段超越",就按这个基本约定寻找操作数。因为 BX 和 SI 的值均可在指令执行时进行修改,故它是一种十分灵活的寻找操作数的方式,常用于对二维数组的访问。例如,九九乘法表,对应的指令为:MOV AL,TAB [BX][SI]。

5. 字符串操作寻址

所谓字符串是指一组代码或数据,并不一定是由字符构成的。字符串数据应该成批存储在内存单元中,因此约定:字符串操作寻址均采用隐含的变址寄存器寻址方式。

源操作数首址存放在 DS:SI 中,目的操作数的首址存放在 ES:DI 中,可以使 DS 和 ES 指向同一段,在同一段内进行操作。在字符串操作寻址中,SI 和 DI 不可随意取用。

源数据串允许段跨(超)越;目的数据串不允许段跨(超)越。

例句:

```
MOVSB    ;隐含使用 SI 和 DI 分别指向源串和目的串,实现字节串传送
MOVSW    ;隐含使用 SI 和 DI 分别指向源串和目的串,实现字串传送
```

3.2.2 I/O 端口寻址

对 I/O 端口的寻址方式有端口直接寻址和端口间接寻址方式两种。访问 I/O 端口只能使用其专用指令,即 IN(输入)和 OUT(输出)指令。

1) 端口直接寻址

在指令中直接给出 I/O 端口地址。当端口地址在 8 位二进制数 n=00H~FFH 即 0~255 范围时,可采用直接寻址方式(也可采用间址寻址方式)。示意图如图 3-7 所示。

例句:

```
IN   AL,20H          ; 20H 形似立即数,实为端口地址,从端口地址为 20H
                     ; 的端口中读取数据输入到 AL
IN   AX,20H          ; 从端口地址为 20H 和 21H 的两个相邻端口中读取
                     ; 数据输入到 AX
```

设 20H 端口内容为 80H,21H 端口内容为 40H,则指令执行后,AH=40H,AL=80H,AX=4080H。

2) 端口间接寻址

当 I/O 端口地址大于 FFH,即在 0100H~FFFFH 范围时,只能采用端口间接寻址方式,必须使用间址寄存器 DX,它的功能就是存放 I/O 端口的地址码,示意图如图 3-8 所示。

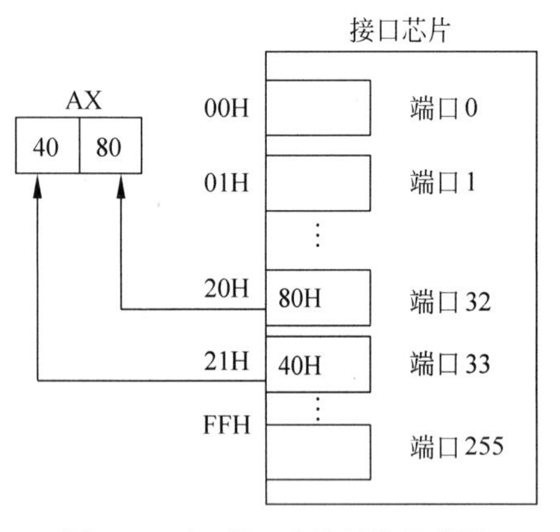

图 3-7 I/O 端口直接寻址示意图

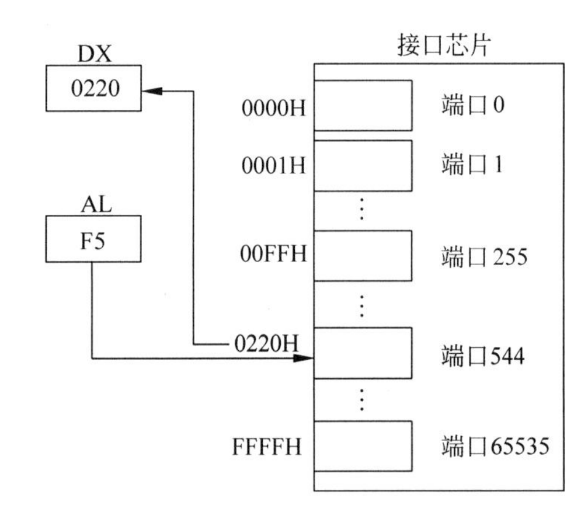

图 3-8 I/O 端口间接寻址示意图

3.3 8086/8088 指令集及应用

指令集是计算机的可执行指令的集合。无论哪种微处理器,它们的指令集一般都可由几个基本类型指令组成。指令分类的方法有多种,可以按指令长短、寻址方式以及指令功能等进行分类。

按指令长短可以分为单字节指令、双字节指令及多字节指令。

按寻址方式分类,有访问寄存器指令、访问存储器指令和访问 I/O 端口指令等。

按指令功能分类，有数据传送类、数据处理类、程序转移控制类、微处理器控制类等，目前微计算机多采用按指令功能分类的方法。

为了对 8086/8088 的指令集建立一个初步而较完整的概念，现将指令集中常用的缩写符和所有指令的助记符分别列在表 3-2 和表 3-3 中。

表 3-2　8086/8088 指令集常用缩写符

符号缩写	说　明
[ ]	存储器的内容。括号内为存储单元偏移地址，可用在指令格式中
( )	通用寄存器或者存储器的内容，不用在指令格式中
Im 或者 data	8 位或 16 位立即数
n	8 位二进制数
nn	16 位二进制数
Reg	通用寄存器
Seg	段寄存器
PORT	I/O 端口地址
mem/reg(或者 MEM/REG)	存储器或者寄存器操作数
OFFSET	属性操作符，表示其后紧跟的是存储单元的偏移(立即数)地址
disp8	8 位带符号数的位移量，简写为 d8
disp16	16 位带符号数的位移量，简写为 d16
COUNT	表示 1 或 CL 寄存器的内容
src，dst	源和目的操作数
OPRD	操作数
ACC	累加器(表示 AL 或者 AX)

表 3-3　8086/8088 指令助记符

类　别		指令助记符
数据传送	通用传送	MOV，PUSH，POP，XCHG，XLAT
	输入、输出	IN，OUT
	目标地址传送	LEA，LDS，LES
	标志传送	LAHF，SAHF，PUSHF，POPF
算术运算	加法	ADD，ADC，INC，AAA，DAA
	减法	SUB，SBB，DEC，NEG，CMP，AAS，DAS
	乘法	MUL，IMUL，AAM
	除法	DIV，IDIV，AAD
	扩展	CBW，CWD
逻辑操作	逻辑运算	AND，OR，XOR，NOT，TEST
	移位	SHL，SAL，SHR，SAR
	循环移位	ROL，ROR，RCL，RCR
字符串处理	串操作	MOVS，CMPS，SCAS，LODS，STOS
	重复控制	REP，REPE/REPZ，REPNE/REPNZ

续表

类　　别			指令助记符
控制转移	转移	无条件转移	JMP
		条件转移	JA/JNBE,JAE/JNB,JB/JNAE,JBE/JNA JC,JS,JE/JZ,JO,JG/JNLE,JGE/JNL,JL/JNGE,JLE/JNG, JNE/JNZ,JNC,JNS,JNP/JPO,JNO,JP/JPE,JCXZ
	循环控制		LOOP,LOOPE/LOOPZ,LOOPNE/LOOPNZ
	过程调用、过程返回		CALL,RET
	中断指令		INT,INTO,IRET
处理器控制	标志位操作		CLC,CMC,STC,CLD,STD,CLI,STI
	空操作		NOP
	处理器控制		HLT,WAIT,ESC,LOCK

3.3.1　数据传送类指令

这类指令完成数据、地址等的传送操作,除了标志传送指令外,其他传送指令都不影响标志位。

1. 通用传送指令

无论是何种用途的程序都需要将原始数据、中间结果、最终结果及其他信息在CPU内部寄存器和存储器之间多次传送,所以数据传送指令是使用最频繁的指令,根据其功能不同,又分为下列4组:

- 一般传送指令
- 数据交换指令
- 入栈、出栈指令
- 查表转换指令

1) 一般传送指令——MOV

指令格式:

MOV dst,src;

指令功能:

dst←src

它将源操作数传送到目的操作数,实际上是进行数据的复制。将源操作数复制到目的操作数,源操作数本身不变。

在汇编语言中,这种双操作数指令的表示方法,总是将目的操作数写在逗号前面,源操作数写在逗号后面,二者之间用一个逗号隔开。图3-9说明了MOV指令传送数据的路径。表3-4列出MOV指令类型举例。

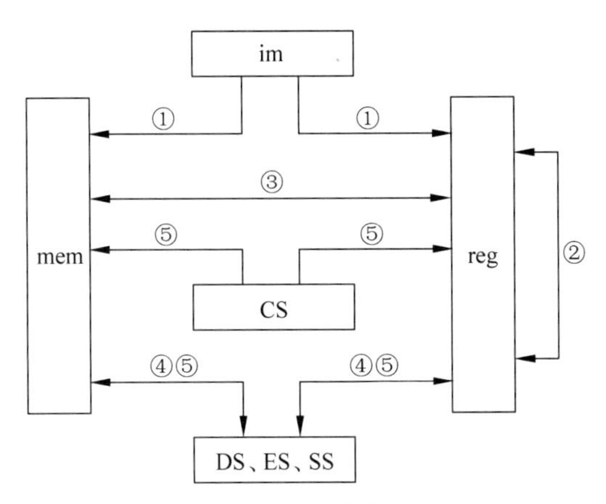

图 3-9　MOV 指令数据传送方向

表 3-4　MOV 指令类型举例

指令类型	例　　句	源操作数寻址方式	目的操作数寻址方式
① MOV reg, im MOV mem,im	MOV AX,1234H	立即寻址	寄存器寻址
	MOV SP,2F00H	立即寻址	寄存器寻址
	MOV [0520H],05H	立即寻址	直接寻址
② MOV reg2, reg1	MOV SI,BX	寄存器寻址	寄存器寻址
	MOV CL,AL	寄存器寻址	寄存器寻址
③ MOV mem,ACC MOV ACC,mem	MOV [0520H], AX	寄存器寻址	直接寻址
	MOV AX,DISP[SI]	寄存器相对寻址	寄存器寻址
④ MOV seg, reg MOV seg, mem	MOV DS,AX	寄存器寻址	寄存器寻址
	MOV DS,[0520H]	直接寻址	寄存器寻址
⑤ MOV reg, seg MOV mem,seg	MOV AX,CS	寄存器寻址	寄存器寻址
	MOV [0520H],DS	寄存器寻址	直接寻址
	MOV WORD PTR[BX+SI],ES	寄存器寻址	基址变址寻址

使用 MOV 指令应注意以下事项：

(1) MOV 指令对标志寄存器的标志位无影响。

(2) MOV 指令的目的操作数不允许用立即数,立即数只能作为源操作数。

(3) 两个存储单元之间不能直接互相传送,因此源和目的两个操作数不能同时为存储器操作数。8086/8088 的任意一条指令最多只能有一个存储器操作数。

(4) 两个段寄存器之间不能直接互相传送,即源和目的不能同时为段寄存器。

(5) 立即数不能直接传送给段寄存器,必须借助通用寄存器。

(6) 源和目的两个操作数必须保持两者类型一致,数据位数要相匹配。

(7) CS 可作为源操作数但不能作为目的操作数,不能通过 MOV 指令来改变 CS 的内容和指令指针寄存器 IP 的值。

(8) IP 和标志寄存器 FLAGS 不能作为源或目的操作数；其他寄存器皆可通过 MOV 指令访问。

(9) 几种不能直接传送的解决办法：用 AX 做桥梁。

存储器→存储器

MOV AX,MEM1
MOV MEM2,AX

段寄存器→段寄存器

MOV AX,DS
MOV ES,AX

立即数→段寄存器

MOV AX,DATA
MOV DS,AX

2）数据交换指令——XCHG
指令格式：

XCHG　DST, SRC;
XCHG　REG/M, REG
XCHG　REG,REG/M

指令功能：

DST　↔　SRC

DST 与 SRC 内容互换,交换字节或字。
例句：
(1) XCHG　CX,SI
(2) XCHG　BX,[BP+SI]

例 3-1　XCHG　BL,CL

解　设指令执行前,BL=88H,CL=17H
则指令执行后,BL=17H,CL=88H

例 3-2　要求把存储单元 MEM1 和 MEM2 两个字数据互换。

解　实现存储单元 MEM1 和 MEM2 之间内容交换的几种方案(图 3-10)。
方案 1：用 MOV 指令,见图 3-10(a)

MOV　AX,　MEM1
MOV　BX,　MEM2
MOV　MEM1,　BX
MOV　MEM2,　AX

方案 2：用 XCHG 指令,见图 3-10(b)

MOV　AX,　MEM1
XCHG AX,　MEM2
MOV　MEM1,　AX

方案 3：用 PUSH/POP 指令

```
PUSH  MEM1
PUSH  MEM2
POP   MEM1
POP   MEM2
```

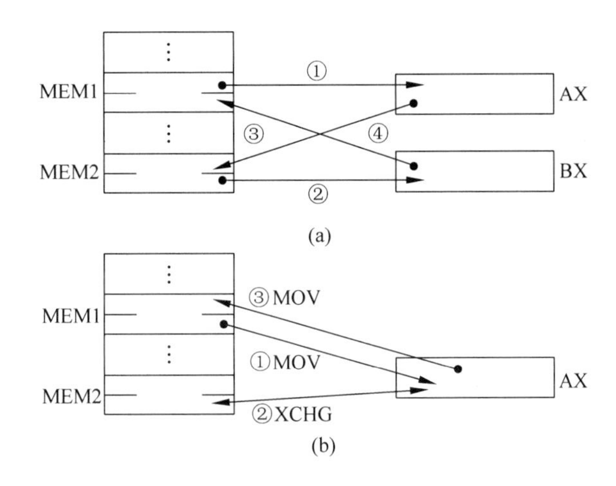

图 3-10 MEM1 和 MEM2 内容交换

(a) 用 MOV 指令实现；(b) 用 XCHG 指令实现

3）堆栈操作指令——PUSH、POP

(1) 8086/8088 CPU 的堆栈组织。

堆栈是存储器中用软件专门开辟的一块专用缓冲区，称作堆栈段。利用这块区域可以存储返回地址等信息。

堆栈段中所包含的存储单元字节数就是堆栈的长度。一个堆栈段的最大长度为 64KB。堆栈就好像是一端封闭(固定)、另一端敞开(浮动)的口袋，里面可以存放各种物件。堆栈的底部是堆栈段的最大地址，由此开始存放数据，越往上堆，地址越小。存放最后一个数据的存储单元为堆栈的顶部(栈顶)，栈顶所在位置的地址最小。

(2) 堆栈区使用的寄存器。

① SS——堆栈段寄存器。用于存放堆栈段的段基址。

② SP——堆栈指针。始终指向栈顶所在位置。SP 存放的内容为堆栈段基址与栈顶之间的距离(字节数)，即栈顶偏移地址。当 SP 初始化时，SP 的内容就是该堆栈的长度。因 SP 是 16 位寄存器，故一个堆栈段的深度最大是 64KB。若要扩大或者更换堆栈区，可以重新设置 SS 和 SP 的值。SS 与 SP 结合，用来访问栈顶元素。

③ BP——堆栈基址指针。用于存放位于堆栈段中一个数据区任意一个存储单元的偏移地址。SS 与 BP 结合，用来访问栈中某个元素。

(3) 堆栈的用途。

主程序常要调用子程序或者通过子程序调用子程序，则计算机必须把主程序中调用子程序指令(如 CALL 指令)的下一条指令的地址(称作断点地址)保存下来，保证当子程序执行完以后能正确返回主程序。断点地址通常存入堆栈，称作保存断点。

其次,在执行子程序时,要用到CPU内部寄存器,执行的结果会影响标志寄存器(FLAGS)原有内容。所以,必须把主程序中有关寄存器内容和标志位保留下来,通常也存入堆栈,称作保存状态标志。

(4) 堆栈操作和堆栈指令。

此处介绍的堆栈操作仅限于入栈和出栈两种操作。

① PUSH(入栈)指令:将需要暂存的信息压入堆栈。

指令格式:

```
PUSH  src                ; 将 src 压入堆栈
```

例句:

```
PUSH  AX
PUSH  CS
PUSH  DAT[SI]            ; 将 DAT[SI]指定的字存储单元中的一个字压入堆栈
PUSHF                    ; 将 FLAGS 压入堆栈
```

② POP(出栈)指令:将信息从堆栈中弹出恢复到原处。

指令格式:

```
POP   DST                ; 从堆栈弹出到 dst
```

例句:

```
POP   BX
POP   ES
POP   MEM[DI]            ; 从堆栈弹出一个字送给由 MEM[DI]所确定的字存储
                         ; 单元
POPF                     ; 从堆栈弹出一个字送给 FLAGS
```

8086 CPU的PUSH和POP指令的操作数可能有3种:寄存器、段寄存器(CS例外,PUSH CS指令是合法的,但POP CS是非法的)、存储器。但不能是立即数。

(5) 堆栈操作的特点。

① 先进后出或者后进先出。

② 以字(16b)或者双字(32b)为单位操作。IBM-PC不允许字节堆栈,并且操作数应这样排列:低字节对准低地址且为偶地址,高字节对准高地址且为奇地址。

③ 除"立即"寻址外,其他寻址方式皆可用。

对于8086/8088微处理器,堆栈段地址在存储器中是向低地址方向扩大,即当数据压入堆栈时,堆栈栈顶向上升,指针SP值自动递减;而当堆栈中弹出数据时,堆栈栈顶向下降,指针SP值自动递增。

入栈原则——"入栈减2,先减后入"。

① 修改堆栈指针SP,将SP减2,使SP始终指向栈顶。

② 压入数据SRC,遵循低字节在低地址、高字节在高地址的存放规则,低位字节压入(SP)单元,其高位字节压入(SP+1)单元。

例句：

```
PUSH   AX              ; SP←SP-2,(SP)←AL,(SP+1)←AH
```

出栈原则“出栈加 2,先出后加”。

① 弹出数据到 DST。

② 修改堆栈指针 SP,将 SP 加 2,使 SP 始终指向栈顶。

例句：

```
POP    BX              ; BL←(SP),BH←(SP+1),SP←SP+2
```

PUSH 与 POP 指令必须成对使用,这样才能达到“栈平衡”。

例 3-3　写出执行下列两条 PUSH 指令后,堆栈指针 SP= ？(SP)=？(SP+1)=？

```
PUSH   AX
PUSH   SP
```

解　设指令执行前,AX=1234H,SP=1000H。

则 PUSH AX 指令后,SP=SP－2=1000H－2H=0FFEH,(SP)=34H,(SP+1)=12H。

在 PUSH SP 指令执行后,SP=0FFCH,(SP)=0FEH,(SP+1)=0FH。

4) 查表换码指令——XLAT

XLAT 是一条直接查表并读表格中元素值的指令。查表的默认段为 DS,若表格不在当前默认的 DS 段中,指令就应该提供带有段跨越前缀的操作数。

指令格式：

```
XLAT   TAB             ; 表格在 DS 段
XLAT                   ; 表名无实际意义,可缺省
```

或者

```
XLAT   ES: TAB         ; 表格在 ES 段
```

指令功能：

AL←DS: [AL+BX]; 将有效地址 EA=BX+AL 所对应的一个字节存储单元中的内容送至 AL,实现 AL 中一个字节的查表换码,即将表中的一个字节内容传送到 AL 中。

指令操作过程：

(1) 首先建立一个换码表,其最大容量为 256B(0～255B)。将表首址的偏移地址置入 BX。

(2) 将要转换的字节单元在表中的序号(也称索引值或者位移量,从 0 算起)送入 AL。即在执行 XLAT 指令前,AL 的内容实际上就是表中某项元素与表首址之间的距离(位移量),因此有效地址 EA=BX+AL。

(3) 执行 XLAT 指令后,将 AL 指向的换码表中的字节内容再送到 AL 中,此时 AL 中的内容即为表中相应位移量所对应的该单元中的编码,也就是查表的结果。

 **例 3-4** 设 DS=A000H,表中元素存放如图 3-11 所示,已知程序段如下:

```
MOV    BX,0010H;
MOV    AL,06H;
XLAT   TAB;
```

求指令运行的结果。

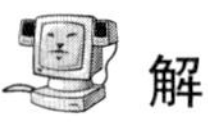 **解** 已知 AL=06H,操作过程见图 3-11。指令执行后结果为 AL=36H。

 **例 3-5** 如图 3-11 所示,已知在数据段中有一 ASCII 码表,首址为 TAB,现要查第 15 号元素,并将结果送入 AL 中,试编写该指令段。

解

```
MOV  BX, OFFSET  TAB;
MOV  AL, 0FH
XLAT
```

指令执行后,

AL='F'=46H

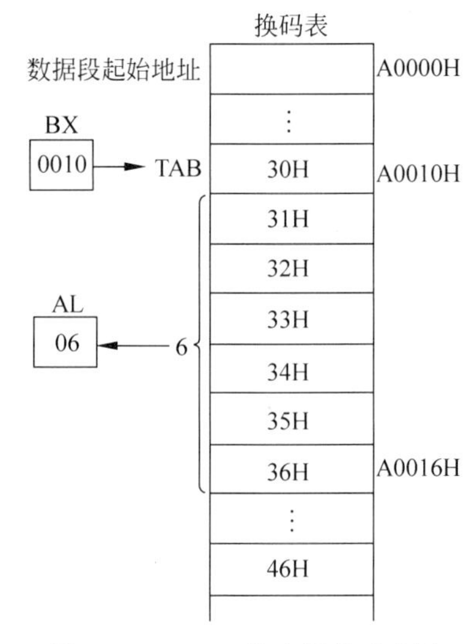

图 3-11 XLAT 指令操作示意图

2. 输入、输出指令——IN、OUT

IN 和 OUT 指令为累加器专用的传送指令。由于数据不是在 CPU 内部寄存器中,也不是在寄存器与存储单元间传送,而是用于主机与外设端口间的数据传输,故称作输入/输出。IN 和 OUT 指令不影响标志位。

IN 指令和 OUT 指令是 8086 CPU 仅有的两条访问 I/O 端口的指令。IN 指令用于从外设端口接收数据,OUT 指令用于向外设端口发送数据。无论是接收(输入)或者要发送(输出)数据,其中一个操作数都必须通过累加器 AL(字节)或者 AX(字)来实现。另一个操作数以 8 位端口地址方式直接给出,或者以 DX 寄存器间接给出,传送 8 位数据占用 1 个端口地址,传送 16 位数据占用 2 个端口地址,传送 32 位数据占用 4 个端口地址。

1) 输入指令——IN

指令格式:

```
IN      DST, SRC
IN      累加器,端口地址
```

指令功能:把指定端口中的一个数据(字节或字)输入至 AL 或 AX。

由前面 I/O 端口寻址方式已知,当端口地址号为 00H~FFH 时,可用直接寻址方式(或者间接寻址方式),当端口地址号为 0100H~FFFFH,只可用间接寻址方式。使用 DX 作间址寄存器。

例句：

```
IN    AL,50H    ；从 50H 端口输入一个字节至 AL
IN    AX,50H    ；从 50H 和 51H 两个端口输入一个字数据至 AX
IN    AL,DX     ；将由 DX 指定端口的内容输入至 AL
IN    AX,DX     ；把 DX 和 DX+1 所指定的两个相邻端口的内容(16 位)输入至 AX
```

2）输出指令——OUT

OUT 指令寻址方式同 IN 指令。

指令格式：

```
OUT  DST,SRC
OUT  端口地址,累加器
```

指令功能：把累加器 AL(字节)或者 AX(字)中的数据输出到指定的端口。

例句：

```
OUT  50H,AL    ；将 AL 中一字节输出到 50H 端口
OUT  50H,AX    ；将 AX 中一个字输出到 50H 端口和 51H 端口
OUT  DX,AL     ；将 AL 中一个字节数据输出到 DX 内容所指定的端口
OUT  DX,AX     ；将 AX 中一个字输出到 DX 和 DX+1 所指定的端口
```

例 3-6 要求将累加器 AL 的内容输出到地址为 220H 的端口中。

解 首先将端口地址存放到 DX 寄存器中，然后再用 OUT 输出指令实现输出。因此，写出下列两条指令：

```
MOV  DX,220H   ；将端口地址 220H 送到 DX 寄存器
OUT  DX,AL     ；将 AL=0F5H 输出到由 DX 寄存器内容所指定的端口
```

参看图 3-8。

例 3-7 设数字 0～9 的 ASCII 码依次存放在内存中 ASC 开始的存储区。现从 9 号端口输入任意一位十进制数(6)，要求将该十进制数转换为相应的 ASCII 码并输出到 8 号端口，试编此程序段。

解 设 DS=1000H，ASC 的编码地址 EA=0030H。

程序段如下：

```
MOV  AX,1000H
MOV  DS,AX
MOV  BX,0030H
IN   AL,09H                  ；从 09H 端口输入待查值 AL=06H
XLAT                         ；查表转换
OUT  08H,AL                  ；查表结果输出到 08H 端口
```

已知 9 号端口输入值为 6，则查表换码后输出 8 号端口值为 36H，如图 3-12 所示。

3. 地址传送指令——LEA、LDS、LES

8086/8088 指令集中有 3 条目标地址传送指令，该指令不是传送操作数，而是传送操作数的地址，把存储单元地址送入指定的寄存器。它们的指令助记符是：

(1) LEA(load effective address)——取有效地址指令，将 16 位有效地址装入通用寄存器。

(2) LDS(load DS with pointer)——取地址指针指令，将 32 位地址指针装入通用寄存器和 DS。

(3) LES(load ES with pointer)——取地址指针指令，将 32 位地址指针装入通用寄存器和 ES。

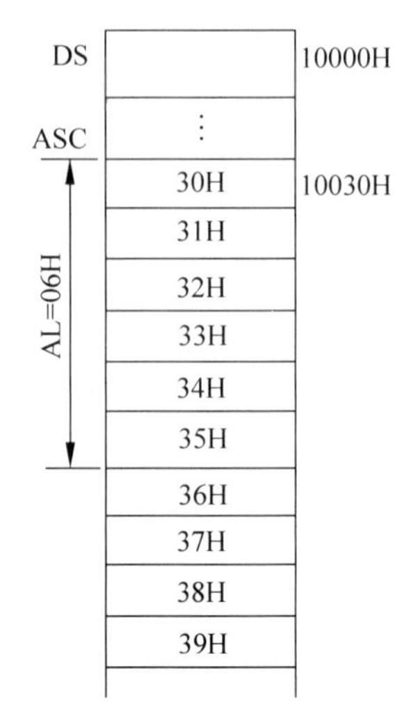

图 3-12 XLAT 查表示意图

1) LEA 指令

指令格式：

```
LEA   Reg, Mem16;
```

指令功能：将指定存储器的 16 位有效地址送至指定寄存器，要求源操作数必须是存储器操作数，目的操作数必须是 16 位通用寄存器。本指令是将源操作数(存储器操作数)的 16 位偏移地址装入指定的 16 位通用寄存器中。该存储器操作数可为变量名(符号地址)或地址表达式。

例句：

```
LEA   SP,[0500H]          ; SP←0500H
LEA   BX,[1000H]          ; BX←1000H
LEA   BX,[BX+SI+06H]      ; BX←BX+SI+06H
```

设指令执行前，BX=1000H，SI=0200H，则指令执行后，BX=1206H，BX 得到的是有效(偏移)地址，而不是[BX+SI+06H]所指定的存储单元的内容。

例句：

```
LEA   BX,AREA;
```

AREA 是变量名。BX←AREA 的偏移量，源操作数对应存储器，目的操作数对应 16 位寄存器 BX。各项参数如图 3-13(a)所示。由图可以看出 LEA 指令与 MOV 指令的区别。前者是将存储器 AREA 的有效地址取到 BX，见图 3-13(a)；后者是将存储器 AREA 的内容(两字节)传送到 BX，见图 3-13(b)。

若将 MOV 指令改写成下面例句，则两条指令的功能及效果是相同的。

```
LEA   BX,AREA             ; 把 AREA 的有效地址取到 BX，见图 3-13(a)
MOV BX,OFFSET AREA        ; 将 AREA 的偏移地址传送到 BX，其中 OFFSET AREA
                          ; 表示存储器 AREA 的偏移地址，如图 3-13(b)中虚线所示
```

2) LDS 指令

指令格式：

```
LDS   dst,src             ; 将源操作数指定的 4 个连续存储单元中取出的用于表示
                          ; 逻辑地址的 32 位地址指针装入 16 位通用寄存器和 DS
```

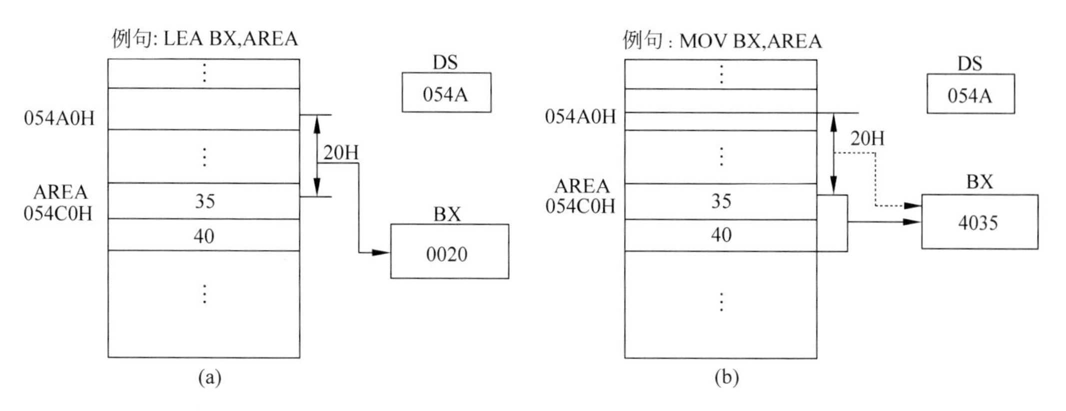

图 3-13　LEA 指令与 MOV 指令的区别

(a) LEA　BX,AREA 指令的功能；(b) MOV　BX,AREA 指令的功能

LDS　Reg,MEM32　　　　　；源操作数对应存储器,目的操作数对应 16 位通用寄存器

指令操作：

Reg←[src 的 EA]　　　　　；对应 EA 的低地址字存储单元内容装入 Reg

DS←[src 的 EA+2]　　　　；对应 EA+2 的高地址字存储单元内容装入 DS

例句：

LDS　SI,[2130H]　　　　　；该指令常指定寄存器 SI

设在指令执行前,DS=3000H,在 DS 段中,EA=2130H～2133H 的 4 个连续字节单元中存放着 32 位地址指针,如图 3-14 所示。则在指令执行后,SI=3C1FH(偏移地址)；DS=2000H(段基址)。

例句：

LDS　SI,[BX]；

已知指令执行的示意图如图 3-15 所示。

写出指令执行前,DS =________,BX =________；指令执行后,DS =________,SI =________。

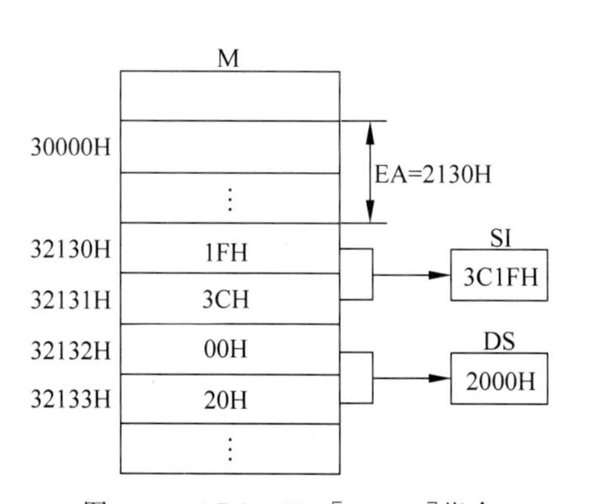

图 3-14　LDS　SI,[2130H]指令

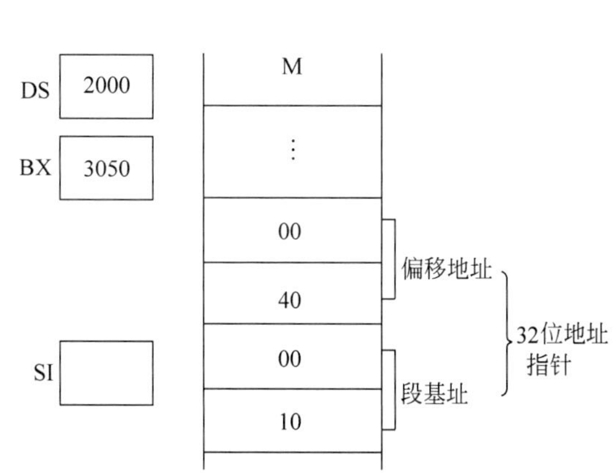

图 3-15　LDS　SI,[BX]指令

由图 3-15 可知，指令执行前：DS=2000H，BX=3050H

指令执行后：DS=1000H，SI=4000H

3) LES 指令

本指令的格式和功能与 LDS 指令类似，只是把 DS 换成 ES。该指令常指定通用寄存器 DI。

综合以上 3 条指令的功能及应用小结如下：

(1) LEA 指令为取有效地址指令，用于为寄存器建立有效地址。这里不是装载指定存储单元的内容，而是直接装载源操作数 MEM 的有效地址，源操作数必须是一个存储器操作数。

(2) LDS 和 LES 指令，在指令中已经隐含指明指令执行后其段基址各自装入段寄存器 DS 和 ES。目的操作数 Reg 用于指定装入偏移地址，分别为 SI 和 DI；源操作数则指定要装入的地址存放位置的首址。本指令用于传送段基址值和偏移地址值。

(3) 地址传送指令常常用于在串操作时建立初始的地址指针。

3.3.2 算术运算类指令

8086/8088 有五组算术运算指令，包括加、减、乘、除等运算，共 20 条。不仅能对字节、字或者双字进行运算，且能对用 BCD 码表示的十进制数进行运算和调整。这类指令大都对标志位有影响。表 3-5 给出算术运算类指令。

说明：

(1) 对于加、减运算，无符号数和有符号数所用指令未加区分。

(2) 对于乘、除运算，无符号数和有符号数分开为两种指令助记符。

(3) 无符号 8 位二进制数所能表示数的范围：0～255(或者 0～FFH)；无符号 16 位二进制数所能表示数的范围：0～65535(或者 0～FFFFH)。

(4) 有符号的 8 位二进制数所能表示数的范围：−128～+127；有符号的 16 位二进制数所能表示数的范围：−32768～+32767。

(5) 无符号数发生溢出，只出现在两个无符号数相加的情况。产生溢出用进位位 CF 表示，当最高数值位(b_7 或 b_{15})向高位的数值位(b_8 或 b_{16})有进位时，即 CF=1 时，表示有溢出；当 CF=0 时，表示无溢出。

(6) 对有符号数进行加减运算，皆用补码加法来完成。产生溢出时用溢出标志位 OF 来表示，当 OF=1，有溢出；当 OF=0，无溢出。

表 3-5 算术运算类指令

类型	指令格式	指令功能	指令操作	受影响的标志位
加法	ADD dst,src	不带进位加	dst←dst+src	O S Z A P C
	ADC dst,src	带进位加	dst←dst+src+CF	O S Z A P C
	INC dst	加 1	dst←dst+1	O S Z A P —

续表

类型	指令格式	指令功能	指令操作	受影响的标志位
减法	SUB dst,src	不带借位减	dst←dst－src	O S Z A P C
	SBB dst,src	带借位减	dst←dst－src－CF	O S Z A P C
	DEC dst	减 1	dst←dst－1	O S Z A P —
	NEG dst	求补	dst←0－dst	O S Z A P C
	CMP dst,src	比较	dst－src	O S Z A P C
乘法	MUL src	无符号数乘	AX←AL * src DX：AX←AX * src	O U U U U C
	IMUL src	带符号数乘	AX←AL * SRC DX：AX←AX * SRC	O U U U U C
除法	DIV src	无符号数除	AL←AX/SRC AH←AX%SRC	O U U U U U
	IDIV src	带符号数除	AX←DX：AX/SRC DX←DX：AX%SRC	O U U U U U
	CBW	字节扩展成字	AH←00H 或者 AH←FFH	— — — — — —
	CWD	字扩展成双字	DX←0000H 或者 DX←FFFFH	— — — — — —
十进制数调整	DAA	加法十进制调整(组合型 BCD 码加法调整)	AL←AL＋6	U S Z A P C
			AF←1	
			或者 AL←AL＋60H	
			CF←1	
	AAA	加法 ASCII 调整(非组合型 BCD 码加法调整)	AL←AL＋6	U U U A U C
			AH←AH＋1	
			AF←1	
			CF←1	
			AL←AL&0FH	
	DAS	减法十进制调整(组合型 BCD 码减法调整)	AL←AL－6	U S Z A P C
			AF←1	
			或者 AL←AL－60H	
			CF←1	
	AAS	减法 ASCII 调整(非组合型 BCD 码减法调整)	AL←AL－6	U U U A U C
			AH←AH－1	
			AF←1	
			CF←1	
			AL←AL&0FH	
	AAM	乘法后 ASCII 调整(非组合型 BCD)	AH←AL/0AH	U S Z U P U
			AL←AL%0AH	
	AAD	除法前 ASCII 调整(非组合型 BCD)	AL←AH * 0AH＋AL	U S Z U P U
			AH←0	

注：U—未定义；0—置 0；1—置 1；O、S、Z、A、P、C—对该标志位有影响(根据结果设置)；空格—无影响。

1. 加法指令

1) 不带进位加法指令——ADD

指令格式:

```
ADD  ACC,data
ADD  mem/reg,data
ADD  mem/reg 1,reg2/mem
```

例句:

```
ADD  AL,30H
ADD  BX,0FEC0H
ADD  CX,SI
ADD  AL,BL
ADD  [SI],50H
ADD  [BX],CL
ADD  AX,WORD PTR[BX+20H]    ;AX 内容与 BX+20H 作为偏移地址所指定的
                            ;字存储单元内容相加,结果存至 AX
```

2) 带进位加法指令——ADC

ADC 指令在形式上和功能上都与 ADD 类似,只是做加法操作时还要包括进位标志 CF 的内容。该指令主要用于多字节数的加法运算,并影响标志位。

指令格式:

```
ADC mem/reg,data
ADC mem/reg1,reg2/mem
```

例句:

```
ADC  AL,78H                 ;AL←AL+78H+CF
ADC  AX,CX                  ;AX←AX+CX+CF
ADC  BX,WORD PTR[DI]        ;BX←BX+[DI+1][DI]+CF
```

3) 加 1 指令——INC

本指令影响标志位,但对进位标志 CF 无影响。INC 指令常用于循环程序中修改地址指针。

指令格式:

```
INC  REG/MEM                ;对寄存器或者存储器内容加 1,再送回原处
```

例句:

```
INC  AL
INC  SI
INC  BYTE PTR[BX+2]         ;将[BX+2]指定的字节存储单元内容加 1 后再存
                            ;入该字节单元
```

```
INC   WORD PTR[BX][SI]          ；将[BX+SI+1]和[BX+SI]指定的两个相邻字节
                                ；单元内容加1,再存入该字单元
```

例 3-8 有两个4字节的无符号数，分别为2C56E8ACH和319E47BAH。现将两数相加，求相加结果。试编此程序段。

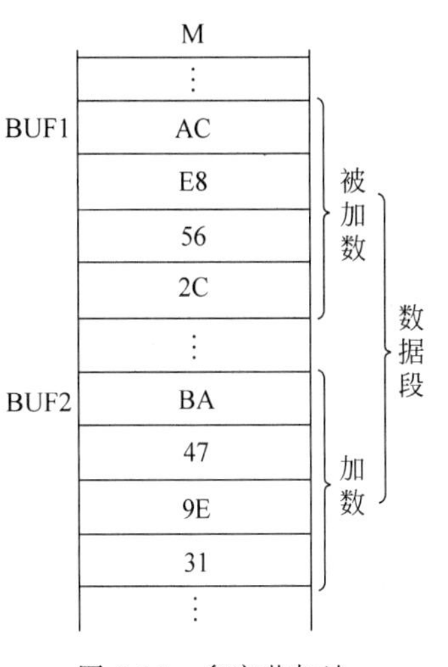

图 3-16 多字节加法

解 求2C56E8ACH+319E47BAH=？设被加数和加数分别存放在BUF1和BUF2开始的两个存储区内，相加的结果送回BUF1存储区，如图3-16所示。

由于8086/8088 CPU只能进行8/16位的加法运算，为此本例可将加法分4次进行运算。

程序段如下：

```
      MOV   CX,4     ；设置循环次数为4
      MOV   SI,0     ；设置SI的初值即偏移地址初值为0
      CLC            ；将进位标志CF清零
LOP:  MOV  AL,BUF2[SI]          ；取BUF2存储区0
                                ；号单元内容到AL
      ADC BUF1[SI],AL           ；带进位加
      INC  SI                   ；SI←SI+1 修改操作数地址
      DEC  CX                   ；CX←CX-1 修改循环次数
      JNZ  LOP                  ；若CX≠0,则转LOP,程序将再执行一次
      HLT                       ；停机
```

2. 减法指令

1）不带借位减法指令——SUB(该指令影响标志位)

指令格式：

```
SUB   DST,SRC
SUB   MEM/REG, DATA
SUB   MEM/REG1,REG2/ MEM
```

指令功能：

DST ←DST—SRC

例句：

```
SUB   AL,60H
SUB   [BX+20H],40H
SUB   AX,CX
SUB   BYTE PTR [BX],DL          ；[BX]指定的字节存储单元内容与DL内容
```

```
                                ; 相减,其差值存入该字节单元
SUB  DX,WORD PTR [BX+SI]        ; DX 内容与[BX+SI]所指字存储单元内容
                                ; 相减,其差值存至 DX
```

例 3-9 已知 AL=0B7H,DL=0A9H,执行

```
MOV  DL,0A9H
SUB  AL,DL
```

两条指令后,AL 的内容和各状态标志位为何?

解 AL=0EH

CF=0,无借位　　ZF=0,结果非 0
SF=0,正数　　　OF=0,无溢出
AF=1,有半借位　PF=0,低 8 位中 1 的个数为奇

2) 带借位减法指令——SBB
本指令主要用于多字节数减法运算。
指令格式:

```
SBB  DST,SRC
SBB  MEM/REG1,REG2/MEM
```

指令功能:

DST ←DST—SRC—CF

例句:

```
SBB  AX,CX
SBB  BYTE PTR[DI],DL
SBB  WORD PTR [SI],2050H
```

3) 减 1 指令——DEC
该指令对进位标志 CF 无影响。
指令格式:

```
DEC  DST
DEC  MEM/REG
```

指令功能:

DST ←DST−1

例句:

```
DEC  CL
DEC  SI
```

```
DEC   BYTE PTR [DI+2]
```

4) 求补指令——NEG

本指令的操作是用“0”减去目的操作数,结果送回目的操作数。

指令格式:

```
NEG   DST
NEG   MEM/REG
```

指令功能:

DST ← 0-DST

说明:

(1) 当 DST 为正数时,执行指令后得到与绝对值相等的负数,用补码表示,故名求补;若 DST 为负数(补码形式),执行指令后得到与绝对值相等的正数,即可得到负数的绝对值。

(2) 本指令对大多数标志位有影响。

(3) NEG 指令对 CF/OF 标志位的影响如下。

CF:当 DST 为 0 时,求补的结果使 CF=0,否则总是使 CF=1,因为 0 减某操作数,必然产生借位。

OF:当字节运算 DST 为-128(即 80H)或字运算 DST 为-32768(即 8000H)时,执行 NEG 指令后,结果使 OF=1,送回到 DST 的值仍为 80H 或者 8000H,否则 OF=0。

例句:

```
NEG   AL
NEG   BX
NEG   BYTE PTR [BX]
NEG   WORD PTR [SI+50]
```

例 3-10 设已知 AL=0FCH,BL=01H,现要求出执行 NEG AL 和 NEG BL 指令后 AL 和 BL 的值,编写该程序段。

解 程序段:

```
MOV   AL,0FCH          ; 0FCH 为-4 的补码
NEG   AL               ; 0-(-4)=+4(为-4 的绝对值)
MOV   BL,01H           ; 00H-01H = -1
NEG   BL               ; BL=0FFH(为-1 的补码)
```

例 3-11 编写一个程序段,求 X-Y 的绝对值。X、Y 为有符号的 16 位字数据。要求将|X-Y|送至 Z 字存储单元。

解 指令段如下:

```
      MOV   AX,X
```

```
        SUB    AX,Y
        CMP    AX,0          ; 与"0"比较
        JGE    LOP1          ; 大于等于 0 时转移至 LOP1 处存结果
        NEG    AX            ; 否则求补,得到负数的绝对值
LOP1:MOV    Z,AX          ; 存结果于 Z 单元
```

5) 比较指令——CMP

本指令完成两个操作数的相减,可用来比较两数是否相等。常用于分支程序设计及循环程序设计中。

指令格式:

```
CMP   DST,SRC
```

指令功能:DST－SRC　两个操作数相减,但不回送结果,只置标志位。

例句:

```
CMP   BL,0BH
CMP   CX,SI
CMP   DI,WORD PTR [BX][SI]
```

说明:

(1) DST 与 SRC(两个无符号数)比较大小,不能根据 SF 标志来确定二者大小。因为无符号数表示中最高位(b_7 或 b_{15})不代表符号位,而是代表数值 2^7 或者 2^{15},因此应用 CF 标志位。

若 CF＝0,表示 DST≥SRC;若 CF＝1,表示 DST＜SRC。

(2) DST 与 SRC(两个正数)比较大小,指令执行后根据 SF 标志确定大小:

若 SF＝0,表示 DST≥SRC;若 SF＝1,表示 DST＜SRC。

(3) DST 与 SRC(两个带符号数)比较大小,因为比较要作减法,可能会有溢出,故不能仅由结果的正或负来确定数的大小,必须用 OF 和 SF 标志位共同确定。下面分 4 种情况说明。

① DST＞0,SRC＞0,可用 SF 来判断。

若 SF＝0,则 DST≥SRC;若 SF＝1,则 DST＜SRC。

② DST＞0,SRC＜0,必须用 OF 和 SF 共同判断。

当 OF＝0 时,若 SF＝0,DST≥SRC;若 SF＝1,DST＜SRC。

当 OF＝1 时,若 SF＝0,DST＜SRC;若 SF＝1,DST≥SRC。

③ DST＜0,SRC＞0,同理,必须用 OF 和 SF 共同判断。

④ DST＜0,SRC＜0,指令运行过程中不会产生溢出,可用 SF 来判断两数的大小。

结论:

(1) 只有在 OF 和 SF 同时为 0 或者同时为 1 时,DST≥SRC;否则 DST＜SRC。

因此 DST≥SRC 的条件写为　$OF \oplus SF = 0$

DST＜SRC 的条件写为　$OF \oplus SF = 1$

(2) DST 与 SRC 两个操作数(无论是有符号或无符号)比较是否相等,用 ZF 标志位。

ZF＝1,表示 DST＝SRC;

ZF＝0，表示 DST≠SRC。

(3) 在比较指令后，紧跟条件转移指令，根据比较结果确定转向。

3. 乘法指令

完成在 AL(字节)或者 AX(字)中的操作数与另一个操作数相乘。

说明：

(1) 做乘法操作时，被乘数隐含在 AL(8 位数相乘)或者 AX(16 位数相乘)中。

(2) 乘数在指令中，指定为寄存器或存储单元的内容。

(3) 8 位 * 8 位→16 位乘积在 AX 中，其中 AH 为高 8 位，AL 为低 8 位；16 位 * 16 位→32 位乘积，其乘积的低 16 位在 AX 中，高 16 位在 DX 中。

(4) 该指令只影响标志位 OF 和 CF。

若 OF＝CF＝0，表示运算结果的高一半数是零；

若 OF＝CF＝1，则表示在 AH 或 DX 中有乘积的有效数字。

1) 无符号数乘法指令——MUL

指令格式：

```
MUL   SRC
MUL   MEM/REG
```

例句：

```
MUL   BL                    ; AX←AL * BL
MUL   CX                    ; DX,AX←AX * CX
MUL   BYTE PTR [BX]         ; AL 内容与 BX 所指字节单元内容相乘,乘积在 AX 中
MUL   WORD PTR [SI]         ; AX 内容与 SI 所指字单元内容相乘
```

2) 有符号数乘法指令——IMUL

说明：

(1) 格式与 MUL 指令类似，只是要求两操作数均为有符号数。

(2) AL(或者 AX)为隐含的被乘数寄存器；

AX(或者 DX、AX)为隐含的乘积寄存器。

(3) SRC 指定为寄存器或者存储单元，不能为立即数。

(4) 无论是哪种乘法操作，IMUL 指令只影响标志位 CF 和 OF，而对其他标志位无定义。

若 CF＝OF＝0，表示运算结果中的高半部分是结果中的低半部分符号位的扩展；

若 CF＝OF＝1，表示乘积的高半部分(AH 或者 DX)的内容不是低半部分的符号扩展，高半部分包含乘积的有效数字。

指令格式：

```
IMUL   SRC
IMUL   MEM/REG
```

例句：

```
IMUL   BL
IMUL   WORD PTR [SI]
```

例 3-12 设 AL＝A5H(即－5BH 的补码)，BL＝11H，执行下列指令后，标志位 CF 及 OF 各为何值？

解 执行指令

```
MUL   BL                    ; AX←AL * BL=A5H * 11H=0AF5H
                            ; AX=0AF5H,   CF=OF=1
```

执行指令

```
IMUL   BL                   ; AX←AL * BL=－5BH * 11H=－060BH=F9F5H
                            ; AX=F9F5H, CF=OF=1
```

4. 除法指令

该指令用来完成若是字节相除，则结果在 AH(余数)和 AL(商)中；若是字相除，则结果在 DX(余)、AX(商)中。

说明：

(1) 做除法操作时，被除数隐含在 AX(字节除)或者 DX、AX(字相除)中。

(2) 除数在指令中，指定为寄存器或者存储单元内容。

除数不能是立即数，若除数为 0 或商大于 FFH(或者 FFFFH)，则 CPU 产生一个类型 0 的内部中断。

(3) 被除数的字长必须 2 倍于除数。

字节除：AX/SRC(8 位)→8 位商在 AL，余数在 AH；

字相除：DX、AX/SRC(16 位)→16 位商在 AX，余数在 DX。

(4) 除 OF 标志外，对其余的标志位未定义。

1) 无符号数除法指令——DIV

指令格式：

```
DIV   SRC;
DIV   MEM/REG;
```

例句：

```
DIV   DL                    ; AX 除以 DL，8 位商→AL，余数→AH
DIV   WORD  PTR [SI]        ; DX、AX 除以 SI 指定的字存储单元内容
                            ; 16 位商→AL，余数→DX
```

2) 有符号数除法指令——IDIV

该指令除了完成带符号数相除外，与 DIV 指令完全类似。

指令格式：

```
IDIV   SRC;
IDIV   MEM/REG;
```

若除数是字节类型，则商在－128～＋127之间；

若除数是字类型，则商在－32768～＋32767之间，超过此范围就会产生0型中断。

3）扩展指令——CBW、CWD

为了确保被除数字长为除数字长的2倍，对AX或DX作高位扩展处理，对无符号数采用零扩展只需将AH或DX清零，对带符号数则使用符号扩展。本指令不影响标志位。

指令格式：

```
CBW    ; 字节扩展成字
       ; 将AL的符号位扩展到AH中，即将AL的b7扩展到AX的b15～b8，形成16
       ; 位操作数。
       ; 若AL的b7=0，则AH=00H，若AL的b7=1，则AH=FFH。
CWD    ; 字扩展成双字
       ; 将AX的符号位b15扩展到DX的b15～b0，形成32位操作数。
       ; 若AX的b15=0，把DX←0，则DX=0000H，若AX的b15=1，则DX=FFFFH。
```

 **例3-13** 编写5678H÷1234H的程序段。

设被除数的起始地址为NUM并在被除数、除数之后保留4个字节单元存放商和余数。

 **解** 本例中需对被除数5678H进行扩展，由字变换成双字。

指令段如下：

```
LEA   BX,NUM        ;
MOV   AX,[BX]       ;
CWD                 ; 对被除数先进行符号扩展
IDIV  2[BX]         ; 带符号除法运算
MOV   4[BX],AX      ; 存商
MOV   6[BX],DX      ; 存余数
```

5. 十进制数(BCD码)调整指令

这组指令专用于对BCD码运算的结果进行调整，包括DAA、AAA、DAS、AAS、AAM、AAD共6条指令。这些指令均为隐含寻址，隐含的操作数均为累加器操作数AL和AH。

1）加法十进制调整指令——DAA、AAA

（1）组合型BCD码加法调整指令：对两个组合型BCD码相加的结果进行加法调整，以得到正确组合的十进制和。

指令格式：

```
DAA   ; 指令不带操作数，隐含累加器操作数AL
```

DAA调整原则：① 若AL的低4位>9或者AF=1，则AL←AL+6，AF←1；

② 若 AL 的高 4 位>9 或者 CF=1,则 AL←AL+60H,CF←1;

③ DAA 指令应紧跟在 ADD 或 ADC 指令之后,调整在 AL 中进行,调整后的结果仍在 AL 中;

④ DAA 指令影响所有标志位(OF 除外)。

例 3-14 欲对两个十进制数 2658 和 3619 进行相加,这两个数分别存放在数据段中从 BCD1 和 BCD2 开始的单元,低位在前,高位在后,结果存入以 BCD3 开始的单元,试写出该指令段。

解 采用直接寻址方式,指令段如下:

```
MOV   AL,BCD1          ;传送被加数的低位字节到 AL
ADD   AL,BCD2          ;与加数的低位字节相加
DAA                    ;十进制加法调整
MOV   BCD3,AL          ;存低位字节之和
MOV   AL,BCD1+1        ;传送被加数的高位字节到 AL
ADC   AL,BCD2+1        ;与加数的高位字节带进位相加
DAA                    ;十进制加法调整
MOV   BCD3+1,AL        ;存高位字节之和
```

(2) 非组合型 BCD 码加法调整指令:对两个非组合型 BCD 码相加的结果进行加法后调整。

指令格式:

```
AAA   ;也称 ASCII 码调整
```

AAA 调整原则:若 AL 的低 4 位>9 或者 AF=1,则

① AL←AL+6

② AH←AH+1,AF←1

③ AL←AL & 0FH

CF←1

否则 AL←AL & 0FH

④ AAA 指令应紧跟在 ADD 或 ADC 指令之后

⑤ AAA 指令只影响 AF 和 CF,对其余标志位无定义。

例 3-15 有两个字符串形式(即每一位数都以 ASCII 码形式出现)的 4 位十进制数 2658 和 3619 按低位在低地址、高位在高地址存放在内存单元中。求两数之和,写出程序段。

解 程序段如下:

```
LEA   SI,STR1     ;设置 STR1 的地址指针 SI
LEA   DI,STR2     ;设置 STR2 的地址指针 DI
LEA   BX,SUM      ;设置 SUM 的地址指针 BX
```

```
        MOV   CX,4          ; 循环做加法 4 次
        CLC                 ; 清进位标志 CF
AGA:    MOV   AL,[SI]       ; 取被加数
        ADC   AL,[DI]       ; 带进位加(第一次 CF=0)
        AAA                 ; 非组合型 BCD 码调整
        MOV   [BX],AL       ; 结果存入 SUM 和单元
        INC   SI            ; 修改地址指针
        INC   DI            ;
        INC   BX            ;
        DEC   CX            ; 循环计数器减 1
        JNZ   AGA           ; 若 4 次未做完,转 AGA
        HLT
```

2）减法十进制调整指令——DAS、AAS

(1) 组合型 BCD 码减法十进制调整指令：对 AL 中两个组合型 BCD 码相减的结果进行减法后调整，以得到正确的十进制差。

指令格式：

```
DAS;        隐含寄存器操作数 AL
```

本指令只对 AL 进行调整而不改变 AH 的内容。

DAS 调整原则：

① 若 AL 的低 4 位>9 或者 AF=1，则 AL←AL−6 且 AF←1。

② 若 AL 的高 4 位>9 或者 CF=1，则 AL←AL−60H 且 CF←1。

③ DAS 指令应紧跟在 SUB 或者 SBB 指令之后。

④ DAS 指令影响标志位 SF、ZF、AF、PF、CF，但对 OF 未定义。

例 3-16 设有两个十进制数 7231 和 2958 相减，写出该指令段及运算结果。

解 ① 指令段

```
MOV   AL,31H
SUB   AL,58H
DAS
MOV   BL,AL                 ; 暂存
MOV   AL,72H
SBB   AL,29H
DAS
MOV   BH,AL                 ; 结果在 BX 中,最后运算结果为 BX=4273
```

② 计算机操作过程

低字节运算：

```
   0011 0001
 - 0101 1000
 -----------
   1101 1001
 - 0110 0110        因为 AF=1,CF=1
 ---------------------------------
   0111 0011           低字节
```

高字节运算：

```
   0111 0010
 - 0000 0001        (因 CF=1)
 ----------------------------
   0111 0001
 - 0010 1001
 -----------
   0100 1000
 - 0000 0110         (因 AF=1)
 -----------------------------
   0100 0010          高字节
```

(2) 非组合型BCD码减法十进制调整指令：对两个非组合的BCD码相减的结果进行减法后调整。

指令格式：

AAS ；指令不带操作数，但隐含寄存器操作数AL和AH

AAS调整原则：

① 若AL的低4位>9或者AF=1，则AL←AL-6，AH←AH-1，AF←1。

② AL←AL&0FH，CF←AF，否则AL←AL & 0FH。

③ AAS指令影响标志位AF和CF。

3) 乘法十进制调整指令——AAM

8086/8088指令集没有提供对组合型BCD码的乘法调整指令。8088/8088 CPU允许两个未组合的BCD码相乘并在乘法后进行调整。因此，此处仅介绍非组合型BCD码乘法调整指令。

对十进制数进行乘法运算，要求被乘数和乘数都是非组合型BCD码，利用乘法十进制调整指令对8位非组合BCD的乘积(AX)进行调整，调整后的结果为一个正确的非组合BCD码，仍存放AX中。其中高位存在AH，低位存在AL中。AAM影响标志位ZF、SF、PF，其他无定义。

指令格式：

AAM ；隐含了操作数寄存器(AL和AH)

AAM调整原则：① AH←AL/0AH，即AL除以0AH的商送AH。

② AL←AL MOD 0AH，即AL除以0AH的余数送AL。

③ AAM跟在MUL指令之后使用。

AAM指令的操作是计算机自动进行的。

例句： 03 × 06 = 0108

(非组合)(非组合)(非组合)

```
        00000011
       ×00000110
       ---------
AX←0000000000010010=0012H
```

因为要求结果为非组合型，故需调整。

调整算法：

① AL ÷ 0AH＝00010010－00001010

② AH←商为 00000001＝01H

　AL←余数为 00001000＝08H

③ AX＝ 0108H

例 3-17　计算 07×08＝？试编程序段。

解　程序段如下：

```
MOV   AL,07H         ; AL＝07H
MOV   CL,08H         ; CL＝08H
MUL   CL             ; AX＝0038H(其中 AH＝00H,AL＝38H＝56)
AAM                  ; AH＝05H,AL＝06H
```

运算所得结果为非组合 BCD 码。

4）除法十进制调整指令——AAD

它又名除法 ASCII 码调整指令，是对 AX 中的两个非组合型 BCD 码进行除法前调整。8086/8088 CPU 允许两个未组合的十进制数直接相除，要求除数和被除数都是非组合型 BCD 码。本指令的用法与其他非组合调整指令有所不同。

(1) 该除法调整指令是在除法运算前调整，而不是在除法运算之后进行。

(2) 该除法调整指令调整的是 AX 中的被除数，将被除数调整成等值的二进制数，仍放在 AX 中。

(3) 先使用 AAD 除法调整指令，后使用 DIV 指令进行除法运算，所得之商和余数也仍是非组合式 BCD 码，商送 AL，余数送 AH。

指令格式：

```
AAD                  ; 隐含的操作数寄存器为 AH、AL
```

AAD 调整原则：

(1) AL←AH * 0AH＋AL。

(2) AH←0。

(3) 用 AAD 调整指令实现≤99 的十—二进制转换。

(4) 本指令影响 SF、ZF 和 PF 标志位，但对 OF、AF 和 CF 标志位未定义。

例 3-18　按十进制除法计算 55÷7，求商和余数，编写程序段。

解　由于 AX＝0505H，故 AH＝00000101，AL＝00000101。

按照 AAD 指令的调整原则，编写程序段如下：

```
MOV   AX,0505H       ; 取被除数至 AX
MOV   CL,07H         ; 取除数至 CL
AAD                  ; 调整为 AX＝0037H
DIV   CL             ; 相除 AH＝06H,AL＝07H
```

所得结果为非组合的 BCD 码，商为 07H，余数为 06H。

3.3.3 逻辑运算和移位循环类指令

8086/8088 指令集提供了丰富的逻辑运算指令及移位指令和循环指令共 13 条，如表 3-6 所示，所有指令都适合于字节(8b)或者字(16b)操作。

表 3-6 逻辑运算和移位循环指令

指令类型	指令格式	功能	操作	影响的标志位
逻辑运算（双、单）操作数	AND DST,SRC	与	DST←DST∧SRC	0 S Z U P 0
	OR DST,SRC	或	DST←DST∨SRC	0 S Z U P 0
	XOR DST,SRC	异或	DST←DST⊕SRC	0 S Z U P 0
	TEST DST,SRC	检测	DST∧SRC	0 S Z U P 0
	NOT DST	非(求反)	DST←$\overline{DST}$	— — — — — —
移位（单操作数）	SAL DST,CUNT $\left\{\begin{matrix}1\\CL\end{matrix}\right.$	算术左移	DST←DST，算术左移1位，低位补0	O S Z U P C
	SAR DST,CUNT $\left\{\begin{matrix}1\\CL\end{matrix}\right.$	算术右移	DST←DST，算术右移1位，符号位不变	O S Z U P C
	SHL DST,CUNT $\left\{\begin{matrix}1\\CL\end{matrix}\right.$	逻辑左移	DST←DST，逻辑左移1位，低位补0	O S Z U P C
	SHR DST,CUNT $\left\{\begin{matrix}1\\CL\end{matrix}\right.$	逻辑右移	DST←DST，逻辑右移1位，高位补0	O S Z U P C
循环移位（单操作数）	ROL DST,CUNT $\left\{\begin{matrix}1\\CL\end{matrix}\right.$	不带进位左循环	见图 3-18(a)，MSB 移至 CF 和 LSB	O — — — — C
	ROR DST,CUNT $\left\{\begin{matrix}1\\CL\end{matrix}\right.$	不带进位右循环	见图 3-18(b)，LSB 移至 CF 和 MSB	O — — — — C
	RCL DST,CUNT $\left\{\begin{matrix}1\\CL\end{matrix}\right.$	带进位左循环	见图 3-18(c)，CF 参与循环，扩充操作数	O — — — — C
	RCR DST,CUNT $\left\{\begin{matrix}1\\CL\end{matrix}\right.$	带进位右循环	见图 3-18(d)，CF 参与循环，扩充操作数	O — — — — C

1. 逻辑运算指令

1)“与”“或”“非”“异或”——AND、OR、NOT、XOR

指令用途：AND 指令用于位删除、位保留；

OR 指令用于位综合、位设置；

XOR 指令用于位清除、位求反；

NOT 指令用于对操作数逐位取反，但不影响任何标志位。

指令格式：

$$\left.\begin{matrix}\text{AND}\\\text{OR}\\\text{XOR}\end{matrix}\right\}\ \text{DST, SRC;}\qquad \text{DST}\ \left\{\begin{matrix}\text{DST}\wedge\text{SRC}\\\text{DST}\vee\text{SRC}\\\text{DST}\oplus\text{SRC}\end{matrix}\right.$$

```
NOT     DST
AND
OR      MEM/REG,REG/MEM/IM
XOR
NOT     REG/MEM              DST ← FFH－DST(字节求反)
                                   FFFFH－DST(字求反)
```

例句：

```
AND  AL,0FH          ; 删除高4位,保留低4位
AND  AL,0F0H         ; 去掉低4位,保留高4位
OR   AL,03H          ; 使AL的b0、b1位置1,其余位不变
OR   AL,BL           ; AL同BL组合
XOR  AX,AX           ; 累加器清零、CF清零,完成初始化
XOR  AH,0FH          ; AH内容低4位取反,高4位不变
NOT  AL              ; 若AL=FBH,执行后则AL=04H
NOT  BYTE PTR BETA [BX]; BX指定的字节存储单元内容逐位取反
```

**例 3-19** (1) 将标志寄存器 FLAGS 中符号标志位 SF 置 1。

(2) 将标志寄存器 FLAGS 中跟踪标志位 TF 置 1。

(3) 将标志寄存器 FLAGS 中溢出位 OF 变反。

解 (1)

```
LAHF
OR   AH,80H          ; SF为最高位
SAHF
```

(2)

```
PUSHF
POP  AX              ; AX←FLAGS
OR   AX,0100H        ; TF标志在b8位
PUSH AX
POPF                 ; 结果送回FLAGS中
```

(3)

```
PUSHF                ; 标志入栈
POP  AX              ; 把标志位弹出到AX
XOR  AX,0800H        ; OF标志在b11位,将OF变反
PUSH AX
POPF
```

例 3-20 已知 AX=1234H,BX=00FFH,执行下列 3 条指令后,AX=? BX=?

```
AND   AX,BX          ; AX←0034H
XOR   AX,AX          ; AX←0
NOT   BX             ; BX←FF00H
```

解

AX=0,BX=FF00H

2) 检测指令

本指令对操作数的所有位执行逻辑“与”操作,完成“与”指令同样功能,但“与”的结果不回送到目的操作数,只反映在标志位上。本指令可用于检测某些条件是否满足但又不改变操作数的场合,本指令加上条件转移指令即可实现转移。

指令格式:

```
TEST   DST,SRC
TEST   MEM/REG1,REG2/MEM
TEST   MEM/REG,DATA
```

例句:

```
TEST   AL,80H          ; 检测 AL 最高位,判断正/负特性
TEST   BL,01H          ; 检测 BL 最低位,判断奇/偶特性
TEST   AX,0101H        ; 判断 AH 和 AL 中的最低位是否同时为 0
TEST   CX,0FFFFH       ; 检测 CX 是否为 0
```

例 3-21 写出 5 条能使 BX 清零的指令。

解

```
MOV   BX,0000H
SUB   BX,BX
AND   BX,0000H
XOR   BX,BX
LEA   BX,[0000H]
```

例 3-22 写出 5 条使 CF 清零且不影响寄存器内容的指令。

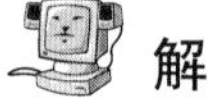

解

```
AND   AX,AX
OR    AX,AX
XOR   AX,0000H
TEST  AX,AX
TEST  AX,0
```

2. 移位指令(4条)

移位指令分为逻辑移位和算术移位两种,其中移位计数值COUNT可为1或者由CL寄存器确定,故最多执行255次移位。

逻辑移位:无符号数移位,将字节/字操作数中的某些位分离出来。

算术移位:带符号数移位,等效于用2的方次乘除一个数,右移时最高位(即符号位)保持不变。

无符号数移位
- SHL 逻辑左移,左移时最低位补0
- SHR 逻辑右移,右移时最高位补0

带符号数移位
- SAL 算术左移,左移时最低位补0,不保存符号位,当移位后最高位MSB与进位位CF不一致时OF置1
- SAR 算术右移,保存操作数的符号位不变

指令格式:4条指令格式相同

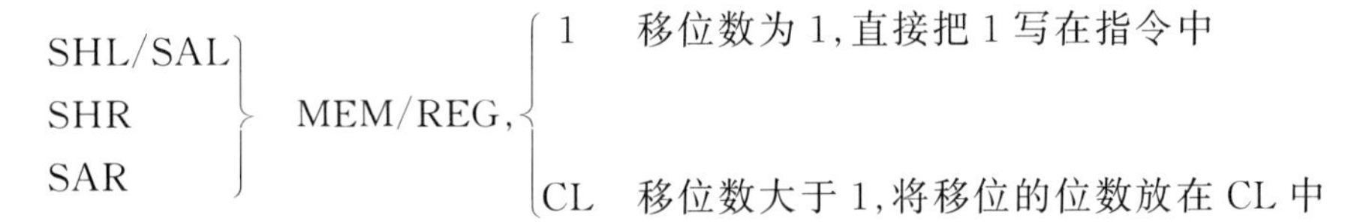

无溢出时,左移1位=操作数*2,右移1位=操作数/2。

移位指令操作示意图如图3-17所示。

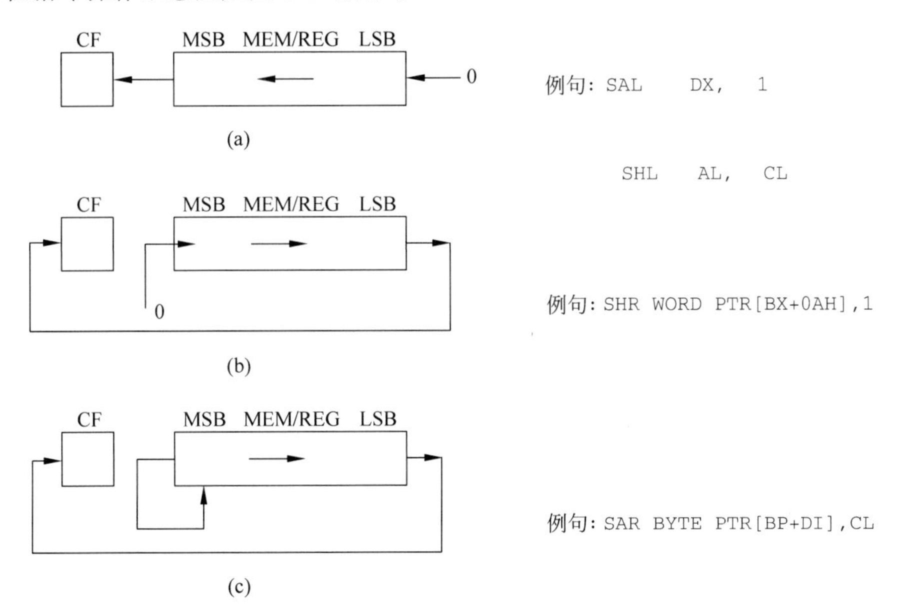

图3-17 移位指令示意图

(a) SAL/SHL; (b) SHR; (c) SAR

说明:

(1) SAL/SAR、SHL/SHR指令在移位结束后,修改CF、PF、ZF、SF、OF,而AF标志位不确定。SAL/SHL指令在物理上是一样的。当移位为1时,若移位后目标操作数的最

高位(即符号位)与进位标志CF不相等,则溢出标志OF=1,否则OF=0。

(2) SAR指令右移时保持符号位不变。影响OF、SF、ZF、PF、CF,但对AF未定义。

(3) SHR指令每执行一次目标操作数右移一位,最高位补0,与SAR指令不同。

例3-23 把AH和AL中的非组合型BCD码组合成组合型BCD码,存放到AL中。

解

```
MOV  AH,04H
MOV  AL,05H
MOV  CL,4
SHL  AH,CL
OR   AL,AH               ; AL=45H
```

例3-24 将AL中的两位组合型BCD码转换成ASCII码并存储于指定的BUF字节单元中。

解 设在数据段中定义BUF变量为字节单元。在代码段中编程如下:

```
MOV  SI,0
MOV  BL,AL               ; 保护AL
AND  AL,0FH              ; 取出最低4位BCD码→ASCII码
ADD  AL,30H              ; BCD码→ASCII码
MOV  BUF[SI],AL          ; 保存结果在BUF单元
MOV  CL,04
SHR  BL,CL               ; 将高位BCD码右移至BL低位
ADD  BL,30H              ; 高位BCD码变换为ASCII码
INC  SI                  ; SI←SI+1
MOV  BUF[SI],BL          ; 保存结果在BUF+1单元
```

例3-25 用移位指令将AX内容乘以5后再除以2。

解 程序段如下:

```
MOV  DX,AX               ; 暂存于DX
SAL  AX,1                ; AX*2
SAL  AX,1                ; AX*4
ADD  AX,DX               ; AX*5
SAR  AX,1                ; 完成AX*5/2
```

例3-26 将一个16位无符号数除以512,设该数存放在以ADDR为首址的两

个连续字节存储单元中，写出程序段。

解 方法1：$512=2^9$，除以512，则应实现逻辑右移9位。

程序段1：

```
MOV  AX,ADDR        ；将ADDR为首址的两个字节单元内容传送至AX
MOV  CL,9
SHR  AX,CL
```

方法2：ADDR/512=(ADDR/2)/256，即将ADDR逻辑右移1位后再右移8位。

程序段2：

```
MOV  AX,ADDR
SHR   AX,1          ；AX=(ADDR)/2；AX逻辑右移1位
XCHG  AL,AH         ；AL←→AH，高字节→AL，低字节→AH
CBW                 ；将AX的AH清零；等效于右移8位
HLT
```

3. 循环移位指令(4条)

循环移位指令分为不带进位位循环和带进位位循环两种，其特点是：

(1) 循环移出的各位并不似移位指令那样被丢失，而是周期性地返回到REG/MEM的另一端。

(2) 循环移位的位数可为1或者CL的值。

(3) 不带CF标志的循环移位，最高位(左移)或者最低位(右移)移至CF。

(4) 带进位位CF的循环移位，CF起到扩充操作数的作用，将被移位的操作数分离出一位存放CF。

(5) 只影响CF和OF。

(6) 若是循环移位为多位，CF中总是包含循环移位的最后一位，而OF值不确定。若是循环移位一位，如果最高位(即符号位)改变，则OF置为1，否则OF置为0，故用OF表示循环移位前后的符号位是否改变。

指令格式：

```
ROL   MEM/REG,CONT ；不带进位位CF左循环
ROR   MEM/REG,CONT ；不带进位位CF右循环
RCL   MEM/REG,CONT ；带进位位CF左循环(CF作为操作数的一部分)
RCR   MEM/REG,CONT ；带进位位CF右循环(CF作为操作数的一部分)
                   ；与RCL仅移位方向不同
```

$$CONT=\begin{cases}1\\CL\end{cases}$$

例句：

```
ROL DX,CL
ROL WORD PTR[DI],1
```

指令执行示意图如图 3-18(a)所示，其余均见图 3-18(b)～(d)。

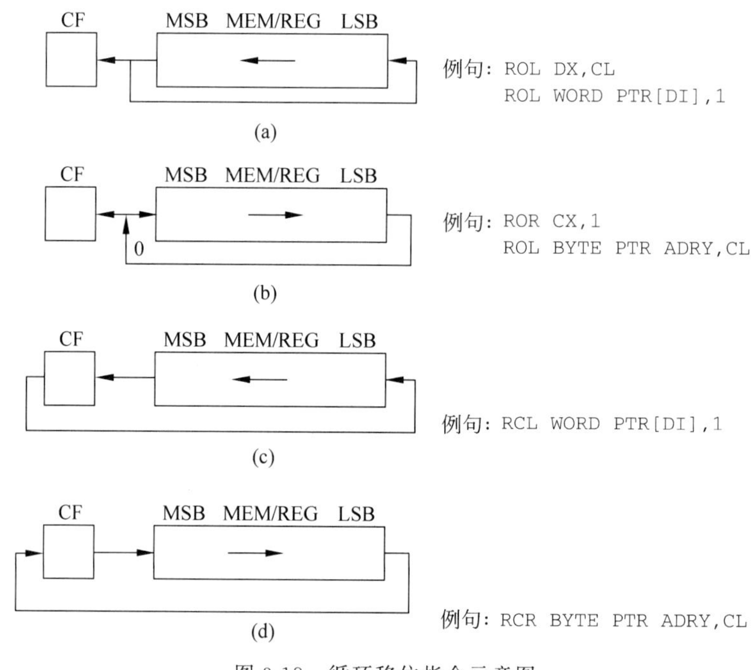

图 3-18 循环移位指令示意图

(a) ROL；(b) ROR；(c) RCL；(d) RCR

例 3-27 将 AL 的高、低 4 位互换。

解 方法 1：

```
MOV   CL,4
ROL   AL,CL
```

方法 2：

```
MOV   CL,4
ROR   AL,CL
```

例 3-28 设已知 CL 的内容为 0AH，要求把 AX 中指定的数位分离出来。

解 指令段为

```
MOV   CL,0AH
MOV   BX,0001H
SHL   BX,CL
AND   AX,BX
```

3.3.4 控制转移类指令

控制转移类指令能使程序转移到另一地址执行，用来控制程序的执行流程，改变程序的走向。8086/8088 指令集提供了大量指令，用于控制程序的流程。这类指令包括：转移指令、循环控制指令、过程调用与返回指令、中断指令等 4 组。转移类指令使用的寻址方式是地址寻址方式。

1. 转移指令

转移指令分为无条件转移和条件转移两种，此类指令的实质是改变指令指针(IP)或者代码段寄存器(CS)的内容。

1) 无条件转移指令 JMP

无条件转移指令是把程序控制转移到指定的目标地址去执行，而不保留返回信息。目的操作数规定指令要转移到的地址。转移有段内转移和段外转移之分。从该地址开始的程序段，通常在指令中用 NEAR 和 FAR 来表示。目的操作数可以是立即数、某通用寄存器或某内存字单元的内容。JMP 指令对标志位无影响。根据 CS、IP 的设置方法，JMP 指令有 5 种形式，如表 3-7 所示。

表 3-7　无条件转移指令

指令类型	指令格式 JMP　目标地址	功　能	操　作 目标地址计算	字节数	说明
无条件转移指令	JMP　SHORT DISP	段内直接短转移	IP←IP+d8	2	CS 不变，IP 改变
	JMP　DISP	段内直接转移	IP←IP+d16	3	CS 不变，IP 改变
	JMP　REG/MEM	段内间接转移	$IP \leftarrow REG_{16}$ $IP \leftarrow MEM_{16}$	3 3	CS 不变，IP 改变
	JMP　SEGMENT：OFFSET	段间直接转移	$CS \leftarrow SEG_{16}$ $IP \leftarrow OFFSET_{16}$	5	CS、IP 皆变
	JMP　MEM32	段间间接转移	$CS \leftarrow MEM_{高16}$ $IP \leftarrow MEM_{低16}$	5	CS、IP 皆变

例句：

```
JMP  SHORT  LABEL          ；段内直接转移之一(短转移)，LABEL在本段内。标
                           ；号是指令地址的符号表示。其转移范围在当前IP
                           ；的－128～＋127 字节。
JMP  NEAR  PTR  LABEL      ；段内直接转移之二(近转移)，标号LABEL在本段内。
JMP  BX                    ；段内间接转移之一，BX的内容作为新IP值，为有效
                           ；转移地址。
JMP  WORD  PTR[SI]         ；段内间接转移之二，由[SI]所指字存储单元内容为
                           ；有效转移地址。
JMP  CS(常数)：IP(常数)     ；段间直接转移之一，指令直接给出一个新CS值和新
                           ；IP 值。例如，JMP 2500H：1000H。
JMP  FAR  PTR  LABEL       ；段间直接转移之二，标号 LABEL 不在本段之内。
JMP  DWORD  PTR[BX][SI]    ；段间间接转移表示转移地址是一个双字，目标地址的
                           ；CS和IP值存放在从[BX＋SI]开始的4个连续存储
                           ；单元中，其中由[BX][SI]所指字单元内容→IP；由
                           ；[BX][SI]＋2所指字单元内容→CS。段间间接转移
                           ；指令的操作数不能是寄存器。
```

2）条件转移指令 JCC(条件码)

条件转移指令比无条件转移指令多了一个条件判断的功能，共 18 条，现列于表 3-8。"CC"表示条件码，如果满足条件则转移到目标地址；若不满足条件则不转移，继续顺序执行下一条指令。

指令格式：JCC　SHORT－目标地址

表 3-8　条件转移指令

<table>
<tr><th colspan="3">指令类型</th><th>指令助记符</th><th>转移条件</th><th>功能</th><th colspan="2">等效指令</th><th>指令助记符</th><th>转移条件</th><th>功能</th><th>等效指令</th></tr>
<tr><td rowspan="9">条件转移</td><td rowspan="5" colspan="2">单个标志位</td><td>JC</td><td>CF=1</td><td>有进(借)位转移</td><td colspan="2">JB/JNAE</td><td>JNC</td><td>CF=0</td><td>无进(借)位转移</td><td>JNB/JAE</td></tr>
<tr><td>JZ</td><td>ZF=1</td><td>相等或为零转移</td><td colspan="2">JE</td><td>JNZ</td><td>ZF=0</td><td>不等或非零转移</td><td>JNE</td></tr>
<tr><td>JO</td><td>OF=1</td><td>有溢出转移</td><td colspan="2"></td><td>JNO</td><td>OF=0</td><td>无溢出转移</td><td></td></tr>
<tr><td>JS</td><td>SF=1</td><td>结果为负转移</td><td colspan="2"></td><td>JNS</td><td>SF=0</td><td>结果为正转移</td><td></td></tr>
<tr><td>JP</td><td>PF=1</td><td>偶校验转移</td><td colspan="2">JPE</td><td>JNP</td><td>PF=0</td><td>奇校验转移</td><td>JPO</td></tr>
<tr><td rowspan="4">组合标志位</td><td rowspan="4">无符号数</td><td>JA</td><td>CF=0 且 ZF=0</td><td>高于转移</td><td>JNBE</td><td rowspan="4">带符号数</td><td>JG</td><td>SF⊕OF=0 且 ZF=0</td><td>大于转移</td><td>JNLE</td></tr>
<tr><td>JAE</td><td>CF=0 或 ZF=1</td><td>高于等于转移</td><td>JNC/JNB</td><td>JGE</td><td>SF⊕OF=0 或 ZF=1</td><td>大于等于转移</td><td>JNL</td></tr>
<tr><td>JB</td><td>CF=1 且 ZF=0</td><td>低于转移</td><td>JC/JNAE</td><td>JL</td><td>SF⊕OF=1 且 ZF=0</td><td>小于转移</td><td>JNGE</td></tr>
<tr><td>JBE</td><td>CF=1 或 ZF=1</td><td>低于等于转移</td><td>JNA</td><td>JLE</td><td>SF⊕OF=1 或 ZF=1</td><td>小于等于转移</td><td>JNG</td></tr>
</table>

JE/JZ——相等或运算结果为零转移。这是当 ZF=1 时，能转移到目标地址的条件转移指令的两种助记符。此处为零是指操作结果等于零，说明两个操作数相等，而不是操作数本身等于零。

JA/JNBE——条件为 CF=ZF=0(因为不相等，必然 ZF=0，高于则无借位，即 CF=0)。

JBE/JNA——相等，则 ZF=1；低于则 CF=1；因此条件为 CF V ZF=1。

JG/JNLE——不相等，则必然 ZF=0；带符号数大于则必须 SF⊕OF=0，因此条件为(SF⊕OF=0)且 ZF=0。

JGE/JNL——与上一条相比包含着相等的情况。所以去掉 ZF=0 的条件。

JL/JNGE——不相等，ZF=0；小于必然为 SF⊕OF=1，所以条件为 SF⊕OF=1 且 ZF=0。

JLE/JNG——相等，ZF=1；小于必然为 SF⊕OF=1，因此条件为(SF⊕OF) V ZF=1。当满足此条件时能转移到目标地址。

2. 循环控制指令

循环控制指令又名重复循环指令，用于管理程序循环的次数，使程序反复执行形成循环程序。这组指令对于循环程序和实现串操作皆十分有用，如表 3-9 所示。

表 3-9　循环控制指令

指 令 格 式	指令操作	循环转移条件	功　　能
Loop SHORT－LABEL (或者 LOOP　LABEL)	CX←CX－1	CX≠0,计数非零循环	判断 CX 不为零,则转移到目标地址继续循环,否则将执行下一条指令
LOOPE/LOOPZ SHORT－LABEL	CX←CX－1	CX≠0 且 ZF＝1,计数非零且结果为零时循环	判断 CX 不为零,且 ZF＝1 则转移到目标地址继续循环,若 CX＝0 或 ZF＝0 就结束循环
LOOPNE/LOOPNZ SHORT－LABEL	CX←CX－1	CX≠0 且 ZF＝0,计数非零且结果非零时循环	判断 CX 不为零,且 ZF＝0 则转移到目标地址继续循环,若 CX＝0 或 ZF＝1 就结束循环
JCXZ　SHORT－LABEL	检测 CX 内容	CX＝0,计数为零时转移	本条指令放在循环的开始处,根据 CX 的值控制转移,只要 CX＝0 则转移到目标地址,跳出循环

LOOP 指令与下面指令段等效:

$$\text{LOOP}\quad \text{Label}=\begin{cases}\text{DEC}\quad \text{CX}\\ \text{JNZ}\quad \text{LABEL}\end{cases}$$

表 3-10 中,JCXZ 指令是一条特殊的循环控制指令,它不对 CX 的值进行减 1 操作,它只需检测 CX 的内容,并直接由 CX 寄存器来确定。若 CX 内容为 0,则程序转移到目标地址执行,此时就不执行循环。当 CX 内容不为 0 时,才执行后续指令。

JCXZ 指令常同循环指令 LOOP 一起使用。JCXZ 指令的作用是为了避免 CX＝0 的时候进入循环,因此在进入循环前用本指令对 CX 进行一次检测。CX 中的初值为循环重复次数,每循环一次 CX 减 1,直至 CX 减为 0 时退出循环体。

表 3-10　过程调用与返回指令

调 用 类 型	指 令 格 式	功　　能
无条件调用	CALL SUBR CALL NEAR PTR SUBR	段内直接调用
	CALL BX	段内间接调用 (BX 内容为偏移地址)
	CALL WORD PTR[SI]	段内间接调用 (存储单元内容为偏移地址)
	CALL CS(常数):IP(常数) CALL FAR DWORD PTR SUBR	段间直接调用
	CALL FAR DWORD PTR[BX][SI]	段间间接调用
无条件返回	RET	段内返回
		段间返回
	RET N(弹出值)	带立即数 N 的段内返回,SP 的值多加 N
		带立即数 N 的段间返回,SP 的值多加 N

3. 过程调用和返回指令

在程序设计中有些程序段需要反复使用，则将这些程序段设计成子程序（又称过程），需要时可以调用，过程结束后再返回到原来调用处。这样不仅可以缩短源程序的长度并且有利于实现模块化程序设计。因此，过程就是一段具有特定功能的、供其源程序调用的公用程序段，如表 3-10 所示。

调用指令与返回指令的特点：

过程调用指令 CALL，过程返回指令 RET，二者是成对出现的，CALL 指令处在主调程序的调用处，RET 指令出现在子程序结束处。

比较表 3-7 与表 3-10，可以看出 JMP 指令与 CALL 指令二者的格式是相同的，仅指令功能不同，可相互对照，加深理解。

RET（返回）指令用来保证子程序结束后返回到调用此子程序的断点处。RET 也分段内返回和段间返回，其指令格式都是 RET（但指令编码不同），并且皆必须与 CALL（调用）指令的段内或段间保持一致。

段内返回的 RET 指令，在执行时，从堆栈顶部弹出一个字的内容送入 IP（偏移量）；段间返回的 RET 指令，在执行时，从堆栈顶部弹出两个字的内容分别送入 IP（偏移量）和 CS（段基址）。

带弹出值 N 的返回指令，指令格式为 RET N，N 是立即数，且总是偶数。

3.3.5 字符串操作类指令

字符串操作指令是 8086/8088 指令集中最具有特色的一组指令，也是唯一能够直接处理源和目的操作数皆为存储器操作数的一组指令。有了串操作指令，可对批量数据的处理提供极大的方便。

所谓串，是指顺序存放在内存中的一组相同类型的数据或者多个字符的集合。

串操作即对串中元素进行的相同操作。字符串操作指令的操作过程如图 3-19 所示。

8086/8088 指令集中，串操作指令共有 7 种，基本串操作是前 5 种。具体如下：

(1) 串传送——8/16 位数据串或字符串的传送；

(2) 串比较——判断两个串是否相同；

(3) 串检索——用于查找关键字；

(4) 串读取——数据串或字符串的读出；

(5) 串存储——数据串或字符串的写入；

(6) 串输入——数据从 I/O 端口输入至内存单元；

(7) 串输出——数据从内存单元输出至 I/O 端口。

串操作指令如表 3-11 所示。

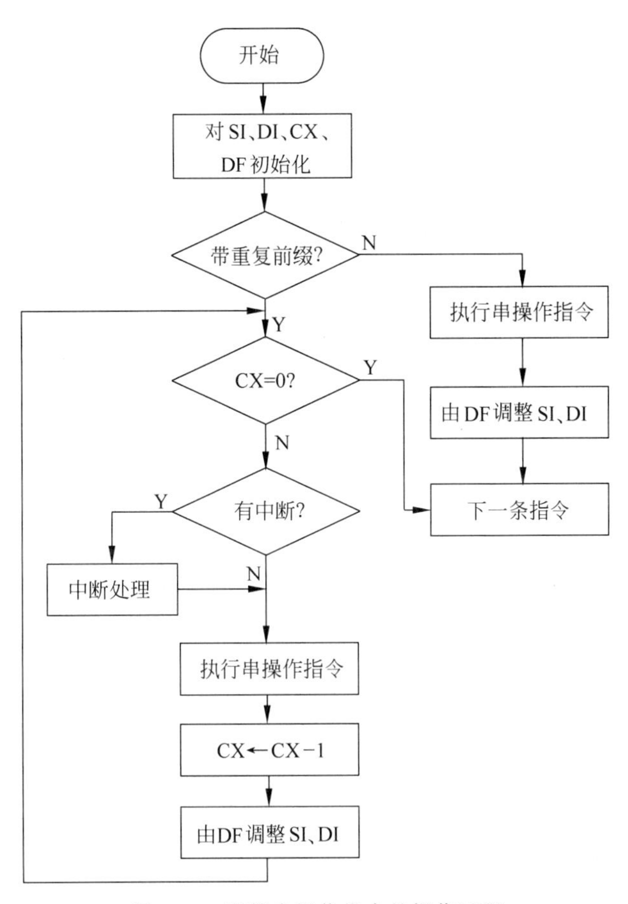

图 3-19　字符串操作指令的操作过程

表 3-11　串操作指令表

指令类型	指令格式	功能	操作	影响的标志位 O S Z A P C
重复前缀	REP	无条件重复	CX←CX－1，CX≠0 时重复执行串操作	——————
	REPE/REPZ	相等或运算结果为零时重复	CX≠0 且 ZF=1 时重复执行串操作	
	REPNE/REPNZ	不等或运算结果非零时重复	CX≠0 且 ZF=0 时重复执行串操作	

基本串操作	MOVS DST, SRC
	MOVS DI, SI
	MOVSB/MOVSW
		串传送	ES:[DI]←DS:[SI]
			SI←SI±1 或±2
			DI←DI±1 或±2
				——————

	CMPS DST, SRC
	CMPS DI, SI
	CMPSB/CMPSW
		串比较	DS:[SI]－ES:[DI]
			SI←SI±1 或±2
			DI←DI±1 或±2
				O S Z A P C

续表

指令类型	指令格式	功能	操作	影响的标志位 O S Z A P C
基本串操作	SCAS DST SCAS DI SCASB/SCASW	串检索	AL/AX−[DI] DI←DI±1 或±2	O S Z A P C
	LODS SRC LODS SI LODSB/LODSW	取串	AL/AX←[SI] SI←SI±1 或±2	——————
	STOS DST STOS DI STOSB/STOSW	存串	[DI] ←AL/AX DI←DI±1 或±2	——————

注：表中影响的标志位 O、S、Z、A、P、C 分别对应 OF、SF、ZF、AF、PF、CF。

1. 串操作指令的特点

(1) 串操作指令每执行一次只对字节串/字串中一个字节/字进行操作，只有当串操作指令前加一特殊前缀(称作重复前缀)方可重复执行该串操作指令。

(2) 串操作指令均采用隐含寻址方式，如：

源串：起始地址为 DS：SI　隐含段寄存器 DS 但也允许段超越。

目的串：起始地址为 ES：DI　隐含段寄存器 ES 但不允许段超越。

可以使 DS 和 ES 指向同一段，在同一段内进行地址运算。

(3) 数据块或字符串长度可达 64KB，串长度存放在 CX 寄存器中，每次串操作之后，SI 和 DI 内容可自动修改。

(4) 用 DF 标志位决定存储单元地址改变的方向。

若 DF＝0，地址指针变化为增址方向，修改指针用“＋”。

若 DF＝1，地址指针变化为减址方向，修改指针用“－”。

(5) 每一条串操作指令有三种格式，若采用隐含寻址，则指令只需写出助记符，后加上字母“B”(字节操作)或者字母“W”(字操作)即可，不用再写入操作数。

2. 重复前缀的定义及使用

在 8086/8088 系统中，为了对字符串进行重复处理，可以在字符串指令前加上重复前缀，带重复前缀的串操作指令可以自动循环。它们是靠硬件实现重复操作的，因此比软件循环操作速度更快，同时也简化了编程。重复前缀只能用于串操作指令，在其他指令中无效。重复前缀有以下几种。

(1) REP——无条件重复，CX≠0 时重复执行串操作指令。

用途：可用于串传送(MOVS)和存字串(STOS)指令前面，使指令执行到 CX ＝0 为止；完成一组字符的传送或建立一组相同数据字符串。

(2) REPE/REPZ——相等/为零时重复(REPE 与 REPZ 是同一前缀的两种助记符形式)，条件是当 CX≠0 且 ZF＝1 时，运行结果是重复执行串操作指令。

用途：常与串比较(CMPS)指令联用，比较两个字符串是否相同，是否存在不相同字符，当字符一致时重复操作，使指令执行到 ZF＝0(比较的两字符不相同)或者 CX＝0(所有的字符比较完毕)为止。串比较指令也可与 REPNE/REPNZ 联用,则表示比较两个不同字符串是否有相同的字符。

(3) REPNE/REPNZ——不相等/不为零时重复(REPNE 与 REPNZ 是同一前缀的两种助记符形式),条件是当 CX≠0 且 ZF=0 时,运行结果是重复执行串操作指令。串操作指令见表 3-7。

用途:常与串检索(SCAS)指令联用,查找字符串中是否有要找的字符(关键字)。当字符不一致时重复操作,使指令执行到 ZF=1(找到与关键字相同的字符)或者 CX=0(所有字符查找完毕)为止。串检索指令也可与 REPE/REPZ 联用,则表示查找字符串中是否有与关键字不相同的字符。

3. 串操作指令分析

1) 串传送 MOVS

该指令可实现存储单元到存储单元之间的直接传送,并能自动修改地址指针。例如在 DS 段定义两个字数据,在 ES 段定义两个字的存储区,则可通过串传送指令将这两个字数据传送到附加段的字存储区。

指令格式有 4 种。

```
MOVSB                ; 字节传送,不出现操作数,ES: DI←DS: SI
                     ; SI←SI±1,DI←DI±1
MOVSW                ; 字传送,不出现操作数,ES: DI←DS: SI
                     ; SI←SI±2,DI←DI±2
MOVS  DST,SRC        ; 将字节或者字数据从存储器某个区域传送到另一个
                     ; 区域。当 DST 和 SRC 同为字节类型,则与 MOVSB
                     ; 指令等同; 当 DST 和 SRC 同为字类型,则与 MOVSW
                     ; 指令等同。
MOVS BUF1,BUF2       ; BUF1 为 ES 段中目的字符串存储单元符号地址
                     ; BUF2 为 DS 段中源字符串存储单元符号地址
```

以上 4 种格式的指令前均可加重复前缀“REP”。

例如:

```
REP MOVSB            ; ES: DI←DS: SI,SI←SI±1,DI←DI±1,CX←CX-1
                     ; 直到 CX=0
REP MOVSW            ; 与 REP MOVSB 指令类似
REP MOVS DST,SRC     ; 与 MOVS DST,SRC 指令类似
```

第一种格式:列出源操作数和目的操作数;说明操作对象的类型(字节或字),指出涉及的段寄存器,可以对源串进行段超越,但目的串段地址只能在 ES 中,不能进行段超越。

第二种格式:指令助记符后面加上字母“B”,指明操作对象是字节串。

第三种格式:指令助记符后面加上字母“W”,指明操作对象是字串。

例句:

```
REP MOVS BUF2,ES: BUF1            ; 源操作数进行段超越
REP MOVS WORD PTR[DI],[SI]        ; 用变址寄存器表示操作数
```

```
MOVSB                          ; 字节串传送
MOVSW                          ; 字串传送
```

例 3-29 将数据段中从 AREA1 单元开始存放的 100 个字节数据传送到附加段中以 AREA2 为首址的存储区域中。试用字节串传送、字串传送和带重复前缀的字串传送指令实现。

解 指令段 1：

```
        LEA   SI,AREA1      ; 设 SI 为 AREA1 存储区的地址指针
        LEA   DI,AREA2      ; 设 DI 为 AREA2 存储区的地址指针
        MOV   CX,0064H      ; 串长为 100B
        CLD                 ; DF←0,增址方向
AGA:    MOVSB               ; 字节传送,ES:[DI]←(DS:[SI])一个字节
        DEC   CX            ; CX←CX—1
        JNZ   AGA           ; 若 CX≠0,则继续传送
```

指令段 2：

```
        LEA   SI,AREA1
        LEA   DI,AREA2
        MOV   CX,0032H      ; 计数值为 50
        CLD
AGA:    MOVSW
        DEC   CX
        JNZ   AGA
```

指令段 3：

```
LEA   SI,AREA1
LEA   DI,AREA2
MOV   CX,0032H
CLD
REP   MOVSW                 ; 重复字串传送直到 CX=0 为止
```

2）串比较 CMPS

指令 CMPS 与 CMP 类似,用来检查两个串是否一致。比较结果不保存,结论通过 ZF 标志反映。指令执行后源数据区和目的数据区内容均不变。但在 CMPS 指令中用“源操作数”减去“目的操作数”。根据结果修改 6 个标志位,并自动修改指针。

指令格式：SRC——源串符号地址

DST——目的串符号地址

```
CMPS DST,SRC                ; (DS:[SI])-(ES:[DI])
                            ; SI←SI±1(或者±2);   DI←DI±1(或者±2)
```

```
CMPSB                   ; 比较两字节串 SI±1,DI±1
CMPSW                   ; 比较两字串 SI±2,DI±2
REPE/REPZ CMPSB         ; 重复比较两字节串
```

例 3-30 有两个数据块分别存放在 DS 段的 SDATA1 单元开始和 ES 段的 DDATA2 单元开始的存储区中,块长为 10B,试比较两个数据块是否相等。若相等,则将 BX 置 0;若不相等则记下该不等数据的存放地址。

解 程序段如下:

```
        LEA   SI,SDATA1    ; 设置源串首址
        LEA   DI,DDATA2    ; 设置目的串首址
        CLD
        MOV   BX,0         ; 先将 BX 置 0
        MOV   CX,000AH     ; 循环比较 10 次
        REPE  CMPSB        ; 两个字符串比较
        JZ    SAME         ; 两字符串相同,转移
        DEC   SI           ; 否则,记下其存放地址
        DEC   DI
SAME:   RET
```

3) 串检索 SCAS

该指令用于查找存储单元中有无关键字(要找的元素叫关键字)。关键字放在 AL 或者 AX 中,被查的元素存放在存储单元中。把 AL/AX 与[DI]所指的目标串元素作比较,不回送比较结果,仅反映在状态标志上。

指令格式:

```
SCAS DST                 内有      被查的
SCASB                   关键字     串元素
SCASW                     ↓          ↓
REPNE/REPNZ SCASB
```

指令功能:AL/AX − [DI]; DI←DI±1 或±2

例 3-31 设在 ES 段中偏移地址为 1000H 开始的存储单元存有 10 个字符的 ASCII 码,要求检索字符 A 的 ASCII 码。若找到则记下检索次数。

解 设 NUM 存放“A”的检索次数。

程序段如下:

```
        MOV    DI,1000H
        MOV    CX,000AH
        MOV    AL,'A'
        CLD
```

```
           REPNZ   SCASB
           JZ      FOUND
           JMP     DONE
FOUND:     DEC     DI
           SUB     DI,1000H
           MOV     NUM,DI
DONE:      HLT
```

4）取字符串 LODS

该指令把 SI 所指的字节/字单元内容装入 AL/AX 中，并修改 SI 地址指针。

指令格式：

```
LODS SRC
LODSB
LODSW
```

指令功能：

AL/AX←[SI]

SI←SI±1 或±2

本指令正常使用时是不重复执行的，故一般不加重复前缀。因每重复一次，累加器内容就改写一次。AL/AX 中只保留最后一次装入的内容。

5）存字符串 STOS

该指令把 AL 或者 AX 存到 DI 指向的存储单元中，并自动修改地址指针。本指令可用于对存储区进行初始化。存储区首地址要预先设置到 ES：DI 中，要存储到串中的数据预先存放到 AL 或者 AX 中。

指令格式：

```
STOS  DST
STOSB                    ; 存入字节
STOSW                    ; 存入字
REP STOSB                ; 在连续内存单元中，存入某一相同的内容
```

指令功能：

```
[DI]←AL/AX
DI←DI±1 或±2             ; 修改 DI，指向下一单元
```

例 3-32 设内存中有一字符串，起始地址为 BLOCK，其中有正数和负数，现欲将它们分开存放，正数存于以 PLUS 为首地址的存储区，负数存于以 MINUS 为首地址的存储区。试用串操作指令编写该程序段。

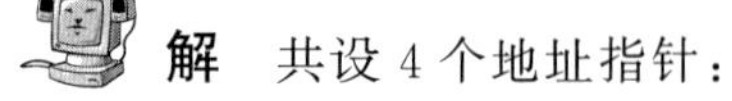

解 共设 4 个地址指针：

SI——源字节串指针；CX——字节串长度，控制循环次数；

DI——正数目的区指针；BX——负数目的区指针。

程序段如下：

```
        LEA     SI,BLOCK
        LEA     DI,PLUS
        LEA     BX,MINUS
        MOV     CX,COUNT
GOON:   LODSB
        TEST    AL,80H
        JNZ     MINUS
PLUS:   STOSB
        JMP     AGA
MINUS:  XCHG    BX,DI
        STOSB
        XCHG    BX,DI
AGA:    DEC     CX
        JNZ     GOON
        HLT
```

3.3.6 处理器控制类指令

本类指令 12 条，用于对 CPU 进行控制。

(1) 对标志位操作指令：较为常用，可以方便地修改标志寄存器中某些位的状态。

```
STC          ; CF ← 1       设置进位位
CLC          ; CF ← 0       清除进位位
CMC          ; CF ← ¬CF     对进位标志求反
STD          ; DF ← 1       设置方向标志(串操作的指针移动方向为减址方向)
CLD          ; DF ← 0       清除方向标志(串操作的指针移动方向为增址方向)
STI          ; IF ← 1       设置中断允许标志(允许 INTR 中断)
CLI          ; IF ← 0       清除中断允许标志(禁止 INTR 中断)
```

(2) 外部同步指令：处理 CPU 与外部事件的联系。

```
HLT          ；处理器暂停(停机)指令。停止微处理器的操作，使 CPU 处于睡眠
             ；状态。
WAIT         ；处理器等待。使 CPU 进入等待状态，不进行任何操作。
ESC          ；处理器交权(换码)指令，是指 CPU 要求协处理器完成某种功能。
LOCK         ；总线锁定前缀。为一特殊的单字节前缀，不是一条独立指令，它可放
             ；在任何指令前面，作用是把总线锁存，禁止其他协处理器使用总线。
```

(3) 空操作指令。

NOP 单字节指令。CPU 不完成任何有效功能，每执行一条 NOP 指令，耗费 3 个时钟

周期。该指令在延迟程序中经常用来延时或填充存储空间。

3.4 32位微处理器的寻址方式与指令系统

3.4.1 80286 相对 8086 增加的指令

1）立即数入栈指令

格式：PUSH nnnn

功能：将字立即数 nnnn 压入堆栈。

2）将所有寄存器的内容压入堆栈指令

格式：PUSH A

功能：将 8 个 16 位通用寄存器的内容按 AX、CX、DX、BX、SP、BP、SI、DI 的顺序入栈。

3）弹出堆栈指令

格式：POP A

功能：将从栈顶开始的 8 个存储字依次弹出堆栈并按 DI、SI、BP、SP、BX、DX、CX、AX 的顺序分别传送。

4）扩充的带符号整数乘法指令

格式 1：IMUL dst,src

格式 2：IMUL dst,src1,src2

其中,dst 是 16 位通用寄存器。格式 1 中的 src 可以是 16 位通用寄存器、字存储器、8 或 16 位立即数；格式 2 中的 src1 可以是 16 位通用寄存器、字存储器,但不能为立即数；格式 2 中的 src2 只能为 8 或 16 位立即数。

功能：格式 1 是 dst 乘以 src,将乘积送 dst；格式 2 是将 src1 乘以 src2,乘积送 dst。

5）串输入指令

格式 1：[REP]INS 目标串,DX

格式 2：[REP]INSB

格式 3：[REP]INSW

功能：以 DX 中的值为外设端口地址。从此端口输入一字符存入由 ES：DI(或 EDI)所指的存储器中,且根据方向标志 DF 和串操作的类型来修改 DI(或 EDI)的值。利用 REP 前缀可以连续输入串字符存入存储器中,直到 CX(或 ECX)减到零为止。

其中,格式 1 中的目标串为目标操作数的符号地址,该符号地址确定了目标操作数的属性(字或字节)。DX 寄存器中的内容为外设端口地址。当符号地址的属性为字节时,则该指令每次读入一个字节,DI 内容加 1 或减 1；当符号地址的属性为字时,则该指令每次读入一个字,DI 内容加 2 或减 2。格式 2 和格式 3 中已确定了串操作类型,并且不带操作数,INSB 为字节串输入,INSW 为字串输入。

6）串输出指令

格式 1：[REP]OUTS DX,源串

格式 2：[REP]OUTSB

格式 3：[REP]OUTSW

功能：该指令与串输入指令的操作刚好相反，该指令中DS：SI（或ESI）指向源串，以DX中的值为外设端口地址。执行时根据DF的值和源串的类型自动修改SI（或ESI）的内容，利用REP前缀可以连续输出源串内容，直到CX（或ECX）减到零为止。

7）移位指令

格式：SHL dst,src（逻辑左移指令）

SHR dst,src（逻辑右移指令）

SAL dst,src（算术左移指令）

SAR dst,src（算术右移指令）

ROL dst,src（不带进位的循环左移指令）

ROR dst,src（不带进位的循环右移指令）

RCL dst,src（带进位的循环左移指令）

RCR dst,src（带进位的循环右移指令）

功能：这8条指令的格式和8086/8088的指令是相同的，区别是在8086/8088的指令系统中src只能是CL或1，在80286指令系统中src可以是任一8位立即数。

8）装入地址指针指令

格式：LDS dst,src

LES dst,src

其中，dst为16位或32位（80386）的通用寄存器，src为存储器。

功能：将src所指的4或6（80386）个内存单元中的2个字或3个字先后送给dst和相应的段寄存器中，LDS和LES指令分别隐含DS和ES段寄存器。

3.4.2 80386的寻址方式和80386相对80286增加的指令

80386微处理器增加了8个32位的通用寄存器（EAX、EBX、ECX、EDX、ESI、EDI、EBP和ESP）和段寄存器FS、GS，不仅兼容80286的16位寻址方式，还新增了32位寻址方式。在这种寻址方式下，有效地址由表中的4个分量计算产生，见表3-12。当基址寄存器为ESP或EBP时默认的段寄存器为SS，其他方式下默认的段寄存器均为DS。

表3-12 有效地址分量

基地址		变址		比例常数		位移量
EAX	+	EAX	×		+	
EBX		EBX				
ECX		ECX		1		8
EDX		EDX		2		16
ESI		ESI		4		32
EDI		EDI		8		
ESP		—				
EBP		EBP				

1. 寻址方式

1）直接寻址

指令中给出的位移量就是有效地址。

2）基址寻址

以 8 个 32 位的通用寄存器中的任意一个作为基址寄存器形成操作数的有效地址。

3）基址加位移寻址

以 8 个 32 位的通用寄存器中的任意一个作为基址寄存器，再加上 8 位、16 位或 32 位位移量形成操作数的有效地址。

4）比例变址和位移寻址

选取除 ESP 外 7 个通用寄存器中的任意一个作为变址寄存器，将其内容乘以比例常数，再加上 8 位、16 位或 32 位位移量，形成操作数的有效地址。

5）基址加比例变址寻址

以 8 个 32 位的通用寄存器中的任意一个作为基址寄存器，选取除 ESP 外 7 个通用寄存器中的任意一个作为变址寄存器，将变址寄存器的内容乘以比例常数，加上基址寄存器的内容形成操作数的有效地址。

6）基址加比例变址加位移寻址

$$有效地址＝基址＋(变址×比例常数)＋位移量$$

2. 80386 相对 80286 增加的指令

1）堆栈操作指令

格式 1：PUSH src/POP dst

扩展功能：PUSH 指令可将 32 位的 src 压入堆栈；POP 指令可将栈顶的 2 个字弹出给 32 位的通用寄存器或 32 位的存储器。

格式 2：PUSH FS/PUSH GS/POP FS/POP GS

该格式中使用的 FS 和 GS 是 80386 以上的微处理器增加的 2 个附加段寄存器

格式 3：PUSHA/PUSHAD/POPA/POPAD

指令中操作数为隐含。PUSHA 可以将全部 16 位通用寄存器按 AX、CX、DX、BX、SP、BP、SI、DI 的顺序入栈；PUSHAD 可以将全部 32 位通用寄存器按 EAX、ECX、EDX、EBX、ESP、EBP、ESI、EDI 的顺序入栈。POPA/POPAD 则弹出由 PUSHA/PUSHAD 保存的通用寄存器值，出栈顺序和上述的入栈顺序相反。

2）地址指针传送指令

格式：LFS dst，src

功能：src 先后装入 dst 和段寄存器 FS 中，dst 为 16 位或 32 位通用寄存器。

格式：LGS dst，src

功能：src 先后装入 dst 和段寄存器 GS 中，dst 为 16 位或 32 位通用寄存器。

格式：LSS dst，src

功能：src 先后装入 dst 和段寄存器 SS 中，dst 为 16 位或 32 位通用寄存器。

3）基本传送指令

格式：MOV dst，src

扩展功能：dst 和 src 可以是 32 位操作数，它要求 dst 和 src 必须等长，否则必须用扩展传送指令 MOVZX 和 MOVSX。这 2 条指令只存在于 80386 以上的微处理器中。

格式：MOVZX/MOVSX dst，src

MOVZX 为零扩展传送指令，它将 src 中的无符号数在高位加 0 扩展成和 dst 等长，然后传送给 dst；MOVSX 为符号扩展传送指令，它将 src 中的带符号数在高位加 src 的符号，扩展成和 dst 等长，然后传送给 dst。

4）交换指令

格式：SWAP dst，src

扩展功能：32 位的 dst 和 src 中的内容相互交换，不能同时为存储器数。

5）加法和减法指令

格式 1：加法（ADD dst，src/ADC dst，src），减法（SUB dst，src/SBB dst，src）

格式 2：加 1 指令（INC dst），减 1 指令（DEC dst）

扩展功能：dst 和 src 均可为 32 位通用寄存器或存储器数，不能同时为存储器数

6）乘法指令

• 无符号乘法指令

符号乘法的指令格式有下面 4 种。

格式 1：MUL src。指令中的被乘数和乘数均是无符号数

格式 2：MUL dst，src ；(dst) * (src)→dst

格式 3：MUL src，立即数 ；(src) * 立即数→dst

格式 4：MUL dst，立即数 ；(dst) * 立即数→dst

规律：如果操作数多于一个，则后两个数相乘，结果放在第一个操作数中。

寄存器分配见表 3-13。

表 3-13 乘法寄存器分配表

被乘数	OPS(乘数)	乘积
AL	8 位	AX
AX	16 位	DX:AX
EAX	32 位	EDX:EAX

• 带符号乘法指令

格式 1：IMUL src

功能和 MUL src 基本相同，指令中的被乘数和乘数均是带符号数。

格式 2：IMUL dst，src ；(dst) * (src)→dst

格式 3：IMUL dst，src，立即数；(src) * 立即数→dst

格式 4：IMUL dst，立即数 ；(dst) * 立即数→dst

规律：如果操作数多于一个，则后两个数相乘，结果放在第一个操作数中。

7）除法指令

无符号除法指令格式：DIV src

被除数、src(除数)和商的长度、位置见表 3-14。其中，src 和被除数(EDX：EAX)可为 64 位通用寄存器或存储器数。

带符号除法指令格式：IDIV src

功能：和 DIV src 基本相同，指令中的被除数和除数均认为是带符号数。

表 3-14 除法除数/商位置表

被除数	OPS(除数)	商	余数
AX	8 位	AL	AH
DX:AX	16 位	AX	DX
EDX:EAX	32 位	EAX	EDX

8）比较指令

格式：CMP dst,src

扩展功能：dst 和 src 可为 32 位通用寄存器或存储器数，不能同时为存储器数，src 也可为 32 位立即数。

9）求补指令

格式：NEG dst

扩展功能：将 32 位的 dst 求补后送回到 dst 中。

10）逻辑指令

格式：AND dst,src （逻辑与指令）
　　OR dst,src （逻辑或指令）
　　XOR dst,src （逻辑异或指令）
　　NOT dst,src （逻辑非指令）
　　TEST dst,src （逻辑测试指令）

扩展功能：dst 和 src 可为 32 位通用寄存器或存储器数，不能同时为存储器数，src 也可为 32 位立即数。

11）移位指令

格式SHL dst,src （逻辑左移指令）
　　SHR dst,src （逻辑右移指令）
　　SAL dst,src （算术左移指令）
　　SAR dst,src （算术右移指令）
　　ROL dst,src （不带进位的循环左移指令）
　　ROR dst,src （不带进位的循环右移指令）
　　RCL dst,src （带进位的循环左移指令）
　　RCR dst,src （带进位的循环右移指令）

扩展功能：dst 可扩充为 32 位通用寄存器或存储器数；src 可以是任一 8 位立即数或 CL。

12）串传送指令

格式：[REP]MOVSD

扩展功能：将 DS 段由 ESI 作为指针的源串中的一个双字传送到 ES 段由 EDI 作为指针的目标串中，并根据 DF 标志使 ESI 和 EDI 加 4 或减 4，如果带有重复前缀 REP，则重复执行这一传送，直到 ECX 的内容减到零为止。

13）串扫描指令

格式：[REPZ/REPNZ]SCANSD 目标串

功能：以 ES：EDI 指向目标串的首地址，每执行一次则扫描目标串的一个双字是否与EAX 中的内容相等，如果相等则置 ZF=1，否则置 ZF=0。每扫描一次 EDI 都要按 DF 的值自动加 4 或减 4。若加上前缀 REPZ/REPE，则表示未扫描完（ECX 不为零），且由 EDI 所指的串元素与 EAX 的值相等（ZF=1）则继续扫描；如果 ZF=0 或 ECX=0 则停止扫描。若加上前缀 REPNZ/REPNE，则表示未扫描完（ECX 不为零），且由 EDI 所指的串元素与EAX 的值不相等（ZF=0）则继续扫描；如果 ZF=1 或 ECX=0 则停止扫描。

若加上前缀 REPZ/REPNZ，每扫描一次 ECX 减 1。

14）串比较指令

格式：[REPZ/REPNZ]CMPSD 目标串，源串

功能：将 DS：ESI 所指源串中的双字与 ES：EDI 所指目标串中的双字比较，如果相等则置 ZF=1，否则置 ZF=0。每扫描一次，EDI 都要按 DF 的值自动加 4 或减 4。若加上前缀 REPZ/REPE，则在串未比较完（ECX 不为零）且两串中的元素相等（ZF=1）的情况下继续比较，当遇到第一个不相等的元素（此时 ZF=0 或 ECX=0）则停止比较。若加上前缀REPNZ/REPNE，则在串未比较完（ECX 不为零）且两串中的元素尚无一次比较是相等（即ZF=0）的情况下继续比较，当遇到第一个相等的元素（此时 ZF=1）或 ECX=0 则停止比较。若加上前缀 REPZ/REPNZ，每扫描一次 ECX 减 1。

15）串装入指令

格式：LODSD

功能：将 DS：ESI 所指源串中的一个双字装入 EAX，同时 ESI 按 DF 的值自动加 4 或减 4。

16）串存储指令

格式：[REP]STOSD

功能：将 EAX 中的值存入 ES：EDI 所指目标串中，同时 EDI 按 DF 的值自动加 4 或减 4。若加上前缀 REP，每存储一次 ECX 减 1，直到 ECX 为零时结束。

17）串输入指令

格式：[REP]INSD

功能：从 DX 给出的端口地址读入一个双字存入由 ES：EDI 所指的目标串中，且根据方向标志 DF 修改 EDI 的值（加 4 或减 4），利用 REP 前缀可连续输入双字并存入目标串中，每输入一次 ECX 减 1，直到 ECX 减到零为止。

18）串输出指令

格式：[REP]OUTSD

功能：将 DS：ESI 所指的目标串中的一个双字输出到 DX 给出的端口，且根据方向标志 DF 修改 ESI 的值（加 4 或减 4），利用 REP 前缀可连续输出，每输出一次 ECX 减 1，直到 ECX 减到零为止。

19）循环指令

格式 1：LOOP 目标

格式 2：LOOPZ/LOOPE 目标

格式3：LOOPNZ/LOOPNE 目标

其中，目标必须是短地址标号，这三种格式都使用ECX作计数器。

功能：对于格式1，若ECX的值减1后不为0，则作短转移，否则退出循环向下执行。对于格式2，若ECX的值减1后不为0且ZF=1，则作短转移，否则若ECX的值为0或ZF=0，退出循环向下执行。对于格式3，若ECX的值减1后不为0且ZF=0，则作短转移，否则若ECX的值为0或ZF=1，退出循环向下执行。

20）无条件转移指令

格式：JMP 目标

扩展功能：若为近转移(NEAR)，目标可为32位的寄存器或存储器；若为远转移(FAR)，目标可为一个立即数(选择子：偏移量)或存储器中的一个48位的地址指针，即由16位选择子和32位偏移量组成。

21）调用指令

格式：CALL 目标

扩展功能：CALL指令与JMP指令类似，也有FAR和NEAR属性，它们的共同点是实现程序的转移，但CALL指令只作暂时转移，调用子程序后还要返回断点处继续向下执行，CALL指令与JMP指令的目标操作数相同。

22）返回指令

格式：IRETD

功能：从中断服务程序返回，将堆栈指针所指的原EIP、CS和EFLAGS的值依次弹出给EIP、CS和EFLAGS。

23）条件字节设置指令

格式：SET 条件，目标

其中，条件是指令助记符的一部分，是SET指令所测试的内容，该条件与转移指令的条件相同，目标只能为8位的寄存器或存储器，保存测试的结果。

功能：若被测试条件成立，则将目标操作数置1，否则置0。一般本指令前有影响标志位的CMP和TEST等指令。

24）位测试和设置指令

格式1：BT dst，src

功能：把目的操作数dst中由源操作数src指定的位送CF标志。

格式2：BTC dst，src

功能：把目的操作数dst中由源操作数src指定的位送CF标志，然后对那一位求反。

格式3：BTR dst，src

功能：把目的操作数dst中由源操作数src指定的位送CF标志，然后对那一位复位。

25）位扫描指令

格式1：BSF dst，src

功能：向前位扫描指令。本指令从最低位(第0位)开始测试src中的各位，当遇到有1的位时，ZF=0，且将该位的序号存入dst中，如果src的所有位都是0，则ZF=1且dst中的值无意义。

注意：dst 必须为 16 位或 32 位的寄存器，src 应为同类型的 16 位或 32 位的寄存器或存储器数。

格式 2：BSR dst，src

功能：向后位扫描指令。本指令从最高位（第 15 位或第 31 位）开始测试 src 中的各位，当遇到有 1 的位时，ZF＝0，且将该位的序号存入 dst 中，如果 src 的所有位都是 0，则 ZF＝1 且 dst 中的值无意义。

3.4.3　80486 相对 80386 增加的指令

1）字节交换指令

格式：BSWAP 目标

其中，目标为 32 位通用寄存器。

功能：若将 32 位寄存器从低位到高位的顺序分为 0、1、2、3 共 4 个字节，则本指令将 0 和 3 字节交换，1 和 4 字节交换。

2）比较并交换指令

格式：CMPXCHG 目标，源

其中，目标为 8/16/32 位通用寄存器或存储器数，源为 8/16/32 位通用寄存器。

功能：读出目标操作数并与累加器 AL/AX/EAX 的数据比较，如果相等，源操作数写入目标操作数中且 ZF＝1；否则目标操作数替换累加器值且 ZF＝0。

3）交换并相加指令

格式：XADD 目标，源

其中，目标为 8/16/32 位通用寄存器或存储器数，源为 8/16/32 位通用寄存器。

功能：读出目标操作数与源操作数相加并送到目标操作数，还要将读出的目标操作数存入源操作数中。

4）使高速缓存器中的数据全部无效指令

格式：INVD

功能：使微处理器内部高速缓存器中的数据全部无效，且开始一个特殊的硬件总线周期，可用于使外部高速缓存器中的数据全部无效。

5）写回并使高速缓存无效指令

格式：WBINVD

功能：使微处理器内部高速缓存器中的数据全部无效，并在外部缓存刷新总线周期之前产生一个特殊的回写总线周期，允许外部高速缓存将其内容写回主存。

6）使 TBL 项无效指令

格式：INVLPG 存储器

功能：在实施页功能时，CPU 把线性地址变换成物理地址，为了提高变换速度，将页表首先存入 CPU 的转换后援缓冲器（translation lookaside buffer，TLB）中。页部件的 TLB 可保存 32 个页表项，每个页表项由标记和页表数据两个字段组成，标记字段存有与页表项相对应的线性地址的位 32～位 12，页表数据字段存有页表项。

习题

3-1　什么是寻址方式？8086 CPU 有哪几种寻址方式？

3-2　什么是有效地址 EA？它由哪几个地址分量组成？

3-3　下面是一组单项选择题，选出每小题的正确答案。

(1) 8086/8088 CPU 内部寄存器中指令寄存器是(　　)。

A. SP　　B. BP　　C. FLAG　　D. IP

(2) 下列寻址方式中，速度最快的是(　　)。

A. 立即寻址　　B. 寄存器寻址　　C. 直接寻址　　D. 寄存器间接寻址

(3) 比较两个无符号数的大小应选用指令(　　)。

A. JG　　B. JL　　C. JA　　D. JZ

(4) 若要在串存储(STOSB/STOSW)指令前加重复前缀，应选择(　　)。

A. REP　　B. REPE　　C. REPNE　　D. REPNZ

(5) 逻辑地址 1234H：5678H 对应的物理地址是(　　)。

A. 12340H　　B. 68ACH　　C. 56780H　　D. 179B8H

3-4　已知有一数据段的 DS＝ES＝2000H，BX＝0400H，SI＝0300H，D_{isp}(16 位位移量)＝1000H。试计算下列 MOV 指令在存储器寻址方式下的物理地址。

指令例句	源操作数存储器寻址的物理地址	目的操作数存储器寻址的物理地址
MOV [0520H], AX		
MOV AX, DISP [SI]		
MOV BX, WORD PTR [0520H]		
MOV DS, [0520H]		
MOV [0520H], DS		
MOV WORD PTR [BX+SI], ES		

3-5　设 BX＝6F30H，BP＝0200H，SI＝0046H，SS＝2F00H，(2F246H)＝4154H，试求执行 XCHG　BX,[BP+SI]指令后，BX 和(2F246H)内容各为何值？

3-6　已知 AX＝8086H，DX＝580H，端口 PORT1 的地址为 40H，内容为 4FH，端口 PORT2 的地址为 45H，指出执行下列指令后的结果是何值？

(1) OUT　DX, AL

(2) OUT　DX, AX

(3) IN　AL, PORT1

(4) IN　AX, 40H

(5) OUT　PORT2, AL

(6) OUT　PORT2, AX

3-7　已知 DS＝091DH，AX＝1234H，BP＝0024H，(09226H)＝00F6H，SS＝1E4AH，

BX＝0024H，SI＝0012H，(09228H)＝1E40H，CX＝5678H，DI＝0032H，(1E4F6H)＝091DH，试求单独执行下列各条指令后的结果。

(1) MOV CL,20H[BX][SI]；CL＝?

(2) MOV [BP][DI],CX ；(1E4F6H)＝?

(3) LEA BX,20H[BX][SI] ； BX＝?

MOV AX,2[BX] ； AX＝?

(4) XCHG CX,32H[BX] ； CX＝?

XCHG 20H[BX][SI],AX ； AX＝?(09226H)＝?

3-8 根据下面的寻址方式，写出一条相应的指令。

(1) 基址变址寻址

(2) 相对基址变址寻址

(3) 寄存器间接寻址

(4) 段间间接寻址

3-9 按下列要求写出相应指令或者指令段。

(1) AL 的高 4 位移到低 4 位，高 4 位清零

(2) AH 的低 4 位移到高 4 位，低 4 位清零

(3) BX 寄存器的高 4 位置 1

(4) CX 寄存器的低 4 位变反

(5) DX 寄存器的高 3 位不变，其余位清零

3-10 指令 LOOPE LOP1 的正确含义是________。

(1) 当 CX≠0 或者 ZF＝0 时转移到 LOP1

(2) 当 CX≠0 或者 ZF＝1 时转移到 LOP1

(3) 当 CX≠0 并且 ZF＝1 时转移到 LOP1

(4) 当 CX≠0 并且 ZF＝0 时转移到 LOP1

3-11 已知内存单元数据存放如图 3-20 所示，数据按低位在低地址、高位在高地址存放。按下列要求编写程序段。

(1) NUM1 和 NUM2 的两个字数据相加，其和存放在 NUM1 中。

(2) NUM1 单元开始的连续 8 个字节数据相加，和为 16 位数，放在 RES 和 RES＋1 两个单元中(用循环程序)。

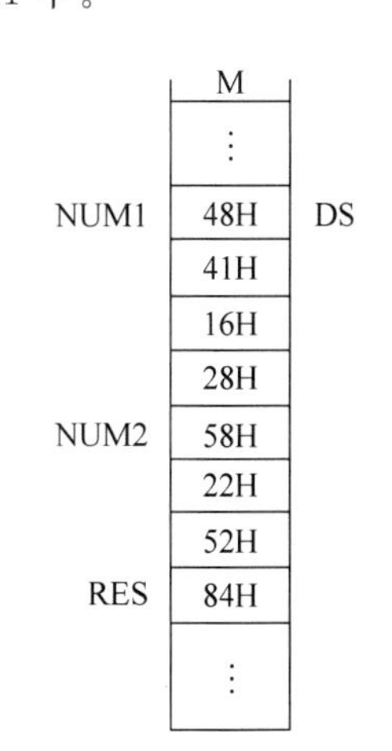

图 3-20 习题 3-11 示意图

3-12 已知数据如图 3-20 所示，低位在前，高位在后。按下列要求编写程序段。

(1) NUM1 和 NUM2 两个字节数据相乘(均为无符号数)，其乘积放在 RES 开始的单元。

(2) NUM1 字单元的数除以 NUM2 字单元的数，商和余数依次放入 RES 开始的两个字节单元。

3-13 要将 AL 中的高 4 位移至低 4 位，有几种方法？写出程序段。

3-14 若 CPU 内部各寄存器及 RAM 参数如图 3-21 所示，试求分别执行下列指令后，CPU 中各寄存器及 RAM 相

应内存单元的内容。

	CPU	CPU		RAM	执行前	执行后
CS	3000H	FFFEH	CX	20506H	06H	
DS	2050H	0004H	BX	20507H	00H	
SS	50A0H	2000H	SP	20508H	87H	
ES	0FFFH	17C6H	DX	20509H	15H	
IP	0000H	8094H	AX	2050AH	37H	
DI	000AH	1403H	BP	2050BH	C5H	
SI	0008H	1	CF	2050CH	2FH	

图 3-21 习题 3-14 示意图

(1) MOV DX,[BX]2; DX=? BX=?　　(2) PUSH CX;　　SP=?(SP)=?
(3) MOV CX,BX;　　CX=? BX=?　　(4) TEST AX,01;　　AX=? CF=?
(5) MOV AL,[SI]; AL=?　　(6) ADC　AL,[DI]; AL=? CF=?
(7) MOV [DI],AL; [DI]=?　　(8) XCHG AX,DX;　　AX=? DX=?
(9) XOR AH,BL;　　AH=? BL=?　　(10) JMP BX;　　IP=?

3-15 指出下列指令是否正确,若不正确,说明原因。

(1) SHL　AX, 4　　(2) MOV　[1000H], 25H
(3) MOV　[SI],[2000H]　　(4) MOV　BX,　[BX]
(5) MOV　1200H, AX　　(6) MOV　CS, AX
(7) IN　AX, [100H]　　(8) PUSH　BYTE PTR[SI]
(9) IN　AL, 2F0H　　(10) OUT　DX, AL
(11) ADD　VAL1, VAL2　　(12) MOV　CL, 3000H
(13) JMP BYTE PTR[SI]　　(14) OUT　0100H, AL

3-16 设已知 DL=A9H,BYTE PTR[BX]所指字节单元内容为 B7H,试求执行 SUB BYTE PTR[BX],DL 指令后的结果及各标志位状态。

3-17 计算 1+2+3+…+99+100 之和,并将结果存于 DX 中,编写程序段。

3-18 已知下面程序段,在什么条件下执行结果是 AH=0?

```
BEGIN:  IN    AL,5FH        ;
        TEST  AL,80H        ;
        JZ    BRCH1         ;
        XOR   AX,AX
        JMP   STOP
BRCH1:  MOV   AH,0FFH       ;
STOP:   MOV   AH,4CH        ;
        INT   21H
```

3-19 说明下列每组指令中的两条指令的区别。

```
(1) SUB  DX,CX;          (2) AND  BL,0FH
    CMP  DX,CX               TEST BL,0FH
```

(3) NOT AL
NEG AL

(4) SHR AL,1
SAR AL,1

(5) ROR AL,1
RCR AL,1

(6) MOV AX,BX
MOV AX,[BX]

(7) JA OPR
JG OPR

(8) INC AX
ADD AX,1

(9) MOV SI,NUM
LEA SI,NUM

(10) MOV AX,0
XOR AX,AX

3-20 编程题：写出 34H÷25H 的指令段，将运算结果存放到 ARDY1 和 ARDY2 字单元。

3-21 试计算表达式(S−(X * Y+Z))/X，其中 X、Y、Z 均为 16 位带符号数，已分别装入 X、Y、Z、S 单元中。要求计算结果的商存入 AX，余数存入 DX 寄存器。试编写程序段。

3-22 设 CS=1200H，IP=0100H，SS=5000H，SP=0400H，DS=2000H，SI=3000H，BX=0300H，(20300H)=4800H，(20302H)=00FFH，PROG 标号的地址为 1200H：0278H，说明下列每条指令的寻址方式及执行后程序将分别转移到何处去执行？

(1) JMP PROG
(2) JMP BX
(3) JMP WORD PTR [BX]
(4) JMP DWORD PTR [BX]

3-23 编写一程序段，计算 $1^2+2^2+3^2+\cdots+10^2$ 之和，结果存入 DX 寄存器中。程序执行后，DX=？

3-24 编写程序段，统计一个字节数据表 TAB 中负数的个数，表长 50B，结果存至 NUM 字节单元。

3-25 在数据段中存放了 100 个 16 位带符号数，试从这 100 个字数据中找出最大值和最小值，分别存放在 MAX 和 MIN 的内存字单元中。

3-26 试比较无条件转移指令、条件转移指令、调用指令和中断指令的异同点。

第4章 汇编语言程序设计

本章的学习目标是了解汇编语言语句的种类及格式，熟练掌握伪指令定义符、操作数的规定及书写格式，掌握8086/8088汇编语言程序结构，熟练掌握汇编语言程序三种程序结构，了解宏指令的概念及使用规则。

本章重点：

- 汇编语言的基本语法规则及其使用方法；
- 伪指令语句的格式、类别及功能；
- 汇编语言语句中使用的各种操作数、表达式、运算符、操作符；
- 汇编语言程序设计。

4.1 汇编语言程序和汇编程序

4.1.1 汇编语言源程序和机器语言目标程序

使用汇编语言编写的程序称为汇编语言源程序（简称源程序）。

把汇编语言源程序经过翻译，则可得到机器语言程序（目标程序），如图4-1所示。

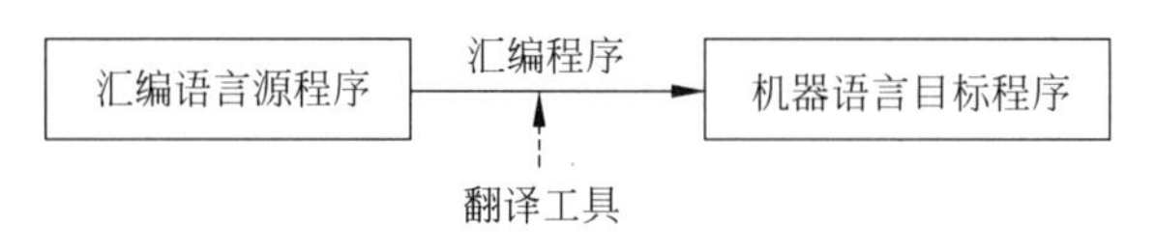

图4-1 源程序的汇编过程

4.1.2 汇编和汇编程序

1. 汇编

把源程序翻译成机器语言目标程序的过程，叫作汇编。

2. 汇编程序

完成汇编任务的程序叫作汇编程序。它是一种通用系统软件，能把汇编语言翻译成计算机能够识别和执行的机器语言目标程序。

(1) 汇编程序不仅能识别助记符指令,还能识别伪指令。

(2) 汇编程序的功能:最主要的是将汇编语言程序翻译成机器语言程序。

检查源程序给出错误信息(如非法格式,未定义的符号、标号、非法操作数等)。

(3) 在 IBM PC 微机上广泛应用的是基本汇编(ASM)和宏汇编(MASM)两种。

ASM 是 MASM 的子集。

3. 宏汇编程序

宏汇编是在基本汇编基础上进一步扩展了功能,能够把源程序中一组汇编语言语句序列定义为一条宏指令且能处理宏指令的汇编程序,叫作宏汇编程序。它含有 ASM 全部功能,并增加了宏指令、结构、记录等高级宏汇编语言功能。一般采用 MASM。

4.1.3　汇编语言程序的语句类型

一个汇编语言源程序实际上是为完成某一特定任务按一定语法规则组合在一起的语句序列。语句是汇编语言程序的基本组成单位。

在宏汇编语言程序中,有 3 种基本语句,即指令语句、伪指令语句和宏指令语句。

1. 指令语句

指令语句是对应机器的某种操作的语句。每一条指令语句都对应 CPU 的一条机器指令。指令语句就是指令集中的各条指令,它代表 CPU 在运行程序时的操作,因此必然在汇编后的执行程序中产生机器语言代码。

指令语句格式:一个指令语句行最多由 4 个部分组成。[ ]中的内容为可选项。

[标号:] 指令助记符　[操作数]　[;注释]

例句

Lop:　MOV　AL, 25H ;

1) 标号

指令语句的第一部分名字域叫作标号,在语句之首,必须以":"号结束。其作用如下:

(1) 标号是某一条指令目标代码所在内存单元的符号地址。标号后面跟着冒号(:),标号可以是任选的,或者省略。

(2) 标号可作为 JMP 指令与 CALL 指令的一个操作数。在转移和调用指令中常将标号作为转移目标地址使用。

(3) 标号用来定义指令的逻辑地址。标号具有段地址、偏移地址和类型 3 种属性。它的段地址和偏移地址是指标号所在位置对应的指令首字节的段基址和段内偏移地址。它的类型属性有两种:NEAR 和 FAR 类型。NEAR 指示近程(段内)标号,表示该标号所在语句与转移指令或者调用指令在同一代码段内;FAR 指示远程(段间)标号,表示该标号所在语句与转移指令或者调用指令不在同一个代码段内。

2) 助记符

这部分是语句中唯一不可缺省的。指令语句的助记符用于规定指令语句的操作性质,并对应 8086 指令集中实际的操作码。

3）操作数

不同的语句要求有不同的操作数。有些语句可以无操作数。指令语句中的操作数提供该指令的操作对象，并说明要处理的数据存在什么位置以及如何访问该数据。

4）注释

注释由分号“;”开始，用来对语句功能加以说明，使程序更容易被理解和阅读。注释部分不被汇编程序翻译，也不被执行，只对源程序起说明作用。

由于汇编程序无法区分源程序中的符号是数据还是地址，也无法识别数据的类型，为了使汇编程序能够准确而且顺利地完成汇编，专门设置了伪指令语句和宏指令语句。

2. 伪指令语句

在程序中除了由指令语句表示的 CPU 必须执行的操作外，还需要一些辅助性的指示和算符，它们与指令一起写在汇编语言程序中。伪指令语句不是真正的指令语句，它是 CPU 不执行的语句，因此称为伪指令语句。伪指令语句在表示形式上与指令语句相似，但是两者有重要区别。伪指令语句在汇编后它本身不产生机器代码，只为汇编程序提供汇编时所需的信息。伪指令的操作在汇编过程中完成。

伪指令语句格式：

[名字] 定义符 操作数　[；注释]

一条伪指令语句最多由以上 4 个部分组成。[ ]中的内容可有可无。

例句：

```
BUF   DB 50H,80H
```

3. 宏指令语句

宏指令语句是指令语句的另外一种书写格式。它是把一段常用的程序代码用一个特定的标识符(即宏指令名)来表示，这种指令是较为宏大的指令，故称宏指令。宏指令语句的优点之一是使整个程序清晰，减少了重复代码的编写工作，也提高了程序的可维护性。一条宏指令可包括若干条指令语句或伪指令语句。宏指令一旦定义，可以像其他指令一样使用，在编写后续源程序时，就可以直接使用这个宏指令名代替这一段代码的编写。

宏指令语句格式：

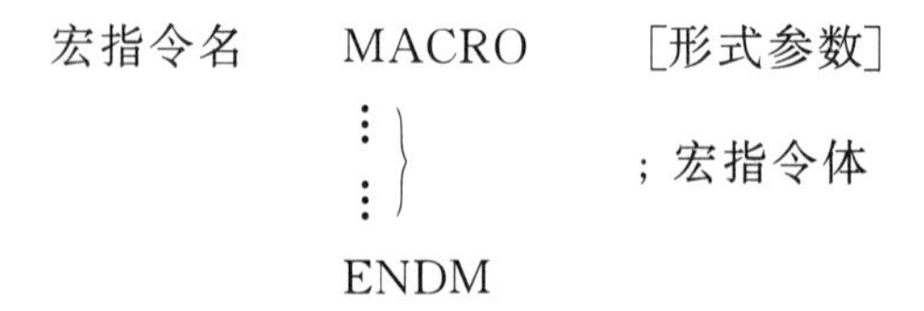

(1) 宏指令名，简称宏名字，代表一条较为宏大的指令；

(2) MACRO(宏)为操作符，表示宏定义开始；

(3) ENDM 表示宏定义结束；

(4) 形式参数可有可无，也可以有一个或多个。

例如，从键盘输入 0～9 中的一个数字，若这项操作需要多次重复使用，则将该操作编写一个程序段，用宏指令表示。

```
KEYIN   MACRO
        MOV AH,01H
        INT 21H
        AND AL,0FH
        ENDM
```

当需要从键盘输入数字时，只需在源程序中书写宏指令名 KEYIN。

4.2　汇编语言中的标识符、运算符及操作符

4.2.1　标识符

标识符是由程序员自由建立起来的、有特定意义的字符序列。标号和名字皆统一称为标识符，选择时要求符合标识符的定义。标号和名字的命名规则如下：

(1) 标号和名字以字母开头，由大写字母 A～Z、小写字母 a～z(汇编程序不区分大小写)、数字(0～9)及 4 个特殊字符(?、@、$ 和_)组成的字符串表示。

(2) 标号和名字的字符串长度不能超过 31 个字符。

(3) 标号和名字的命名不能使用汇编语言中的保留字。凡是 8086 的指令助记符、伪指令、CPU 内部寄存器名等都是保留字。

4.2.2　运算符

运算符用来实现对操作数的相关运算。MASM 宏汇编中有 3 种运算符(算术运算符、逻辑运算符和关系运算符)。

1. 算术运算符

这类运算符有+(加)、-(减)、*(乘)、/(除)、MOD(取余)、SHL(左移)、SHR(右移)共 7 种。算术运算符可用于数值表达式或地址表达式中。

 **例 4-1**　已知源程序指令格式如下：

```
    ⋮
MOV   AX,   30 * 5
MOV   BX,   300 MOD   100
MOV   DH,   01100100B   SHR   2
```

汇编后，计算表达式形成指令如下：

```
    ⋮
MOV   AX,   150
MOV   BX,   0
MOV   DH,   19H
```

2. 逻辑运算符

这类运算符是按位操作的 AND(与)、OR(或)、XOR(异或)、NOT(非)等,只适用于数值表达式。

例 4-2 已知源程序指令格式如下:

```
MOV   AL, NOT   0FFH
MOV   BL,8CH   AND   73H
MOV   AH,8CH   OR   73H
MOV   CH,8CH   XOR   73H
AND   CX,9ABCH   AND   FF73H
```

汇编后,形成指令为:

```
MOV   AL, 0          ;   FFH 取反为 0
MOV   BL, 0
MOV   AH, 0FFH
MOV   CH, 0FFH
AND   CX, 9A30H
```

说明:逻辑运算符与指令助记符形式相同,但二者的含义有本质差异,不能混淆。逻辑运算符是在汇编过程中进行运算的。计算结果充当指令的某一个操作数或构成操作数的一部分,所以逻辑运算符处于操作数位置。逻辑运算符的操作对象只能是整型常量,而指令助记符是在程序执行时进行运算的,处于操作码位置,操作对象还可以是寄存器或寄存器操作数。

3. 关系运算符

这类运算符有 EQ、NE、LT、GT、LE 和 GE。关系运算符的两个操作数必须同是数值或同是一个段内的两个存储器地址。比较时,若关系成立(为真),则结果为全"1";若关系不成立(为假),则结果为全"0"。其结果值在汇编时获得。关系运算符往往和逻辑运算符组合起来使用。

例 4-3 已知源程序指令格式如下:

```
MOV   AX,   10H   GT   16
ADD   BL,   6   EQ   0110B
MOV   CX,(PORT LT 5)AND 100 OR(PORT GE 5)AND 111
```

汇编时,形成指令

```
MOV   AX,   0
ADD   BL,   0FFH
MOV   CX,100        ;   当端口地址 PORT<5 时,则 PORT   LT   5 逻辑取值为真,
                    ;   即 (111   AND   100)OR(000   AND   111) 成为
                    ;   100          OR          000
                    ;   汇编结果所等效的指令如左
```

或者

```
MOV   CX,111          ; 当端口地址 PORT≥5 时,则 PORT   GE   5 逻辑取值为真,
                      ; 即(000   AND   100)OR(111   AND   111)
                      ; 000        OR         111
                      ; 汇编结果所等效的指令如左
```

4.2.3　操作符

MASM 宏汇编中有两种操作符,即分析操作符和合成操作符。操作符完成对操作数属性的定义、调用和修改。

操作符和部分运算符如表 4-1 所示,存储器操作数的类型值如表 4-2 所示。

表 4-1　MASM 的操作符和部分运算符

操作符			功　能	实　例
类型	符号	名称		
合成操作符	PTR	修改类型属性	获取修改后的类型	WORD PTR [BX]
	THIS	指定类型属性	获取指定后的类型	BETA EQU THIS BYTE
	HIGH	高字节	分离高字节	HIGH 2244H=22H
	LOW	低字节	分离低字节	LOW 2244H=44H
	SHORT	短转移	短转移说明	JMP SHORT LABEL
	段寄存器名:	段超越前缀	修改逻辑段	ES: [BX]
其他运算符	()	圆括号	改变运算符优先级	(5 - 3) * 3=6
	[ ]	方括号	下标或间接寻址	MOV AX,[BX]
	.	点运算符	连接结构与变量	SEG. T1
	< >	尖括号	修改变量	<,5,3>

表 4-2　存储器操作数的类型值

存储器操作数		类型属性	类型值	含　义
变量	字节变量	BYTE	1	类型的字节长度
	字变量	WORD	2	
	双字变量	DWORD	4	
标号	近程	NEAR	−1	类型代码
	远程	FAR	−2	

1. 分析操作符

分析操作符又称数值返回操作符,它的运算对象是存储器操作数,其功能是将存储器操作数地址分解为段基址、偏移地址,将存储器操作数的类型值分解为字节、字、近程(NEAR)或者远程(FAR),实际上返回值是变量或者标号的属性值。

```
格式: 操作符     变量/标号                  功能
 ┌SEG        VARIABLE/LABEL      回送变量/标号的段地址值
 │OFFSET                         回送变量/标号的偏移地址
 │TYPE                           回送变量/标号的类型值
 ┤LENGTH                         回送变量用 DUP 重复定义的数据项总数
 │SIZE                           回送 TYPE 和 LENGTH 的乘积(变量分配的字
 └                               节存储单元总数)即 SIZE=TYPE * LENGTH
```

例 4-4 当下列程序段执行后,求 LENGTH 和 SIZE 的值。

```
MOV   AX,SEG   TABLE
MOV   DS,AX
MOV   BX,OFFSET   TABLE
BUF0  DB   100H,100H,100H
BUF1  DB   100    DUP(0)
BUF2  DW   200    DUP(10H)
BUF3  DD   50     DUP(20H)
```

解

```
LENGTH   BUF0=1          SIZE   BUF0=1
LENGTH   BUF1=100        SIZE   BUF1=100
LENGTH   BUF2=200        SIZE   BUF2=400
LENGTH   BUF3=50         SIZE   BUF3=200
```

注意:运算符 LENGTH(长度)必须用 DUP( )来定义才有意义,否则返回的值恒为 1。

2. 合成操作符

合成操作符又称修改属性操作符。它作用于存储器操作数时,能建立起新的存储器操作数,即给存储器操作数一个新的类型。常用的合成操作符有 PTR、THIS、LABEL 等。

1) PTR 操作符

PTR 操作符用来指定或修改存储器操作数的类型属性(原有的段属性和偏移地址属性保持不变)。通过 PTR 对存储器地址操作数赋予变量的类型属性和标号的类型属性(图 4-2)。

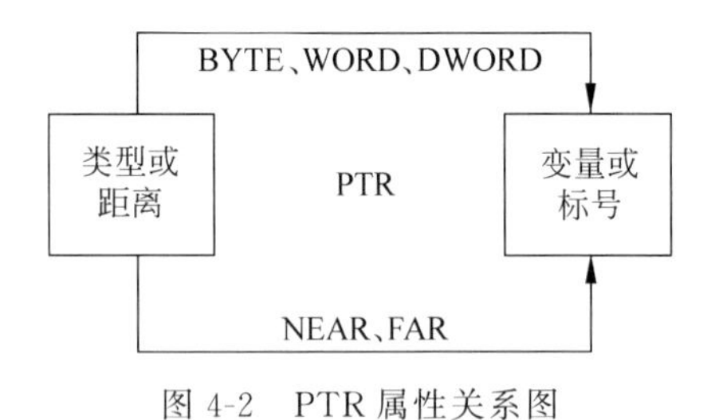

图 4-2 PTR 属性关系图

例句:

```
ARY1  DB   0,1,2,3,4                     ; 定义字节变量
ARY2  DW   0,1,2,3,4                     ; 定义字变量
              ⋮
MOV   BX,WORD   PTR   ARY1[3]            ; 将 0403H→BX
MOV   CL, BYTE   PTR   ARY2[6]           ; 将 03H→CL
MOV   WORD   PTR   [SI],4                ; 将 0004H 送至 SI 开始的字单元中
```

例句：

```
DA—BYTE   DB   20H   DUP(0)          ; 有 32 个字节单元内容为 0
DA—WORD   DW   30H   DUP(0)          ; 有 48 个字单元内容为 0
             ⋮
    MOV   AX,WORD   PTR   DA—BYTE[10]       ; 按字单元操作
    ADD   BYTE   PTR   DA—WORD[20],BL       ; 按字节单元操作
    INC   BYTE   PTR   [BX]                 ; 用 BX 作指针
    SUB   WORD   PTR   [SI],30H             ; 用 SI 作指针
    JMP   FAR   PTR   SUB1                  ; 标号 SUB1 不在本段范围内
```

2）THIS 操作符

THIS 操作符与 EQU 配合使用，可用来定义一个新的变量名或者标号。因此该操作符具有 LABEL 操作符的功能。

格式：

标号／变量名　EQU　THIS　距离／类型

例句：

```
BWORD EQU   THIS   BYTE   ; ARY 重新定义为字节类型可按 40B 的缓冲区使用
ARY   DW   20 DUP(?)      ; 定义 ARY 为 20 个字的缓冲区
```

4.3 伪指令

伪指令无论在表示形式或其在语句中所处的位置都与指令语句相似，但二者之间有着重要的区别。伪指令的操作在汇编过程中完成。

根据伪指令的功能，常用伪指令大致有下列几种类型：

- 数据定义伪指令
- 符号定义伪指令
- 段定义伪指令
- 过程定义伪指令
- 定位伪指令

以上伪指令中，除数据定义伪指令外，其余伪指令皆不占用存储空间，仅起说明作用。

4.3.1 数据定义伪指令

数据定义伪指令用于定义一个变量的类型，给存储器赋值，或者仅给变量分配存储单元而不需赋值。

1. 一般格式

[变量名]　数据定义符　操作数[，操作数 …]　　；方括号中为任选项

```
伪指令        表达式1,表达式2,…     ;变量名后面不跟冒号,操作数是
                                    ;赋给变量的初值,若有多个操作
                                    ;数,用逗号分开
⎧DB ⎫
⎨DW ⎬
⎩DD ⎭
```

其中,DB(define byte)——定义该变量为字节类型,给变量分配字节单元或字节串,每个操作数占有1B单元。

DW(define word)——定义该变量为字类型,每个操作数占有一个字单元,即2B单元,在内存中按低位字节在低地址、高位字节在高地址存放。

DD(define double word)——定义该变量为双字类型,每个操作数占有2个字单元,即4B单元。

DQ——定义4个字变量。

DT——定义10个字节变量。

2. 操作数(表达式)的种类

(1) 常数表达式。

例句:

```
D BYTE    DB    50,50H,2*3+4
D WORD    DW    0A34H,4982H
```

(2) 问号表达式:表示定义的变量无确定初值,'?'表示?的ASCII码。

例句:

```
DA—B    DB    '?',?        ;?表示仅给变量预先保留相应的存储单元,
                           ;而不赋予变量某个确定的初值
DA—W    DW    '?',?        ;?作为非确定的初始值
```

(3) 字符串表达式:数据定义伪指令也可用于定义字符串。字符串必须放在引号内。

例句:

```
STR1    DB    'ABCD'       ;DB伪指令把字符串中各个字符的ASCII
                           ;码值依次存放在相应的字节单元中
```

可写成

```
STR1    DB    'A','B','C','D'
```

例句:

```
STR2    DW    'AB','CD','CD'
STR3    DD    'AB','CD'
```

STR1、STR2、STR3数据在存储单元的存放形式如图4-3所示。

(4) 地址表达式:只适用DW和DD两种伪指令。当操作数是标号或变量名,可用DW

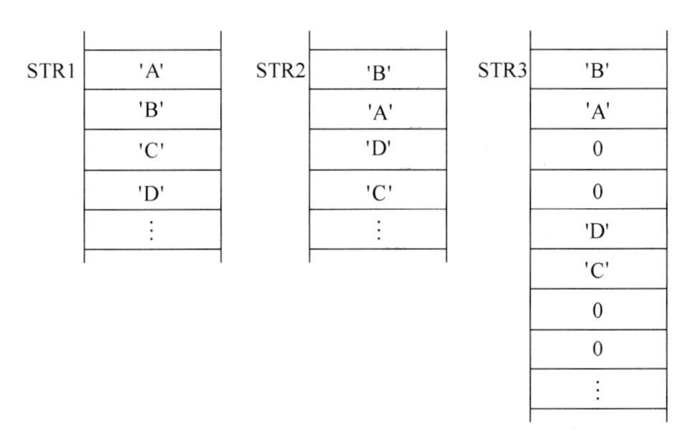

图 4-3　STR1、STR2、STR3

或 DD 将其偏移地址或全地址(段基址：偏移地址)作为存储器的初始化地址。

例句：

```
ADRA   DW   AB                      ；存入变量AB的偏移地址到ADRA字
                                    ；存储单元。AB不是字符串。
ADRA1   DW   TAB,TAB+5,TAB+10       ；存入以TAB为首的3个等距离的偏移地
                                    ；址到ADRA1开始的字存储单元。共占6B。
ADRA2   DD   TAB                    ；先存入TAB的偏移地址,再存其段基址
                                    ；到ADRA2开始的两个字存储单元,
                                    ；共占2个字,即4B。
```

(5) 带“DUP”的表达式：当表中的操作数相同时,可用重复操作符来缩写,如 n DUP(表达式),其中 DUP 为重复操作,n 为重复因子,“DUP”可以嵌套。

指令格式：

变量名　DB/DW/DD　表达式 1　DUP　表达式 2;

其中：DB/DW/DD 为伪指令,三者选一,表达式 1 为重复次数,表达式 2 为重复内容。

例句：

```
ALL—ZER0   DB  0,0,0,0,0
```

可写成

```
ALL—ZER0   DB 5 DUP(0)
```

例 4-5　说明下列语句定义的含义。

```
D—B1   DB   20H   DUP(?)            ；定义20H个字节单元,汇编程序产生一个
                                    ；相应的数据区,但不赋予任何初值
D—B2   DB   10H   DUP('ABCD')       ；重复存放10H个字节字符串'ABCD',共占
                                    ；用40H个字节单元
```

例 4-6 试计算下列伪指令中各变量所分配的存储单元字节数和总共占据的存储空间(如图 4-4 所示)。

```
X1   DW   20
X2   DW   8 DUP(?),10,20
X3   DD   10 DUP(?)
X4   DB   3 DUP(?,4 DUP(0))
X5   DB   'HAPPY NEW YEAR!!'
```

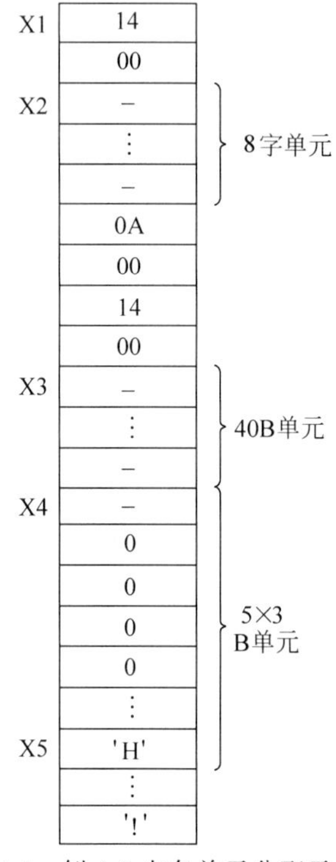

图 4-4 例 4-6 内存单元分配示意图

解 变量 X1 分配的存储单元字节数为 2；

变量 X2 分配的存储单元字节数为 20；

变量 X3 分配的存储单元字节数为 40；

变量 X4 分配的存储单元字节数为 15；

变量 X5 分配的存储单元字节数为 16。

总共占据存储空间为 93B。

例 4-7 在 DATA1 数据段中定义的变量如下：

```
WD1  DW -8,2549H
WD2  DW BY2
```

```
BY1    DB 'ABCD$'
BY2    DB 2 DUP(-1)
       DB  '25',2,5
DD1    DD BY2
```

已知数据段的段基址为 DS=1234H，画出本题存储空间分配图。

 **解**　分配图见图 4-5。

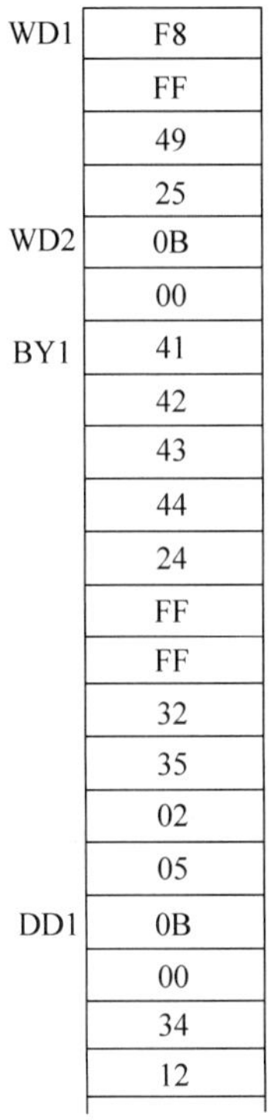

WD1	F8
	FF
	49
	25
WD2	0B
	00
BY1	41
	42
	43
	44
	24
	FF
	FF
	32
	35
	02
	05
DD1	0B
	00
	34
	12

图 4-5　例 4-7 存储空间分配图

 **例 4-8**　有程序段如下，说明其执行过程。

```
        ARY  DW 5 DUP(0002H)
             ⋮
        XOR  AX,AX                    ; AX 初值为 0
        MOV  CX,LENGTH ARY            ; CX=0005H
        MOV  SI,SIZE ARY-TYPE ARY     ; SI=2*5-2=8
NEXT:   ADD  AX,ARY[SI]               ;
        SUB  SI,TYPE ARY              ;
        LOOP NEXT                     ;
```

解 执行过程如下：

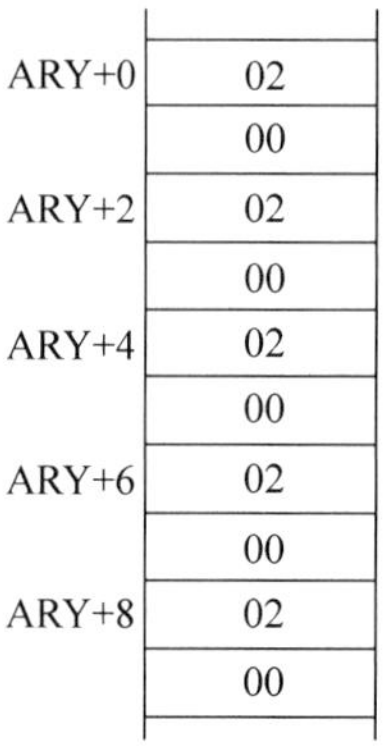

ARY+0	02
	00
ARY+2	02
	00
ARY+4	02
	00
ARY+6	02
	00
ARY+8	02
	00

寄存器 / 次数	AX	SI	CX
初始值	00H	08H	05H
1	02H	06H	04H
2	04H	04H	03H
3	06H	02H	02H
4	08H	00H	01H
5	0AH	0FEH	00H

4.3.2 符号定义伪指令

通过符号定义伪指令可以把常数、数值表达式的值用符号来表示。所谓符号包括汇编语言的变量名、标号、过程名、寄存器名以及指令助记符等。

常用的符号定义伪指令有 EQU、“＝”、LABEL，分别对应于赋值语句、等号语句和定义符号名语句。

1. 赋值伪指令 EQU

格式：

```
符号名  EQU 表达式   ；将表达式的值赋予符号名，此后可用该名代替该表达式，
                     ；表达式可以是常数、符号、数值表达式或者地址表达式等
```

例句：

```
CR      EQU  0DH              ；给回车符 CR 赋值 0DH
LF      EQU  0AH              ；给换行符 LF 赋值 0AH
STR     EQU  'COMPUTER'       ；为字符串定义新的名字
ADR     EQU  DS:[BX+DI+5]     ；给地址表达式定义名字 ADR
COUNT EQU    CX               ；为寄存器 CX 定义新的符号名 COUNT
LD      EQU  MOV              ；为指令助字符 MOV 定义新的符号名 LD
```

注意：

(1) 用 EQU 定义是符号定义，并不占据内存单元。

(2) 由 EQU 伪指令定义的符号不能使用汇编语言的保留字。

(3) 同一源程序中,用 EQU 定义过的符号名不能再重新定义。

2. 等号伪指令"="

该伪指令的功能与 EQU 的功能基本相同,主要区别在于等号伪指令可以对同一个符号名用新的数值表达式重新赋值,重复定义。

格式:

名字　=　表达式

例句:

```
COUNT =  10
MOV   CX, COUNT                        ; CX←10
      ⋮
COUNT= COUNT+1
MOV   BX,   COUNT                      ; BX←11
      ⋮
```

3. 定义符号名伪指令 LABEL

LABEL 用来为紧跟其后的下一条指令语句中的标号或伪指令语句中的变量申请一个新符号名,LABEL 伪指令通常给指令定义一个指定类型的标号或者定义与原变量类型不同的新变量。

格式:

```
符号名   LABEL    类型     ; 当符号名代表变量时,类型为 BYTE、WORD、DWORD,
                           ; 当符号名代表标号时对应的距离属性为 NEAR 和
                           ; FAR
标号/变量名    LABEL   距离(NEAR 或 FAR)/类型(BYTE、WORD、DWORD)
```

例句: 修改标号的距离属性。把属性已经定义(或者隐含)为 NEAR 的标号重新定义为 FAR。

```
AGAINF   LABEL   FAR          ; 定义标号 AGAINF 的属性为 FAR
AGAIN: PUSH   AX              ; 标号 AGAIN 的属性为 NEAR
```

例句: 修改变量名的类型属性

```
WBYTE LABEL   WORD            ; 为新变量 WBYTE 定义一个字类型的数据区
BBYTE  DB   1,2,3,4           ; 原变量 BBYTE 为字节类型的数据区
           ⋮
      MOV   AL, BBYTE         ; AL←01H
      MOV   AX, WBYTE         ; AX←0201H
```

WBYTE 和 BBYTE 两个变量指向同一数据块,具有同样的段属性和偏移属性,但两者类型不同。

4.3.3 段定义伪指令(SEGMENT/ENDS)

段定义伪指令在汇编语言源程序中用来定义逻辑段。常用的伪指令为：

- 段定义/段结束伪指令 SEGMENT/ENDS
- 段寄存器分配伪指令 ASSUME
- 源程序汇编结束伪指令 END

1. SEGMENT/ENDS

SEGMENT 伪指令位于一个逻辑段的开始,用来定义一个逻辑段,给该逻辑段赋予一个段名。ENDS 伪指令则表示该逻辑段的结束。这两条伪指令总是成对出现,二者前面的段名必须一致。两条伪指令之间就是该逻辑段的内容。当定义 DS、ES 和 SS 时,在 SEGMENT/ENDS 伪指令中间的语句只能包括伪指令语句,不能包括指令语句。只有当定义 CS 时,逻辑段中间的语句才能为指令语句以及与指令有关的伪指令语句。

格式：

```
段名    SEGMENT   [定位类型][组合方式]['类别名']
          ⋮
段名    ENDS
```

SEGMENT 伪指令后面有 3 个放在方括号内的任选项,表示可有可无。如果定义存在,三者的顺序必须符合上述格式规定。这些项是给汇编程序(Assemble)和链接程序(LINK)的命令,告知各模块之间的组合方式,从而把各模块正确地链接在一起。

(1) 定位类型：用来确定逻辑段的边界在存储器中的位置。下面仅列举两种定位类型。

① PAGE(页)——表示本逻辑段从一个页(PAGE)的边界开始。一页为 256B,故本段的起始地址一定能被 256 整除,其十六进制数应为×××00H。

② PARA(节)——表示逻辑段从一个节(PARAGRAPH)边界开始,一个节包括有 16B,故本段的起始地址是能被 16 整除的位置,十六进制,应表示为××××0H。如果定位类型为缺省项,则默认其为 PARA。

(2) 组合方式：用于指定如何组合几个不同的逻辑段。下面列举 4 种组合方式。

① NONE——不组合的独立段。即在不同程序中具有相同类别名的逻辑段分别作为不同的逻辑段装入内存,不进行组合。若组合方式为缺省项,则汇编程序默认为该逻辑段是不组合的,与其他段无连接关系。

② PUBLIC——对于不同程序模块中的逻辑段,只要具有相同的类别名,就把这些同名段顺序连接成为单个连续的逻辑段装入内存,共用一个段基址。

③ STACK——其含义与 PUBLIC 基本一样,即表示本段与其他模块中所有 STACK 组合方式的同名段连接成为一个逻辑段(堆栈段),为它保留的存储空间是各堆栈段所需字节之和。不过组合方式 STACK 仅限于作为堆栈区的逻辑段使用,在运行时就是堆栈段寄存器 SS 所指物理段,系统自动对 SS 和 SP 初始化,且 SP 指向该段的末地址加 1。

④ AT 表达式——表示本逻辑段可定位在表达式所指示的节边界上(与定位伪指令 ORG 配合使用),例如 AT 4A00H,表示本段的段基址为 4A00H,即本段从存储器的物理地址 4A000H 开始。

(3)'类别名':类别名是用单引号括起来的字符串。其作用是在连接时决定各逻辑段的装入顺序。当几个程序模块进行链接时,LINK 程序将其中具有相同类别名的逻辑段装入连续的内存区类别名相同的逻辑段,按出现的先后顺序排列。典型的类别名有'DATA'(数据段),'CODE'(代码段),'STACK'(堆栈段),'EXTRA'(附加段)。

2. ASSUME

ASSUME 伪指令用来指示汇编程序已定义的段与段寄存器的对应关系。其功能是定义 4 个逻辑段。

格式:

ASSUME　段寄存器名:段名[,段寄存器名:段名[,…]]

其中,段寄存器名对于 8086/8088 CPU 来说为 CS、DS、ES、SS 中的任何一个。段名是指用 SEGMENT/ENDS 伪指令语句定义的段名。ASSUME 伪指令应放在可执行程序段开始位置的前面。必须指明:ASSUME 伪指令只是通知汇编程序有关段寄存器与逻辑段之间的对应关系,并没有给段寄存器赋予实际的初值,即没有将段首址置入对应的段寄存器中。对 DS 和 ES 必须通过程序(MOV 指令)将其段首址分别置入。这项工作要到程序运行时才能完成。对 CS 和 SS 将由系统自动设置,不用程序处理。

3. END

END 伪指令用在源程序的最后,用以标志整个源程序结束即告知汇编程序,汇编工作到此结束。在 END 伪指令后面的任何语句都被汇编程序略去。

格式:

END　[表达式]　　;表达式一般为过程名

或者

END　[起始地址]

其中,起始地址为可选项,其值必须是存储器的地址。该地址即为源程序的启动地址,也就是程序的第一条可执行指令的地址。

4.3.4 过程定义伪指令(PROC/ENDP)

PROC 是过程定义伪指令,定义过程开始;ENDP 是过程结束伪指令,定义过程结束。

(1) 过程是一段可由 CALL 指令调用的子程序。过程名(子程序名)是子程序调用(CALL)指令的目标操作数,类似一个标号的作用。RET 是过程的返回指令,每个过程一定含有 RET(从过程返回到调用处),是过程的出口,它放在 ENDP 伪指令之前。PORC/ENDP 必须成对出现。

(2) 过程名不可缺省,并且过程定义开始和过程定义结束皆使用同一过程名。

(3) 过程类型(NEAR 或者 FAR)由 PROC 的操作数指定。若 PROC 后无操作数,则默认为 NEAR(近程)类型。此时,该过程可被本段调用。NEAR 为可选项,可写也可不写,当类型为 FAR(远程)时,一定要写明。此时,该过程可以被其他段调用。

(4) PROC 与 ENDP 之间是为实现某功能的程序段,其中至少有一条过程返回指令

RET,以便返回到调用它的程序。

(5) 当汇编程序汇编到调用该过程的 CALL 语句时,会自动将 CALL 指令翻译成段内调用或者段间调用的目标代码;当汇编程序汇编到该过程的 RET 语句时,也会自动将 RET 指令翻译成段内返回或者段间返回。

过程定义伪指令格式:

```
过程名  PROC   [NEAR]/FAR
        ⋮
        RET
过程名  ENDP
```

4.3.5 当前地址计数器($)和定位伪指令(ORG)

1. 地址计数器($)

为了指示逻辑段中下一个数据或者下一条指令在该段中的偏移量,汇编程序使用一个当前地址计数器,用来记录正在汇编的数据或者指令目标代码存放在段内的偏移量。符号"$"表示当前地址计数器的现行值。每当汇编一个新的段,就为该段分配一个初值为零的地址计数器,每汇编完一个数据项,地址计数器就按存储单元数和目标代码长度增值+1、+2 或者+4。因此段内定义的所有标号和变量的偏移地址就是地址计数器的当前值。

$可以用作指令的操作数,此时地址计数器的值就是该指令的偏移地址。$也可以出现在表达式中,$的值就是程序下一个所能分配的存储单元的偏移地址。

例句:

```
DATA   SEGMENT
BUF      DB  10H, 20H, 30H
COUNT   EQU   $—BUF        ; 常量 COUNT 的值就是变量 BUF 数据区所占的
                           ; 存储单元数是 3 个
DATA    ENDS
```

2. 定位伪指令(ORG)

ORG 伪指令是把表达式的值赋给 ORG 后面的数据块或指令段,用表达式给定的值作为数据块或指令段的起始偏移地址。地址表达式的值为 0000H~FFFFH 之间的整数。

格式:

```
ORG   数值表达式               ; 直接将表达式的值送入地址计数器
```

或者

```
ORG   $ +数值表达式            ; 将当前 ORG 伪指令的地址计数器中的现行值加上
                               ; 表达式的值后送入地址计数器产生新的值
```

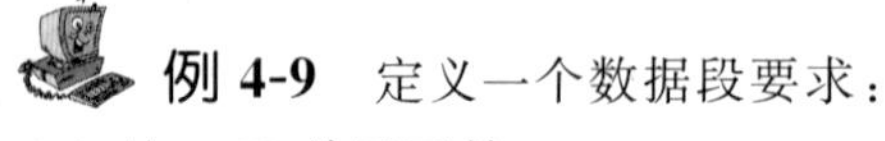

例 4-9 定义一个数据段要求:

(1) 从 10H 单元开始;

(2) 定义字节类型数据 20H,30H;

(3) 从当前指针开始下移 20H 个单元后,定义常数 ABCDH;

(4) 定义字节字符串 ABCDE;

(5) 定义 32 个 0 字单元。

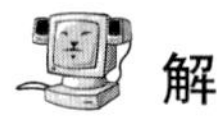 **解**

```
DATA    SEGMENT
        ORG   10H
X       DB   20H,30H
        ORG   $+20H
CONST   EQU 0ABCDH
DAT1    DB   'ABCDE'
DAT2    DW   20H DUP(0)
DATA    ENDS
```

 **例 4-10** 举例说明 SEGMENT/ENDS、ASSUME、END、ORG 伪指令在代码段中的应用。

 **解** (1)

```
CODE SEGMENT
       ASSUME CS: CODE,DS: DATA
START: MOV AX,DATA
         MOV DS, AX
              ⋮
         (代码段指令序列)
              ⋮
CODE ENDS
       END START                    ; 标号 START 的偏移量为 0000H
```

(2)

```
CODE SEGMENT
       ASSUME CS: CODE,DS: DATA
       ORG $+10H  ; 代码段中第一条指令是从该段偏移地址为 0010H 处开始存放
START:MOV AX,DATA
         MOV DS, AX
              ⋮
         (代码段指令序列)
              ⋮
CODE ENDS
       END START                          ; 标号 START 的偏移量为 0010H
```

4.4 宏指令

4.4.1 宏定义

由于宏指令不是指令集提供的,所以必须先定义后使用。宏指令的定义是利用一组伪操作来实现的,在汇编时,凡有宏指令的地方都将用相应的语句序列取代,所以宏指令可以间接生成目标代码。其一般格式为:

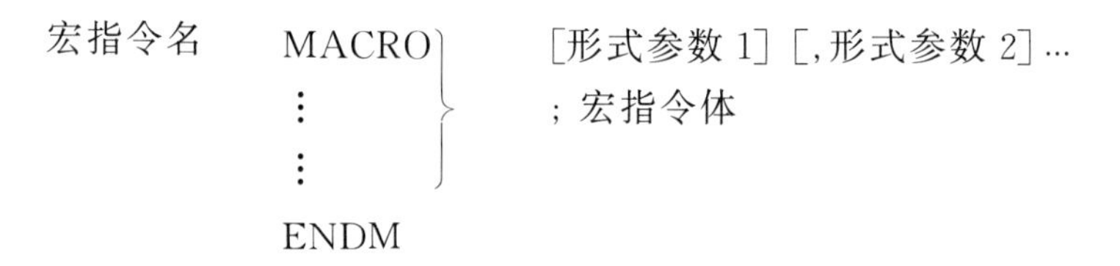

```
宏指令名    MACRO    [形式参数 1] [,形式参数 2]…
            ⋮        ;宏指令体
            ⋮
            ENDM
```

对宏定义的规定如下:

(1) MACRO 和 ENDM 必须成对出现。

(2) MACRO 和 ENDM 之间的部分是宏体,它是由指令、伪指令或者引用其他宏指令所组成的程序片段,也就是宏指令所包含的具体内容。

(3) 宏指令名必须以字母开头,后面可跟字母、数字或下划线,供宏调用时使用。

(4) ENDM 左首不需再写宏指令名,这与段定义及过程定义的结束方式是不同的。

(5) 形式参数(或称虚参)可有可无,宏指令名可引入一个或多个形式参数,若有多个,每两个参数之间用逗号分开。

例 4-11 不带参数的宏定义。试定义一条宏指令,实现将累加器 AL 内容逻辑右移 4 位。

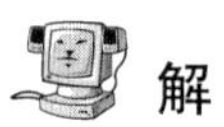

解

```
SHIFT0 MACRO                          ;无形式参数,SHIFT0 为宏指令名
       MOV    CL,4
       SHR    AL,CL
       ENDM
```

以后凡是要使 AL 内容逻辑右移 4 位,就可用宏指令 SHIFT0 来代替此操作。

宏指令名是区分各个宏定义之间的标志,也是调用的依据。

例 4-12 引入一个形式参数的宏定义。试定义一条宏指令,实现将累加器 AL 内容移位 x 位。

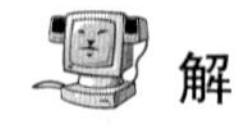

解

```
SHIFT1 MACRO   x                ;x 为一形式参数,表示移位位数
       MOV    CL,x
       SHR    AL,CL
       ENDM
```

 **例 4-13** 引入两个形式参数(n 和 Reg)的宏定义。以实现将任一寄存器内容移位 n 位。

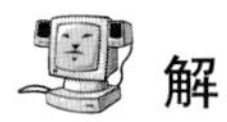 **解**

```
SHIFT2  MACRO  n,Reg          ; n 表示移位位数,Reg 表示要移位的寄存器
        MOV   CL,n
        SHR   Reg,CL
        ENDM
```

宏指令在定义时,若形式参数出现在定义符和操作数部分且不在开头位置,则必须用连接符 &(与)连接。

 **例 4-14** 试定义一条宏指令,实现将寄存器内容向左或者向右移位 n 位。

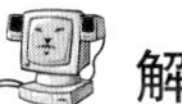 **解**

```
SHIFT3  MACRO  n,Reg,SHF   ; n、Reg、SHF 为形式参数,中间用逗号分开
        PUSH  CX
        MOV   CL,n         ; n 是移位位数
        S&SHF  Reg,CL      ; Reg 是要移位的寄存器  SHF 是移位方式
        POP   CX           ; (算术/逻辑,左/右移)
        ENDM
```

在上述宏定义中,形式参数 n、Reg、SHF 出现在操作数部分和操作码部分,在 SHF 与 S 之间必须加上连接符 &,如 S&SHF 中的 SHF 才被看作是形式参数。

宏调用时,把 n、Reg、SHF 的实际参数分别代入,可实现对任意一个寄存器、对任意指定的位数作任意方式(算术左移、算术右移、逻辑右移)的移位。

4.4.2 宏调用

经宏定义后的宏指令可以在源程序中被调用。调用时就使用"宏指令名"来调用该宏定义。为了与子程序调用有所区分,用宏指令的调用称为宏调用。

宏调用的格式:

宏指令名 [实参 1] [,实参 2]…

说明:

(1) 不带参数的宏定义,在每次宏调用时宏体内各语句序列不作任何修改。例如,例 4-11 中,该宏定义不带参数,因此每次宏调用时重复替代的程序段就是这两条指令,其操作码、操作数均不作修改,实现的功能也完全相同。

(2) 带有参数的宏定义,在宏调用时,用相应的"实参"来替换"形参"。

(3) 参数的形式可以为常数、表达式、寄存器、存储单元、指令操作码等。

(4) 实参的位置要与形参的位置对应,实参的个数可以与形参的个数不等。

(5) 若实参的个数多于形参时,多出的实参被略去。

(6) 若实参的个数少于形参时,没有实参对应的形参用“空”来表示。

4.5 DOS和BIOS功能子程序调用

8086/8088微机系统为编程用户提供了两个程序接口:一个是磁盘操作系统DOS;另一个是固化在ROM中的基本I/O系统,即ROM BIOS。

DOS为输入/输出设备管理程序,BIOS为I/O设备处理软件和许多常用例行程序。二者由一系列功能服务子程序构成。这些功能子程序是DOS和BIOS向用户提供的软件资源,可以直接调用有关功能子程序模块。由于这种调用是采用以中断指令INT N的内部中断方式进行的,故常称为DOS及BIOS中断调用。

4.5.1 DOS系统功能子程序调用

DOS是PC的单任务、单用户的磁盘操作系统。DOS版本从1.0发展到7.0,随着DOS版本的提高,提供的功能子程序数目也逐渐增多。

DOS通过BIOS来访问硬件系统,直接使用下一层外设接口可使程序具有最高的效率,所以要编写通用性较好的程序,应尽量使用DOS功能调用。

DOS功能子程序调用与返回不是使用主程序调用子程序的CALL指令与子程序返回主程序的RET指令,而是通过一条软中断指令和中断返回指令来实现的。

DOS调用指令格式:INT N;N为0~255之间的一个整数,称作中断类型号,为查表的索引值。

1. 最常用的DOS功能子程序

DOS的中断类型号设置在20H~2FH范围内,即INT 20H~INT 2FH,其中INT 21H为最强的DOS功能调用,所以DOS功能调用是指中断类型号21H(INT 21H)的调用,它是DOS的核心功能,如表4-3所示。

表4-3 DOS部分常用功能子程序调用(INT 21H类型)

功能调用类别	功能号(AH)	功能描述	入口参数	出口参数	调用命令格式(例句)
键盘功能调用	01H	键盘输入单字符并回显,检查Ctrl—Break键		AL=输入'字符'	MOV AH, 01 INT 21H
	08H	键盘输入单字符无回显,检查Ctrl—Break键		AL=输入'字符'	MOV AH, 08H INT 21H

	06H	直接键盘输入单字符有显示,检查Ctrl—Break键	DL=0FFH	AL=输入'字符'	MOV DL, 0FFH
					MOV AH, 06H
					INT 21H

续表

功能调用类别	功能号(AH)	功能描述	入口参数	出口参数	调用命令格式(例句)
键盘功能调用	07H	直接键盘输入单字符无显示，不检查 Ctrl—Break 键		AL = 输入'字符'	MOV AH, 07H INT 21H
	0AH	键盘输入字符串，存到内存缓冲区	DS：DX = 缓冲区(BUF)首址	最后输入字符为回车符	MOV DX, OFFSET BUF MOV AH, 0AH INT 21H

显示功能调用	02H	显示单字符	DL=待显示字符的ASCII 码		MOV DL, '字符'
					MOV AH, 02H
					INT 21H

	06H	显示单字符，检查 Ctrl—Break 键	DL≠0FFH (DL = 00H ～ 0FEH)		MOV DL, '字符'
					MOV AH, 06H
					INT 21H

	09H	显示字符串	DS：DX = 字串(STR)串首址	串以" $ "结束，光标随串移动	MOV DX, OFFSET STR MOV AH, 09H INT 21H

打印功能调用	05H	字符打印(DL 中字符送打印机)	DL='待打印字符'		MOV DL, [BX]
					MOV AH, 05H
					INT 21H

返回 DOS 功能调用	4CH	结束当前程序，返回 DOS 系统		屏幕显示操作提示符	MOV AH, 4CH INT 21H

2. DOS 功能子程序调用方法

所有的 DOS 功能调用时必须有下列 3 个方面内容。

(1) 提供功能调用的入口参数和出口参数。入口参数是指调用前要对相应寄存器输入指定的初始值，出口参数是指调用后的结果存放在相应的寄存器中。

(2) 将子程序功能号送入 AH 或 AX。所有子程序从 1 号开始编号，称为 DOS 功能调用号。

(3) 执行软中断指令 INT 21H。

3. 常用 DOS 功能子程序调用举例

例 4-15 由键盘输入一个字符，并显示该字符。试编写此程序。

解

```
BEGIN:  MOV   AH, 01H        ; 调用 DOS 功能号 01H 子程序，等待从
                             ; 键盘输入一个字符
        INT   21H            ; 输入字符的 ASCII 码存放在 AL 中
        MOV   DL, AL         ; DL 暂存
```

```
        MOV    AH, 02H                ; 调用显示功能子程序
        INT    21H                    ; 在屏幕上显示字符
        MOV    AH, 4CH
        INT    21H                    ; 结束当前程序,返回 DOS 系统
        HLT
```

例 4-16 编写一个显示字符串“HELLO!”的汇编语言源程序。

解 使用完整段定义格式。

```
DATA    SEGMENT                       ; 将要显示的字符串定义在数据段中
STR1    DB  'HELLO!','$'              ; "$"是该字符串的结束符
DATA    ENDS
CODE    SEGMENT                       ; 定义代码段
        ASSUME SS: STACK1,DS: DATA,CS: CODE
START:  MOV    AX,DATA                ; 初始化 DS,为访问数据段中字符串
                                      ; STR1 作准备
        MOV    DS,AX                  ; 设置字符串的段基址
        MOV    DX,OFFSET  STR1        ; 字符串 STR1 的偏移地址送至 DX
        MOV    AH,9                   ; 利用 DOS 中断 9 号功能调用,显示首地
        INT    21H                    ; 址在 DS: DX 中,且以"$"为结束符
                                      ; 的字符串
        MOV    AH,4CH                 ; 利用 DOS 中断 4CH 号功能调用,返
                                      ; 回 DOS
        INT    21H
CODE    ENDS
        END    START
```

例 4-17 编写一汇编语言源程序。完成从键盘输入字符串存至内存缓冲区并显示该字符串。

解

```
DATA    SEGMENT                       ; 定义数据段
BUF     DB  5                         ; 设置缓冲区长度最多可容纳 5 个字符
                                      ; (ASCII 码)
        DB  ?                         ; 实际输入的字符个数
        DB  5  DUP(?)                 ; 从第 3 字节单元开始,保留具有缓冲
                                      ; 区长度的存储单元数
DATA    ENDS
```

```
CODE    SEGMENT                    ; 定义代码段
        ASSUME  CS: CODE,DS: DATA;
START:  MOV   AX,DATA              ; 初始化 DS
        MOV   DS, AX               ;
        LEA   DX, BUF              ; 要求 DS: DX 指向输入缓冲区 BUF 的
        MOV   AH, 0AH              ; 首地址,将 DOS 功能号 0AH 装入 AH,
                                   ; 逐个读入键盘输入码,存至缓冲区自第
                                   ; 3 字节单元开始的存储区
        INT   21H
        LEA   DX,BUF+2
        MOV   AH,09H               ; 将 DOS 功能号 09H 装入 AH,显示以
                                   ; "$"结尾的字符串("$"不显示)
        INT   21H
        MOV   AH,4CH               ; 程序结束,返回 DOS
        INT   21H
CODE    ENDS
              END START
```

4.5.2 BIOS 基本 I/O 功能子程序调用

BIOS 固化在系统板 ROM 中。BIOS 程序直接对外部设备进行输入/输出操作,用户通过中断方式进行功能调用。BIOS 程序由许多功能子程序模块组成,每个功能模块的入口地址都在中断向量表中。BIOS 使用的中断类型号范围为 05H~1FH。

1. 常用 BIOS 中断服务子程序调用类型

驻留在 ROM 中的 BIOS 中断服务子程序提供的功能分为两种:其一为系统服务程序,另一为设备驱动程序。如系统加电自检,引导装入 I/O 设备的处理程序及接口控制等功能模块来处理所有的系统中断。常用 BIOS 中断调用类型见表 4-4。

表 4-4 常用 ROM BIOS 中断调用类型

中断调用类型	中断类型号	功能号	功能描述	入口参数/返回参数	说明
	INT N	AH			
显示功能调用	10H	00H	设置显示方式	AL=显示方式(类型号 0~F)	
	10H	02H	设置光标位置	BH=页号,DH=行号,DL=列号	通常取 0 页
	10H	09H	在当前光标处写字符和属性	AL=要显示字符的 ASCII 码,BH=页号,BL=字属性,CX=写入字符的个数	

续表

中断调用类型	中断类型号 INT N	功能号 AH	功能描述	入口参数/返回参数	说明
显示功能调用	10H	0BH	设置图形方式,显示的背景色和字符色	当 BH＝0,BL＝背景色,范围 0～15,当 BH＝1,BL＝字符色范围 0～1	0 表示绿/红/黄,1 表示青/品红/白
	10H	0CH	写像素(光点)	AL＝彩色值(1～3),DX＝行号,CX＝列号	
	10H	0FH	读当前显示状态	返回参数:AL＝当前显示方式,BH＝当前页号,AH＝屏幕字符列数	
键盘输入功能调用	16H	00H	读键盘输入字符	返回参数:AL＝输入字符的 ASCII 码	
	16H	01H	读键盘状态(检测键盘是否输入字符)	返回参数:若已按键,则 ZF＝0,AL＝输入字符的 ASCII 码;若未按键,则 ZF＝1	
	16H	02H	读键盘特殊功能键的当前状态	返回参数:AL＝特殊功能键的状态	

2. BIOS 子程序的调用方法

BIOS 子程序的调用与 DOS 功能调用类似。用户可以直接用指令设置参数,然后中断调用 BIOS 中的程序,故名 BIOS 中断调用。它给用户编程提供了极大的方便。调用方式如下:

(1) 将功能号送入 AH 或 AX 中,查阅 BIOS 功能调用参数表,查得 BIOS 的中断类型号,取得功能号。

(2) 设置入口参数至指定寄存器。

(3) 执行软中断指令 INT N。

4.6 8086/8088 汇编语言程序的基本架构

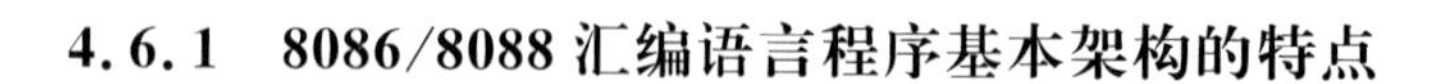

4.6.1 8086/8088 汇编语言程序基本架构的特点

8086/8088 汇编语言程序基本架构具有以下特点。

(1) 源程序是分段组织。

8086/8088 汇编语言源程序由若干逻辑段组成,各逻辑段都有一个段名。其中:

① 代码段——程序的主体,存放源程序中 CPU 必须执行的所有的机器指令代码。

② 数据段——存放程序中各类数据(如原始数据、中间数据、最终结果),包括常数和变量,并作为算术运算或者 I/O 接口传送数据的工作区等。

③ 附加段——数据段的补充,并非所有程序都有。

④ 堆栈段——堆栈段可以定义,也可以不定义,而利用系统中的堆栈段。堆栈段用于存放程序模块切换时需要暂存的 CPU 寄存器的当前值,以便让出这些寄存器为其他程序模块所用。

以上各段的逻辑段基址分别存放在 CS、DS、ES 和 SS 4 个段寄存器中。

(2) 8086/8088 只允许同时使用 4 种类型的段。在 8086/8088 和实地址方式下,每个段的最大长度均为 64KB。

(3) 各段的排列顺序:一个源程序可以有多个代码段、多个数据段、附加段及堆栈段。当由几个段构成一个完整的程序时,通常数据段放在代码段前面,以便确定使用的变量及其属性。

(4) 代码段内必须含有返回 DOS 操作系统的指令语句,以保证程序执行完毕后能自动回到 DOS 状态。

(5) 整个源程序必须以 END 语句结束,它通知汇编程序停止汇编,END 后面的标号"START"表示该程序执行时的起始地址。

4.6.2 8086/8088 汇编语言程序的基本架构

同一个程序可以使用不同的结构框架来编写。目前较为常用的是两种格式:

- 完整的段定义格式:这是传统的汇编语言源程序格式。
- 简化的段定义格式:在完整的段定义结构的基础上经过简化而得。

本书只介绍完整的段定义格式。

(1) 完整的段定义格式要求每个段由 SEGMENT 和 ENDS 这一对伪指令来定义。

(2) 堆栈段、数据段和代码段的段名分别定义为 STACK、DATA 和 CODE 等,也可取用其他定义名称。

(3) 使用 ASSUME(段寄存器分配)伪指令来指定某段分配给哪个段寄存器。由于伪指令不由 CPU 执行,故它并不能把段地址装入段寄存器中,尚需对段寄存器进行初始化。一个源程序使用几个段根据需要来定,最多有 4 个段,少则 2 个段,甚至 1 个段。

已知一源程序,需用 4 个逻辑段,试构建该源程序的基本架构。架构如下:

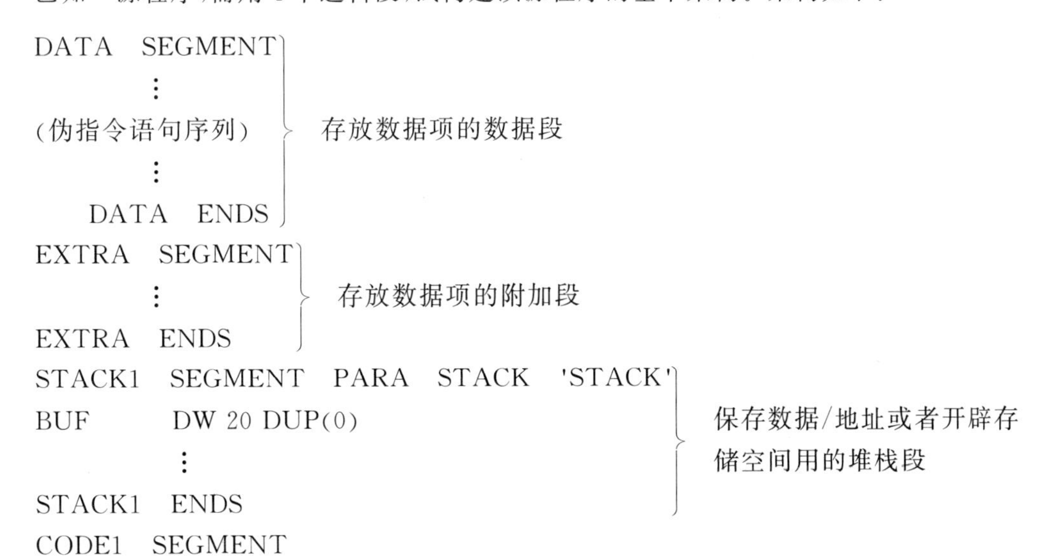

```
        ASSUME CS: CODE1,DS: DATA,SS: STACK1,ES: EXTRA
BEGIN: MOV AX,DATA  ┐
       MOV DS,AX    │
         ⋮          │
       (指令语句序列) ├ 存放指令序列的代码段
         ⋮          │
CODE1  ENDS         ┘
          END    BEGIN
```

4.6.3 8086/8088 汇编语言程序正确返回 DOS 操作系统的方法

一个程序要在 DOS 环境下正常运行且在运行后程序能够正确返回 DOS 系统，通常可采用多种返回的方法，最常用的是两种方法。

1. 方法 1——标准序法

标准序法通过用户程序段前缀 PSP 中“INT 20H”指令来实现。

汇编语言源程序经过汇编转变为目标程序。操作系统首先为每个用户程序建立一个程序段前缀区(简称 PSP)，长度为 256B，主要存放用户程序有关信息。在 PSP 的开始处(偏移地址 0000H)安排一条 INT 20H 软中断指令。INT 20H 中断服务程序是由 PC DOS 提供的。该程序的功能是使程序退出“暂驻”，返回到 DOS 管理状态。因此，用户必须使程序执行完毕后能够转去执行 INT 20H 指令。为了保证用户程序执行完返回 DOS，应该：

(1) 将用户程序中的主程序定义为 DOS 的一个 FAR 过程(通常主过程皆定义为 FAR 过程)，主程序最后一条指令为 RET(子程序返回)；

(2) 在代码段中主程序的开始处将 PSP 所在段的地址 DS 保存入栈；

(3) 再将 PSP 的段内偏移地址(0000H)压入堆栈。

为此，在代码段开头使用下列 3 条指令：

```
PUSH    DS                    ; 保护 PSP 段地址
MOV     AX,0
PUSH    AX                    ; 保护 PSP 的 0 偏移地址
```

即

```
CODE    SEGMENT
        ASSUME...
MAIN    PROC  FAR
    ┌─────────────┐
    │PUSH  DS     │
    │MOV   AX,0   │
    │PUSH  AX     │
    └─────────────┘
START:  MOV   AX,DATA
        MOV   DS,AX
```

因此,堆栈中保存了 PSP 的段地址和 0 偏移量(INT 20H 的全地址)。当程序执行到主程序最后一条指令 RET 时,由于该过程定义为 FAR,则从堆栈中弹出两个字到 IP 和 CS,使用户程序转去执行 INT 20H 指令,使控制返回到 DOS。这种方法称为“标准序”法。

2. 方法 2——非标准序法

非标准序法是另一种返回 DOS 的方法。不定义主程序为 FAR 过程,并去掉标准序部分,而在代码段结束前增添两条语句:

```
MOV     AH,4CH
INT     21H
```

即

```
CODE      SEGMENT
          ASSUME   …
START:    MOV      AX,DATA
          MOV      DS,AX
          ⋮
          ┌──────────────────┐
          │MOV     AH,4CH    │
          │INT     21H       │
          └──────────────────┘
          INT      21H
CODE      ENDS
```

这种方法没有任何限制,只要调用到 4CH 功能号子程序并且执行 INT 21H 两条指令就能安全返回 DOS。此法使用方便且与堆栈无关。

归结起来,具体做法是:

(1) 在程序代码段的开头,设置下面 3 条特定语句,即

```
PUSH   DS
MOV    AX, 0
PUSH   AX            ; 压入返回地址
   ⋮
```

然后在程序退出处安排一条 RET(返回)指令,则可返回 DOS。

(2) 在程序代码段的结尾,安排如下两条指令:

```
MOV   AH, 4CH   ; (或者 MOV   AX, 4C00H)
INT   21H
```

执行这两条指令后,就会安全返回 DOS。

4.7 8086/8088 汇编语言程序设计

任何一个复杂的程序都是由简单的基本程序构成的。汇编语言程序的基本结构形式有顺序结构、分支结构、循环结构和子程序结构。其结构形式如图 4-6 所示。

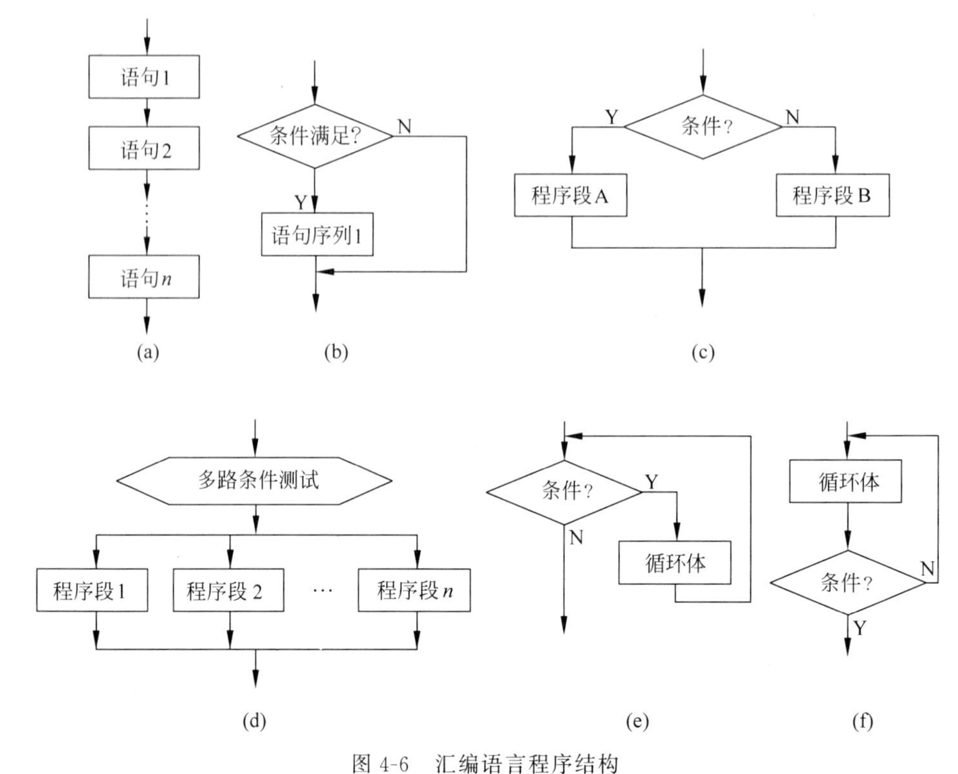

图 4-6 汇编语言程序结构

(a) 顺序结构;(b) 两分支结构之一;(c) 两分支结构之二;
(d) 多分支结构;(e) 先判断后循环;(f) 先循环后判断

4.7.1 顺序结构程序设计示例

顺序结构是最简单的程序结构。此程序只做直线运行,无转移,无分支,无循环,从上到下依次执行,其实现功能如计算表达式的值,查表求平方值、立方值及 ASCII 码等。用于解决某些输入与输出无一定算法关系(例如代码转换)等问题。

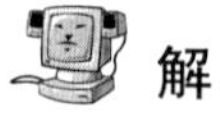 **例 4-18** 试编写一个完整格式的汇编语言程序,要求在屏幕上显示"电子科技大学成都学院"的英文名称。

解

```
SSEG    SEGMENT   PARA   STACK'STACK'
        DB      40H   DUP(0)
SSEG    ENDS
DSEG    SEGMENT
MESS    DB  'UNIVERSITY OF ELECTRONIC SCIENCE   AND TECHNOLOGY
            OF CHINA,'
        DB  'CHENGDU   INSTITUTE $'
DSEG    ENDS
```

```
CSEG    SEGMENT
START   PROC    FAR
        ASSUME  DS: DSEG ,SS: SSEG ,CS: CSEG
        PUSH    DS
        MOV     AX ,0
        PUSH    AX
BEGIN:  MOV     AX ,DSEG
        MOV     DS ,AX
        LEA     DX, MESS
        MOV     AH ,9
        INT     21H
        RET
START   ENDP
CSEG    ENDS
        END     START
```

 **例 4-19**　已知学生成绩表，根据学号可查成绩。编写一个程序，查询第 6 位学生的成绩。

解

```
DATA    SEGMENT
TAB     DB      68H,78H,40H,86H,90H
        DB      88H,77H,82H,56H,70H
NUM     DB      6
RES     DB      ?                       ; 存结果
DATA    ENDS
CODE    SEGMENT
        ASSUME  CS: CODE, DS: DATA
START:  MOV     AX,DATA
        MOV     DS,AX
        LEA     BX,TAB                  ; BX 指向 TAB 表首址
        MOV     AL,NUM                  ; 学号送入 AL
        DEC     AL
        XLAT    TAB
        MOV     RES,AL
        MOV     AX,4C00H                ; 返回 DOS
        INT     21H
CODE    ENDS
        END     START
```

4.7.2 分支结构程序设计示例

分支程序含有判断语句,根据判断结果选择其中一条分支。

汇编语言中用条件转移指令和无条件转移指令来实现分支程序结构。在条件转移指令前要安排影响标志位的算术运算指令或逻辑运算指令。按照给定的条件进行判断,然后根据条件成立与否转去执行不同的程序段。分支程序有二分支、三分支或多分支等,如图 4-6(b)~(d)所示。

根据不同的条件转移到不同程序段执行各分支程序。设计分支程序的关键是如何判断分支条件,实现分支结构的常见方法是比较转移和跳转表转移两种。

(1) 利用比较/条件转移指令实现两分支/三分支。

(2) 利用逻辑运算(AND、OR、TEST)指令影响标志位实现三分支。

(3) 利用跳转表实现多分支。

例 4-20 已知数据段中,X 和 X+1 字节单元各自存放有两个无符号整数,要求找出其中大者送入 Y 单元。编写此程序。

解 把第 1 个数送入 AL 寄存器,并与第 2 个数比较。若 AL 中的数较小则两数交换位置;若 AL 中的数大于或者等于第 2 个数,则不交换位置,AL 中始终保持较大的数,最后送入 Y 单元。由于只有两个数比较大小,故只比较一次。

程序如下:

```
DATA    SEGMENT
  X     DB   10,20
  Y     DB   ?
DATA    ENDS
CODE    SEGMENT
        ASSUME  CS: CODE,DS: DATA
START:  MOV   AX,DATA
        MOV   DS,AX
        MOV   AL,X
        MOV   BX,OFFSET  X
        INC   BX
        CMP   AL,[BX]
        JAE   LP
        XCHG  AL,[BX]
LP:     MOV   Y,AL
        MOV   AH,4CH
        INT   21H
CODE    ENDS
        END   START
```

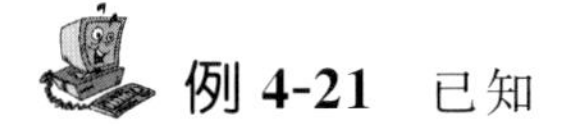

例 4-21 已知

$$SGN(x)=\begin{cases}+10, & x>0\\ 0, & x=0\\ -10, & x<0\end{cases}$$

试编写程序求函数 SGN(x)的值。

解 源程序如下：

```
DSEG     SEGMENT
DATX     DB  -15
DATY     DB  ?
DSEG     ENDS
CSEG     SEGMENT
         ASSUME  CS: CSEG,DS: DSEG
START:   MOV    AX,DSEG
         MOV    DS,AX
         MOV    AL,DATX
         CMP    AL,0                ; AL 与 0 比
         JGE    BIGR                ; 若 x≥0,转至 BIGR
         MOV    AL,-10              ; 若 x<0,AL= -10 送 DATY 单元
         JMP    EXIT                ; 转向出口
BIGR:    JE     EQUL                ; x=0,转移
         MOV    AL,10               ; x>0,AL=+10 送 DATY 单元
EQUL:    MOV    DATY,AL             ; AL=0,送 DATY 单元
EXIT:    MOV    AX,4C00H
         INT     21H
CSEG     ENDS
         END    START
```

这是一个三分支程序，使用两条条件转移指令来实现。程序流程图如图 4-6(d)所示。

例 4-22 编写一个程序把 3 个无符号单字节数从大到小进行排列。

解 排序算法中有 3 个分支结构，其排序程序流程图如图 4-7 所示。

源程序如下：

```
STACK1   SEGMENT STACK'STACK'
         DW     64H DUP(?)
STACK1   ENDS
DATA     SEGMENT
BUF      DB 84H,32H,56H            ; 待排序数据
```

```
DATA    ENDS
CODE    SEGMENT
        ASSUME  CS: CODE, DS: DATA,
                SS: STACK1
START:  MOV     AX, DATA
        MOV     DS, AX              ; 初始化 DS
        MOV     SI, OFFSET BUF      ; 设置地址指针
        MOV     AL, [SI]  ; 将数据由内存读入寄存器
        MOV     BL, [SI+1]
        MOV     CL, [SI+2]
        CMP     AL, BL              ; 比较 AL 与 BL
        JAE     NEXT1               ; 第 1 分支结构
NEXT1:
  XCHG AL, BL                       ; AL 内容大
  CMP     AL, CL                    ; 比较 AL 与 CL
  JAE     NEXT2                     ; 第 2 分支结构
        XCHG    AL, CL
NEXT2:
  CMP     BL, CL                    ; 比较 BL 与 CL
  JAE     NEXT3                     ; 第 3 分支结构
        XCHG    BL, CL
NEXT3:  MOV     [SI], AL            ; 存结果到内存
        MOV     [SI+1], BL
        MOV     [SI+2], CL
        MOV     AH, 4CH
        INT     21H
CODE    ENDS
        END     START
```

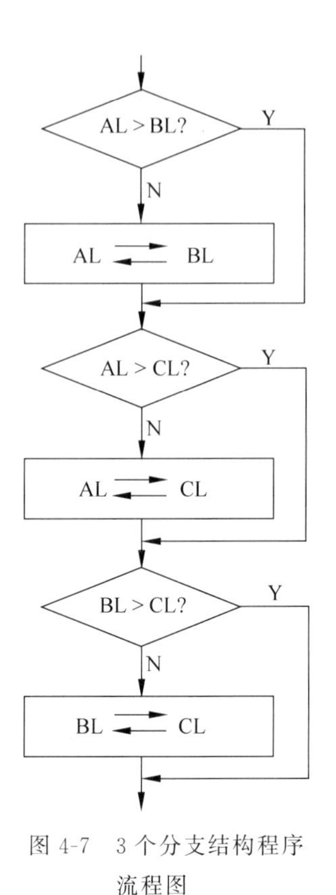

图 4-7 3 个分支结构程序流程图

本例有 3 个分支结构,每个分支结构可看作一个模块,则 3 个分支结构的连接又构成顺序结构。它们的连接顺序不能随意更动。

4.7.3 循环结构程序设计示例

当要重复执行一段程序时,利用循环指令 LOOP、LOOPZ 和 LOOPNZ 或条件转移指令来实现重复操作。循环结构可以简化程序结构。循环程序结构通常由以下 4 个部分组成。

(1) 初始化部分:该部分工作是设置循环初值(即为循环作准备),包括设置循环计数器、地址指针初值和存放结果单元的初值等。

(2) 循环体:要被重复执行的程序段,是循环结构程序的核心。

(3) 循环修改部分:为执行下一次循环而修改某些参数,如循环变量、地址指针和循环

次数等。

(4) 循环控制：根据给定的循环次数和循环条件判断是否结束循环。若未结束则重复执行循环体和修改部分，否则退出循环。

以上 4 个部分有两种组织形式，即 DO-WHILE(先判断后执行)和 DO-UNTIL(先执行后判断)，如图 4-8 所示。对循环程序设计，重点要掌握循环结束的控制方式。

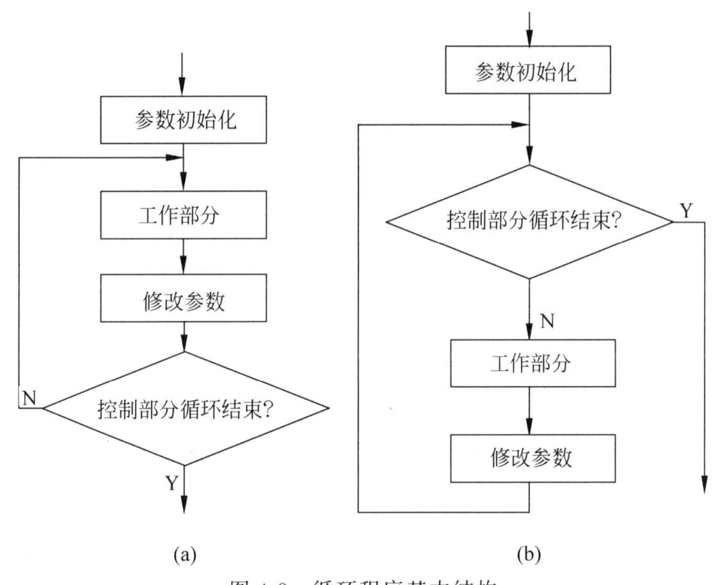

图 4-8 循环程序基本结构

(a) 先执行后判断；(b) 先判断后执行

通常实现循环控制的方法有以下 3 种。

(1) 计数控制：循环次数已知，每执行循环体一次，加 1 或者减 1。

(2) 条件控制：循环次数未知，根据循环条件是否满足控制循环。

(3) 逻辑尺控制：在多次循环过程中，需分别进行不同的操作时，可通过建立位/串(0 或 1)标志信息(此称逻辑尺)控制循环。

例 4-23 从自然数 1 开始逐个累加，直到累加和大于 1000 为止。①要求统计被累加的自然数的个数，并把该数送到 N 字单元；②把累加和送入 SUM 字单元。

解题思路：

(1) 被累加的自然数的个数事先是未知的，即循环累加的次数是未知的，因此无法用计数控制循环。

(2) 题中给定条件：累加和大于 1000 则停止累加，因此可以使用条件控制循环。程序为 DO-WHILE“先判断，后执行”结构。流程图如图 4-8(b)所示。

(3) 用 BX 存放每次取的自然数，用 CX 统计自然数的个数，用 AX 存放累加和。

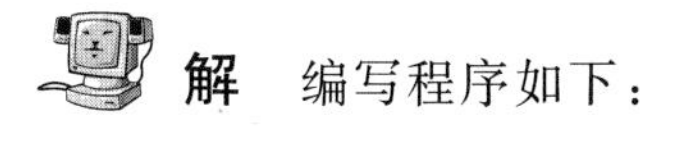

解 编写程序如下：

```
DATA    SEGMENT
N       DW  ?
```

```
SUM       DW   ?
DATA      ENDS
STACK     SEGMENT PARA   STACK'STACK'
          DW 40H DUP(0)
STACK     ENDS
CODE      SEGMENT
          ASSUME CS:CODE,DS:DATA,SS:STACK
MAIN      PROC   FAR
START:    PUSH   DS
          MOV    AX,0
          PUSH   AX
          MOV    AX,DATA
          MOV    DS,AX
          MOV    BX,0
          MOV    CX,0
          MOV    AX,0
LOP:      INC    BX
          ADD    AX,BX
          INC    CX
          CMP    AX,1000
          JLE    LOP
          MOV    N,CX
          MOV    SUM,AX
          RET
MAIN      ENDP
CODE      ENDS
          END    START
```

例 4-24 在显示屏幕上连续输出字符 0～9,试编程实现。

解 (1) 使用 DOS 功能子程序 2 号,实现输出一个字符,并把该字符的 ASCII 码送至寄存器 DL。

(2) 使用 BL 寄存器存放十进制数,其初值为 0,每循环一次 BL 内容加 1,增量后用 DAA 指令调整,以保证 BL 内容始终为十进制数。

(3) 为了使输出的字符间有间隔,在每次循环中输出一个 0～9 的字符和一个空格。

(4) 此为 DO-UNTIL“先执行—后判断”结构。程序流程图如图 4-8(a)所示。

源程序如下:

```
STACK1   SEGMENT PARA STACK'STACK'
         DB       50   DUP(?)
```

```
STACK1  ENDS
CSEG    SEGMENT
        ASSUME CS: CSEG, SS: STACK1
START   PROC   FAR
BEGIN:  PUSH   DS
        MOV    AX,0
        PUSH   AX
        MOV    BL,0
GOON:   PUSH   BX
        MOV    DL,20H          ; 显示输出空格字符
        MOV    AH,2
        INT    21H
        POP    BX
        MOV    AL,BL
        INC    AL              ; 增量后十进制调整
        DAA
        AND    AL,0FH
        MOV    BL,AL
        OR     AL,30H
        MOV    DL,AL           ; 转换为 ASCII 码,输出一个 0～9 之间的字符
        MOV    AH,2
        INT    21H
        MOV    CX,0FFFFH
AGN:    DEC    CX                      ; 延时
        JNE    AGN
        JMP    GOON                    ; 循环运行
        RET
START   ENDP
CSEG    ENDS
        END    BEGIN
```

在设计汇编语言程序时,有时会出现具有多个分支的循环程序,每个分支执行的循环体不同。在每次循环时,需要确定去执行哪个循环体。因此在设计时必须先确定一个标志,用标志来表示是去执行哪个循环体。

所谓逻辑尺不是参加运算的操作数,也不是实现某种操作的指令,它是指存储单元,其中每一位为 0 或为 1,可用来作为判断分支和循环的逻辑标志,犹如尺子一样。

逻辑尺长短随意,可为单个字节或是一个字,也可以是字节/字中的某些位。其长度与总循环次数相对应。

循环程序分为单重、双重和多重循环。其程序设计的方法是一致的,应该分别考虑各重循环的控制条件及程序实现。

习题

4-1 什么是指令语句？什么是伪指令语句？它们的主要区别是什么？

4-2 写出在变量 AREA 开始的连续 8 个字节单元中依次存放数据 22H、33H、44H、55H、66H、77H、88H、99H 的数据定义语句(提示：分别用 DB、DW、DD 伪指令)。

4-3 什么是标号？什么是变量？

4-4 设某数据段定义如下：

```
DSEG      SEGMENT   PARA 'DATA'
          ORG     30H
DATA1     = 30H
DATA1     =   DATA1+20H
DATA2     EQU     DATA1
VAR1      DB      10 DUP(?)
VAR2      DW      'AB', 2, 2000H
CNT       EQU     $-VAR1
DSEG      ENDS
```

试回答：

(1) VAR1、VAR2 的偏移量是多少？

(2) 符号常量 CNT 的值=？

(3) VAR2+2 单元的内容为多少？

4-5 设 VAR1 和 VAR2 为字变量，LAB 为标号，判断下列指令是否有错。并指出出错的原因。

(1) ADD AL,VAR1

(2) SUB VAR1,VAR2

(3) JMP VAR1

(4) JNZ LAB [SI]

(5) JMP NEAR LAB

4-6 若要求在变量名为 STRING 的数据区中顺序存放数据'A'、'B'、'C'、'D'、'E'、'F'、'G'、'H'，试分别写出用伪指令 DB、DW 和 DD 实现的汇编语句。

4-7 指出下列每组伪指令的区别。

```
(1) X1    DB  76             X1   EQU   76
(2) X2    EQU3               X2=3
(3) X3    DW  3678H          X3   DB   36H,78H
(4) X4    DW  6341H          X4   DW   6341
(5) DATA SEGMENT             ASSUME   DS: DATA
```

4-8 有数据段如下：

```
DATA   SEGMENT
```

```
        ORG   1000H
   X1   DB   4CH
   X2   DW   5  DUP(1)
   X3   DW   X2
   X4   DD   X3
   X5   DW   X2[05H]
DATA    ENDS
```

要求写出 X1、X2、X3、X4 和 X5 的偏移地址。

4-9　下述语句汇编后，为使 DA2 字单元中的值为 50H，问等号语句 NUM 的空白处应填何值？

```
ORG     34H
NUM     =   [    ]
DA1     DW   10H,22H,30H
DA2     DW   DA1+NUM+10H
```

4-10　已知数据段如下：

```
DATA    SEGMENT
AUM     DB   X0,X1,X2,…,X15
BUM     DB   16 DUP(?)
CUM     DB   16 DUP(0AB CDH)
DUM     EQU   0123H
DATA    ENDS
```

设数据段段基址 DS 为 A000H，则：

```
MOV   DL, HIGH   DUM
MOV   AX, SEG   CUM
MOV   BX, OFFSET   CUM
MOV   DH, AUM+4
```

各为何值？

4-11　有程序段如下：

```
        ⋮
BUF     DB   32,-64,106,-128
        ⋮
MOV     BX,OFFSET   BUF
MOV     AL,[BX]
XCHG    AL,3 [BX]
MOV     [BX],AL
```

```
MOV     AL,1[BX]
XCHG    AL,2[BX]
```

执行以上程序段后,问缓冲区 BUF 的内容:

BUF+0=____________;

BUF+1=____________;

BUF+2=____________;

BUF+3=____________。

4-12 画出下列数据段定义的内存储单元分配图。要求:

(1) 指出各变量的偏移地址;

(2) 指出各存储单元中的初始值;

(3) 指出常量 COUNT 的值。

```
DATA    SEGMENT
DAT1    DB  1,2,3*8,'4','5','6'
        DB  45H
        DB  11110000B
DAT2    DW  12,13,-5
COUNT EQU($—DATA)/2
        DW  DAT3
        DW  5678H
DAT3    DD  300H
        DD  DAT2
DATA    ENDS
```

4-13 设要求设置 256B 的堆栈和初值为 0 的 128B 的 BUF 缓冲区。试编写定义堆栈与数据段的汇编语言指令序列。

4-14 指出下列子程序完成的功能。

```
SUBR    PROC
CHS:    PUSH    AX                      ;保存信息
        PUSH    DX
        MOV     DX,0390H
        IN      AL,DX
        CMP     AL,09H
        JG      ATOF
        ADD     AL,30H
        JMP     SEND
ATOF:   ADD     AL,37H
SEND:   OUT     DX,AL
        POP     DX                      ;恢复信息
        POP     AX
```

```
        RET
SUBR    ENDP
```

4-15　将 AX 内容按相反顺序存入 BX 中。

4-16　已知一数据段中的数据如下：

```
DATA    SEGMENT
STR1    DB   0,1,2,3
STR2    DB   '0 1 2 3'
CONT    EQU   10                    ; CONT=10
NUMB    DB   CONT   DUP(2)
NUMW    DW   10H,.－60H
PUIN    DW   0
DATA    ENDS
```

(1) 画出上述数据段中数据存放示意图。

(2) 写出实现以下功能的程序段：

① 用一条指令语句将 STR1 中前两个字节内容送入寄存器 DI 中；

② 用三种方法将 STR1 与 STR2 两字节内容相交换。

4-17　试编制汇编语言源程序，实现 $S=\frac{A+B}{A-B}\cdot C$ 的运算。

4-18　从键盘输入两个 1 位十进制数，求两数之和并在屏幕上显示结果。试编写此程序。

4-19　试编写一程序，统计 ARYW 字数组中正数、负数和零的个数，并分别保存在变量 BUF1、BUF2、BUF3 中。

4-20　某班 30 个学生的《大学英语》课程考试成绩存放在 MARK 开始的存储区中，现要将其中最高分和最低分取出，分别送 HIGH 和 LOW 单元，并且显示，试编此程序。

4-21　从 BUF 处开始，存放有 100B 的字符串。其中有一个以上的“A”字符，试编程找出第一个“A”字符相对 BUF 起始地址的距离，并将其放入 LEN 单元。

4-22　试编写汇编语言程序，将包含 32B 数据的数组 ARRAY 分成正数组 ARYP 和负数组 ARYM，并统计它们的长度。

4-23　求正整数 100 以内所有奇数之和，并将结果存入 DS：2B00H 字单元中，编写此程序。

4-24　试定义一条宏指令，可以实现任一数据块的传送(假设地址无重叠)，只给出源数据块和目的数据块的首地址以及数据块长度。

4-25　子程序和主程序之间的参数传递方式有几种？各有何特点？

4-26　试编制一个程序，统计一个字符串中每一个字符含有“1”的个数。

第5章

存储器系统

存储器是计算机系统不可缺少的重要组成部分，用于存放当前正在执行的程序和数据。目前的计算机一般都将半导体存储器作为主存储器(简称主存或内存)，将磁盘、光盘等作为外存储器(简称辅存或外存)。随着 CPU 速度的不断提高和软件规模的不断扩大，为了让存储器同时满足速度快、容量高、成本低的要求，新型微机存储系统广泛采用了多层次存储结构，如图 5-1 所示。本章主要介绍由半导体存储器构成的主存系统。

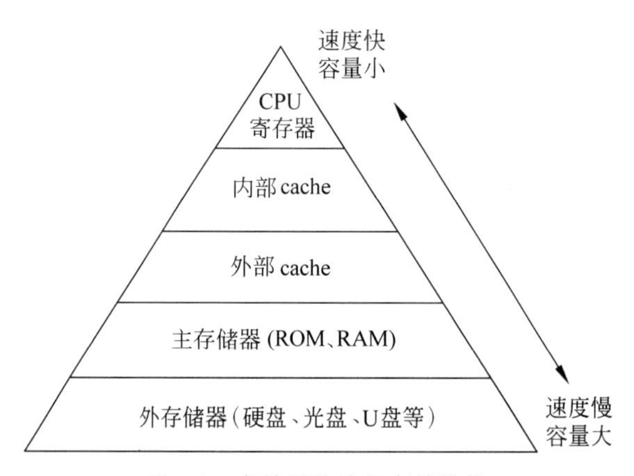

图 5-1　存储器的分级存储结构

本章重点：

- 半导体存储器的分类；
- 存储器与 CPU 的连接；
- 存储器地址分配及片选控制；
- 存储器扩展技术；
- 高速缓冲存储器(cache)；
- 存储器扩展技术；
- 虚拟存储器。

5.1　半导体存储器概述

5.1.1　半导体存储器的概念及其分类

半导体存储器一般都采用大规模或超大规模集成电路工艺，做成一块存储器芯片，微机存储器系统则根据需要由若干块存储器芯片连接而成。半导体存储芯片的一般结构如图 5-2 所示。它由存储体、地址寄存器、地址译码器、数据寄存器、读/写电路和控制电路组成。

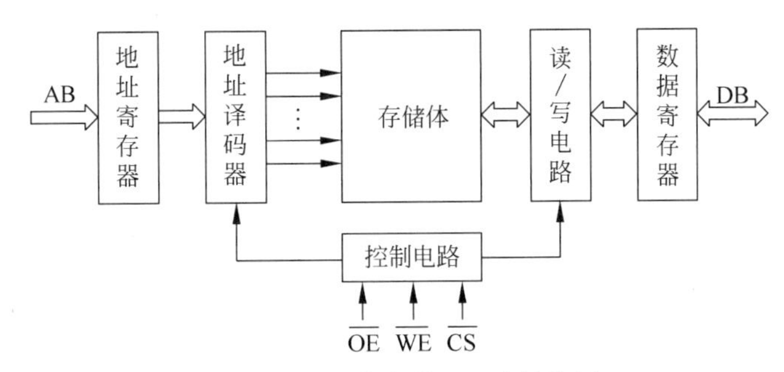

图 5-2　半导体存储器芯片结构图

1. 存储体

存储体是存储器芯片的主要部分，用来存储程序和数据。存储体是存储单元的集合，由若干个存储单元组成，每个存储单元都有一个地址，CPU 按地址访问存储单元。每个存储单元又由若干个基本存储单元组成，每个基本存储单元存放一位二进制信息。为了减少存储器芯片的封装引脚和简化译码器结构，存储体总是按照二维矩阵的形式来排列存储单元。通常，存储体内的基本存储单元的排列形式有两种：一种是“多字一位”结构，容量表示成 N 字×1 位，即有 N 个存储单元，每个单元有 1 位二进制信息；另一种是“多字多位”结构，容量表示成 N 字×4 位或 N 字×8 位，即有 N 个存储单元，每个单元有 4 位或 8 位二进制信息。

2. 地址译码

将地址总线上输入的地址信息转换成与之对应的译码输出信息（高电平或低电平），根据译码信息选中芯片内某个特定的存储单元，再通过读/写控制电路完成对该存储单元的读/写操作，将数据送往数据寄存器（读操作）或将数据寄存器的数据写入相应存储单元（写操作）。n 条地址线经过译码后产生 2^n 个地址选择信号，实现对片内存储单元的选址。

3. 读/写电路与控制电路

读/写电路是数据信息输入和输出的通道。控制电路接收 $\overline{CS}$ 片选信号及来自 CPU 的读/写控制信号，形成芯片内部控制信号，实现对片内存储单元的读/写操作。

半导体存储器的分类方法很多，按存储原理分为随机存取存储器（RAM）和只读存储器（ROM）两大类，如图 5-3 所示。RAM（random access memory）又称读写存储器，其存储单元的内容可以根据需要读出和写入，RAM 中存放的信息断电后会消失；微计算机系统中常用RAM来存放暂时性的输入/输出数据、中间运算结果、用户程序等,也常用它来和外存交换信息和用作堆栈。ROM(read only memory)是一种一次写入多次读出的固定存储器,断电后,其中的信息仍保留不变;在微计算机系统中,通常用它来存放固定的程序和数据,如监控程序、汇编程序、系统软件以及各种常数、表格等。关于每种存储器的具体内容将在5.2节和5.3节介绍。

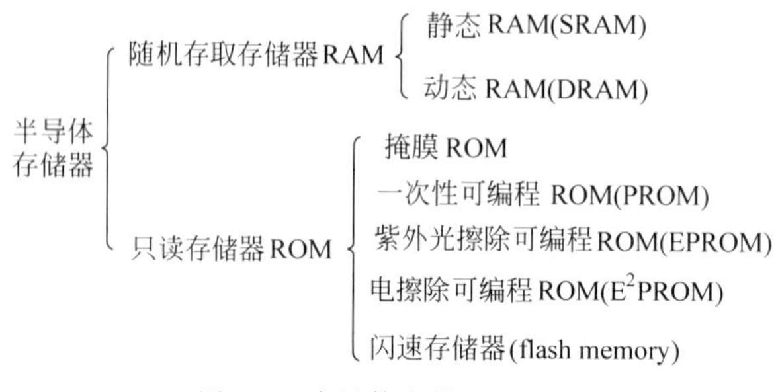

图5-3 半导体存储器的分类

5.1.2 半导体存储器的性能指标

1. 存储容量

存储容量是指每一个存储器芯片上能够存储的二进制位数。存储器芯片的存储容量用"存储单元个数×每个存储单元的位数"来表示。一般情况下,芯片的存储单元数与地址线的条数相关,而每个存储单元的位数则与数据线一一对应。例如容量为1024×4的芯片,该芯片的地址线为10条($1024=2^{10}$),数据线为4条;再如容量为4096×8的芯片,有12条地址线和8条数据线。

存储容量以存储一个二进制位(bit)为最小单位,常用单位有B(Byte)、KB、MB、GB、TB等,它们的相互关系为:$1KB=2^{10}B=1024B$,$1MB=2^{20}B=2^{10}KB$,$1GB=2^{30}B=2^{10}MB$,$1TB=2^{40}B=2^{10}GB$。

2. 存取时间

存取时间又称存储器访问时间,即启动一次存储器操作(读/写)到完成该操作所需要的时间,一般以ns为单位。通常手册上给出这个参数的上限值,称为最大存取时间。它表明了存储器的工作速度,最大存取时间越短,存储器工作速度就越快,芯片性能也就越好。

3. 功耗

功耗是指每个存储单元消耗功率的大小,单位为μW/单元,也有给出每块芯片总功耗的,单位为mW/芯片。功耗同时也反映了存储器的发热程度,功耗越小,芯片工作稳定性越好。

4. 可靠性

可靠性是指存储器对电子磁场和对温度变化的抗干扰性,一般用平均无故障时间来表示。平均无故障时间越长可靠性越高,目前,半导体存储器的平均无故障时间为1万小时以上。

5.2　随机存取存储器

随机存取存储器(RAM)(又名可读可写存储器)按照信息存储方式的不同,分为静态RAM(SRAM)和动态RAM(DRAM)两大类。SRAM主要用在高速缓冲存储器或小容量的存储器系统中;而DRAM主要用作内存。

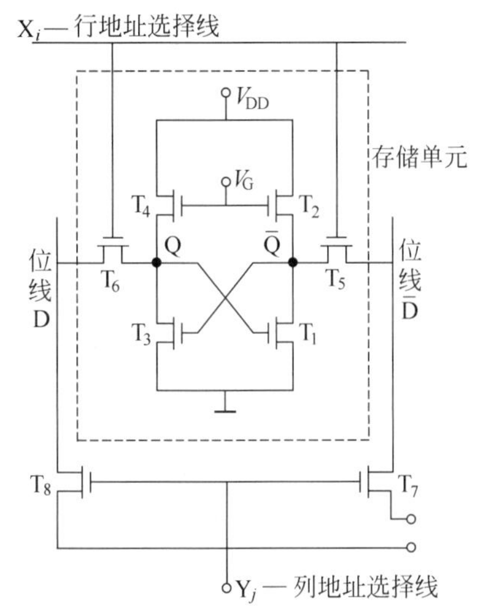

图5-4　六管NMOS静态存储单元

5.2.1　静态RAM(SRAM)

1. SRAM基本存储电路

静态随机存取存储器的基本存储单元如图5-4所示,它由六只NMOS管(T_1～T_6)组成,又称为六管NMOS静态存储单元。

T_1与T_2构成一个反相器,T_3与T_4构成另一个反相器,两个反相器的输入与输出交叉耦合组成双稳态触发器。T_5和T_6为行线选通管,T_7和T_8为列线选通管。该电路具有两个稳定状态:T_1导通、T_3截止的状态称为"1"状态,T_1截止、T_3导通的状态称为"0"状态。

写操作时,若要写入"1",则$D=1,\bar{D}=0$,X地址选择线为高电平,使T_5、T_6导通,同时Y地址选择线也为高电平,使T_7、T_8导通,要写入的内容经D和$\bar{D}$进入,从而使$Q=1,\bar{Q}=0$,这样就迫使T_1导通,T_3截止。当输入信号和地址选择信号消失后,T_5、T_6、T_7、T_8截止,T_1、T_3就保持被写入时的状态不变。只要不掉电,写入的信息"1"就能保持不变。

读操作时,若某个存储单元被选中,X、Y地址选择线均为高电平,则T_5、T_6、T_7、T_8全部导通,T_1、T_3存储的信息被送到D和$\bar{D}$上。

2. SRAM典型芯片

典型的SRAM芯片有2114(1K×4b)、4118(1K×8b)、6116(2K×8b)、6264(8K×8b)和62256(32K×8b)等。随着大规模集成电路的发展,SRAM的集成度也在提高,单片容量不断增大。

图5-5所示为2K×8b静态CMOS RAM 6116的引脚排列图,为24引脚双列直插式芯片。引脚信号如下:

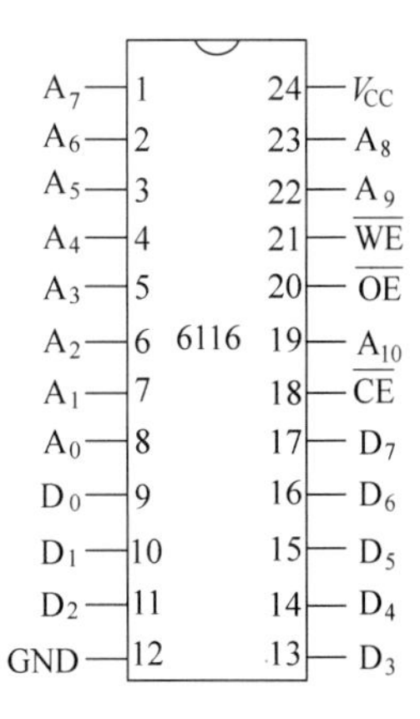

图5-5　静态CMOS RAM 6116引脚排列图

A_{10}～A_0:11条地址线,可寻址2K个存储单元。

D_7～D_0:8条数据线,芯片内部的每个存储单元存放8位二进制。

$\overline{OE}$:读允许信号,输入,低电平有效。

$\overline{WE}$:写允许信号,输入,低电平有效。

$\overline{CE}$：片选信号，输入，低电平有效。

V_{CC}：+5V 工作电压。

GND：信号地。

6116 的工作状态由 $\overline{OE}$、$\overline{WE}$、$\overline{CE}$ 的共同作用决定，控制信号与存储器的读写关系如表 5-1 所示。

表 5-1 静态 RAM 6116 工作状态与控制信号之间的关系

$\overline{CE}$	$\overline{OE}$	$\overline{WE}$	$A_0 \sim A_{10}$	$D_0 \sim D_7$	工作状态
1	×	×	×	高阻态	保持
0	0	1	稳定	输出	读操作
0	×	0	稳定	输入	写操作

5.2.2 动态 RAM(DRAM)

1. DRAM 基本存储电路

常用的 DRAM 基本存储电路有四管型、三管型和单管型电路，其中单管型由于集成度高而越来越被广泛采用。下面以图 5-6 所示单管电路为例介绍 DRAM 基本存储单元的工作原理。

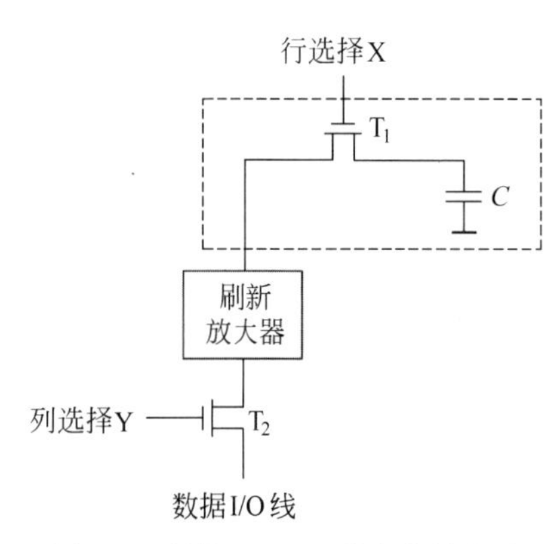

图 5-6 单管 DRAM 基本存储电路

单管 DRAM 基本存储电路只有一个电容和一个 MOS 管，在这个基本存储电路中，存放的信息是“0”还是“1”取决于电容存储的电荷。电容有电荷时表示“1”，无电荷时表示“0”。若地址译码后选中行选择 X 及列选择 Y，则 T_1、T_2 同时导通，这时可对该单元进行读/写操作。

在保持状态下，行选择为低电平，T_1 截止，使电容 C 没有放电回路，其上的电荷可暂存数毫秒。但电容 C 存在漏电泄放现象，必须定期给电容充电补充其损失的电荷，才能保持存储单元中的信息不变。为此，需要一个刷新放大器周期性地刷新存储单元(一般每隔 2ms)，所谓刷新是对所有单元进行读出，经放大器放大后再重新写入原电路，以维持电容上的电荷。

2. DRAM 典型芯片

典型的 DRAM 芯片有 2116(16K×1b)、2164/4164(64K×1b)、41256(256K×1b)、414256(256K×4b)等。相对 SRAM 芯片而言，DRAM 芯片集成度高，存储容量大，因而要求地址线引脚也较多。为了其封装等工艺要求，通常将 DRAM 的地址信号分成两组，采用分时复用的方法输入，以减少引脚数目。

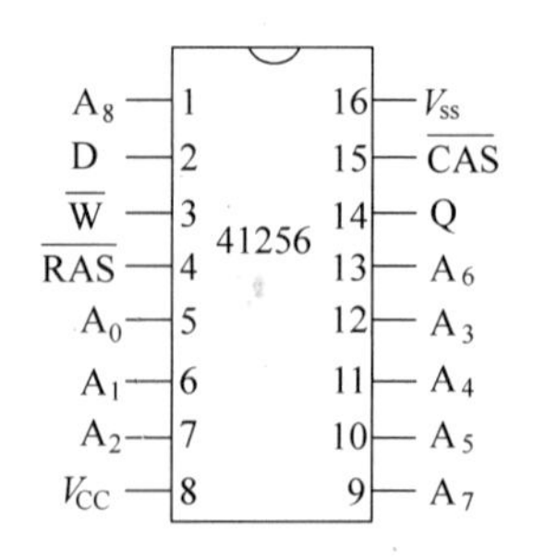

图 5-7 动态 RAM 41256 引脚排列图

图 5-7 所示为 Intel 41256 引脚排列图。41256 容量为 256K×1b，对于 256Kb 的存储空间本应该有 18 位地址信

号,41256 的地址线只有 9 条,18 位的地址分两次送入芯片。Intel 41256 引脚信号如下:

$A_8 \sim A_0$: 9 条地址线。

D: 数据输入。

Q: 数据输出。

$\overline{W}$: 读/写信号。

$\overline{RAS}$: 行地址选通信号,低电平有效。

$\overline{CAS}$: 列地址选通信号,低电平有效。

V_{CC}: +5V 工作电压。

V_{SS}: 信号地。

41256 的数据输入(D)与数据输出(Q)是分开的,它们具有各自的锁存器。这个芯片也没有片选信号,而是利用行选通信号 $\overline{RAS}$ 兼作片选信号,在整个读、写周期均处于有效状态。控制信号 $\overline{W}$ 用于控制读/写操作,当 $\overline{W}$ 为低电平时,为写操作;当 $\overline{W}$ 为高电平时,为读操作。

5.2.3 PC 内存条

由于 DRAM 比 SRAM 集成度高、功耗低、单位存储单元价格低,目前各种 PC 都普遍采用 DRAM 组成各种规格的内存储器系统。尽管 DRAM 的单片容量较大,但对于 16 位、32 位的 PC 而言仍然不算大,必须将多片存储器芯片组装在一起才能满足 PC 的内存要求,这种将多片存储器芯片焊在一小条印制电路板上做成的部件称为内存条,再将内存条按规定的接口插槽规格插入计算机主板上就构成了内存储器系统。

随着计算机技术的发展,CPU 速度大幅提高,相对的与 CPU 直接进行数据交换的内存速度也必须提升,才能提高整机的性能。因此,当前微机主板上使用的内存已从传统的 DRAM 发展到 FPM DRAM、EDO DRAM 和 SDRAM 等,内存的速度在不断提高,容量不断增加,与之对应的内存条也从原来的 8 位发展到目前的 32 位、64 位。

1. 内存条的接口形式

在 80286 主板发布之前,内存是直接固化在主板上的,而且容量只有 64～256KB,对于当时计算机所运行的工作程序来说,这种内存的性能以及容量足以满足当时软件程序的处理需要。随着软件程序和新一代 80286 硬件平台的出现,程序和硬件对内存性能提出了更高要求,为了提高速度并扩大容量,内存必须以独立的封装形式出现,因而诞生了前面我们所提到的“内存条”概念。

在 80286 主板刚推出的时候,内存条采用了 SIMM(single inline memory modules,单边接触内存模块)接口。使用时,内存条引脚数必须与主板上 SIMM 槽口的针数相匹配。SIMM 槽口有 30 针和 72 针两种,相对应内存条的引脚有 30 线和 72 线两种。30 针引脚系统中,8 位或 9 位内存条的数据宽度为 8 位,而 286、386SX、486SX CPU 数据宽度为 16 位,因此必须成对使用;386DX、486DX CPU 数据宽度为 32 位,因此必须 4 条一组使用。72 针引脚系统中,32 位或 36 位内存条的数据宽度为 32 位,适用于 386DX、486DX 和 Pentium(586)微机,可以单条或成对使用。在内存发展进入 SDRAM 时代后,SIMM 逐渐被 DIMM 技术取代。

目前常用的内存模块是 DIMM(dual inline memory modules,双列直插式存储模块),

这是在奔腾 CPU 推出后出现的新型内存条。DIMM 提供了 64 位的数据通道,因此它在奔腾主板上可以单条使用。DIMM 与 SIMM 相当类似,不同的只是 DIMM 的金手指两端不像 SIMM 那样是互通的,它们各自独立传输信号,因此可以满足更多数据信号的传送需要。同样采用 DIMM、SDRAM、DDR、DDR2 等内存条的接口也略有不同,从引脚数目到卡口数量都会有所区别。

2. DDR 内存芯片

DDR SDRAM 简称 DDR,即双速率同步动态随机存储器(double data rate SDRAM),是 2001 年 VIA 与 ADM 两家公司联合推出的高速存储器芯片。DDR 的特点是在每个时钟周期可传送两个字(4B),速度比 SDRAM 提高了一倍。DDR SDRAM 内存采用 DIMM 封装,共有 184 线,工作电压为 2.2V。随着 CPU 性能不断提高,对内存性能的要求也逐步升级。2004 年,由 JEDEC(电子设备工程联合委员会)进行开发的新生代内存技术标准——DDR2 SDRAM 正式发布,DDR2 内存每个时钟能够以 4 倍外部总线的速度读/写数据,并且能够以内部控制总线 4 倍的速度运行。随后,在 2007 年,JEDEC 开发的 DDR3 SDRAM 正式上市,与 DDR2 相比,DDR3 的功耗和发热量更小、工作频率更高、单片容量更大。目前,DDR4 已经成为当前主流内存。

5.3 只读存储器

只读存储器(ROM)的最大特点是非易失性,即使电源断电后,ROM 中存储的信息也不会丢失。

只读存储器 ROM 芯片与 RAM 芯片的内部结构类似,主要由地址寄存器、地址译码器、存储单元矩阵、输出缓冲器及控制逻辑电路等部件组成。

按存储单元的结构和生产工艺的不同,可构成下面几种 ROM 存储器。

1. 掩膜 ROM

掩膜 ROM 的内容是生产厂家按用户要求在芯片的生产过程中写入的,写入后不能修改。图 5-8 所示为 4×4 位掩膜 ROM 的内部结构,采用单译码结构,两条地址线 A_1、A_0 译码后输出 4 条字选择线,分别选中 4 个单元,每个单元有 4 位数据输出。在此矩阵中,行列交点处有 MOS 管的,表示存储信息“1”;没有 MOS 管的,表示存储信息“0”。由于这种 ROM 中字线和位线之间是否跨接 MOS 管是根据存储内容在制造时用“掩膜”工艺过程来决定的,因此称为掩膜 ROM。

2. 一次性可编程 ROM (PROM)

PROM 允许用户使用专用编程器进行一次编程。PROM 存储单元如图 5-9 所示,它用双极型三极管作为基本存储单元,将可熔断金属丝串接在三极管的发射极上。出厂时,三极管的熔丝是完整的,管子将位线与字线连通,表示所有存储单元存有“0”信息。用户编程时,在编程脉冲的作用下,将需要的存储单元的熔丝熔断,该位由“0”变为“1”状态,相当于存放了“1”信息。由于熔丝熔断后不能再恢复,因此,PROM 芯片只能进行一次编程。

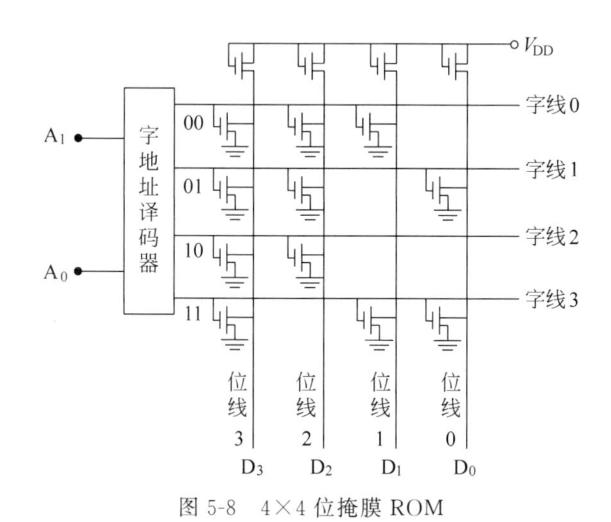

图 5-8　4×4 位掩膜 ROM

V_{CC}
字选线
位选

图 5-9　熔断式 PROM 存储单元

3. 紫外光擦除可编程 ROM（EPROM）

EPROM 是一种可由用户进行编程并可用紫外光擦除的只读存储器。EPROM 芯片的顶部开有一个圆形的石英窗口，用于紫外线透过擦除原有信息。擦除后的芯片可以使用专门的编程器（烧写器）进行重新编程，编程后，石英窗口上应该贴上不透光封条。

EPROM 每次改写程序时，需要从电路板上拔下，用专用紫外光擦除器擦除，操作起来比较麻烦，而且，EPROM 的擦除是对整个芯片进行的，不能只擦除个别单元，擦除一次需要 20min 以上，擦除时间较长。目前全面被 E^2PROM 所替代。

4. 电擦除可编程 ROM（E^2PROM）

E^2PROM 是一种不用从电路板上拔下，能在线用电信号进行擦写的 ROM 芯片。它可以字节为单位进行内容改写，无论是字节还是整片内容的改写均可在应用系统在线时进行。E^2PROM 写入的数据在常温下可保存 10 年，可擦写 1 万次。E^2PROM 芯片有两类接口——并行接口和串行接口，分别用于不同的计算机系统。

1）并行接口 E^2PROM 芯片

并行接口的 E^2PROM 芯片读写方法简单，可选择字写入方式和页写入方式，速度快，但功耗大、价格贵。一般并行接口 E^2PROM 芯片相对容量大。

典型的并行 E^2PROM 芯片 2864 容量为 8K×8b，芯片采用 28 引脚双列直插式封装。其引脚图如图 5-10 所示，引脚信号如下：

A_{12}～A_0：13 条地址线，可寻址 8KB 存储空间。

D_7～D_0：8 条数据线，双向，三态。

$\overline{OE}$：读允许信号，输入，低电平有效。

$\overline{WE}$：写允许信号，输入，低电平有效。

$\overline{CS}$：片选信号，输入，低电平有效。

V_{CC}：电源线，单一＋5V 供电。

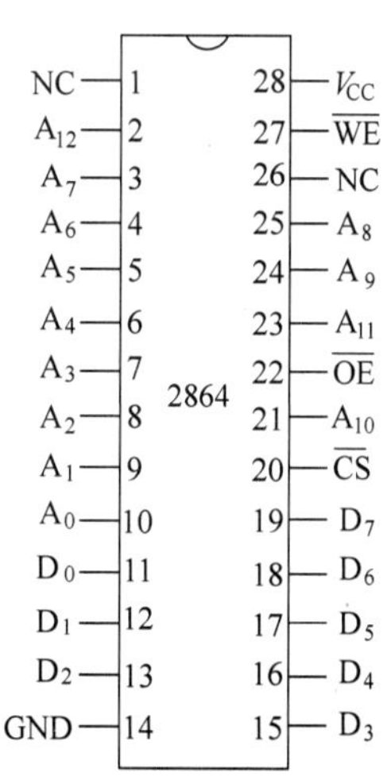

图 5-10　并行 E^2PROM 芯片 2864 引脚

GND：信号地。

信号线$\overline{OE}$、$\overline{WE}$、$\overline{CS}$共同决定了2864的工作方式。当$\overline{CS}$和$\overline{OE}$为低电平时，进行数据的读操作，被选中单元的数据送到数据总线上；当$\overline{CS}$和$\overline{WE}$为低电平时，进行数据的写操作，将数据总线上的数据写入指定的存储单元；当$\overline{OE}$接+12V电压，且$\overline{CS}$和$\overline{WE}$为低电平时，可进行芯片整片擦除操作。

2）串行接口E^2PROM芯片

串行接口的E^2PROM芯片的特点是体积小、功耗低、价格便宜，使用时占用系统的信号线较少，但工作速度较慢，读写方法较复杂。串行E^2PROM的一个重要特点是不同容量的芯片具有相同的器件封装形式，均为8引脚的DIP封装。例如E^2PROM 2464芯片，容量为8K×8b，芯片内有一个32B的页写缓冲器，通过I^2C总线接口进行操作，引脚图如图5-11所示，引脚信号如下：

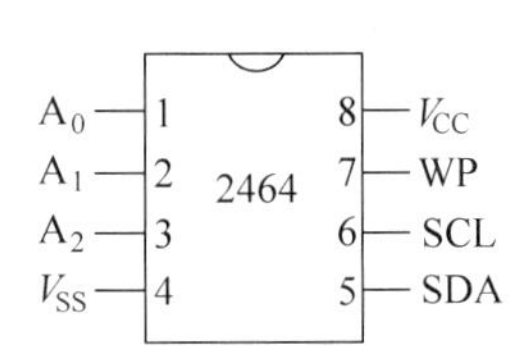

图5-11 串行E^2PROM芯片2464引脚

A_2～A_0：芯片地址设置引脚，可以通过接高或接低来设置芯片的不同地址，设置为不同地址时最多可以在同一I^2C总线上存在多达8个芯片。当这些引脚悬空时，默认地址为0。

SDA：串行数据/地址，双向，用于数据的发送或接收。

SCL：串行时钟，输入，产生数据发送或接收的时钟。

WP：写保护，高电平时，芯片只允许数据的读出，禁止写入数据。

V_{CC}：+5V工作电压。

V_{SS}：信号地。

5. 闪速存储器

近年来，发展很快的新型半导体存储器是闪速存储器(flash memory)。闪速存储器既有SRAM读写的灵活性和较快的访问速度，又有断电后不丢失信息的特点，同时闪速存储器集成度高，比DRAM的制造成本低。与EPROM相比，闪速存储器可以在系统电可擦除和可重复编程，而不需要特殊的高电压；与E^2PROM相比，闪速存储器具有成本低、密度大等特点。闪速存储器结合了ROM与RAM的所有优点，使过去ROM与RAM的定义和划分逐渐失去意义。

由于闪速存储器具有掉电后信息不丢失、快擦除、单一供电、高密度的信息存储等特点，因此得到了越来越广泛的应用。目前闪速存储器主要用来构成存储卡，现已大量应用于便携式计算机、数码相机、MP3播放器、主板BIOS芯片等设备中。采用闪速存储器技术开发的移动存储器——俗称“优盘”，也已完全代替了过去的软磁盘。而随着半导体制造工艺水平的不断提高，闪速存储器的容量也在不断增大。当前，三星、东芝、Intel等公司纷纷推出了容量在128GB以上的闪速存储器，开始全面取代小容量硬盘。

5.4 高速缓冲存储器

高速缓冲存储器(cache)是位于CPU与主存储器之间的一种存储器。它的容量比主存储器小，但访问速度比主存储器快得多。cache中的内容是主存储器某一部分内容的副本，而这一部分是CPU当前正在使用的指令和数据。对程序员来说,就好像计算机系统有一个速度很高的主存。因此,采用cache可以大大提高计算机的性能。

5.4.1 工作原理

1. cache-主存地址组成

在具有cache的存储系统中,cache和主存储器都被机械地划分为尺寸(容量大小)相同的块,每块由若干个(字)字节组成,并且把块有序地编号。可以看出,这与虚拟存储器中的页具有逻辑上的相同之处,但块的实际尺寸比页要小得多。

主存地址 n_m 由主存块号 n_{mb} 和块内地址 n_{mr} 组成;cache地址 n_c 由块号 n_{cb} 和块内地址 n_{cr} 组成,如图5-12所示。n_{mb} 恒大于 n_{cb}。

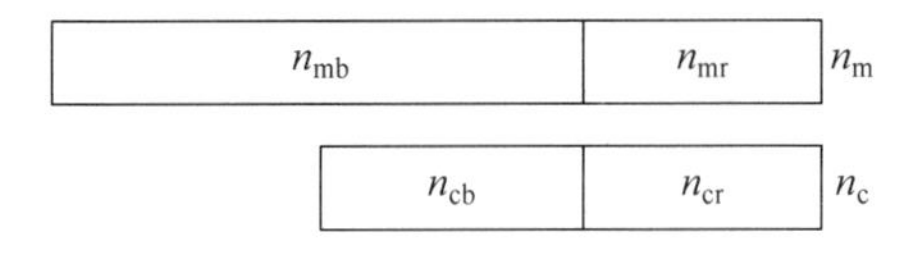

图5-12 主存与cache地址

2. cache工作过程

图5-13给出了cache的工作过程。

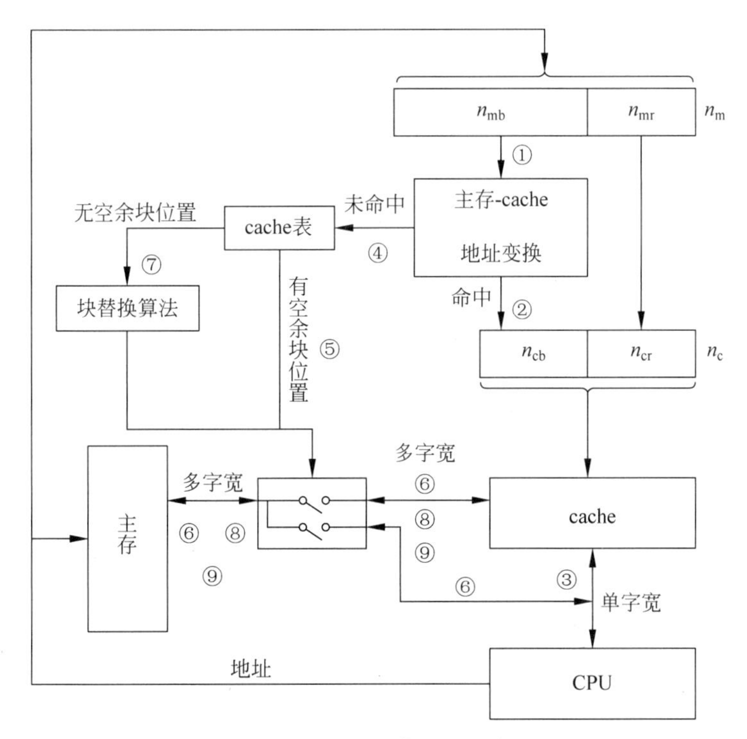

图5-13 cache工作过程示意图

CPU访问存储器是通过主存地址进行的。首先进行主存-cache的地址变换①,若变换成功(cache块命中),就得到cache块号 n_{cb},并由 n_{cr} 直接送 n_{br} 以拼接成 n_c②,这样,CPU就直接访问cachet③;若cache块未命中(cache失效)④,就通过相关的cache表,查看有无其他空余的 cache 块空间,当有空余的 cache 块空间⑤,就从多字节通路把所需信息所在的一块调入 cache,同时把被访问的字直接从单字宽通路送给 CPU⑥,这称作读直达;若 cache 中无空余空间(发生了块冲突),就需根据一定的块替换算法⑦,把 cache 中某一块送回主存③,再把所需信息从主存送入 cache④。

3. cache 的物理位置

为了发挥 cache 的高速性能,减小 CPU 与 cache 之间的传输延迟,在物理位置上,cache 应靠 CPU 最近。在 cache 工作过程中,除 cache 与 CPU 之间有数据通路外,主存与 CPU 之间也设有直接数据通路,如图 5-14 所示。这样,在访问 cache 块失效时,就可实现读直达(read-through)或写直达(write-through)。因此,cache 又是 CPU 与主存之间的一个旁视存储器。

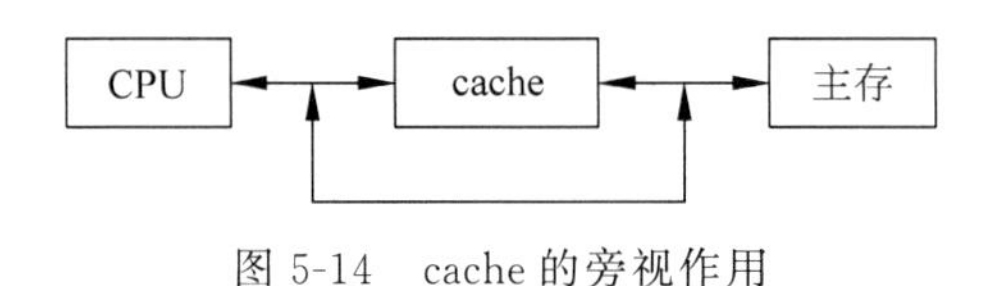

图 5-14 cache 的旁视作用

5.4.2 地址映像

从 cache 的地址和主存的地址可以看出:cache 的容量远远小于主存,一个 cache 块要对应许多主存块,因此需要按某种规则把主存块装入 cache 中,这就是 cache 的地址映像;主存块装入 cache 后,还需要把主存地址变换为对应的 cache 地址,这就是 cache 的地址变换。地址映像有多种方式,下面介绍几种常见的方式。

1. 全相联映像

主存中的任意一块可装入 cache 中的任意块位置称为全相联映像,如图 5-15 所示。在全相联映像中,主存块装入 cache 的方式有 $2^{n_{cb}+n_{mb}}$ 种。

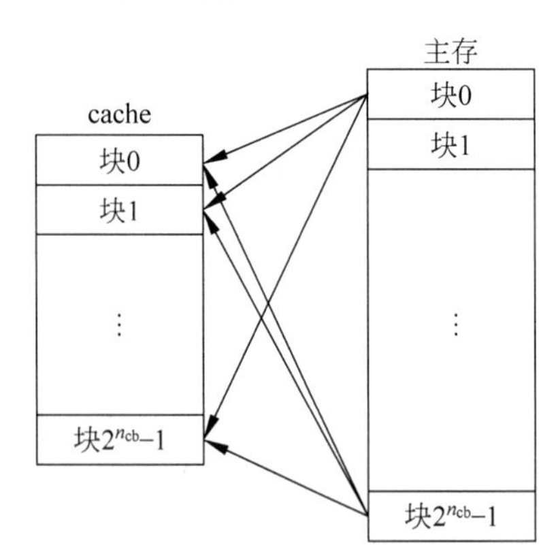

图 5-15 全相联映像示意

2. 直接映像

主存中每一块只能装入到 cache 中唯一的特定块位置的方法称为直接映像。设主存中的块号为 i, cache 中的块号为 j,则映像关系可用下列公式表示:

$$j = i \bmod 2^{n_{cb}}$$

可见，这相当于把主存空间按 cache 空间划分为许多区，区中的块仅能装入 cache 中特定的块位置上，如图 5-16 所示。

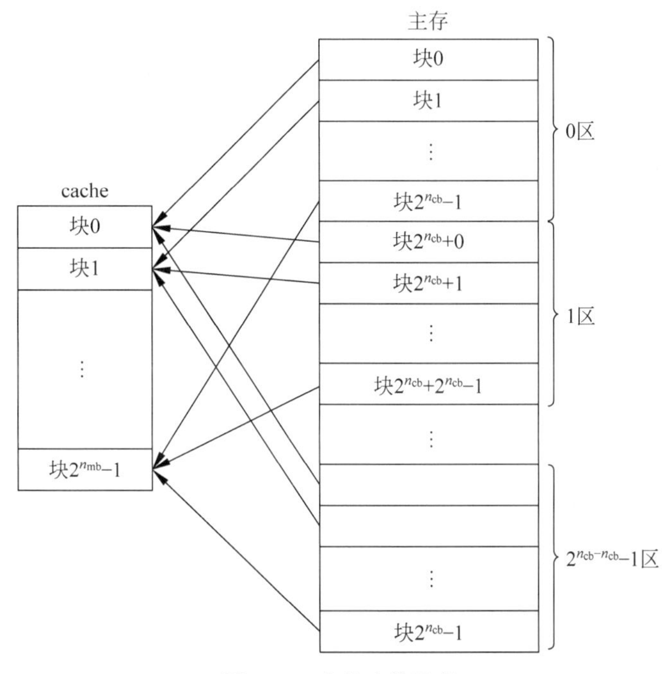

图 5-16　直接映像示意

在直接映像中，主存中的块装入 cache 只有一种方式，因此地址变换的速度快且实现简单。如果对应 cache 中的某一块的主存块有两个或两个以上（如块 0 与 $2^{n_{cb}}$）需同时装入 cache，即使 cache 中还有许多未使用的块，这些主存块也不能装入 cache，这就产生了块冲突，所以直接映像的块冲突率高，空间的利用率低。在全相联映像中，块冲突低，空间利用率高，但地址变换的速度慢且实现时需要有较复杂的硬件设备（相联存储器）。

3. *N* 路组相联映像

在直接映像中只有一个 cache（或称一路 cache），如果把 cache 增加到 *N* 路，且在主存的区与 cache 的路之间实行全相联映像，在块之间实行直接映像，这就是 *N* 路组相联映像，如图 5-17 所示。显见，这是全相联映像与直接映像的一种折中方法。为了简明起见，图 5-17(b)中的 cache 只有两路，可以看出，主存中任何区中的块能进入 cache 中 0 路或 1 路中相同块号的位置。以主存中的块 0 为例，它能进入 0 路或 1 路的块 0 位置，只有当 0 路和 1 路中的块 0 位置都被占用时才会出现块冲突。如果 cache 中的路数增多，则采用组相联方式，比直接映像方式的块冲突概率低得多。

Pentium PC 机采用两级 cache 结构。集成在 CPU 内的 1 级 cache（LI），其容量是 16KB，采用 2 路（每组 2 块）组相联映射方式，每块是 32B。安装在主板上的 2 级 cache（L2），其容量是 512KB，也采用 2 路组相联映射方式，每块可以是 32B、64B 或 128B。

Pentium PC 机的另一个特点是，CPU 中的 L1 分设成各 8KB 的指令 cache 和数据

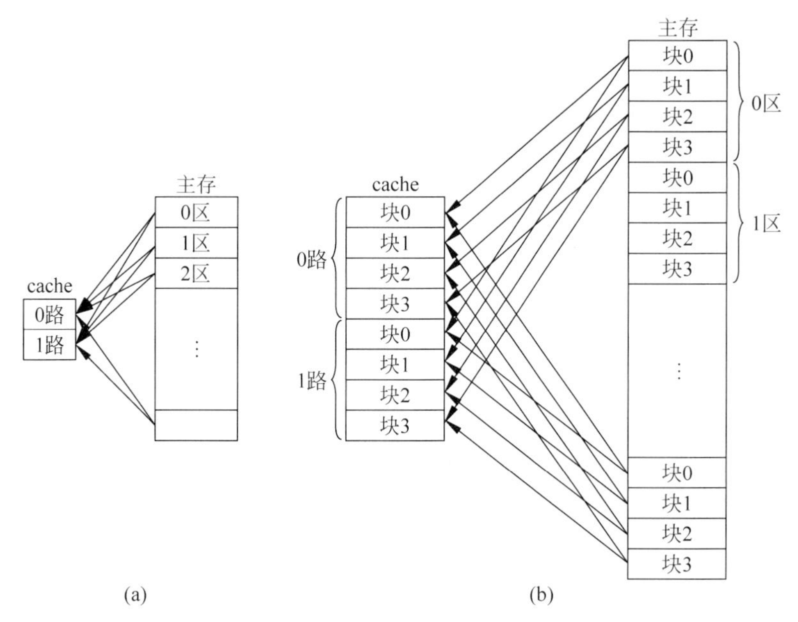

图 5-17　二路组相联映像示意

(a) 二路组相联的路、区之间的全相联映像；(b) 二路组相联映像示意

cache。这种体系结构有利于 CPU 高速执行程序。这是因为：指令 cache 是只读的，用单端口 256 位(32B)向指令预取缓冲器提供指令代码；而数据 cache 是随机读/写的，用双端口(每个端口 32 位)向两条流水线的 ALU 部件和寄存器提供数据或接收数据。由于 L1 中指令 cache 和数据 cache 具有相似的组织结构，下面只讨论数据 cache。

数据 cache 采用 2 路组相联结构，分成 128 组，每组 2 块，每块 32 字节。容量为 128×2×32B＝8KB，使用 32 位物理地址寻址。每块有一个 20 位的标记和 2 位的 M/E/S/I (modified/exclusive/shared/invalid，修改/互斥/共享/无效)的状态位，这 22 位构成该块的目录项，所有这些目录项在逻辑上组成两个目录。数据 cache 采用 LRU 替换算法，同组中两块共用 1 个 LRU 位。这样，数据 cache 呈现出如图 5-18 所示的两个存储体逻辑结构。

			cache组内块号	
主存地址	主存标记	cache组号	主存标记	块内地址
	31　13	12　6	5　4	0

组号	目录0		路0	LRU位	目录1		路1
0	标记	M	数据	0	标记	I	数据
0	标记	E	数据	1	标记	E	数据
⋮	⋮		⋮	⋮	⋮		⋮
127	标记	S	数据	0	标记	S	数据
	20位	2位	32字节/块	1位	20位	2位	32字节/块

图 5-18　Pentium 数据 cache 结构

由于数据 cache 是双端口，它可以在一个 CPU 时钟周期内同时存取两个数据。数据可以是字节(B)、字(2B=16 位)和双字(4B=32 位)。这两个数分别通过两个 32 位端口同时被 ALU 单元、寄存器所存取。

5.5 虚拟存储器

5.5.1 虚拟存储器的基本概念

虚拟存储器又称为虚拟存储系统，此概念 1961 年由英国曼彻斯特大学的 Kilburn 等人提出，并于 20 世纪 70 年代广泛应用于大中型计算机之中，现在的微型计算机也都采用了这种技术。虚拟存储器由主存储器和辅助存储器共同组成。它把辅助存储器作为主存储器的扩充，对应用程序员来说，好像计算机系统有一个容量很大的主存。虚拟存储器的速度接近于主存，每位价格又与辅存相近，因此性能价格比很高。

虚拟存储器是建立在主存-外存层次上的由操作系统存储管理软件及附加硬件装置(存储器管理部件(MMU))组成的存储体系。它以透明的方式给用户提供了一个访问速度接近(略大于)主存储器，而存储空间比实际主存空间大得多的虚拟存储器。此时程序的逻辑地址称为虚拟地址(虚地址)，程序的逻辑地址空间称为虚拟地址空间。虚拟存储器不仅解决了人们追求的存储容量大、存取速度快和成本低之间的矛盾，而且它也是一种有效的存储体系管理方式。

物理地址(实地址)由 CPU 地址引脚送出，它用于访问主存的地址。虚拟地址是程序设计者使用的地址。工作在虚拟地址模式下的 CPU 理解这些虚拟地址，并将它们转换成物理地址。

在实际的物理存储层次上，所编程序和数据在操作系统的管理下，先送入辅存，然后操作系统将当前运行所需要的部分调入主存，供 CPU 使用，其余暂不运行部分留在辅存中。故虚拟地址空间的大小实际上要受到外部存储器容量的限制。

程序运行时，由辅助硬件找出虚地址和实地址之间的对应关系，并判断这个虚地址指示的存储单元内容是否已装入主存。如果已在主存中，则通过地址变换，CPU 可直接访向主存的实际单元；如果不在主存中，则把包含这个字的一块调入主存后再由 CPU 访问。如果主存已满，则由替换算法从主存中将暂不运行的一块调回外存，再从外存调入新的一块到主存。从原理上看，主存-外存层次和 cache-主存层次有很多相似之处，它们采用的地址变换及映射方法和替换策略，从原理上看是相同的，且都基于程序局部性原理。它们遵循的原则是：

(1) 把程序中最近常用的部分驻留在高速的存储器中。

(2) 一旦这部分变得不常用了，把它们送回到低速存储器中。

(3) 这种换入、换出是由硬件或操作系统完成的，对用户是透明的。

(4) 力图使存储系统的性能接近高速存储器，价格接近低速存储器。

事实上，前面提到的各种控制方法是先应用于虚拟存储器中，后来才发展到 cache-主存层次中去的。不过 cache-主存的控制完全由硬件实现，所以对各类程序员是透明的；而虚拟存储器的控制是软、硬件相结合的，对于设计存储管理软件的系统程序员来说是不透明的，对于应用程序员来说是透明的。

为了进行虚地址和实地址的转换，可把虚拟地址空间和实际主存地址空间划分成块，以块为单位传送，常采用段、页或段页这样的块。

5.5.2 页式虚拟存储器

以页为基本单位的虚拟存储器叫作页式虚拟存储器。虚存空间和主存空间都分成同样大小的页，分别称为虚页和实页。各类计算机页面大小设置一般在 512B 到几 KB。页面从 0 开始顺序编号，叫作页号，分别称为虚页号和实页号。虚拟地址分为虚页号和页内地址两部分，物理地址分成实页号和页内地址两部分。实存与虚存的页内地址长度相同，因此，两者页面大小相同。虚存空间比主存大，而页号的长度取决于存储容量，所以虚页号长度要比实页号的长。

为实现地址变换，通常需要建立一张虚地址页号与实地址页号的对照表，称为页表，记录程序的虚页面调进主存时被安排在主存中的位置。它是存储管理软件根据主存运行情况自动建立的。若计算机采用多道程序工作方式，则可为每个用户作业建立一个页表，硬件中设置一个页表基址资存器，存放当前所运行程序的页表的起始地址。

页表中的每一行对应一个虚页号，称为一个登记项。其内容包含该页所在的主存页面地址(实页号)，还包含由装入位、修改位、替换控制位等组成的控制字段。如装入位为"1"，表示该虚页内容已从外存调入主存，页面有效；若装入位为"0"，表示该页面不在主存中，于是要启动 I/O 系统，把该页从外存中调入主存后再供 CPU 使用。修改位指出虚页内容在主存中是否被修改过，如修改过，该页被新页替换时，要把修改的内容写回虚存。替换控制位与替换策略有关，如采用在 cache 中叙述过的 LRU 算法，它可用作计数位(计数器)，记录该页在主存时被 CPU 访问的历史，即反映该页在主存的活跃程度。登记项中还可根据要求设置其他控制位。具体变换过程如图 5-19 所示。

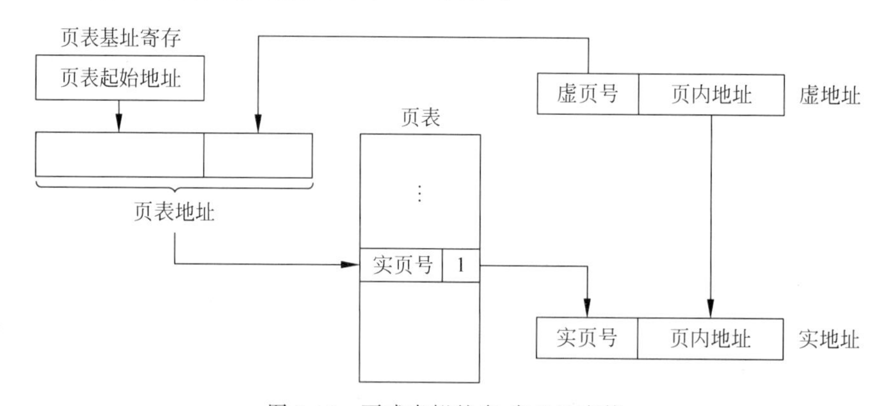

图 5-19 页式虚拟的虚-实地址变换

程序投入运行时，由存储管理软件把该程序的页表存放在主存中的地址装入页表基址寄存器中。由基址寄存器的内容和虚页号得到页表索引地址。根据这个索引地址可读到一个页表项，检测该项中装入位的状态，若为"1"，表示该页已装入主存中，则可将该项中的实页号取出作为主存高位地址，再与虚地址中的页内地址相拼接，就产生完整的实地址。CPU 以此实地址访问主存。

若页表放在主存中，则对于 CPU 的每次访问请求，至少访问两次主存，使执行速度减半,若页面失效,还要进行页面替换和页表修改,则访问主存的次数就更多了。为了提高操作速度,许多计算机将页表分为快表和慢表两种。将当前最常用的页表信息存放在快表中,作为慢表局部内容的副本。快表很小,存储在高速存储器中。该存储器是一种按内容查找的联想存储器,可按虚页号名字进行查询,迅速找到对应的实页号。如果计算机采用多道程序工作方式,则慢表可有多个,但全机只有一个快表。采用快、慢表结构后,访问页表的过程与访问 cache 的工作原理很相似,即根据虚页号同时访问快表和慢表,若该页号在快表中,就能迅速找到实页号并形成实地址。

从上述工作过程可以看出:页式虚拟存储器的管理是采用软硬件结合的方法来实现的。分工的原则是:因每次访存时都要进行虚-实地址变换,速度应越快越好,所以应由硬件实现,包括地址转换硬件、存储页表的高速存储器等;而主、外存之间的页面调动不经常发生,加上外存工作本来就比较慢,可以由软件实现。总之,应在速度与实现的复杂性之间权衡利弊后进行软硬件分工。

页式虚拟存储器的每页长度是固定的,页表的建立很方便,新页的调入也容易实现。但是由于程序不可能正好是页面的整倍数,最后一页的零头将无法利用而造成浪费。同时,页不是逻辑上独立的实体,使程序的处理、保护和共享都比较麻烦。

5.5.3 段式虚拟存储器

段式虚拟存储器是一种能与模块化程序相适应的虚拟存储器。程序中的每个模块作为一个段,用段号表示程序各段的编号,各段的长度不等。各段仍以虚地址编址,虚地址由段号和段内地址组成。程序运行时,以段为单位整段从外存调进主存,一段占据一个连续的主存空间。CPU 访问时,仍需要进行虚实地址的变换。

为了将虚拟地址变换成主存实地址,需要一个段表。每个程序段在段表中都占有一登记项,内容有段号、段起点、段长、装入位等。段号指虚拟段号,装入位为 1,表示该段已装入主存,段起点指出该段调进主存时存放的实地址,段长指出该段的长度。由虚拟地址向实存地址的变换如图 5-20 所示。

段表由存储管理软件设置,段表的起始地址放在段表基址寄存器中。CPU 访问主存时,将虚地址中的虚段号与段表起始地址相拼接,得到段表中相应项的地址,从该项内容中取出该段在实存中的起点(首地址)与虚地址中的段内地址相加,最后得到要访问的信息的实地址。

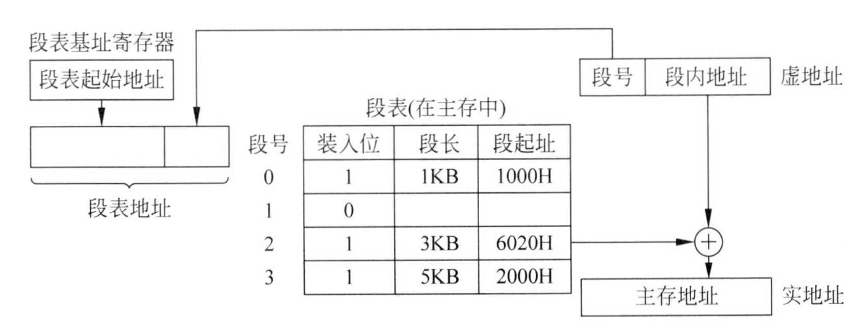

图 5-20 段式虚存的虚-实地址变换

由于段的分界与程序的模块自然分界相对应，所以具有逻辑独立性，易于程序的编译、管理、修改和保护，也便于多道程序共享。但是，因为段的长度参差不齐，起点和终点不定，给内存空间分配带来了麻烦，容易在段间留下不能利用的零头，造成浪费。

5.5.4 段页式虚拟存储器

为充分发挥段式和页式虚拟存储器各自的优点，可把两者结合起来，形成“段页式虚拟存储器”的方式。即每个程序按模块分段，每段再划分为页，页面大小与实存页面相同，虚地址的格式包括段号、页号和页内地址 3 部分。实地址则只有页号和页内地址。虚存与实存之间信息调度以页为基本传送单位。每个程序有一张段表，每段对应有一张页表。CPU 访问时，由段表指出每段对应的页表的起始地址，而每一段的页表可指出该段的虚页在实存空间的存放位置(实页号)，最后与页内地址拼接，即可确定 CPU 要访问的信息的实存地址。这是一种较好的虚拟存储器管理方式，但要经过两级查表才能完成地址转换，费时要多些。

5.6 存储器接口技术

半导体存储器芯片如何构成存储器系统，如何与 CPU 连接，进行信息交换，是硬件设计非常重要的一个环节。

5.6.1 存储器芯片与 CPU 的连接

CPU 对存储器进行读/写操作时，首先向其地址线发地址信号，然后向控制线发相应的读/写控制信号，最后才能在数据总线上进行数据交换。因此，存储器与 CPU 的连接就是与地址线、数据线和控制线的连接。连接时还应考虑以下几个问题。

1. CPU 总线的负载能力

一般来说，CPU 总线的直流负载能力可带动一个 TTL 负载，目前存储器基本是 MOS 电路，直流负载很小，因此在小型系统中，CPU 可以直接与存储器芯片相连。但在较大的系统中，主存储器往往由多片 ROM 和 RAM 芯片组成，每个芯片都接在总线上，芯片数量较多，就必须用接入缓冲器或总线驱动器等方法增加 CPU 总线的驱动能力。地址总线只需接入单向的驱动器，例如 8282、74LS244、74LS373 等，数据总线需要接入双向驱动器，例如 8286、74LS245 等。

2. 存储器的地址分配

在进行存储器系统设计时，当选择好主存储器容量和 RAM、ROM 芯片的数量后，就应该为各个存储器芯片分配存储地址空间。因此，在进行存储器芯片与 CPU 地址总线连接时，必须满足对这些芯片所分配的地址范围的要求。不同微处理器系统对存储地址空间的分配有所不同，使用 8086 CPU 的 IBM PC/XT 的内存地址分配情况如图 5-21 所示。

8086 CPU 有 20 条地址线，可寻址的最大存储器地址空间为 1MB，RAM 占 768KB，占用低端地址，其中，最低端地址 00000H～003FFH 的 1KB 存储区用于存放中断服务程序的入口地址，作为中断向量表使用；用户程序使用的 RAM 地址范围为 04000H～9FFFFH。

ROM 占 256KB，安排在高端地址，存储区地址的最高端 FE000H～FFFFFH 用于存放 8KB 的 BIOS 系统。上电复位后，由于段寄存器 CS 的初值为 FFFFH，指令指针寄存器 IP 的初值为 0000H，程序的第 1 条指令从地址 FFFF0H 处开始执行。第 1 条指令通常为无条件转移指令，将指令指针 IP 转换到系统 BIOS 的开始处。

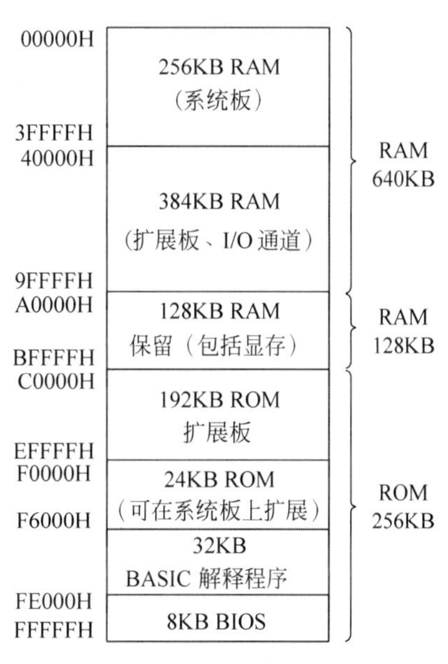

图 5-21　PC/XT 微机存储器地址分配

3. 存储器的寻址方法

存储器芯片的容量是有限的，一个主存储器系统往往由一定数量的芯片构成。CPU 要实现对存储单元的访问，发出的地址信息必须实现两种选择：首先要选择存储器芯片，即使相关芯片的片选端有效，这称为片选；然后在选中的芯片内部再选择某一存储单元，以进行数据的存取，这称为字选。

字选由存储器芯片内部的译码电路实现，这部分译码电路用户无须设计。片选应根据主存储器系统对每个存储器芯片的地址范围的分配，由硬件设计人员来确定。与此对应，CPU 访问存储器的地址线可分为两部分，即低位地址线（片内地址线）和高位地址线（片选地址线）。CPU 的低位地址线由与之相连的存储器芯片的地址线决定，CPU 输出的除了低位地址线以外的其他地址线都称为高位地址线，即片选地址线。例如静态 RAM 芯片 6116（2K×8b）有 11 条地址线，若与 6116 相连的 CPU 地址线为 A_0～A_{15}，共 16 条，则片内地址线为 11 条（A_0～A_{10}），其余 5 条 A_{11}～A_{15} 作为片选地址线。存储器芯片的片选信号大多都是通过片选地址线译码后产生，而这部分译码电路需要用户自行设计。

下面介绍三种片选信号外部译码电路的设计方法。

5.6.2　存储器片选控制方法

1. 线选法

线选法是用 CPU 的高位地址线直接作为存储器芯片的片选信号，每一根地址线选通一个芯片（组）。线选法的优点是结构简单，不需要另外的硬件；缺点是地址空间浪费较大，会造成芯片间地址的不连续，而且由于部分地址线未参加译码，还会出现地址重叠。

例 5-1　图 5-22 所示为 CPU 和一片 1KB ROM 芯片（1024×8b）、一片 1KB RAM 芯片（1024×8b）组成主存储器系统，试用线选法完成存储器芯片的片选控制，分析各存储器芯片的地址空间分配。（设 CPU 的数据总线为 8 位，地址总线为 16 位，控制总线未连接。）

解　1）片内地址线

1KB ROM 和 1KB RAM 的片内地址线均为 10 条，即地址线 A_0～A_9。

2）片选地址线

在 6 条片选地址线 A_{10}～A_{15} 中，用 A_{10} 控制 1KB ROM 的片选端 $\overline{CE}$，低有效。用 A_{11}

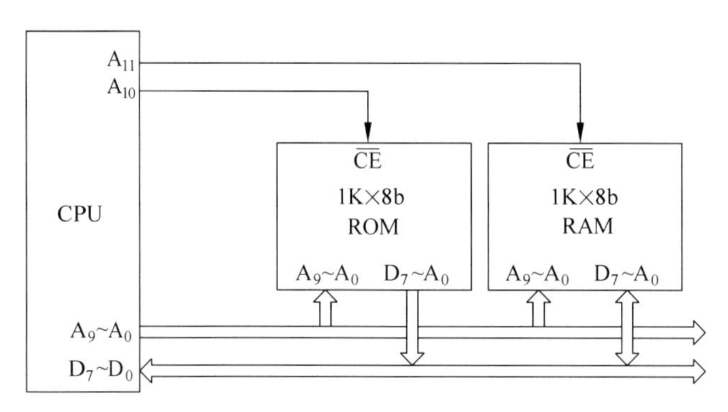

图 5-22 CPU 和 1KB ROM、1KB RAM 的线选法控制

控制 1KB RAM 的片选端 $\overline{CE}$,低有效。A_{12}～A_{15} 未用。

3) ROM 芯片与 RAM 芯片的地址空间分配

若 A_{15}～A_{12} 为 0000B,则两芯片的地址空间范围如表 5-2 所示。

表 5-2 线选法各芯片地址空间分配

芯片	A_{15}	A_{14}	A_{13}	A_{12}	A_{11}	A_{10}	A_9～A_0	地 址 范 围
ROM	×	×	×	×	1	0	0000000000	0800H～0BFFH
							1111111111	
RAM	×	×	×	×	0	1	0000000000	0400H～07FFH
							1111111111	

4) 分析

由于片选地址线中有 A_{15}～A_{12} 未用,当它们从 0000B～1111B 变化时,每个存储单元的重叠地址数为 16 个,这是由于译码电路未对这些高位地址进行管理的原因。而若采用 A_{15}～A_{10} 中的任意一条作片选时,ROM 和 RAM 的地址很难连续。同时,即使所有高位地址线都用作线选,其能寻址的存储空间也十分有限。

2. 部分译码法

部分译码法是用 CPU 的高位地址线的一部分作为地址译码器的输入,把经过译码器译码后的输出作为各芯片的片选信号,将它们分别接在存储芯片的片选端。由于有高位地址线未参加译码,存储单元仍然会有重叠地址。

例 5-2 图 5-23 为 CPU 和一片 1KB(1024×8)ROM 芯片、1KB (1024×8) RAM 芯片组成主存储器系统,用 74LS138 译码器实现存储器芯片的部分译码法片选控制,分析各存储器芯片的地址空间分配。(设 CPU 的数据总线为 8 位,地址总线为 16 位,控制总线未连接。)

解 1) 片内地址线

1KB ROM 和 1KB RAM 的片内地址线均为 10 条,即地址线 A_0～A_9。

2) 片选地址线

在 6 条片选地址线 A_{10}～A_{15} 中,用 A_{10}～A_{12} 连接 74LS138 译码器的 A、B、C 三个译码输入端,A_{13}～A_{15} 未用。根据 3-8 译码器的输入/输出接线,可知:A_{12}～A_{10}=100 时,$\overline{Y_4}$ 输

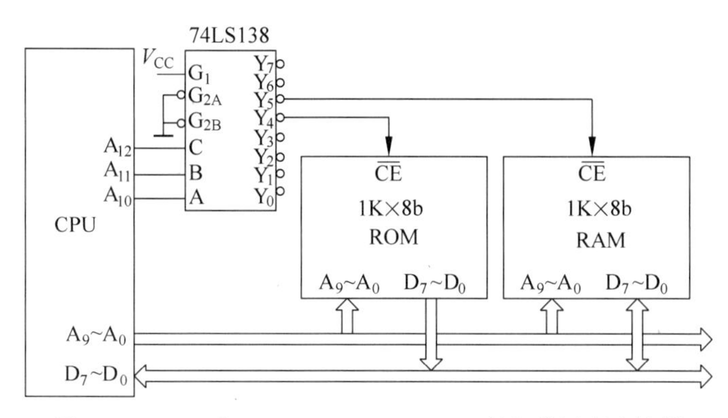

图 5-23 CPU 和 1KB ROM、1KB RAM 的部分译码法控制

出低电平，选用 1KB ROM；当 A_{12}～A_{10}＝101 时，$\overline{Y_5}$ 输出低电平，选用 1KB RAM。

3）ROM 芯片与 RAM 芯片的地址空间分配

若 A_{15}～A_{13} 为 0000B，则两芯片的地址空间范围如表 5-3 所示。

表 5-3 部分译码法各芯片地址空间分配

芯片	A_{15}	A_{14}	A_{13}	A_{12}	A_{11}	A_{10}	A_9～A_0	地 址 范 围
ROM	×	×	×	1	0	0	0000000000	1000H～13FFH
							1111111111	
RAM	×	×	×	1	0	1	0000000000	1400H～17FFH
							1111111111	

4）分析

部分译码法中所采用的译码器可使用各种逻辑门电路或集成译码芯片。由于片选地址线中 A_{15}～A_{13} 未用，当它们从 000B～111B 变化时，每个存储单元的重叠地址数为 8 个。

3. 全译码法

全译码法是将 CPU 的高位地址线全部作为译码器的输入，用译码器的输出作片选信号。由于所有的地址线均参与片内或片外的地址译码，每个存储单元的地址是唯一确定的，不会产生地址重叠。在全译码方式中，译码电路的核心常用一块译码芯片充当，例如常用的 74LS138 等。

例 5-3 图 5-24 所示为 CPU 和一片 1KB(1024×8b)ROM 芯片、一片 1KB(1024×8b)RAM 芯片组成主存储器系统，用 74LS138 译码器实现存储器芯片的全译码法片选控制，分析各存储器芯片的地址空间分配。(设 CPU 的数据总线为 8 位，地址总线为 16 位，控制总线未连接。)

解 1）片内地址线

1KB ROM 和 1KB RAM 的片内地址线均为 10 条，即地址线 A_0～A_9。

2）片选地址线

在 6 条片选地址线 A_{10}～A_{15} 全部经 74LS138 译码后，控制 1KB ROM 的片选端 $\overline{CE}$ 和 1KB RAM 的片选端 $\overline{CE}$。根据 3-8 译码器的输入/输出接线，可知：当 A_{15}～A_{10}＝100110 时，

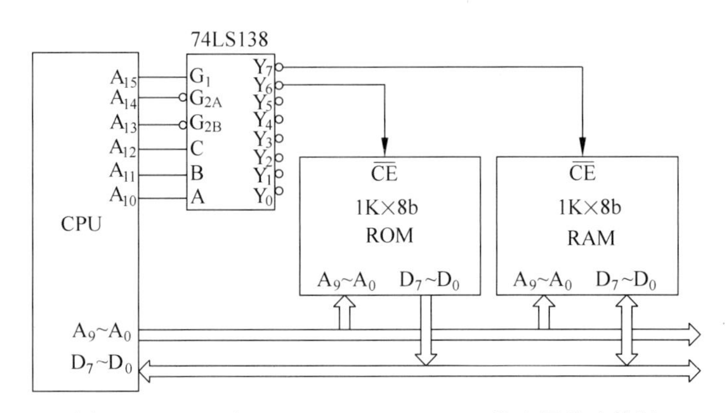

图 5-24 CPU 和 1KB ROM、1KB RAM 的全译码法控制

$\overline{Y_6}$ 输出低电平,选用 1KB ROM;当 $A_{15}\sim A_{10}=100111$ 时,$\overline{Y_7}$ 输出低电平,选用 1KB RAM。

3) ROM 芯片与 RAM 芯片的地址空间分配

两芯片的地址空间范围如表 5-4 所示。

表 5-4 全译码法各芯片地址空间分配

芯片	A_{15}	A_{14}	A_{13}	A_{12}	A_{11}	A_{10}	$A_9\sim A_0$	地址范围
ROM	1	0	0	1	1	0	0000000000	9800H～9BFFH
							1111111111	
RAM	1	0	0	1	1	1	0000000000	9C00H～9FFFH
							1111111111	

4) 分析

由于片选地址线 $A_{15}\sim A_{10}$ 已全部使用,每个存储单元的地址是唯一的,无重叠地址,而且芯片间地址更容易实现连续。但全译码法对译码电路要求较高,线路较复杂。

5.6.3 存储器扩展技术

在实际应用中,由于单片存储芯片的容量是有限的,往往无法满足系统对存储容量的要求,因此需要将若干个存储芯片连接在一起,构成大容量存储器,这就是存储器扩展。存储器扩展通常有位扩展、字扩展、字位扩展三种方式。

根据存储器所要求的容量和选定的存储芯片的容量,可以计算出系统所需的芯片数。假设要构成一个容量为 $M\times N$ 位的存储器,M 为存储器的单元(字)数,N 为每单元的位数;若使用 $m\times n$ 位的芯片($m<M,n<N$),则所需芯片数为

$$\text{芯片数}=\frac{M\times N}{m\times n}=\frac{M}{m}\times\frac{N}{n}$$

例如存储器容量为 2KB(2K×8b),如果选用 2K×4b 的存储芯片,需要 2 片;如果选用 1K×8b 的存储芯片,也需要 2 片;而如果选用 1K×4b 的存储芯片,则需要 4 片。这里,第一种情况扩展了存储单元的位数,为位扩展;第二种情况扩展了存储器的单元数,为字扩展;而第三种情况既扩展了位数,又扩展了存储器的单元数,为字位扩展。

1. 位扩展

当构成内存的存储器芯片的字(单元)数满足要求而位数不够时,就需要对每个存储单

元的位数进行扩展，使每个单元的字长满足要求。例如，要用 1024(1K)×1b 的 RAM 芯片构成 1KB 的 RAM 系统，需要使用 8 片 1K×1b 的芯片，其连接方法如图 5-25 所示。将每个芯片的一位 I/O 数据线分别连接到系统数据总线 $D_7 \sim D_0$ 的相应位上，各芯片的地址线 $A_9 \sim A_0$ 都并接到系统地址总线 $A_9 \sim A_0$ 上，所有芯片使用同一个读写控制信号和片选信号，也就意味着，在位扩展法中，所有芯片都应同时被选中。对于此例，若地址线 $A_9 \sim A_0$ 上的信号为全 0，即选中了存储器 0 号单元，则该单元的 8 位信息是由各芯片 0 号单元的 1 位信息共同构成的。

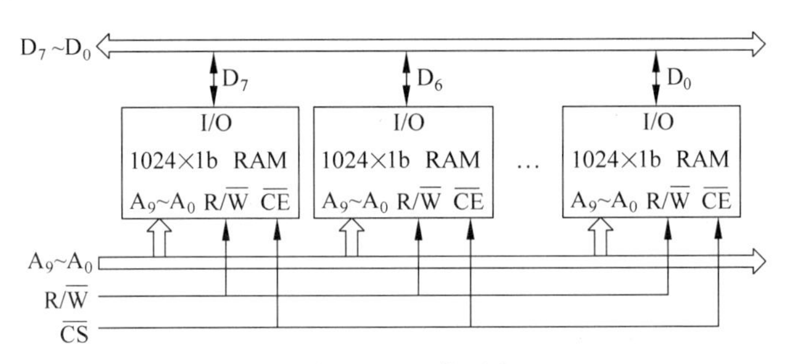

图 5-25　8 片 1K×1b RAM 扩展成 1K×8b RAM

可以看出，位扩展的连接方法是将各存储芯片的地址线和控制线（包括片选信号线、读/写信号线等）全部同名连接在一起，而将它们的数据线分别引出，连接至数据总线的不同位置上。这样连接的芯片通常被看作一个整体，常被称为“芯片组”。

2. 字扩展

字扩展用于存储芯片的位数满足要求而字数不够的情况，是对存储单元数进行的扩展。字扩展的电路连接方法是：将每个芯片的地址线、数据线和读/写信号等控制线全部同名连接在一起，与系统的对应总线相连，只将片选端分别引出，用片选信号来区别各个芯片的地址。在字扩展时，将系统总线的低位地址线直接与各芯片地址线相连，以选择片内的某个存储单元；用高位地址线经译码后产生若干不同的片选信号，连接到各芯片的片选端，以确定芯片的地址范围。在这里，片选信号的产生方法有三种：线选法、部分译码法和全译码法。因此，前文所介绍的例 5-1、例 5-2 和例 5-3 的存储器系统皆属于字扩展方式。

3. 字位扩展

在构建一个实际存储器时，如果选用的存储芯片的字数和位数都满足不了系统存储器的要求时，就需要进行字位扩展。在进行字位扩展时，首先要根据存储总容量和选定的存储芯片容量计算出所需要的芯片数，然后进行位扩展，最后再对由位扩展形成的芯片组进行字扩展。

例 5-4　设某微机系统地址总线为 16 位，数据总线为 8 位，连接了 2KB RAM。已知 RAM 用 2114(1024×4b)芯片。试画出与 CPU 的连接结构示意图。

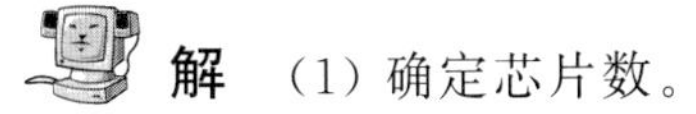

解　(1) 确定芯片数。

要用 2114(1024×4b)芯片构成 2KB(2048×8b)的存储器，所需的芯片数为 4 片。

芯片数＝(2048/1024)×(8/4)＝ 4(片)

由于2114芯片的单元数为1024个,每个存储单元的位数为4,要构成2KB系统,需要进行字位扩展。

(2) 字位扩展的电路连接。

2114单个芯片的地址空间为1024×4b,即地址线有10条,数据线有4条。首先分组,由于芯片的数据线是4条,要产生8b的数据信息,需要两片为一组,每组两个芯片按位扩展方法构成8b的数据线,每个芯片分别提供4b数据信息,共分2组;然后将这2组存储器芯片的10条地址线分别对应连在一起,直接与CPU的低位地址线 $A_9 \sim A_0$ 相连。芯片的片选控制选择全译码法,CPU的高位地址线经3-8译码器后产生的输出信号作为两组芯片的片选控制信号,假设用3-8译码器的 $\overline{Y_3}$、$\overline{Y_4}$ 分别连接第一组芯片(1#、2#)和第二组芯片(3#、4#)的片选端。由此得到的字位扩展电路如图5-26所示(控制总线未连接)。

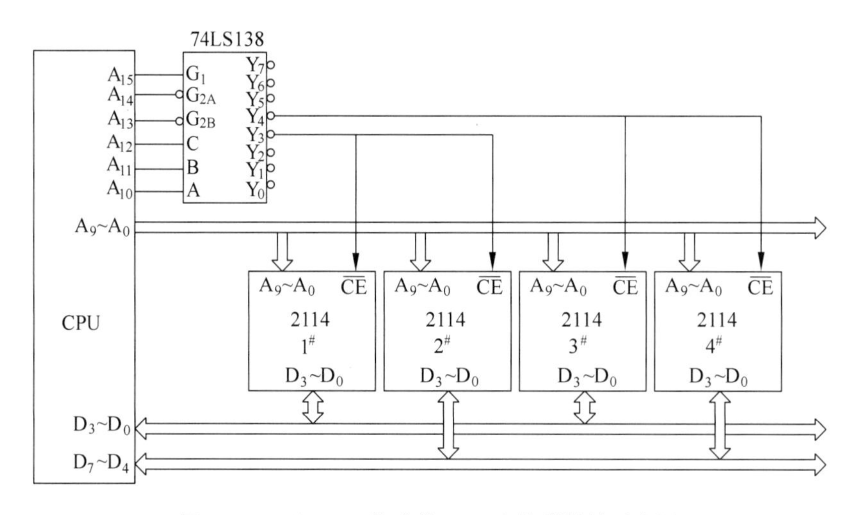

图5-26 4片2114构成的2KB存储器结构示意图

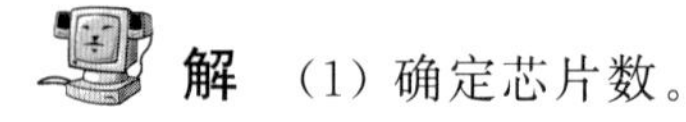

例5-5 为某8位机(地址总线为16位)设计一个32KB容量的存储器。要求采用2732芯片构成8KB EPROM区,地址从0000H开始;采用6264芯片构成24KB RAM区,地址从4000H开始。片选信号采用全译码法。

解 (1) 确定芯片数。

确定实现8KB ROM存储体所需要的EPROM芯片数量:由于每片2732提供 $2^{12}\times$ 8b(4K×8b)的存储容量,所以实现8KB存储容量所需要的EPROM芯片数量＝8K×8/(4K×8)＝2(片)。

确定实现24KB RAM存储体所需要的RAM芯片的数量:因为每片6264提供 $2^{13}\times$ 8b(8K×8b)的存储容量,所以实现24KB存储容量所需要的RAM芯片数量是＝24K×8/(8K×8)＝3(片)。

(2) 存储器芯片片选择信号的产生及电路设计。

采用74LS138译码器全译码的方法产生片选信号。存储器地址分配如表5-5所示。

表 5-5　各芯片地址空间分配

芯　　片	$A_{15}\sim A_{13}$	A_{12}	$A_{11}\sim A_0$	地 址 范 围
1# 2732	000	0	000000000000	0000H～0FFFH
			111111111111	
2# 2732	000	1	000000000000	1000H～1FFFH
			111111111111	
3# 6264	010	0000000000000		4000H～5FFFH
		1111111111111		
4# 6264	011	0000000000000		6000H～7FFFH
		1111111111111		
5# 6264	100	0000000000000		8000H～9FFFH
		1111111111111		

从表 5-5 的地址分配情况可知，$A_{15}\sim A_{13}$ 作为 3-8 译码器的输入，接至 74LS138 的输入端 C、B、A，产生的译码输出 000、010～100 作为芯片的片选信号。三片 6264 的片内地址线 $A_{12}\sim A_0$ 与系统地址线 $A_{12}\sim A_0$ 连接，它们的片选 $\overline{CE}$ 分别连接译码器的输出端 $\overline{Y_2}$、$\overline{Y_3}$、$\overline{Y_4}$。两片 2732 的片内地址线 $A_{11}\sim A_0$ 与系统地址线 $A_{11}\sim A_0$ 连接，译码器的输出端 $\overline{Y_0}$ 同时选中两片 2732，因此还需利用系统 A_{12} 地址线与 $\overline{Y_0}$ 设计译码电路后，分别作为两片 2732 的片选信号。存储器扩展电路如图 5-27 所示，A_{12} 与 $\overline{Y_0}$ 经"或门"输出与 1# 2732 的 $\overline{CE}$ 连接，A_{12} 反相后和译码器输出端 Y_0 经"或门"输出与 2# 2732 的 $\overline{CE}$ 连接。

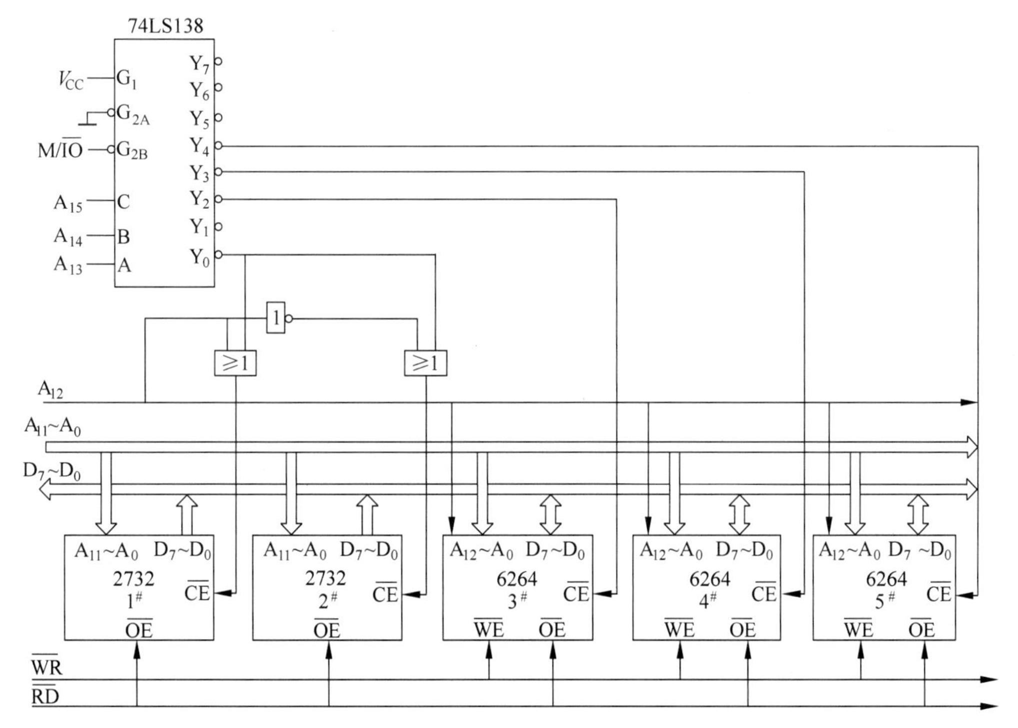

图 5-27　存储器扩展电路

习题

5-1 选择题

(1) 计算机的存储器采用分级存储结构的主要目的是(　　)。

A. 便于读写数据

B. 减少机箱的体积

C. 便于系统升级

D. 解决存储器的容量、价格和存取速度之间的矛盾

(2) 在多级存储体系中,cache-主存结构的作用是解决(　　)问题。

A. 主存容量不足　　B. 主存与辅存速度不匹配

C. 辅存与CPU速度不匹配　　D. 主存与CPU速度不匹配

(3) 下列几种半导体存储器中,哪一种需要刷新操作?(　　)

A. SRAM　　B. DRAM　　C. EPROM　　D. E^2PROM

(4) 容量为8KB的SRAM的起始地址为2000H,则终止地址为(　　)。

A. 21FFH　　B. 23FFH　　C. 27FFH　　D. 3FFFH

(5) 在计算机系统中,下列部件都能够存储信息:

A. 主存　　B. CPU内的通用寄存器

C. cache　　D. 磁带

E. 磁盘

其中,内存包括(　　);属于外存的是(　　);由半导体材料构成的是(　　)。按照CPU存取速度排列,由快至慢依次为(　　)。

5-2 试分析存储器系统的分级存储结构。

5-3 半导体随机存储器(RAM)与只读存储器(ROM)有何区别?它们各有哪几种类型?

5-4 存储器和CPU连接时应考虑哪几方面的问题?

5-5 常用的存储器片选控制方法有哪几种?它们各有什么优缺点?

5-6 试分析存储器三种扩展技术的特点和应用场合。

5-7 用下列RAM芯片构成32KB存储器模块,各需多少芯片?16位地址总线中有多少位参与片内寻址?多少位可用作片选控制信号?

(1) 1K×1b;　　(2) 1K×4b;

(3) 4K×8b;　　(4) 16K×1b。

5-8 一片64K×8b的内存储芯片有多少条地址线?多少条数据线?

5-9 若用2114芯片(1K×4b)组成2KB RAM,需用多少片2114?若给定地址范围为3000H~37FFH,试画出与CPU的连接结构图(CPU地址总线为16位,数据总线为8位)。

5-10 CPU的存储器系统由一片6264(8K×8b SRAM)和一片2764(8K×8b EPROM)组成。6264的地址范围为8000H~9FFFH,2764的地址范围为0000H~1FFFH。画出用74LS138译码器组成的全译码法存储器系统电路(CPU地址总线为16位,数据总线为8位)。

5-11 设某系统的 CPU 有 16 根地址线、8 根数据线。现需扩展 6KB 的 ROM，地址范围为：0000H～17FFH，采用 2716(2K×8b EPROM)芯片。

(1) 写出存储器器件 2716 的数据线和地址线的条数；

(2) 计算 ROM 的芯片数量；

(3) 设计存储器扩展原理图，并写出每片 ROM 的地址范围。

5-12 某一微机系统地址总线是 20 位，连接有如下存储器(见图 5-28)，试分析 4 片 2732 芯片的地址范围。

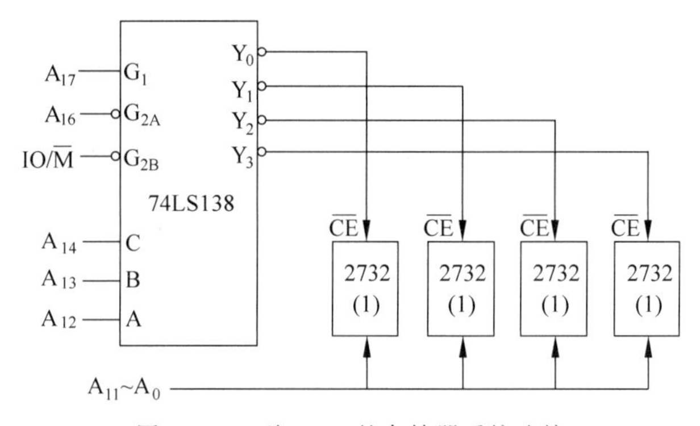

图 5-28 4 片 2732 的存储器系统连接

第6章 I/O系统控制技术

微型计算机系统可以分为 CPU 子系统、存储器子系统和输入/输出子系统(简称 I/O 子系统)。CPU 子系统主要负责信息的处理和控制,存储器子系统负责信息的存储。CPU 与存储器组成了一般概念的主机,主机连接若干 I/O 设备才组成一个完整的微计算机系统,输入/输出设备(统称为外部设备或外设)必须通过接口电路接入微计算机主机才能完成输入/输出任务。因此输入/输出技术在微计算机系统中占有重要的地位。

本章以 8086/8088 数据输入/输出的控制方式为核心,介绍 I/O 接口电路的典型结构及常用的微计算机系统总线及其标准。本章内容还将延续至后面的第 7、8 章。

本章重点:

- 掌握数据输入/输出的控制方式;
- 掌握地址译码技术及 I/O 端口编址方法;
- 了解 I/O 接口电路的典型结构。

6.1 I/O 系统概述

6.1.1 I/O 接口电路的重要作用

外设是一种种类繁多、信号类型复杂的设备。基本外设是计算机系统必须配置的部件。例如常用的输入设备有键盘、鼠标、CD-ROM、扫描仪、模/数(A/D)转换器等;常用的输出设备有显示器、打印机、发光二极管(LED)、绘图仪、数/模(D/A)转换器等。近年来,多媒体技术的应用与发展使声、像的输入/输出设备也成为微机的重要 I/O 设备。这就给微型计算机和外设间的信息交换带来了一些问题。

1) 速度不匹配

CPU 的速度很高,而外围设备的速度有高有低,而且不同的外设速度差异很大。例如,键盘以秒计,而磁盘输入则以 1Mb/s 的速度传送。

2) 信号类型不匹配

输入设备提供的信号可以是机械式、电子式、电动式、光电式或其他形式。

3）数据格式不匹配

CPU 系统总线传送的通常是 8 位、16 位或 32 位的并行数据，而外设使用的信号格式却各不相同。有些外设是数字量或开关量，而有些外设使用的是模拟量。数据量也分为二进制、十进制或 ASCII 码等。

4）信号传送方式不匹配

CPU 系统总线传送数据通常为并行传送。而外设有些采用并行数据传送，有些使用串行数据传送。

6.1.2　I/O 接口电路的典型结构

由于接口电路是 CPU 与外设间的一个界面，因此，接口电路应能接收并执行 CPU 发来的控制命令，传递外设的状态及实现 CPU 和外设之间的数据传输等工作。接口电路的典型结构如图 6-1 所示。接口电路(图中实线框部分)左侧与 CPU 相接，右侧与外设相接。

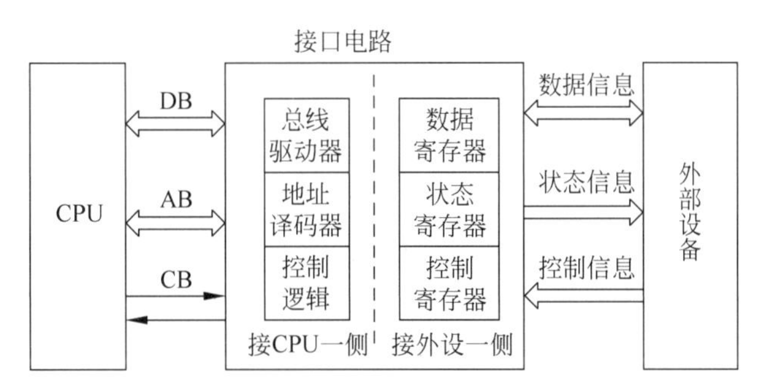

图 6-1　接口电路的典型结构

1. CPU 一侧的接口电路

(1) 总线驱动器：是 CPU 与外设之间数据代码的传输线，其根数一般等于存储字长的位数或字符的位数。

(2) 地址译码器：接收 CPU 地址总线信号，进行译码，实现对寄存器(端口)的寻址。

(3) 控制逻辑：接收 CPU 控制总线的读/写等控制，以实现对各寄存器(端口)的读/写操作和时序控制。

2. 外设一侧的接口电路

(1) 数据寄存器(缓冲器)：其作用是协调和缓冲 CPU 与外设速度的差异，包括数据输入寄存器和输出寄存器。前者用来暂时存放从外设送来的数据，以便 CPU 读取；后者用来存放 CPU 送往外设的数据，以便外设取走。

(2) 控制寄存器：其作用是存放 CPU 发来的各种控制命令(或控制字)及其他信息。这些控制命令的作用包括设置接口的工作方式、工作速度、指定某些参数及功能。控制寄存器一般只能写入。

(3) 状态寄存器：其作用是保存外设的当前状态信息。CPU 对它进行的是读操作，例如，忙/闲状态、准备就绪状态等，以供 CPU 查询、判断。

以上 3 类寄存器均可由程序进行读写，类似于存储器单元，所以又称它们为可编程的

I/O 端口,统称为端口(port)。通常由系统给它们分配一个地址码,被称为端口地址。CPU 访问外设就是通过寻址端口来实现的。

6.1.3 I/O 接口的基本功能

接口的基本功能是在 CPU 的系统总线和 I/O 设备之间传输信息、提供缓冲作用,以满足双方的时序需要。可编程接口芯片组成框图及与外设、CPU 的连接如图 6-2 所示。

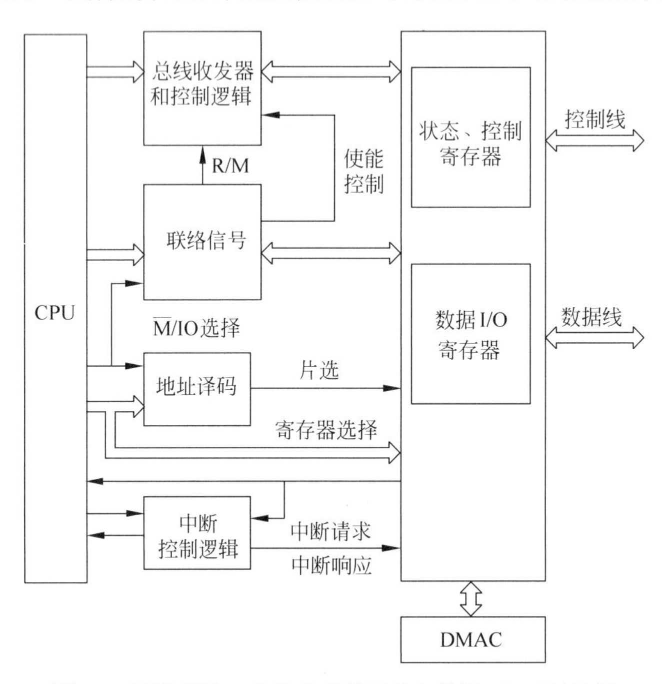

图 6-2 可编程接口芯片组成框图及与外设、CPU 的连接

一般来说,一个可编程接口芯片应具备图中所示的功能。

1. 寻址功能

在微机系统中,往往有很多的外设,而一个 CPU 同时只能与一台外设进行信息交换。由于 I/O 总线与所有设备接口电路相连,CPU 究竟选择哪台 I/O 设备,需要对外设进行寻址来确定。

2. 输入/输出功能

接口要根据送来的读/写信号决定当前进行的是输入操作还是输出操作,并能从总线上接收来自 CPU 的数据和控制信息,或将数据或状态信息送到总线上。

3. 数据转换功能

接口不但要从外设输入数据或者将数据送往外设,并且要把 CPU 输出的并行数据转换成所连接外设可接收的数据格式(如串行格式);或者反过来,把从外设输入的信息转换成并行数据送往 CPU。

4. 复位功能

接口应能接收复位信号,使接口本身及所连接的外设能够重新启动。

5. 可编程功能

接口应具有可编程功能，这样在不改变硬件的情况下，只需要修改程序就可以改变接口的工作方式，大大增加了接口的灵活性和扩展性，使 I/O 接口向智能化方向发展。

6. 中断请求和管理功能

为了满足主机和外设并行工作的要求，需要采用中断传送方式，以提高 CPU 的利用率。有些 I/O 接口设有中断请求信号，以便及时得到 CPU 的服务；有些 I/O 接口专门处理有关中断事务，例如中断控制器，专门用于 I/O 接口中断的中断管理。

上述功能并非每种接口都要求具备的，对于不同配置和不同用途的微机系统，其接口功能也不相同。但寻址功能是一般接口都需要的。

6.1.4　I/O 接口的分类

接口的种类繁多，作用各异，各类方法也不尽相同。各芯片生产厂商围绕自己生产的 CPU 都有自己的系列接口芯片，按以下几种标准可以分为 4 类。

1. 按使用角度分

按使用的角度可分为系统接口和应用接口。系统接口是指构成微型计算机系统所必不可少的接口，如系统控制接口、中断控制接口、CRT 接口、键盘接口等；应用接口是指相对于系统而言的应用过程中使用的接口，如过程控制接口、A/D 接口、D/A 接口、可编程通用接口等。

2. 按应用范围分

按应用范围可分为专用接口和通用接口。专用接口是指专门用于某一种外设的接口，如磁盘控制接口、CRT 接口等；通用接口是指并非为某一特定用途而设计的接口，如通用并行接口、通用串行接口等。

3. 按信息传送方式分

按信息传送方式可分为并行接口和串行接口。并行接口是指信息传输过程中多位二进制数据一起传送的接口，其中 8 位并行接口最为常见；串行接口是指将多位信息按规律一位一位传送的接口，并有同步异步之分。

4. 按信号类型分

按信号类型可分为数字接口和模拟接口。

6.2　8086/8088 微机 I/O 端口的地址分配及地址译码

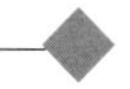

6.2.1　8086 微处理器的 I/O 端口的地址范围

8086 微处理器采用 I/O 端口独立编址方式，使用地址总线中的低 16 位 A_0～A_{15} 来寻址端口，因此，其 I/O 寻址空间最大为 64KB 或 32KB。这些地址与内存单元地址独立编址，不能用普通的访问内存指令来读取信息，必须用专用的 IN 指令和 OUT 指令访问 I/O 端口。

6.2.2 8086 微机 I/O 端口的地址分配

1. IBM PC/XT 微计算机的 I/O 端口地址分配

8086 微机系统本来可寻址 I/O 地址空间为 64KB,但由于 IBM 公司当初设计微机主板时端口的地址译码采用了部分译码方式,即只考虑低 10 位地址线 $A_0 \sim A_9$,而没有考虑高 6 位地址线 $A_{10} \sim A_{15}$,因此其地址空间为 000H～3FFH 共计 1024 个字节端口。这些地址的分配如下。

(1) 系统板上基本 I/O 设备的接口:占用前 512 个端口地址;

(2) I/O 通道扩展槽上常规外设接口:占用后 512 个端口地址;

(3) 用户作为扩展功能模块(插件板),在后 512 个端口地址中的 300H～31FH 地址范围内使用。

表 6-1 列出了 IBM PC 微机系统 I/O 端口地址分配情况。表中实用地址栏给出了相应接口被指令访问时的 I/O 端口地址。例如,DMA 控制器 8237A 编程时需占用连续的 16 个端口地址,系统分配给它的地址是 000H～00FH。

为了简化地址译码电路,IBM PC 微机主板采用了非全译码方式,即地址线 A_4 未参加译码,这样,就出现了 010H～01FH 共 16 个映像地址。这 16 个映像地址也被 DMA 控制器占用,不能分配给其他接口使用。从该表可见,除已被占用的实际地址和映像地址外,系统保留了相当大的 I/O 地址空间可供用户开发使用。

2. I/O 端口的地址译码

I/O 接口电路在系统中必须有自己的地址,I/O 端口地址的生成一般是由地址信号 $A_0 \sim A_9$ 高位产生译码的片选信号,低位产生片内的寄存器地址。并且 I/O 地址译码电路不仅与地址信号的产生有关,还与控制信号有关。因此,I/O 端口地址译码电路的作用是把地址信号与控制信号进行逻辑组合,从而产生对接口芯片的片选信号。一般原则是把地址线分为两部分,一部分是高位地址与 CPU 的控制信号进行组合,经过译码电路产生 I/O 接口芯片的片选 $\overline{CS}$ 信号,实现系统中的片间寻址;另一部分是低位地址不参与译码,直接连到 I/O 芯片,进行 I/O 接口芯片的片内端口寻址,即寄存器(端口)寻址。由于 PC 在进行 DMA (6.4 节介绍)操作时也使用地址信号和 $\overline{IOR}$、$\overline{IOW}$ 读写信号,为了区分是 DMA 控制还是 CPU 控制,要用到 AEN 信号。当 AEN=1 时是 DMA 控制总线,AEN=0 时是 CPU 控制总线。

表 6-1 IBM PC 微机系统 I/O 端口地址分配

分类	实用地址(十六进制)	I/O 设备接口	映像地址(A_4=1)
系统板	000～000F	DMA 控制器 8237A-5	010～01F
	020～021	中断控制器 8259A	022～03F
	040～043	定时器/计数器 8253A-5	044～05F
	060～063	并行外围设备 8255A-5	064～07F
	080～083	DMA 页面寄存器	084～09F
	0AX	NMI 屏蔽寄存器	0A1～0AF
	0C×～1FF	保留	
	0E0～0EF	保留	

续表

分类	实用地址（十六进制）	I/O 设备接口	映像地址（$A_4=1$）
I/O 通道（扩展槽）	200～20F	游戏接口	
	210～21F	扩展部件	
	220～24F	保留	
	270～27F	保留	
	2F0～2F7	保留	
	2F8～2FF	异步通信（COM2）	
	300～31F	实验板	
	320～32F	硬磁盘适配器	
	378～37F	并行打印机	
	380～38F	SDLC 同步通信	
	3A0～3AF	保留	
	3B0～3BF	单色显示/打印机适配器	
	3C0～3CF	保留	
	3D0～3DF	彩色/图形显示适配器	
	3E0～3EF	保留	
	3F0～3F7	软磁盘适配器	
	3F8～3FF	异步通信（COM1）	

例 6-1 以 8088 为 CPU 的某微处理器系统中，有一个 I/O 接口电路用到 8 个 I/O 端口地址。系统为其分配的地址为 300H～307H。试采用组合逻辑门构成译码电路，产生接口电路的片选信号。

解 根据题意，该译码电路应由地址总线的 A_9～A_3 驱动，AEN 的反相信号作为控制信号，低位地址线 A_0～A_2 直接接到接口芯片的地址端，可选择 00H～07H 8 个端口地址。由此得出输入地址总线与端口地址的关系如表 6-2 所示。接口芯片接入系统的译码电路如图 6-3 所示。

表 6-2 地址总线与端口地址的关系

地址总线										端口地址（十六进制）
片选用							端口选择用			
A_9	A_8	A_7	A_6	A_5	A_4	A_3	A_2	A_1	A_0	
1	1	0	0	0	0	0	0	0	0	300H
							0	0	1	301H
							0	1	0	302H
							0	1	1	303H
							1	0	0	304H
							1	0	1	305H
							1	1	0	306H
							1	1	1	307H

注意：8088 CPU 的 PC/XT 微机的控制信号 AEN，经反相后的 $\overline{AEN}$ 作为译码电路的一个控制输入信号，这是任何 I/O 端口地址译码电路必须采用的，否则动态存储器的刷新操作会破坏有关 I/O 端口中的内容。

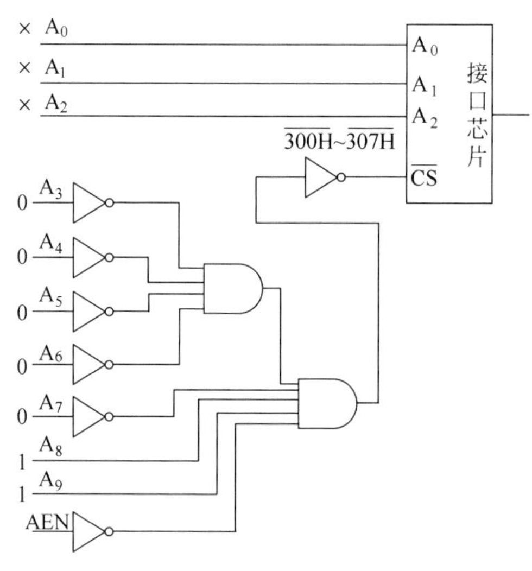

图 6-3　可选择 8 个 I/O 端口的译码电路

6.3　数据传送的控制方式

CPU 与外设之间数据交换的控制方式有程序控制传送方式、中断传送方式和 DMA(直接存储器存取)传送方式。

6.3.1　程序控制传送方式

程序控制传送方式就是依靠程序的控制来实现 CPU 和外设间的数据交换。它又分为无条件传送方式和条件传送(程序查询)方式。

1. 无条件传送方式

这种方式又称为同步传送方式。它是一种最简单的输入/输出方式，一般用于控制 CPU 与低速接口间的信息交换。其特点是靠程序控制 CPU 与外设之间实现同步而进行数据交换。其做法是在程序的恰当位置直接插入 I/O 指令，当程序执行到这些指令时，外设已做好进行数据交换的准备，无须检测其状态，并保证在当前指令执行时间内完成接收或发送数据的全过程。

无条件传送方式的接口电路和传输程序都是比较简单的，主要适用于操作时间为已知，且数据变化缓慢的外设。例如，CPU 送数给 LED 数字显示器、送数给控制信号灯、送数给 A/D 转换器；读取开关状态、温度变换等。虽然这种方式的软硬件简单且速度很高，但其局限性很大，只适合那些随时可以进行 I/O 的外设和已知外设是否处于准备好或空闲状态的外设，否则将会造成传输错误。因这种条件有时很难满足，所以无条件传送用得较少。下面介绍一下输入和输出过程。

1）输入过程

当 CPU 执行输入指令时，读信号 $\overline{RD}$ 为有效低电平，存储器、输入/输出选择信号 $M/\overline{IO}$ 处于低电平，地址译码器的输出则为有效的高电平，这样来自输入设备的数据经缓冲器进入数据总线，CPU 将数据取走。

2）输出过程

当 CPU 执行输出指令时，写信号 $\overline{WR}$ 为有效低电平，存储器、输入/输出选择信号 $M/\overline{IO}$ 处于低电平，这样 CPU 输出的数据经数据总线进入输出锁存器，输出锁存器保持这个数据直到输出设备把数据取走。

例 6-2　用无条件传送方式将 8 位二进制开关设置的状态输入后，由 8 个发光二极管(LED)显示。其电路图如图 6-4 所示，其中输入缓冲器(74LS244)和输出锁存器(74LS373)均为三态。

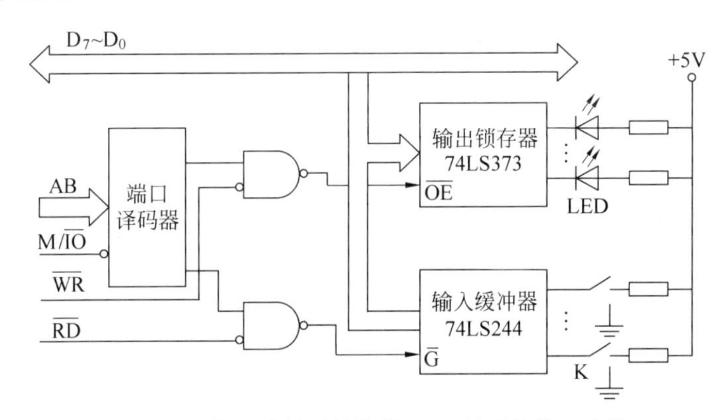

图 6-4　8 位二进制开关控制 LED 显示的接口电路

解　无条件传送工作方式下的程序如下：

```
⋮
CALL  DELAY0          ; 等待输入同步
IN    AL,PORT0        ; 从端口输入 8 位开关的状态
⋮
CALL  DELAY1          ; 等待输出同步
OUT   PORT1,AL        ; 从端口输出,控制 LED 显示其状态
```

程序中的 DELAY0 和 DELAY1 是用来实现同步的两个延时子程序。

2. 条件传送(即程序查询)方式

条件传送(程序查询)方式的特点是：在传送数据之前，必须去查询一下外设的状态，当外设准备好了才传送；否则，CPU 等待，从而较好地解决了 CPU 与外设的不同步问题。输入时，由该状态信息指示要输入的数据是否已“准备就绪”，由 READY 信号来提供信息，当 READY＝1，表示输入数据准备好，CPU 可以对其做输入操作；输出时，又需要指示输出设备是否“空闲”，由 BUSY 信号提供信息，当 BUSY＝1 时，表示其正在忙，不能接收 CPU 送来的数据。只有当状态信号满足 I/O 条件时，才进行相应的传输，保证了 I/O 的正确性，所

以这种方式又叫作条件传送方式。

条件传送方式的输入接口电路以及流程图分别如图 6-5、图 6-6 所示。

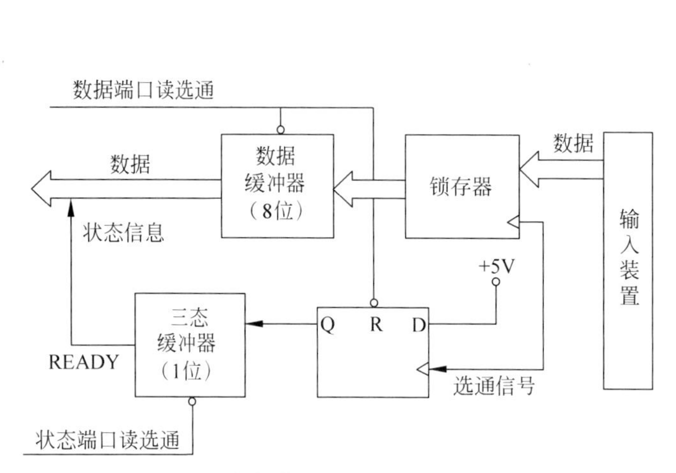

图 6-5 条件传送方式的输入接口电路

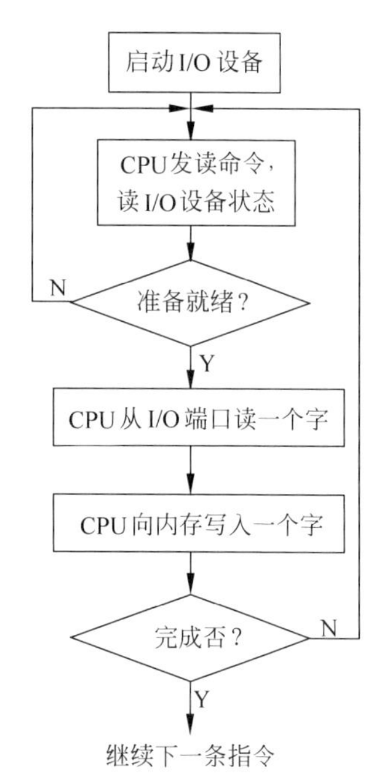

图 6-6 条件传送方式输入流程图

图 6-5 中，对输入设备，有效的状态信息为 READY。

下面用实例说明条件传送方式输入/输出及多个外设的条件传送。

 **例 6-3** 试用条件传送方式对 A/D 转换器的数据进行采集。其接口电路如图 6-7 所示。

解 图 6-7 中有 8 路模拟量输入，经多路开关选通后送入 A/D 转换器。多路开关受控制端口(04H)输出的 3 位二进制数 $D_2D_1D_0$ 的控制。$D_2D_1D_0$ 的 8 个二进制数分别对应选通 A_0～A_7 路中模拟量输入(每次只能选通一路)，并送至 A/D 转换器。A/D 转换器同时受 04H 端口的控制位 D4 的控制(启动或停止转换)。当 A/D 转换器完成转换时，一方面由 READY 端向状态端口(03H)的 D7 位传送有效状态信息；另一方面将数据信息送数据端口(02H)暂存。当 CPU 按图 6-6 所示流程执行程序时，便将数据端口的数据采集入 CPU，并存入微计算机的内存储器中。本数据采集接口电路需用 3 个端口，其端口分配如图 6-8 所示。

实现条件传递方式数据采集的程序段如下：

```
START: MOV   DL,0F8H             ; 设置启动 A/D 转换的信号
       MOV   DI,OFFSET DSTOR; 输入数据缓冲区的地址偏移量给 DI
; ....................................................................
AGAIN: MOV   AL,DL
```

```
        AND     AL,0EFH         ; 使 D4=0
        OUT     04H,AL          ; 停止 A/D 转换
; ..........................................................
        CALL    DELAY           ; 等待停止 A/D 操作的完成
        MOV     AL,DL
        OUT     04H,AL          ; 启动 A/D,且选择模拟量 A0
; ..........................................................
POLL:   IN      AL,03H          ; 输入状态信息
        SHL     AL,1
        JNC     POLL            ; 若未准备就绪,程序循环等待
; ..........................................................
        IN      AL,02H          ; 否则,输入数据
        STOSB                   ; 存至数据区
        INC     DL              ; 修改多路开关控制信号指向下一路模拟量
        JNE     AGAIN           ; 如 8 个模拟量未输入完,循环
        ......                  ; 如已完,执行别的程序段
; ..........................................................
DSTOR   DB 8 DUP(?)             ; 数据区
```

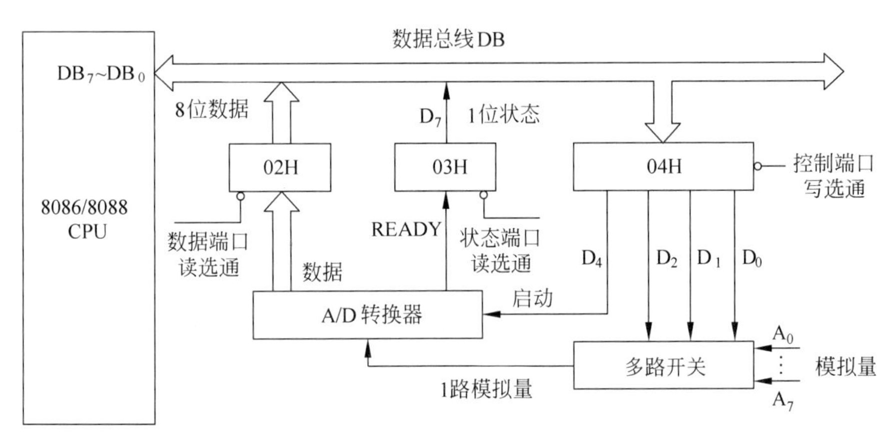

图 6-7 条件传送方式数据采集系统

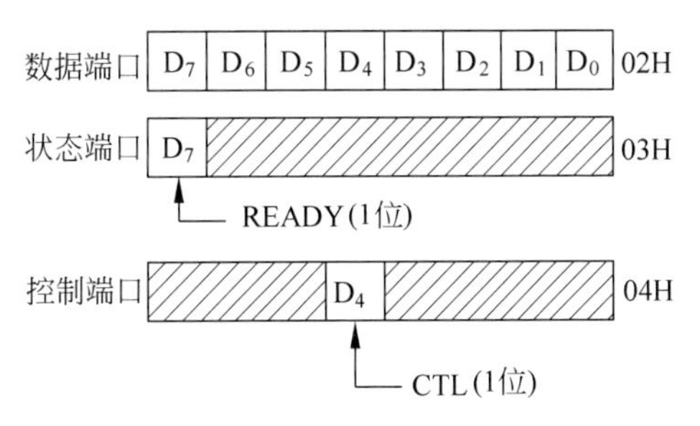

图 6-8 条件传送方式输入接口的端口分配

例 6-4　多个外设的查询方式。

解　当一个微计算机系统中有多个 I/O 外设,CPU 要与它们交换数据时,应使用软件轮流查询方式,即一个接一个地查询外设端口是否需要服务。当需要服务的外设为输入设备时,可查到 READY=1 为有效;而需要服务的外设为输出设备时,可查到 $\overline{\text{BUSY}}$=0 为有效。图 6-9 显示了具有 A、B、C 三个外设系统软件轮流查询外设端口的流程图。其中 A 的优先级最高,C 最低。

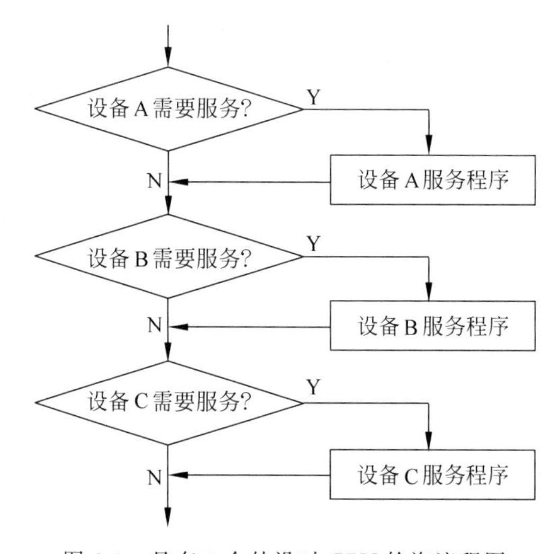

图 6-9　具有 3 个外设时 CPU 轮询流程图

解　轮询用的程序段如下:

```
REPOLL:MOV   FLAG,0          ;设置标志单元初值
;...........................................................
DEVA:  IN    AL,STATA        ;读入设备 A 的状态
       TEST  AL,20H          ;是否准备就绪?
       JZ    DEVB            ;否,转 DEVB
       CALL  PROCA           ;已准备就绪,调 PROCA(设备 A 服务程序)
       CMP   FLAG,1          ;如标志仍为 0,继续对 A 服务
       JNZ   DEVA
;...........................................................
DEVB:  IN    AL,STBTB        ;读入设备 B 的状态
       TEST  AL,20H          ;是否准备就绪?
       JZ    DEVC            ;否,转 DEVC
       CALL  PROCB           ;已准备就绪,调 PROCB(设备 B 服务程序)
       CMP   FLAG,1          ;如标志仍为 0,继续对 B 服务
       JNZ   DEVB
;...........................................................
DEVC:  IN    AL,STCTC        ;读入设备 C 的状态
```

```
        TEST   AL,20H            ; 是否准备就绪?
        JZ     DOWN              ; 否,转 DOWN
        CALL   PROCC             ; 已准备就绪,调 PROCC(设备 C 服务程序)
        CMP    FLAG,1            ; 如标志仍为 0,继续对 C 服务
        JNZ    DEVC
; ……………………………………………………………………………
DOWN: ……
```

程序中的标号 STATA、STBTB、STCTC 分别表示 A、B、C 三个外设接口的状态寄存器。在三个寄存器中均采用第 5 位为有效状态标志。

条件传送方式的主要优点是能较好地协调外设与 CPU 之间的定时差异,传送可靠,且用于接口的硬件较省。主要缺点是 CPU 必须循环查询等待,不断检测外设的状态,直至外设为传送数据准备就绪为止。如此循环等待,CPU 不能做其他事情,不但浪费了 CPU 的时间,降低了 CPU 的工作效率,而且在许多控制过程中是根本不允许的。

例 6-5 设要把数据输出缓冲区中的 60B 数据通过某输出设备输出,接口电路如图 6-10 所示。当缓冲区的数据已被取空时就输出显示一组信息"BUFFER FREE",然后结束。

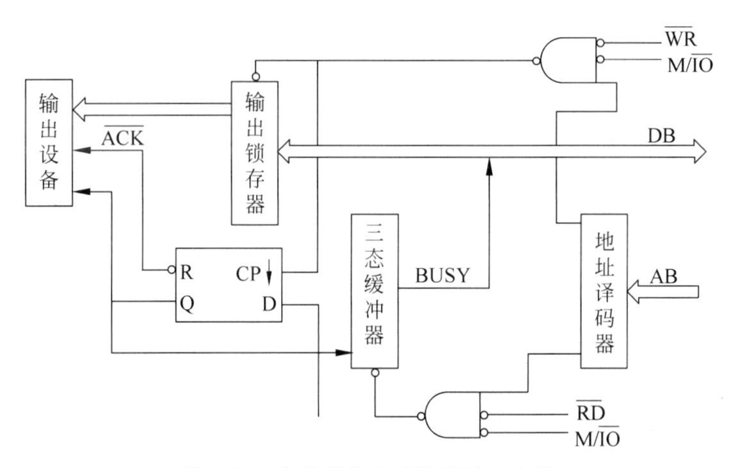

图 6-10 条件传送方式输出接口电路

解 设该设备的启动地址为 0010H,数据端口地址为 0011H,状态端口地址为 0012H,状态位为 D_7。

程序如下:

```
DATA    SEGMENT
MESS1   DB "BUFFER FREE"
BUFF    DB  60  DUP(?)
DATA    ENDS
CODE    SEGMENT
        ASSUME  CS: CODE  ,  DS: DATA
```

```
START: MOV  AX  ,  DATA
       MOV  DS  ,  AX
       MOV  BX  ,  OFFSET  BUFF    ; 送缓冲区指针
       MOV  CX  ,  60              ; 送计数器
       MOV  DX  ,  0010H
       OUT  DX  ,  AL              ; 启动设备
WAIT:  MOV  DX  ,  0012H
       IN   AL  ,  DX              ; 查询状态,BUSY=1 则等待
       TEST AL  ,  80H
       JNZ  WAIT
       MOV  AL  ,  [BX]
       INC  BX
       MOV  DX  ,  0011H
       OUT  DX  ,  AL              ; 输出数据
       LOOP WAIT                   ; 检测缓冲区是否空,不空则继续输出
       MOV  DX  ,  OFFSET  MESS1   ; 缓冲区空,输出标志字符串
       MOV  AH  ,  09H             ; 显示"BUFFER FREE"
       INT  21H
       MOV  AH  ,  4CH             ; 中止当前程序并返回
       INT  21H
CODE   ENDS
       END  START
```

6.3.2 中断传送方式

由于在查询方式中 CPU 处于主动地位,不断地读取状态字和检测状态字,不能有效地利用 CPU,特别是在一个有多个外设的系统中,为了提高 CPU 的效率和使系统具有实时性能,可以采用中断控制方式。

中断控制方式的特点是,外设具有申请 CPU 服务的主动权。当输入设备已将数据准备好,或输出设备可以接收数据时,便可以向 CPU 发出中断请求,强迫 CPU 中断正在执行的程序和外设进行一次数据传输。待输入操作或输出操作完成后,CPU 再恢复执行原来的程序。与查询工作方式不同的是,CPU 不是主动查询等待,而是被动响应,CPU 在两个输入或输出操作过程之间,可以去做别的处理。因此,采用中断传送,CPU 和外设是处在并行工作的状态,这样就大大提高了 CPU 的效率。图 6-11 给出了利用中断控制方式进行数据输入时所用接口电路的工作原理。

由图 6-11 可见,当外设准备好一个数据供输入时,便发一个选通信号 STB,从而将数据输入到接口的锁存器中,并使中断请求触发器置“1”。此时若中断屏蔽触发器的值为 1,则由控制电路产生一个送 CPU 的中断请求信号 $\overline{\text{INT}}$。中断屏蔽触发器的状态为 1 还是 0,决定了系统是否允许本接口发出中断请求 $\overline{\text{INT}}$。

CPU 接收到中断请求后,如果 CPU 内部的中断允许触发器(8086 CPU 中为 IF 标志)

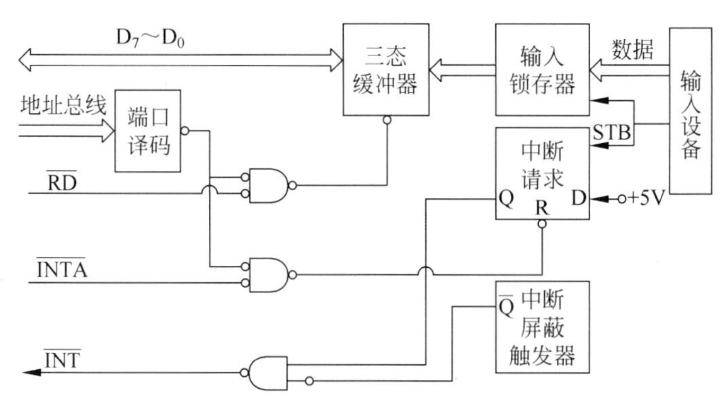

图 6-11 中断控制方式输入的接口电路

状态为 1，则在当前指令被执行完后响应中断，并由 CPU 发回中断响应信号 $\overline{\text{INTA}}$，将中断请求触发器复位，准备接收下一次的选通信号。CPU 响应中断后，立即停止执行当前的程序，转去执行其他外部设备的输入或输出服务程序，此程序称为中断处理子程序或中断服务程序。中断服务程序执行完后，CPU 又返回到刚才被中断的断点处，继续执行原来的程序。

中断控制方式发挥了 CPU 的效能，有关中断控制方式的内容详见第 7 章。

6.3.3 DMA（直接存储器存取）传送方式

中断控制方式虽然具有很多优点，但对于传送数据量很大的高速外设，如磁盘控制器或高速数据采集器，就满足不了速度方面的要求。中断方式和查询方式一样，仍然是通过 CPU 执行程序来实现数据传送的。每进行一次传送，CPU 都必须执行一遍中断服务程序。而每进入一次中断服务程序，CPU 都要保护断点和标志，这要花费 CPU 大量的处理时间。此外，在服务程序中，通常还需要执行保护寄存器和恢复寄存器的指令，这些指令又需花费 CPU 的时间。对 8086/8088CPU 来说，内部结构中包含了总线接口部件（BIU）和执行部件（EU），它们是并行工作的，即 EU 执行指令时，BIU 要把后面将执行的指令取到指令队列中缓存起来。但是，一旦转去执行中断服务程序，指令队列要被废除，EU 须等待 BIU 将中断服务程序中的指令取到指令队列中才能开始执行程序。同样，返回断点时，指令队列也要被废除，EU 又要等待 BIU 重新装入从断点开始的指令后才开始执行，这些过程也要花费时间。因此，可以看出中断方式下这些附加的时间将影响传输速度的提高。另外，在查询方式和中断方式下，每进行一次传输只能完成一个字节或一个字的传送，这对于传送数据量大的高速外设是不适用的，必须将字节或字的传输方式改为数据块的传输方式，这就是 DMA 控制方式。

在 DMA（直接存储器存取）方式下，外设通过 DMA 的专门电路 DMA 控制器（即 DMAC），向 CPU 提出接管总线控制权的要求，CPU 在当前的总线周期结束后，响应 DMA 请求，把总线的控制权交给 DMA 控制器。于是在 DMA 控制器的管理下，外设和存储器直接进行数据交换，而不需要 CPU 干预。这样可以大大提高数据传送速度。

可以将 DMA 的特点简单地概括如下：

（1）可在存储器与 I/O 设备、存储器与存储器、I/O 设备与 I/O 设备之间直接传送数据,无须 CPU 干预。

(2) DMA 响应时无须保护 CPU 的现场和断点,因而响应速度非常快,效率高。

(3) 源和目的指针的修改、计数均由硬件完成,因此速度非常快。

(4) 有多种结束方式,与中断联合使用更加灵活。

(5) CPU 和 I/O 设备在一定程度上可以并行工作,cache 的功能越强大,并行性会越好。

典型的 DMA 传送数据工作流程图如图 6-12 所示。

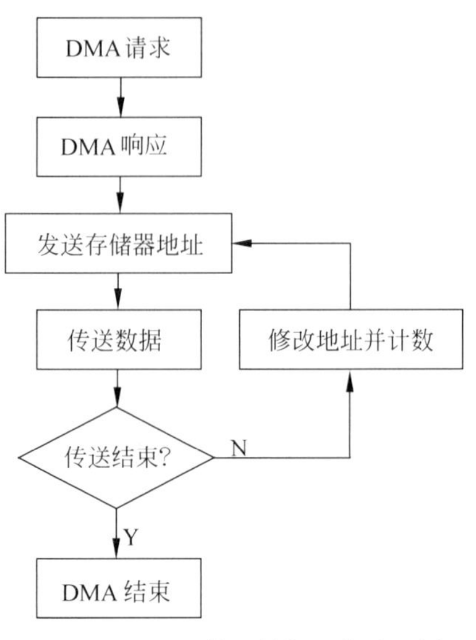

图 6-12 DMA 传送数据工作流程图

DMA 传送方式的优点是以增加系统硬件的复杂性和成本为代价的,因为 DMA 方式和程序控制方式相比,是用硬件控制代替了软件控制。另外,DMA 传送期间,CPU 被挂起,部分或完全失去对系统总线的控制,这可能会影响 CPU 对中断请求的及时响应与处理。因此,一些小系统或对速度要求不高、数据传输量不大的系统,一般不用 DMA 方式。

6.3.4 四种 I/O 方式的比较

四种传送方式各具特点,传输速度不同,对接口的要求也不同,因此在使用中应根据外设特点、接口条件、对数据传输的要求和 CPU 的工作情况综合考虑选择。为了便于理解、比较,根据需要选择四种输入/输出方式,把各自的特点和适用场合归纳于表 6-3 中。

表 6-3 四种输入/输出方式的比较

传送方式	特点	应用场合
无条件传送	接口简单,不考虑控制问题时只用数据端口	完全由 CPU 决定传输时间的场合和外部设备与 CPU 能同步工作的场合
程序查询传送(条件传送)	接口较为简单,比无条件传输多一个状态端口。在传送过程中,若外设数据没有准备好,则 CPU 一般在查询、等待,而不做其他的事情。CPU 利用率低下	理论上可用于所有的外设,但由于查询等待等原因,主要应用在 CPU 负担不重、允许查询等待的场合
中断传送	与无条件传输相比,要增加中断请求电路、中断屏蔽电路和中断管理电路等,比程序查询传输还要复杂一些。而且 95%的时间都是额外开销,从而使传送效率并不太高	适合慢速外设和少量数据的传输
DMA 传送	需要 DMA 控制器的 I/O 接口电路,在四种方式中硬件最为复杂,但传送速度基本取决于外设与存储器的速度,从而使传送效率大大提高	特别适合高速外设的批量传输

6.4　DMA 控制器 8237A 及其应用

8237A 具有 4 个独立编程的 DMA 通道(0 通道、1 通道、2 通道、3 通道),每个通道均有 64KB 的寻址与计数能力,并且可以通过级联方式扩充更多的通道。其基本功能如下:

(1) 三种传输方式:①单字节传输方式;②块传输方式;③成组传输方式。

(2) 具有多片级联工作功能,以扩大通道数。

(3) 操作功能齐全。有以下三种操作类型。

① DMA 读:数据由内存读出,写入 I/O 设备。

② DMA 写:数据由 I/O 设备读出,写入内存。

③ 数据校验:不读不写,只是在一个 DMA 周期后,地址仍增 1 或减 1,字节计数则减 1,以提供用户进行某种校验过程。

6.4.1　8237A 接口信号与内部结构

DMA 控制器作为总线上的一个模块,可以被方便地使用。当作为主模块时,可以控制系统总线;作为从模块时,它又和其他接口一样,接受 CPU 对它的读/写操作。8237A 内部包括 4 个独立的 DMA 通道。其中每个 DMA 通道包含一个 16 位地址寄存器、一个 16 位字节计数器、一个 8 位的方式寄存器以及 1 位的请求触发器和屏蔽触发器。另外还有一个为 4 个通道共用的 8 位控制器和 8 位状态寄存器。8237A 的内部结构与外部的连接如图 6-13 所示。

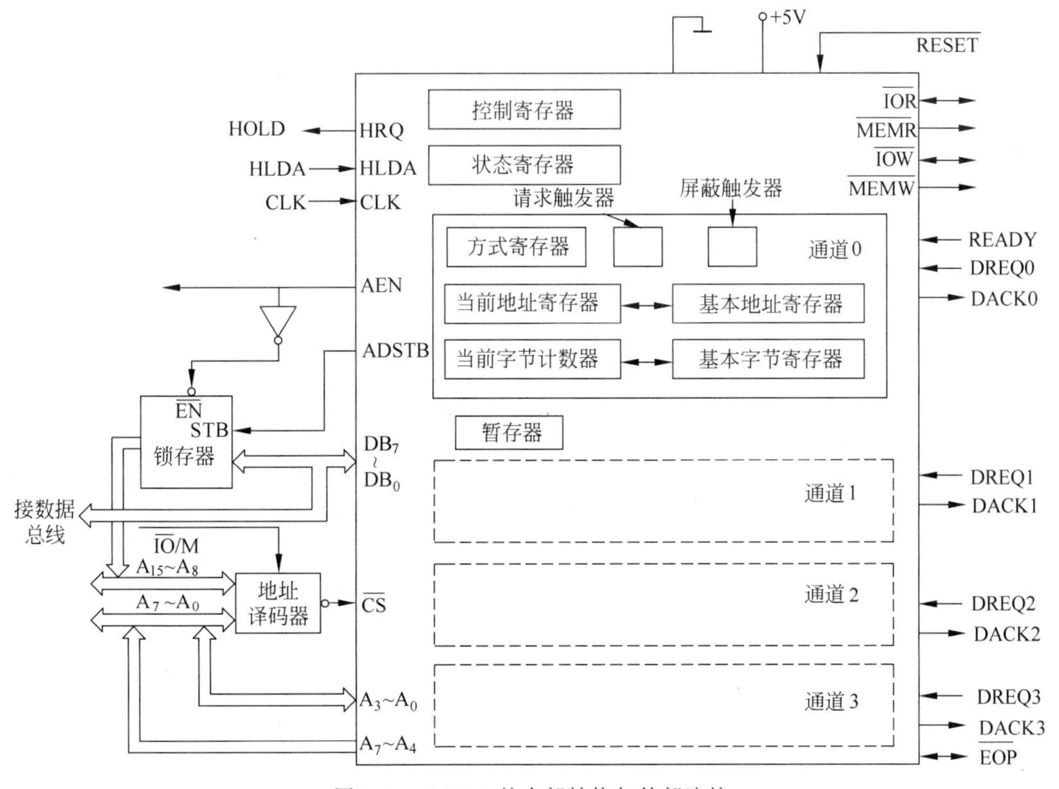

图 6-13　8237A 的内部结构与外部连接

从图 6-13 中可以看出,DMAC 芯片的外部信号主要分成两大类：左边是与 CPU 的接口信号,右边是与 I/O 设备的接口信号。这两组接口信号中,分别都有两条联络控制信号：HRQ(总线请求)和 HLDA(总线响应)用于 DMAC 与 CPU 之间的联络；DREQ(DMA 请求)和 DACK(DMA 响应)用于 DMAC 与 I/O 设备之间的联络。通过这两组联络信号,确保 DMA 传送过程正常开始和结束。

6.4.2 内部寄存器

8237A 的内部寄存器可以分为两大类：一类属于与 8237A 控制和状态有关的寄存器,如方式寄存器、控制寄存器、状态寄存器、请求寄存器和屏蔽寄存器；另一类是地址寄存器和字节数寄存器以及计数器。

1. 方式寄存器

8237A 每个通道都有一个方式寄存器,控制本通道的工作方式选择。4 个通道的方式寄存器共用 1 个 I/O 端口地址。方式寄存器的格式如图 6-14 所示。每个通道都有 4 种工作方式可供选择,是通过对第 6、7 位进行设置实现的。4 种工作方式如下：

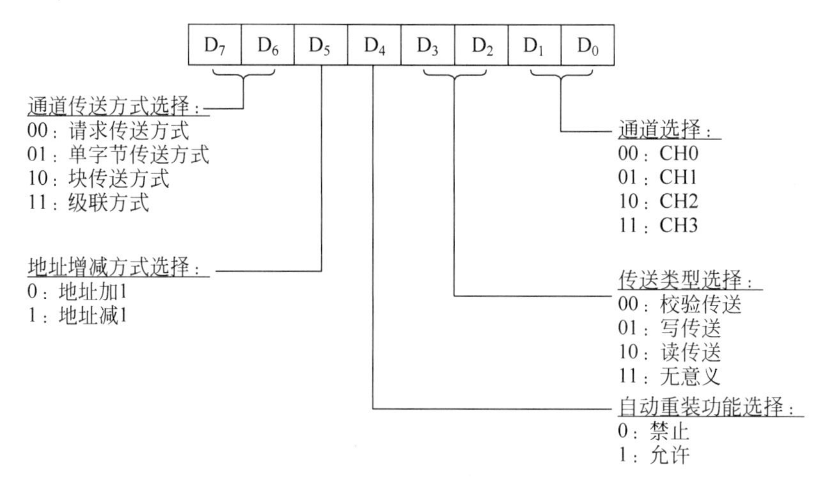

图 6-14　8237A 方式寄存器的格式

1）单字节传输方式

该方式下($D_7D_6=01$),每次 DREQ 有效,8237A 只能完成一个字节的传送,并将当前字节计数器减 1,当前地址寄存器的值加 1 或减 1(由 D_5 的值决定),之后 8237A 释放系统总线。8237A 释放总线控制权后,接着测试 DREQ 端,若有效则再次发 DMA 请求,进入下一个字节的 DMA 传输。如此循环下去,当传输到当前字节计数器为 0 时,若再传输一个字节,则变为 FFFFH,这时 8237A 发出 $\overline{\text{EOP}}$ 信号,结束整个 DMA 传输过程。

2）块传输方式

在这种方式下($D_7D_6=10$),8237A 一旦获得总线控制权,便以 DMA 方式传送整批数据,直到当前字节计数器减为 0,即在 DMA 周期开始后,在任何时刻释放 DREQ 信号都不影响传输。在 $\overline{\text{EOP}}$ 端输出 1 个负脉冲或由外设 I/O 接口强行中断 DMA 过程往 $\overline{\text{EOP}}$ 送入一低电平脉冲时,8237A 才释放总线,结束传输。

3）请求传输方式

这种方式($D_7D_6=00$)其实是上述两种方式的组合，一方面它具有成块传输的功能，8237A 响应一次 DMA 请求可以连续进行多个字节的传输；另一方面它又像字节传输一样，每传输一个字节都要检测一次 DREQ 信号，若为有效继续以块的方式进行传输，直到字节计数器减到 FFFFH 或外界有一个有效的 $\overline{\text{EOP}}$ 结束脉冲时才释放总线，结束本次 DMA 传输。

4）级联传输方式

这种方式($D_7D_6=11$)常用来扩展 DMA 通道，把几片 8237A 进行级联，构成主从式 DMA 系统。

连接方法是把从片的 HRQ 和主片的 DREQ 端相连，从片的 HLDA 和主片的 DACK 端相连，主片的 HRQ 和 HLDA 连接系统总线。此时，主片和从片均应单独进行编程，并分别设置成级联方式。在级联方式下，当从 8237A 某个通道有 DMA 请求时，则通过主 8237A 级联的通道向 CPU 发出总线请求，响应后，由主 8237A 向从 8237A 发出 DACK 响应信号，然后由 8237A 请求 DMA 的通道提供相应的地址和控制信号。而主 8237A 除向 CPU 输出 HRQ 信号外，其他输出均被禁止。两级 8237A 的级联如图 6-15 所示。

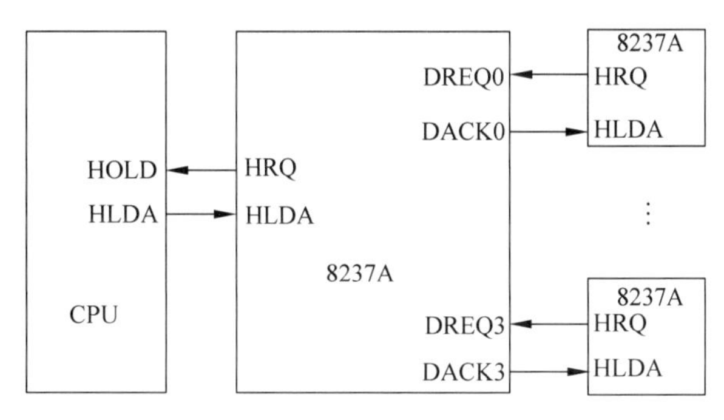

图 6-15 两级 8237A 的级联

2. 控制寄存器

8237A 控制寄存器又称为命令寄存器，其格式如图 6-16 所示。控制寄存器决定了整个 8237A 的总体特性，为 4 个通道共用，可由 CPU 写入进行初始化编程，复位信号将其清零。

(1) D_7D_6 分别用于确定 DACK 及 DREQ 信号的有效电平极性。这两位的设置，取决于外设接口对 DACK 及 DREQ 信号极性的要求。

(2) D_5 用于扩展写信号，通常在外设速度较慢时使用，当 $D_5=1$ 时，$\overline{\text{IOW}}$ 和 $\overline{\text{MEMW}}$ 被扩展到两个时钟周期。D_5 这位的控制仅在 $D_3=0$ 时有效。

(3) D_4 用于 8237A 的优先级管理。8237A 有两种优先级管理方式：一种是固定优先级($D_4=0$)，即通道 0 的优先级最高，通道 3 的优先级最低；另一种是循环优先级($D_4=1$)，这种方式下，刚服务过的通道优先级最低，其他通道优先级相应改变，可保证每个通道有同样的机会得到服务。

(4) D_3 用于选择 DMA 时序为正常时序还是压缩时序。在正常时序下，每个 DMA 周

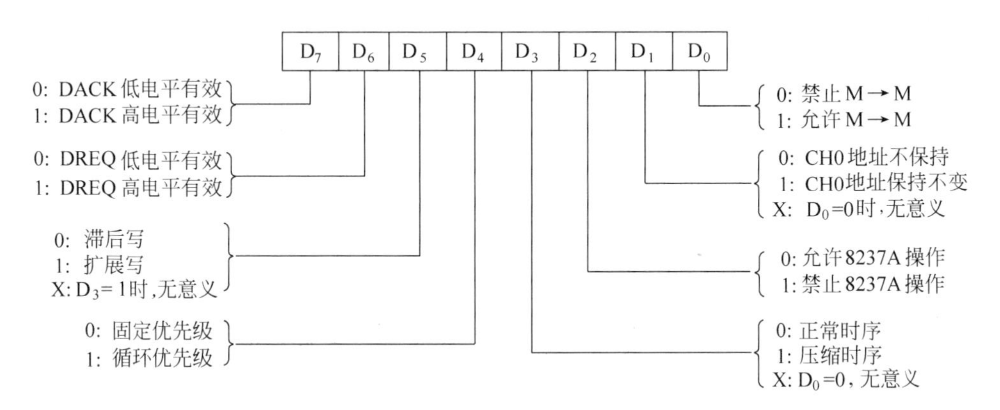

图 6-16 8237A 控制寄存器的格式

期包含 5 个时钟周期和可能存在的等待周期。压缩时序的每个 DMA 周期包含 3 个时钟周期,这样可形成 2MB/s 的高速传送。

(5) D_2 用于启动和停止 8237A 的操作。

(6) D_1 只在存储器到存储器传输时起控制作用。

(7) D_0 位:置为 1,8237A 执行的是内存到内存的传输,这样可把一个数据块从内存一个区域传输到另一个区域中。在进行内存至内存的传输时,要占用两个 DMA 通道 0 和 1,其中固定用通道 0 的地址寄存器存放源地址,而且通道 1 的地址寄存器和字节计数器存放目的地址和计数值;当需要把源地址中的数据传到整个内存区域时,须设 $D_1=1$,在内存至内存的传输过程中,传输源地址保持不变。由于 IBM PC/XT 系统中的 8237A 的通道 0 已用于动态存储器的刷新,所以不能再用于内存到内存的传输。

3. 状态寄存器

它的低 4 位用来指出 4 个通道计数结束状态,为 1,表示计数结束。高 4 位用来表示当前 4 个通道是否有 DMA 请求,为 1,表示有请求。状态寄存器只能被读取。这些状态在被复位或读取后均被清除。

4. 请求寄存器和屏蔽寄存器

从 8237A 内部结构图可知 8237A 每个通道都配备有 1 位 DMA 请求触发器和 1 位 DMA 屏蔽触发器,它们分别用来设置 DMA 请求标志和屏蔽标志。

在物理上,4 个请求触发器对应 1 个 DMA 请求寄存器,4 个屏蔽触发器对应 1 个屏蔽寄存器。

5. 综合屏蔽标志寄存器

与屏蔽寄存器不同,综合屏蔽标志寄存器可同时提供对 4 个通道的屏蔽操作,用综合屏蔽命令来设置。

6. 8237A 各寄存器对应的端口地址

表 6-4 中的起始地址对应于 $A_3=A_2=A_1=A_0=0$,表中包含从 00～07H 的 8 个端口。

表 6-4 8237A 各寄存器对应的端口地址

$A_3A_2A_1A_0$	读操作($\overline{IOR}$)	写操作($\overline{IOW}$)
0 0 0 0	通道 0 当前地址寄存器	通道 0 基地址寄存器
0 0 0 1	通道 0 当前字节计数器	通道 0 基字节计数器
0 0 1 0	通道 1 当前地址寄存器	通道 1 基地址寄存器
0 0 1 1	通道 1 当前字节计数器	通道 1 基字节计数器
0 1 0 0	通道 2 当前地址寄存器	通道 2 基地址寄存器
0 1 0 1	通道 2 当前字节计数器	通道 2 基字节计数器
0 1 1 0	通道 3 当前地址寄存器	通道 3 基地址寄存器
0 1 1 1	通道 3 当前字节计数器	通道 3 基字节计数器
1 0 0 0	状态寄存器	控制寄存器
1 0 0 1		请求寄存器
1 0 1 0		单通道屏蔽字
1 0 1 1		模式寄存器
1 1 0 0		清除先/后触发器命令
1 1 0 1	暂存器	复位命令
1 1 1 0		清屏蔽寄存器命令
1 1 1 1		综合屏蔽字

7. 地址寄存器

1）基地址寄存器

16 位，共 4 个，每个通道一个。该寄存器寄存当前地址寄存器的初始值。

2）当前地址寄存器

16 位，共 4 个，每个通道一个。该寄存器保存 DMA 传输期间的当前地址值，在每次传送后，地址自动增 1 或减 1。CPU 可一次读出 8 位后写入 8 位到该寄存器。若选择自动预操作，则在 $\overline{EOP}$ 信号有效时，寄存器返回到初始值。

6.4.3 8237A 的初始化及实现

8237A 的编程包括初始化编程和数据传送程序两部分。初始化编程时，应包括对 8237A 的通道、操作类型、传输数据的地址和字节计数器等参数进行设置。

例 6-6 对 PC 的 8237A 在初始化编程前，要首先进行测试，设符号地址 DMA 为 8237A 端口地址的首址(00H)。测试程序对 CH0～CH3 的 4 个通道的 8 个 16 位寄存器先后写入全“1”、全“0”，再读出比较，看是否一致。若不一致则出错，停机。

解 检测前，应禁止 8237A 工作，测试程序段如下：

```
⋮
;.................检测前,禁止 8237A 工作..........................................
        MOV    AL,04             ;送命令字,禁止 8237A 工作
        OUT    DMA+08H,AL        ;命令字送控制寄存器
```

```
        OUT   DMA+0DH,AL   ; 总清
; ················做全"1"检测·············································
MOV     AL,        0FFH        ; 全"1"→AL
LOOP1:  MOV   BL,AL            ; 保存 AL 到 BX,以便比较
        MOV   BH,AL
        MOV   CX,8             ; 循环测试 8 个寄存器
        MOV   DX,DMA           ; FFH 写入 CH0~CH3 通道的地址或字节数寄存器
LOOP2:  OUT   DX,AL            ; 写入低 8 位
        OUT   DX,AL            ; 再写入高 8 位
        MOV   AL,01H           ; 读前,破坏原内容
        IN    AL,DX            ; 读出刚写入的低 8 位
        MOV   AH,AL            ; 保存到 AH
        IN    AL,DX            ; 再读出写入的高 8 位
        CMP   BX,AX            ; 比较
        JE    LOOP3            ; 相等转入下一寄存器
        HLT                    ; 否则,出错,停机
LOOP3:  INC   DX               ; 指向下一个寄存器
        LOOP  LOOP2            ; 未完,继续
; ····················做全"0"检测·········································
        INC   AL               ; 使 AL=0(FFH+1=00)
        JE    LOOP1            ; 循环,再做全"0"检测
        ⋮
```

例 6-7 设利用通道 0 的单字节写模式,由外设输入一个数据块到内存,数据块长度是 8KB,内存区首地址为 2000H,采用地址加 1 变化,不能进行自动预置。外设的 DREQ、DACK 均为低有效,普通时序,固定优先级。试完成初始化程序和应用程序。设 8237A 的端口地址为 00H~0FH。

解 首先确定模式字和控制字。根据前面所讲的寄存器,对相应位进行赋值。程序段如下:

```
MOV  AL   ,  00H
MOV  1DH  ,  AL        ; 复位命令
MOV  AL   ,  00H
OUT  10H  ,  AL        ; 写通道 0 低地址
MOV  AL   ,  20H
OUT  10H  ,  AL        ; 写通道 0 高地址
MOV  AL   ,  FFH
```

```
        OUT   11H  ,  AL       ; 写通道 0 计数的低 8 位
        MOV   AL   ,  1FH      ; 计数器初值为 1FFFH(8K,即 2000H)
        OUT   11H  ,  AL       ; 写通道计数器的高 8 位
        MOV   AL   ,  44H
        OUT   1BH  ,  AL       ; 写入模式字
        MOV   AL   ,  00H
        OUT   1AH  ,  AL       ; 通道 0 去除屏蔽
        MOV   AL   ,  08H
        OUT   18H  ,  AL       ; 写入控制字,启动 8237A 工作
WAIT:   IN    AL   ,  18H      ; 写入状态字
        AND   AL   ,  01H      ; 判断通道 0 的 DMA 传输是否结束
        JZ    WAIT             ; 未结束则等待,已结束则执行后续程序
```

6.5 微计算机 I/O 接口扩展及总线技术

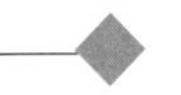

6.5.1 微计算机 I/O 接口扩展

微计算机功能扩展是通过 I/O 扩展槽实现的。

一个通用的微计算机系统对输入/输出的要求,除具有一般的扩展,如键盘、鼠标、显示器、打印机和磁盘外,还提供可供发展的 I/O 通道,即 I/O 扩展槽。扩展槽建立在微机内总线,即系统总线的基础上,为系统提供了插件板一级的接口。它是接口电路与 CPU 总线之间的物理连接器,是微计算机接口技术的新特点,主要用于微计算机系统的功能扩展和升级。例如,许多实用系统的图像处理板、生产过程检测/控制板、数控系统的运动板以及上、下位机的通信联络板等都可通过插入扩展槽接入微计算机系统。

所谓总线,就是在模块与模块之间或者设备与设备之间传送信息、相互通信的一组公用信号线,是系统在总线主控器(模块或设备)的控制下,将发送器发出的信息准确地传送给某个接收器的信号载体通路,是联系微计算机内部各部分资源的高速公路体系。总线的特点在于其公用性,即它为多个模块或设备共同使用。因此,总线结构性能的好坏、速度的高低和其优化合理程度都将直接影响到微计算机的功能。

6.5.2 总线标准分类

总线标准的建立对微计算机的应用至关重要。微计算机中使用的总线标准有以下两类。

1. 通用总线标准

通用总线标准如 S-100、STD、Multibus 等。这类总线是由 IEC(国际电工委员会)和 IEEE(美国电气与电子工程师协会)制定的,其特点是通用性、兼容性、可扩展性和适应能力均很强,适用于各类 CPU 系统,得到世界上许多厂商的支持。但这类标准未照顾到各种

CPU 自身的特点,构成的系统成本高,在低成本的微机系统中应用有一些困难。

2. 国际总线标准

该标准是国际性的大微机厂商如 IBM、Intel、Microsoft、Compaq、HP、Motorola、Apple 等根据自己生产的微计算机和兼容机系统联合推出的总线标准。这些标准因相应使用的微计算机数量大而得到普及推广,并成为事实上的国际总线标准。许多外围设备提供商和兼容机生产厂商都遵循这些标准,视这些标准与国际标准有同等的效力。最典型的就是应用于 80X86 系列微计算机的 IBM PC/XT 总线、PC/AT(ISA)总线、PCI 总线等。

表 6-5 示出了适用于 80X86 系列机型的并行总线性能对照。

表 6-5 适用于 80X86 系列机型的并行总线性能对照

总线名称	PC/XT	ISA(PC/AT)	EISA	VESA(VL-BUS)	PCI
适应机型	8086/8088 PC	286、386、486 PC	386、486、586 PC	486、586 系列 PC	Pentium 系列 PC、工作站
最大传输率/(MB/s)	4	16	33	266	133/264
总线名称	PC/XT	ISA(PC/AT)	EISA	VESA(VL-BUS)	PCI
总线宽度/b	8	16	32	32	32/64
总线时钟/MHz	4	8.33	8.33	66	33/66
同步方式			同步		同步
仲裁方式	集中	集中	集中	集中	
逻辑时序	边缘	边缘		电平	边缘
地址宽度/b	20	24	32		32/64
负载能力	8	8	6	6	3
信号线数/条			143	90	49/100
可否 64 位扩展	不可	不可		可	可
自动配置	无	无			
并发工作				可	可
突发方式					有
引脚可否复用	否	否	否	否	可

从表 6-5 中可见,IBM PC/XT 时代使用的 62 芯总线是具有真正意义的第 1 个总线标准。随着 80286 的出现,IBM PC/XT 机将 62 芯再扩展一个 36 芯新槽成为 PC/AT 总线,经世界认可,命名为工业标准结构总线。直至今日,一些 Pentium 主板上也保留着 ISA 槽,说明它具有强大的生命力和实用价值。随着 32 位的 80386 问世,ISA 标准又被扩充,成为扩展的工业标准结构(extended industry standard architecture,EISA)总线。直到 80486 出现,随着 Windows 图形界面的普及,对微机图形处理要求的迅速增加,几家专门设计显示接口的公司联手推出以增强显示性能为目的的总线标准,即视频电子标准协会局部总线(video electronic standard association local bus,VESA),简称 VL-BUS。

1991 年首先由 Intel 公司提出,得到 IBM、Compaq、AST、HP、DEC 等大型计算机厂家大力支持，于 1993 年正式推出新一代总线标准外围器件互连（peripheral component interconnect，PCI）总线。PCI 是一种性能比 VL-BUS 更优、体积更小的总线，逐渐取代了 VESA 总线而占据主流，它主要用在以 Pentium 为 CPU 的微机系统中。PCI 以其较完善的功能、成熟的技术而成为当前绝大多数高档微机制造商的首选。

本书主要介绍价廉而实用的 ISA 总线和功能完善、技术成熟的 PCI 总线。

6.5.3 串行接口标准

ELA-RS-232C（Electronic Industrial Associate-Recommended Standard-232C）串行接口标准，是美国 EIA（电子工业协会）与 BELL 等公司一起开发并在 1969 年公布的。它是从 CCITT 远程通信标准中导出的一个标准。最初是为远程通信连接数据终端设备（data terminal equipment，DTE）和数据通信设备（data communication equipment，DCE）而制定的。早期它被广泛地用于计算机与终端或外设之间的近端连接。这个标准仅保证硬件兼容而没有软件兼容。此外，用它进行数据传输时，由于线路的损耗和噪声干扰，传输距离一般都不超过 15m。通常键盘和打印机等外设都可以通过 RS-232C 接口与主机相连，两台计算机的近距离通信也可以通过 RS-232C 接口直接相连实现。

1. RS-232C 机械规范和电气规范

机械规范规定：RS-232C 接口通向外部的连接器（插针和插座）是一种标准的“D”型保护壳的 25 针插头。图 6-17 所示是这种插头的插脚编号。

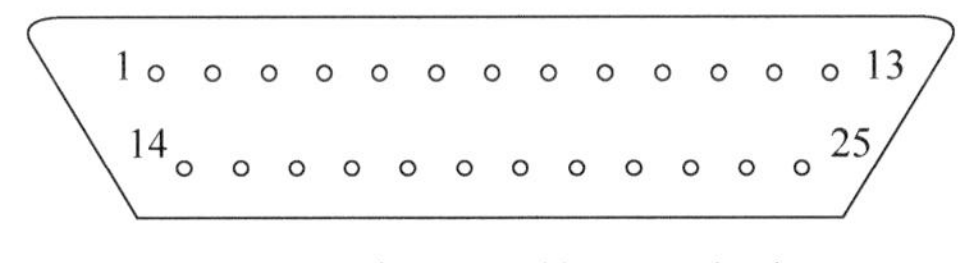

图 6-17 标准 25 针“D”型插头

RS-232C 总线的电气规范如表 6-6 所示。

表 6-6 RS-232C 总线的电气规范

带 3～7kΩ 负载时驱动器的输出电平	逻辑 0：3～15V 逻辑 1：−3～−15V
不带负载时驱动器的输出电平	−25～+25V
驱动器断开时的输出阻抗	>300Ω
输出短路电流	<0.5A
驱动器转换速率	<30V/μs
接收器输入阻抗	在 3～7kΩ 之间
接收器输入电压的允许范围	−25～+25V
输入开路时接收器的输出	逻辑 1
输入经 300Ω 接地时接收器的输出	逻辑 1
+3V 输入接收器的输出	逻辑 0
−3V 输入接收器的输出	逻辑 1
最大负载电容	2500pF

从表6-6中可以看出，对于发送端，规定用−3～−15V表示逻辑“1”，用3～15V表示逻辑“0”，内阻为几百欧，可以带2500pF的电容负载。负载开路时电压不得超过±25V。对于接收端，电压低于−3V表示逻辑“1”，高于+3V表示逻辑“0”，输入阻抗在3～7kΩ间。接口应经得起短路而不损坏。

由于RS-232C的逻辑电平与TTL逻辑电平不兼容，而微型计算机通过串行接口芯片，发送和接收的都是TTL电平表示的数字信息，因此必须进行电平转换。Motorola公司制造的MC1488是把TTL电平转换为RS-232C电平的一种比较简单的集成电路驱动器芯片；而MC1489是把RS-232C电平转换成TTL电平的接收器芯片。采用MC1488和MC1489电平转换芯片的RS-232C接口电路如图6-18所示。图6-18中的UART(通用异步/同步收发器)就是串行接口芯片。

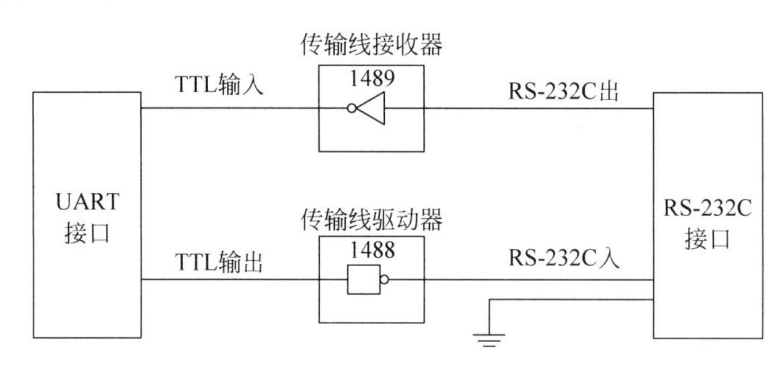

图6-18 RS-232C与UART连接图

除MC1488外，将TTL电平转换为RS-232C电平的芯片还有75188、75150等；用于将RS-232C电平转换为TTL电平的除MC1489外，还有75189、75154等。

2. 功能规范

RS-232C的25个引脚的功能分配如表6-7所示。

表6-7 RS-232C的引脚功能分配

插脚号	插 脚 功 能	插脚号	插 脚 功 能
1*	保护地(PG)	14	(辅信道)发送数据(TxD)
2*	发送数据(TxD)	15*	发送信号单元定时
3*	接收数据(RxD)	16	(辅信道)接收数据(RxD)
4*	请求发送(RTS)	17*	接收信号单元定时
5*	允许发送(CTS)	18*	未定义
6*	数据通信设备(DCE)准备好(DSR)	19	(辅信道)请求发送(RTS)
7*	信号地(SG)	20*	数据终端准备好(DTR)
8*	数据载波检测(DCD)	21*	信号质量检测
9	(保留供数据通信设备测试)	22*	振铃指示(RI)
10	(保留供数据通信设备测试)	23*	数据信号速率选择
11	未定义	24*	发送信号单元定时(DTE为源)
12	(辅信道)数据载体检测(DCD)	25	未定义
13	(辅信道)消除发送(CTS)		

RS-232C 的 25 个插脚仅定义 22 个。这 22 个信号分为两个信道组：一个主信道组(标有“＊”者)和一个辅信道组，大多数微型计算机通信系统仅使用主信道组的信号线。在通信时，并非所有主信道组的信号都要连接。在微型计算机通信中，通常使用的 RS-232C 接口信号只有 9 个引脚。这 9 个引脚分两类：一类是基本的数据传送引脚；另一类是用于调制解调器(modem)的控制和反映 modem 状态的引脚。

1）基本的数据传送引脚

TxD：数据发送引脚，输出。数据传送时，发送数据由该引脚发出，送上通信线，在不传送数据时，异步串行通信接口维持该脚为逻辑“1”。

RxD：数据接收引脚，输入。来自通信线的数据信息由该引脚进入接收设备。

SG、PG：信号地和保护地引脚，它们是无方向的数字地和保护地。

2）modem 的控制和状态引脚

DTR：数据终端准备好引脚，输出。用于通知 modem，计算机(数据终端)准备好了，可以通信。

RTS：请求发送引脚，输出。用于通知 modem 计算机请求发送数据。

DSR：数据通信设备准备就绪引脚，用于通知计算机，modem 准备好了。

CTS：允许发送引脚，输入。它是对 RTS 的响应，用于通知计算机，modem(或外设)已准备好接收数据，计算机可以发送数据。

DCD：数据载波检测引脚，输出。用于通知计算机，modem 与电话线另一端的 modem 已经建立联系。

RI：振铃信号指示引脚，输入。用于通知计算机，有来自电话网的信号。

两台计算机通过 RS-232C 接口相连的情况如图 6-19 所示。图中虚线表示可能需要的连线，在有些可靠性要求不高的通信场合也可以不连。最简单的情况是只需要连接 TxD、RxD 和 SG 三条信号线。

根据各个引脚的功能，不难理解其连接方法。需要注意的是，图中的连线是交叉的，也就是说同一条线左右两端的引线信号是不同的。

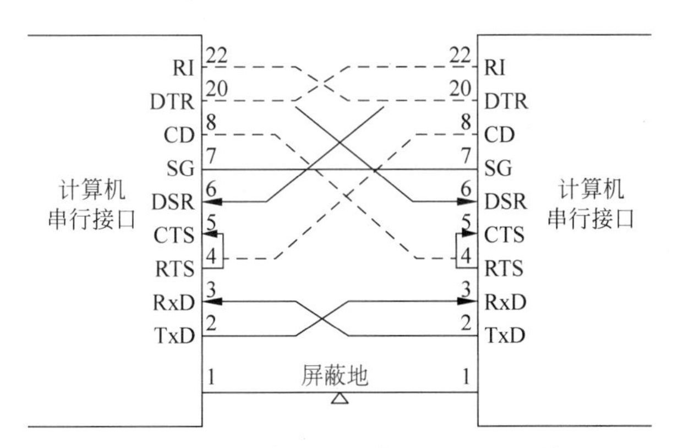

图 6-19　连接计算机与计算机的 RS-232 接口

6.5.4　并行接口标准 IEEE 1284

1. 并行接口标准的提出

早期并行接口的主要外设是打印机，因此并行接口也称为打印机口。接口的标准称为

Centronics,传输速率最高只有几十 KB/s,传输距离也只有 2m。随着计算机技术的发展,并行接口的结构和性能在原有的基础上已经发生了很大的变化,增加了 EPP、ECP 等高级工作模式,传输速率可达 2MB/s,传输距离可达 10m。目前,国际上已经制定了统一的并行接口标准(IEEE 1284),PC 微计算机并行接口和扩展设备将遵循这一标准。

2. IEEE 1284 标准的基本内容

1) 并行接口的操作模式

IEEE 1284 标准定义了 5 种数据传输模式,可以实现正向(PC→外设)、反向(外设→PC)和双向(PC↔外设,半双工)数据传输。

(1) 单向传送模式。包括正向和反向两种模式。

① 正向:也就是 Centronics 标准定义的模式,因此称为标准模式(SPP)。Centronics 标准用于计算机与打印机或绘图仪的连接。接口共有 36 个引脚。采用扁平电缆或多芯电缆进行信息传送。传输速率较高,传输距离最长为 2m。在使用扁平电缆连接时,每两条数据线之间夹一条地线,可以较好地克服数据间的干扰。这种总线未经标准化组织确定,所以不同厂家对引脚定义可能略有区别。目前经常采用 25 线简化的 Centronics 标准。例如 PC 微计算机的并行接口就是采用 25 线的 Centronics 总线标准。

② 反向:包括半字节传送和字节传送模式。

半字节模式:使用 4 位状态线作为数据线向 PC 输入数据。

字节模式:使用 8 位数据线向 PC 输入数据,有时指"双向口"。

(2) 双向传送模式。这是新型并行接口标准,也有两种模式。

① 增强并行口(enhanced parallel port,EPP):主要用于非打印机类的外设,如 CD-ROM、磁带、硬盘、网络适配器等与 PC 的连接。

② 扩容端口(extended capability port,ECP):主要用于新一代的打印机和扫描仪与 PC 的连接。

2) 信号定义

以上各模式下的引脚,IEEE 1284 都进行了重新定义,其具体标记符号如表 6-8 所示。

表 6-8 IEEE 1284 各模式下的引脚定义

引脚(方向)	SPP	半字节模式	字节模式	EPP	ECP
1(输出)	$\overline{\text{STROBE}}$	Strobe	HostClk	$\overline{\text{WRTTE}}$	HostClk
2~9(双向)	DATA	未用	DATA	DATA	DATA
10(输入)	$\overline{\text{ACK}}$	PtrClk	PtrClk	$\overline{\text{INTR}}$	PeriphClk
11(输入)	BUSY	PtrBusy	PtrBusy	$\overline{\text{WAIT}}$	PeriphAck
12(输入)	PE	AckDataReq	AckDataReq	用户定义	AckReverse
13(输入)	SELECT	Xflag	Xflag	用户定义	Xflag
14(输出)	$\overline{\text{AUTOFEED}}$	HostBusy	HostBusy	$\overline{\text{DATASTB}}$	HostAck
15(输入)	$\overline{\text{ERROR}}$	DataAvail	DataAvail	用户定义	PeriphRequest
16(输出)	$\overline{\text{INIT}}$	INIT	INIT	$\overline{\text{RESET}}$	PeriphRequest
17(输出)	$\overline{\text{SELECTING}}$	1284Active	1284Active	$\overline{\text{ADDRSTB}}$	1284Active

3）并行接口的连接器和连接线

通过并行接口传输数据时，随着线路长度的增加，干扰就会增加，数据也就容易出错。而早期的并口连接器和连线，没有采取很好的抗干扰措施，因此，只能保证 10KB/s 的速率和 2m 的传输距离。为了使并行接口高级模式能够正常工作（2MB/s 传输速率、10m 的传输距离），同时又维持对原有设备的兼容性，IEEE 1284 标准制定了新的机械和电气规范，采用了一系列措施来保证这些指标。例如，全部信号线都采用信号线和回路地的绞线结构，在每个信号线和它的回路地间有(62±6)Ω 的不平衡电阻，线间串扰不大于 10%等。

目前定义了 3 种用于 IEEE 1284 接口的连接器。

（1）1284-A 型：25 脚 DB25。

（2）1284-B 型：36 脚 Centronics，0.085 中心线连接器。

（3）1284-C 型：36 脚 Mini- Centronics，0.085 中心线袖珍连接器。

PC 端使用 IEEE 1284-A 型连接器，外设使用 IEEE 1284-B 型连接器。IEEE 1284-C 型连接器是推荐使用的新设计产品，这种连接器既可以用于微型计算机端，也可用于外设。它不仅提供了最佳电气性能的电缆，而且有对锁紧电缆更为方便的挂钩和更加小巧的外观。

6.5.5 ISA 工业标准总线

ISA 是工业标准体系结构（industrial standard architecture）的缩写，是 Intel 公司、IEEE 和 EISA 集团联合在 62 线的 PC 总线基础上经过扩展 36 根线而开发的一种系统总线。因为开始时是应用在 IBM PC/AT 机上，所以也称为 PC/AT 总线。ISA 总线是经世界认可的工业标准结构，向下兼容 PC/XT 总线。

1. IBM PC/XT 总线

PC/XT 总线是一种 8 位总线，它不仅具有 8086/8088 CPU 的三总线信号，而且是重新驱动过的，具有多路处理、中断和 DMA 操作能力的增强型通道。该通道上的 62 条引线按照 PC/XT 总线标准规范排列，每条引线上的信号在电气性能上满足 PC/XT 的要求，微机主板上有 8 个这样的扩展槽。

2. ISA 总线

ISA 总线是 16 位总线，是 IBM PC/AT 微机使用的总线。

它是在 PC/XT 总线的 62 线扩展槽外，又增加一个 36 线的 I/O 扩展槽组成的一长一短的两个槽。增加的扩展槽主要用来扩充高位地址 A_{20}～A_{23} 和高位数据字节 D_8～D_{15}，使系统可以通过它访问 16MB 的存储空间，并可以为外设和存储器提供 8 位和 16 位的数据总线。ISA 总线又被称为 IBM PC/XT(AT)总线。在 IBM PC/AT 微机主板上有 8 个 62 线的 PC/XT I/O 通道(J_1～J_8)，并有 5 个 36 线的扩展槽(J_{11}～J_{14} 和 J_{16})。62 线扩展槽和 36 线扩展槽排成一列，以便插入电路板。

IBM PC/XT(AT)I/O 通道信号排列如图 6-20 所示。表 6-9 和表 6-10 对 62 线通道和 36 线通道的信号分别进行了说明。

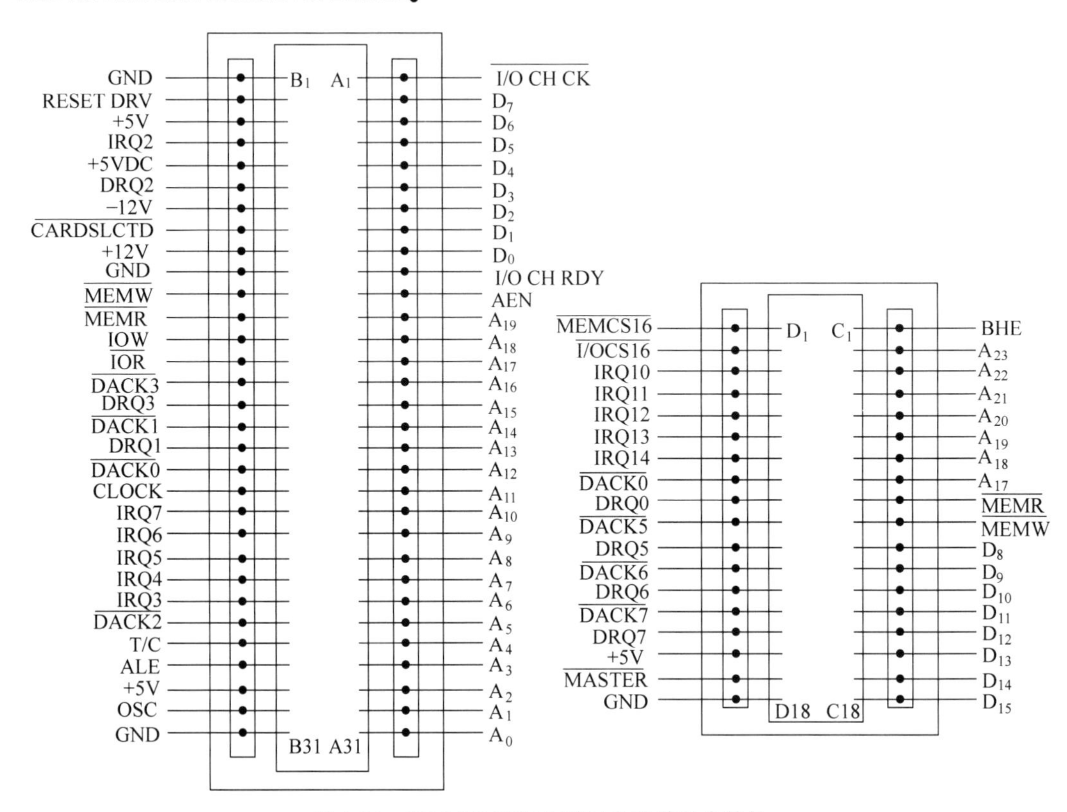

图 6-20 IBM PC/XT(AT)I/O 通道引脚特性

表 6-9 PC/AT I/O 通道引脚信号(36 线通道,J_{10}～J_{14} 和 J_{16})

引脚	信号	I/O	说　明	引脚	信号	I/O	说　明
D_1	－MEMCS16	I	存储器 16 位片选信号	C_1	BHE	I/O	高字节允许
D_2	I/O CS16	I	I/O 16 位片选信号	C_2	A_{23}	I/O	地址线
D_3	IRQ10	I	中断请求 10	C_3	A_{22}	I/O	
D_4	IRQ11	I	中断请求 11	C_4	A_{21}	I/O	
D_5	IRQ12	I	中断请求 12	C_5	A_{20}	I/O	
D_6	IRQ13	I	中断请求 13	C_6	A_{19}	I/O	
D_7	IRQ14	I	中断请求 14	C_7	A_{18}	I/O	
D_8	－DACK0	O	DMA 认可 0	C_8	A_{17}	I/O	
D_9	DRQ0	1	DMA 请求 0	C_9	－MEMR	I/O	存储器读
D_{10}	－DACK5	O	DMA 认可 5	C_{10}	－MEMW	I/O	存储器写
D_{11}	DRQ5	I	DMA 请求 5	C_{11}	D_8	I/O	数据线
D_{12}	－DACK6	O	DMA 认可 6	C_{12}	D_9	I/O	
D_{13}	DRQ6	I	DMA 请求 6	C_{13}	D_{10}	I/O	
D_{14}	－DACK7	O	DMA 认可 7	C_{14}	D_{11}	I/O	
D_{15}	DRQ7	I	DMA 请求 7	C_{15}	D_{12}	I/O	
D_{16}	＋5V		电源	C_{16}	D_{13}	I/O	
D_{17}	－MASTER	I	I/O CPU 发出的总线控制信号	C_{17}	D_{14}	I/O	
D_{18}	GND		地	C_{18}	D_{15}	I/O	

表 6-10　PC/XT I/O 通道引脚信号(62 线通道,J_1～J_8)

引脚	信号	I/O	说　明	引脚	信号	I/O	说　明
B_1	GND		地	A_1	－I/O CH CK	I	I/O 通信校验低出错
B_2	RESET DRV	O	复位“高”有效	A_2	D_7	I/O	
B_3	＋5V			A_3	D_6	I/O	
B_4	IRQ_2	I	中断请求 2“高”有效	A_4	D_5	I/O	
B_5	－5V			A_5	D_4	I/O	
B_6	＋DRQ2	I	DMA 请求 2“高”有效	A_6	D_3	I/O	数据线“高”为 1
B_7	－12V			A_7	D_2	I/O	
B_8	CARD SLCTD		插件板中选“低”有效	A_8	D_1	I/O	
B_9	＋12			A_9	D_0	I/O	
B_{10}	GND		地	A_{10}	＋I/O CH RDY	I	I/O 通道就绪“高”
B_{11}	－MEMW		存储器写命令“低”有效	A_{11}	＋AEN	O	有效地址允许
B_{12}	－MEMR	O	存储器读命令“低”有效	A_{12}	A_{19}	O	
B_{13}	－IOW	O	I/O 写命令“低”有效	A_{13}	A_{18}	O	
B_{14}	－IOR	O	I/O 读命令“低”有效	A_{14}	A_{17}	O	
B_{15}	－DACK3	O	DMA 认可 3“低”有效	A_{15}	A_{16}	O	
B_{16}	＋DRQ3	I	DMA 请求 3“高”有效	A_{16}	A_{15}	O	
B_{17}	－DACK1	O	DMA 认可 1“低”有效	A_{17}	A_{14}	O	
B_{18}	＋DRQ1	I	DMA 请求 1“低”有效	A_{18}	A_{13}	O	
B_{19}	－DACK0	O	DMA 认可 0“低”有效	A_{19}	A_{12}	O	
B_{20}	CLOCK	O	时钟脉冲 4.77Hz	A_{20}	A_{11}	O	
B_{21}	＋IRQ7	I	中断请求 7“高”有效	A_{21}	A_{10}	O	
B_{22}	＋IRQ6	I	中断请求 6“高”有效	A_{22}	A_9	O	地址线,“高”为 1
B_{23}	＋IRQ5	I	中断请求 5“高”有效	A_{23}	A_8	O	
B_{24}	＋IRQ4	I	中断请求 4“高”有效	A_{24}	A_7	O	
B_{25}	＋IRQ3	I	中断请求 3“高”有效	A_{25}	A_6	O	
B_{26}	－DACK2	O	DMA 认可 2“低”有效	A_{26}	A_5	O	
B_{27}	＋T/C	O	DMA 传送终点计数,“高”有效	A_{27}	A_4	O	
B_{28}	＋ALE	O	地址锁存使能下跳沿锁	A_{28}	A_3	O	
B_{29}	＋5V			A_{29}	A_2	O	
B_{30}	OSC	O	振荡方波 14.8Hz	A_{30}	A_1	O	
B_{31}	GND		地	A_{31}	A_0	O	

6.5.6　PCI 外围器件互连总线

PCI 外围器件互连总线,是 32 位并能扩展至 64 位的局部总线。它是 Pentium 时代最流行应用最广泛的总线,已成为局部总线的新标准。

1. PCI 总线的特点

20 世纪 90 年代,随着图形处理技术和多媒体技术的广泛应用,在以 Windows 为代表的图形用户接口进入 IBM-PC 之后,要求有高速的图形描绘能力和 I/O 处理能力。这不仅要求图形适配卡改善其性能，也对总线的速度提出了新的挑战。实际上当时外设速度已有了很大的提高，如磁盘和控制器之间的数据传输就达到了10MB/s以上，图形控制器和显示器之间的速度更是达到了69MB/s。通常I/O总线的速度为外设速度的3～5倍，因此，原有的ISA、EISA已远远不能适应要求，成为整个系统的主要瓶颈。于是对总线提出了更高性能的要求，促使了总线技术的进一步发展。

PCI总线由Intel、Compaq、IBM等100多家公司于1993年联合推出。它采用数据线和地址线复用结构，减少了总线引脚数，从而可节省线路空间，降低设计成本。目标设备可用47条引脚，总线主控设备可用49条引脚。

PCI提供两种信号环境：5V和3.5V，并可进行两种环境的转换，扩大了它的适应范围。它对32位与64位总线的使用是透明的，允许32位与64位器件相互协作。PCI标准允许PCI局部总线扩展卡进行自动配置，提供了即插即用的能力。

PCI总线独立于处理器，它的工作频率与CPU时钟无关，可支持多级系统及未来的处理器，因而CPU的更新换代对其没有任何影响，这个特点使它有良好的兼容性，保持与ISA、EISA、VESA、MCA等标准的兼容性，使高性能的PCI总线与大量已使用的传统总线技术特别是ISA总线并存。

PCI总线性能的特点如下：

(1) 总线时钟33MHz，宽度32位，并可扩展到64位；

(2) 存取延迟小，大大缩短了外围设备取得总线控制权所需时间；

(3) 采用总线主控和同步操作；

(4) 独立于CPU的结构，兼容性好；

(5) 适应性广(台式机和便携机)，预留了发展空间和考虑到技术发展的潜力，能将传输速率提高到264MB/s；

(6) 具有自动配置功能，支持即插即用，因PCI接口包含一小块存储器，其中可存储允许自动配置PCI卡的信息；

(7) 成本低、效率高，因为此总线一开始就采用优化的集成电路，引脚多数复用。

2. PCI总线信号

完整的PCI总线标准共定义了100条信号线，但一般的PCI接口用不到50条信号线。对PCI的全部信号线通常分必备的和可选的两大类。(可参阅其他有关书籍)

6.5.7 USB通用串行总线

USB(universal serial bus，通用串行总线)是一种新型的外设接口标准。USB以Intel公司为主，联合Microsoft、Compaq、IBM等公司共同开发，1996年2月推出了USB 1.0版本，目前发展到3.0版本。它基于通用连接技术，可实现外设的简单快速连接，达到用户方便、降低成本、扩展PC连接外设范围的目的。它可以为外设提供电源，而不像普通的使用串、并口的设备需要单独的供电系统。另外，快速是USB技术的突出特点之一，USB的最高传输率可达12b/s，比串口快100倍，比并口快10倍，而且USB还支持多媒体。1997年Microsoft在Windows 97中开始以外挂模块形式提供了对USB的支持，随后在Windows 98中内置了USB接口的支持模块。至此使用USB的设备日益增多，USB逐渐流行起来。

1. USB 的特点

USB 技术的应用是计算机外设总线的重大变革。它之所以得到广泛支持和迅速普及是源于它的许多特点。

(1) 连接简单快速：USB 能自动识别系统中设备的接入和移走，真正做到即插即用。也就是说在不关闭 PC 的情况下可以安全地插上和断开 USB 设备，计算机系统动态地检测外设的插拔并动态地加载驱动程序。而其他普通的外围连接标准则必须在关掉主机的情况下才能插拔外围设备。

(2) USB 为所有的 USB 外设提供了单一的易于使用的 4 针插头标准的连接类型，这样一来就简化了 USB 的外设的设计，同时也简化了用户判断哪个插头对应哪个插槽时的复杂度，实现了单一的数据通用接口。

(3) 支持多设备的连接：USB 采用星形层次结构和 Hub 技术。一个 USB 端口串接上一个 USB Hub 就可以扩展为多个 USB 端口。

(4) 传输速率快：最新的 USB 3.0 的速率理论上可高达 5Gb/s。

(5) 内置电源供应：一般的串/并口设备都需要自备专用电源，而 USB 能向 USB 设备提供 5V、500mA 电源，以供低功耗设备使用，免除了自带电源的麻烦。

(6) 整个 USB 系统只有一个端口和一个中断，节省了系统资源。

(7) 为了适应各种不同类型外设的要求，USB 提供了四种不同的数据传输类型：控制传输、Bulk(批)传输、中断传输和同步传输。

2. 物理接口和电气特性

(1) 接口信号线：USB 总线(电缆)包括 4 根信号线，如图 6-21 所示。其中 D+和 D−为信号线，可以传送信号，是一对双绞线；V_{BUS} 和 GND 是电源和地线。USB 的接插件(插头/座)也比较简单，只有 4 芯。上游是 4 芯长方形插头，下游是 4 芯方形插头，两头不能弄错。

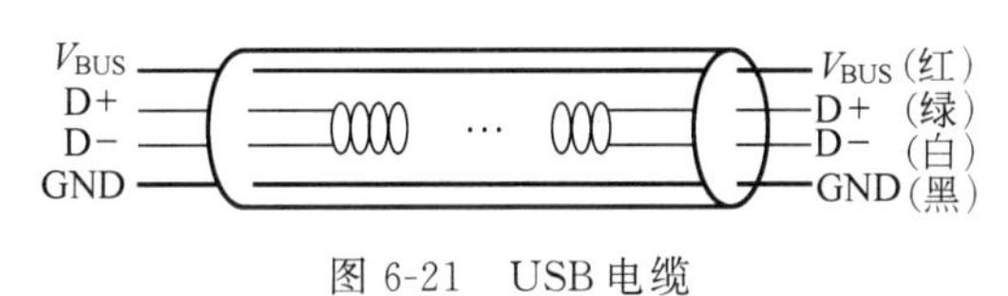

图 6-21 USB 电缆

(2) 电气特性：电源电压为 4.75～5.25V，由 USB 主机提供，设备能吸入的最大电流为 500mA。

3. USB 系统的组成

USB 系统包括硬件和软件两部分。

1) 硬件部分

USB 系统的硬件包括 USB 主机、USB 设备(Hub 及功能设备)和连接电缆(USB 的互连)。

(1) USB 主机是一个带有 USB 主控制器的 PC，是 USB 系统的主控设备，一个 USB 系统只有 1 个主机。

(2) USB 主控制器/根集线器(USB host controller/root hub)：分别完成对数据传输的

初始化和设备的接入。主控制器负责产生由软件调度的传输,然后再传给根集线器。一般来说,每一次 USB 交换都是在根集线器组织下完成的。

(3) Hub 设备除了根集线器外,为了能接入更多的外部设备,系统还需要其他 USB Hub。USB Hub 可串在一起再并接到根集线器上。USB 功能设备能在总线上发送和接收数据或控制信号,它是通过 Hub 连接在计算机上用来完成某项特定功能并符合 USB 规范的硬件设备,如鼠标、键盘。

2) 软件部分

USB 的软件包括主控制器驱动程序、USB 驱动程序及 USB 设备驱动程序。

(1) 主控制器驱动程序:完成对 USB 传输的调度,并通过根 Hub 或其他的 Hub 完成对传输的初始化。

(2) USB 驱动程序:对 USB 设备提供支持,组织数据传输。它是用来驱动 USB 功能设备的程序,通常由操作系统或 USB 设备制造商提供。

4. USB 数据传送类型

根据设备对系统资源的不同要求,USB 标准规定了以下四种基本的数据传送类型。

(1) 控制传输:这种传输是双向的,它的传输有 Setup、Data 和 Status 三个阶段。控制传输主要用于配置设备,也可以作为设备的其他特殊用途。例如,对数码相机传送暂停、继续、停止等控制信号。

(2) 批(bulk)传输:批传输可以单向或双向,用于传送大批数据,其时间性不强但须确保数据的正确性的场合。如打印机、扫描仪、数码相机常用批传输方式与主机相连。

(3) 中断传输:是单向的,且仅输入到主机,用于不固定、少量数据且要求实时处理的场合,如键盘、鼠标等输入设备。

(4) 同步传输:可以单向或双向,用于传输连续、实时的数据,且对数据的正确率要求不高但时间性强的外设,如麦克风、视频设备等。

6.5.8 外存储设备接口标准

外存储设备主要包括硬盘、CD-ROM、DVD-ROM 等,这些设备与系统的接口大多在微型计算机的主板上,且隐藏在主机里,在主机的外部没有接口引出。

1. IDE 接口准

IDE 即 integrated drive electronics,它的本意是指把控制器与硬盘盘体集成在一起的硬盘驱动器,是由 Compaq 和 WD 公司在 1984 年联合推出的一种硬盘接口标准。把控制器集成到硬盘驱动器中,一方面可以消除驱动器和控制器之间的数据丢失问题,使数据传输十分可靠(这样可以把每磁道的扇区数提高到 30 以上,从而增大硬盘容量)。另一方面由于控制器电路并入驱动器内,因此,从驱动器中引出的信号线已不是控制器和驱动器之间的接口信号线,而是通过简单处理后可与主系统连接的接口信号线,使连线更加直接。IDE 采用了 40 线的单组电缆连接。在 IDE 的接口中,除了对 ISA 总线上的信号做必要的控制之外,基本上是原封不动地送往硬盘驱动器。由此可见,IDE 实际上是系统级的接口。因此,也常常把 IDE 接口称为 ATA(advanced technology attachment)接口,即 AT 嵌入式接口。现在 PC 中使用的硬盘大多数还是 IDE 兼容接口。

1）IDE 的引脚定义

图 6-22 所示为 IDE 接口的引线图。各信号的功能如表 6-11 所示。

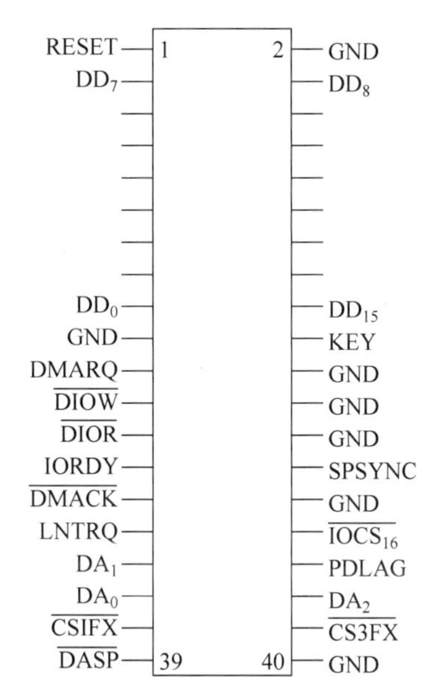

图 6-22 IDE 接口引脚

表 6-11 IDE 接口各信号的功能

引脚信号	功能	引脚信号	功能
$DD_0 \sim DD_{15}$	驱动器数据总线	$\overline{IOCS_{16}}$	驱动器 16 位 I/O 选通
$DA_0 \sim DA_2$	驱动器地址总线	INTRQ	驱动器中断
$\overline{DIOR}$	驱动器 I/O 读	IORDY	I/O 通道就绪
$\overline{DIOW}$	驱动器 I/O 写	DMARQ	DMA 请求
RESET	驱动器复位	$\overline{DMACK}$	DMA 确认
PDLAG	诊断通过	$\overline{DASP}$	驱动器在工作的信号
SPSYNC	两驱动器主轴同步	$\overline{CSIFX}$	驱动器命令寄存器选通
$\overline{CS3FX}$	驱动器控制寄存器选通		

2）IDE 接口标准的发展

IDE 接口标准（ATA-1 标准）只支持 PIO（程序控制输入/输出）模式，其数据传输速率只有 8.33MB/s，支持的硬盘容量限制在 528MB 之内。随着 CPU 速度的增加以及应用软件与环境的日趋复杂，IDE 的缺点也开始慢慢显现出来。增强型 IDE（enhanced IDE，EIDE）就是 Western Digital 公司针对传统 IDE 接口的缺点加以改进之后所推出的新接口标准。EIDE 使用扩充 CHS（cylinder-head-sector）或 LBA（logical block addressing）寻址方式，突破 528MB 的容量限制，可以顺利地使用容量达到数十 GB 的硬盘，而且 EIDE 接口不仅支持硬盘驱动器，还支持磁带机和 CD-ROM 驱动器。目前，EIDE 接口已直接集成在主板上，只需用一组电缆将硬盘或 CD-ROM 驱动器与主板连起来就可以了。

随着硬盘接口技术的不断发展，数据传输经历了 PIO 模式、DMA 模式，直至今天的 Ultra DMA 模式（简称 UDMA）。UDMA 模式的数据传输速率还在不断提高，从 UDMA/

33已发展到UDMA/133,但它们都能完全向下兼容旧式的ATA装置。因此常说IDE既是宏观意义上的硬盘接口类型,也是微观意义上的硬盘接口标准。之所以说它是宏观意义上的一种硬盘接口类型,是因为时至今日这一接口技术仍在不断地发展,并且仍然是PC微型计算机中硬盘接口的主流。现在常用的各类ATA、Ultra ATA、DMA、Ultra DMA硬盘都属于IDE接口类型。说它是微观意义上的硬盘接口标准,是指如果细分,它仅代表第一代的IDE标准(ATA-1),因为随后其接口技术得到了飞速发展,引入了许多新技术,使这一IDE接口标准获得了质的飞跃,通常不再以IDE标注,而是以ATA、Ultra ATA、DMA、Ultra DMA或ATA-1、ATA-2、ATA-3、…标注。目前ATA接口标准已从ATA-1(IDE)发展到了ATA-7。

2. SATA标准

Serial ATA(SATA),即串行ATA,是Intel公司在2000年DF(Intel Developer Forum,英特尔开发者论坛)上发布的外设产品接口标准。2001年,Intel、APT、Dell、IBM、希捷、迈拓等几大厂商组成的Serial ATA委员会正式确立了Serial ATA 1.0标准,2002年,又提出了Serial ATA 2.0标准。

相对于并行ATA来说,SATA具有非常多的优势。首先,Serial ATA以连续串行的方式传送数据,可以在较少的位宽下使用较高的工作频率来提高数据传输的带宽。一次只会传送1位数据,这样能减少SATA接口的针脚数目,使连接电缆数目变少,效率也会更高。实际上,Serial ATA仅用4个引脚就能完成所有的工作。其次,SATA使用嵌入式时钟信号,具备了更强的纠错能力。与以往的硬盘接口相比,其最大的区别在于能对传输指令(不仅仅是数据)进行检查,如果发现错误会自动矫正,这在很大程度上提高了数据传输的可靠性。还有,SATA标准的起点更高、发展潜力更大,Serial ATA 1.0定义的数据传输率可达150MB/s,这比目前最新的并行ATA(即ATA/133)所能达到的最高数据传输率133MB/s还高,而SATA 2.0的数据传输率将达到300MB/s,将来SATA将实现600MB/s的数据传输率。此外,串行接口还具有结构简单、支持热插拔的优点,因此SATA标准接口的硬盘已逐渐成为硬盘的主流。

习题

6-1 微计算机系统中为什么要使用接口?能否主机不经接口直接与外设相接构成一个微计算机系统?为什么?

6-2 简述接口电路组成中各部分的作用,并区分什么是接口,什么是端口?

6-3 说明CPU对I/O设备采用的两种不同编址方式的优缺点和访问I/O设备采用的指令有哪些,CPU与I/O设备之间交换数据的控制方式有哪些,比较其优缺点。

6-4 试从存储器地址为40000H的存储单元开始输出1KB的数据给端口地址符号为Outport的外设中去,接着又从端口地址符号为Inport的外设输入2KB数据给首地址为40000H的存储单元。用无条件传送方式写出8086/8088指令集的输入/输出程序(端口地址值自定)。

6-5 用查询方式编一个程序,能从键盘输入一个字符串,存放到内存中以Buffer开始的缓冲区(端口地址和状态标志自行设定)。

6-6　8237A 选择存储器到存储器的传送模式必须具备哪些条件？

6-7　8237A 只有 8 位数据线，为什么能完成 16 位数据的 DMA 传送？8237A 的地址线为什么是双向的？

6-8　DMA 控制器应具有哪些功能？

6-9　说明 8237A 单字节 DMA 传送数据的全过程。8237A 单字节 DMA 传送与数据块 DMA 传送有什么不同？

6-10　微计算机系统总线层次化结构是怎样的？系统总线的作用是什么？

6-11　PCI 局部总线信号分哪两类？其主要作用是什么？

6-12　什么是 USB 总线？有哪些特点？可作为哪些设备的接口？USB 系统的组成部分包括哪些？试述其作用。

中断

中断控制是微计算机与外设之间交换数据常采用的一种方式。本章以 8086/8088 CPU 为例，讲述中断机构、中断源、中断过程、中断类型码，以及如何设置中断向量表使 CPU 能正确地转去执行相应中断源的中断服务程序。本章需理解 8086/8088 的硬件中断 NMI 和 INTR 的区别，以及多个外设使用 INTR 时中断优先级管理的三种方法。专用芯片 8259A 是微计算机用来进行中断优先级管理的控制器，本章在介绍其内部结构、外部引脚、工作原理的基础上重点讲解其使用方法。

本章重点：

- 8086/8088 的中断源及其中断机构；
- 8086/8088 的硬中断及 INTR 与 NMI 的区别；
- 中断类型码、中断向量和中断向量表三者间的关系；
- 中断向量表的使用；
- 中断控制器 8259A 的内部结构、工作原理及使用方法。

7.1 中断概述

中断是指 CPU 在正常执行程序的过程中，由于某个外部或内部事件的作用，强迫 CPU 停止当前正在执行的程序，转去为该事件服务（称为中断服务），待服务结束后，又能自动返回到被中断的程序中继续执行。

中断有如下三方面的优点。

(1) 实现 CPU 与外部设备的速度匹配与并行工作。

由于 CPU 的运行速度很快，而多数外设的工作速度较慢，在 CPU 和外设之间传送数据时，CPU 需花费大量的时间等待与外设交换数据，致使 CPU 的利用率很低。为了使 CPU 与外设之间的工作同步，可通过中断控制方式来实现（图 7-1）。

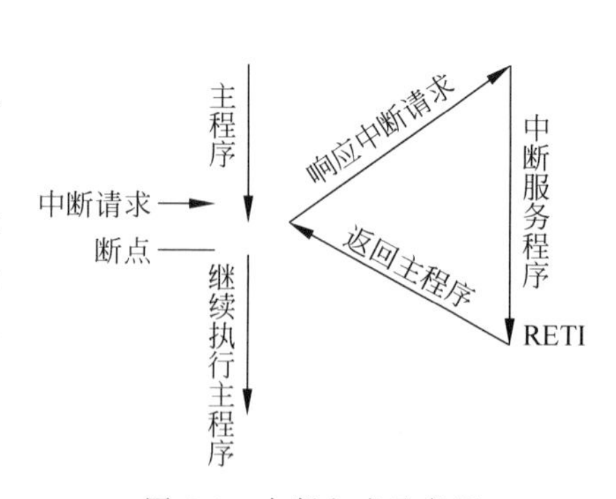

图 7-1　中断方式示意图

这里以打印机作为输出设备为例，以便更好地理解中断过程。主机准备好待打印的数据后，启动打印机，然后CPU继续执行现行程序。当打印机做好接收数据的准备后，向CPU发出中断请求信号，CPU响应这一请求信号，便停止当前运行的程序转去执行打印机的中断服务程序。在处理过程中，CPU是将数据批量(如一行或一列)发给打印机，发送后继续执行原来的程序。打印机完成这一批数据的打印之后，再向CPU发出中断请求信号。这样一直重复下去，直到所有数据均被打印完毕。因为CPU的处理速度比打印机要快得多，所以CPU与打印机可以视为并行工作，这样就大大提高了CPU的利用率。

(2) 实现实时信息监测和控制。

微型计算机的重要领域之一是用来进行实时信息的采集处理和控制。所谓实时是指中断系统能使计算机中断正在运行的程序，以便对现场采集到的信息及时做出分析和处理，并对被控制的对象立即做出响应，使被控制的对象保持在最佳工作状态。比如火箭的飞行控制、工业锅炉温度控制等。

(3) 实现故障检测和自动处理。

计算机运行过程中，如果出现事先未预料的情况或一些故障，如系统掉电、运算溢出、存储出错等，则可利用中断系统运行相应的服务程序自行处理，而不必停机或报告工作人员。

7.2 8086/8088的中断系统

8086/8088具有一个简单而灵活的中断系统，它可以处理多达256种类型的中断，既可以由来自内部的软件中断指令启动，也可以由来自外部的硬件引脚触发。

7.2.1 8086/8088的中断源

中断源是指引起中断的事件或发出中断请求的来源。8086/8088的中断源可来自CPU内部，也可来自CPU外部的接口芯片。图7-2示出了8086/8088 CPU的中断源。

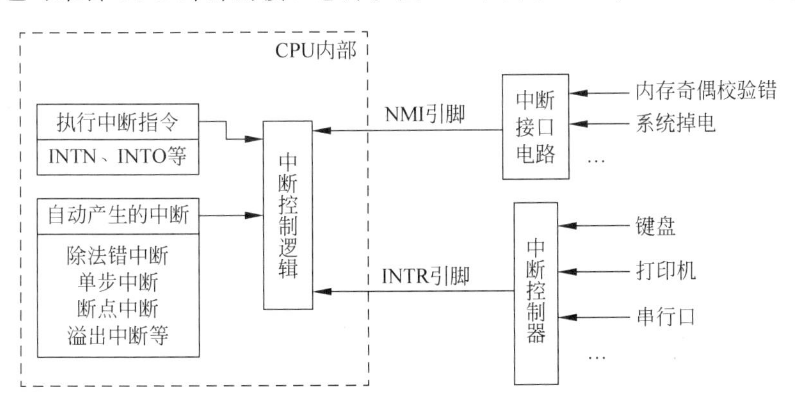

图7-2 8086/8088中断源

1. 外部中断

外部中断是由用户确定的硬件中断，又分为可屏蔽中断(INTR)和非屏蔽中断(NMI)。可屏蔽中断可用中断允许标志IF屏蔽。所谓“屏蔽”是指不允许中断请求信号发出，是由中断屏蔽触发器(IMR)来实现的。若IF=0，此时CPU处于关中断状态，则不响应INTR；若

IF=1,此时CPU处于开中断状态,将响应INTR。非屏蔽中断NMI,不能由IF加以屏蔽,只要NMI引脚上出现一上升沿的边沿触发有效请求信号,并且高电平持续时间大于两个周期时,CPU就进行响应,不能对它进行屏蔽,因此常用于对系统中发生的某种紧急事件进行处理。

2. 内部中断

内部中断是通过软件调用的中断。这类中断都是非屏蔽型的,包括单步中断、除法出错中断、断点中断、溢出中断(INTO)和指令中断(INTn)。单步中断是为调试程序准备的,由8086/8088 CPU状态标志寄存器中的跟踪标志位TF控制,当TF被置位(TF=1)时,8086/8088处于单步工作方式,即CPU每执行完一条指令后就自动地产生一个单步中断,程序控制将转入单步中断程序;除法出错中断是在进行除法运算所得的商超出数表示范围或除数为0时产生的,并给出相应的出错信号产生中断,此种中断优先级最高;溢出中断INTO是由溢出标志OF为1启动的;断点中断是由指令来实现的,用以软件的分段调试;指令中断INTn是由用户编程确定的。

在Intel 80X86系列高档微计算机中,中断的分类方式有所不同:

把因处理异步发生的外部事件(如外设数据传送的请求)而改变程序的流程的过程称为硬件中断或外部中断,简称中断。

把因处理同步发生的内部事件(如除法出错)而改变程序的流程的过程称为异常中断,简称位异常。

7.2.2 中断优先级的定义

处理器在执行指令的过程中,如果同时收到多个中断请求,系统将根据预先确定好的优先级依次进行处理,优先级低的中断应一直保持其中断请求直至被响应。通常CPU将按“内部中断→NMI→INTR”的顺序进行中断服务,不过不同机型可能具有不同的检测和响应次序。表7-1给出了8086 CPU内部中断逻辑电路规定的中断优先级。

表7-1 8086系统规定的中断优先级

中断优先级	中 断 源
1(最高)	被0除中断
2	INT N指令
3	INT O指令
4	NMI中断
5	INTR中断
6(最低)	单步中断

7.2.3 中断嵌套

当有多个中断源同时申请中断时,CPU首先响应优先权最高的中断请求;若在响应某一中断请求时又有更高级的中断请求到来,CPU将暂停目前的中断服务转去对更高级的中断源进行服务,这称为中断嵌套。某些中断系统对中断嵌套的层数有一定的限制。

图7-3是两层中断嵌套的示意图。

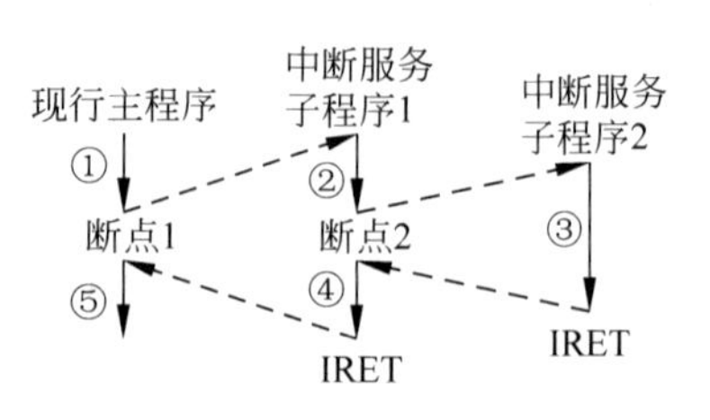

图7-3 两层中断嵌套示意

7.2.4 中断类型及类型码

如前所述,中断类型按中断源可分为内部中断和外部中断两种。外部中断也称为硬件中断,是由 CPU 外部引脚触发的一种中断;内部中断也称为异常中断,是由处理器检测到异常情况或执行软件中断指令引起的一种中断,它属于非屏蔽中断。

8086/8088 对每种类型的中断都指定 0~255 范围中的一个类型号(码)n,每一个 n 都与一个中断服务程序相对应。当 CPU 处理中断时,需要把控制引导至相应中断服务程序入口地址。为了实现这一引导,在存储器的低端划出 1KB 空间(000H~3FFH)存放中断向量表。这样,就可以把各个中断类型号所对应的中断服务程序入口地址依次存放在中断向量表内。

7.2.5 中断向量及向量表

所谓中断向量就是用来提供中断入口地址的一个地址指针,中断服务程序的首地址即(CS: IP)叫中断向量。8086/8088 CPU 能处理 256 种不同类型的中断,也就是有 256 个中断向量。

中断向量表也称中断入口地址表,用来存放 256 种中断的中断向量,即中断服务程序入口地址的 CS 和 IP 值。它是中断类型码 n 和与此中断相对应的中断服务程序间的一个连接链,因而也称为中断指针表,如图 7-4 所示。每个中断指针占 4 个字节,用于存放该中断服务程序的入口地址。低两个字节存放中断服务程序入口的偏移地址 IP,高两个字节存放中断服务程序入口的段基址 CS。当 CPU 调用类型号为 n 的中断服务程序时,首先把中断类型号 n 乘以 4 得到中断指针表的入口地址 $4n$,然后把此入口地址开始的连续 4 个字节中的两个低字节内容装入指令指针寄存器 IP,即 IP←($4n$: $4n+1$);再把两个高字节的内容装入代码段寄存器 CS,即 CS←($4n+2$: $4n+3$),这样就可以把 CPU 引导至类型 n 中断服务程序的起点,开始中断处理过程。

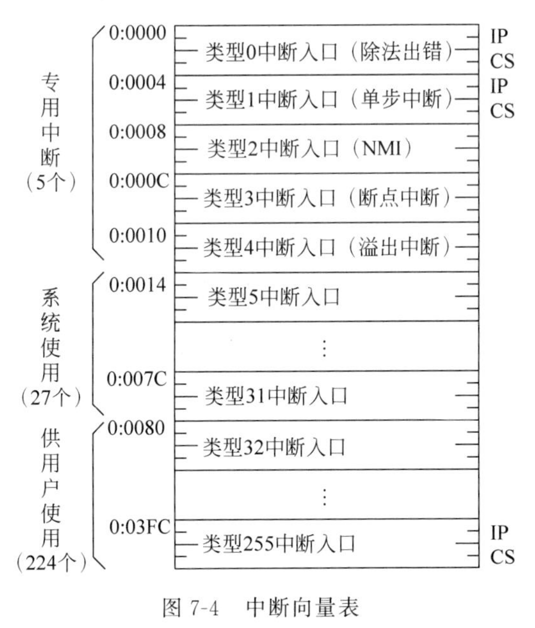

图 7-4 中断向量表

中断向量表由三部分组成。类型号 0~4 为专用中断指针(0—除法出错,1—单步中断,2—NMI,3—断点中断,4—溢出中断)占用 000H~013H 共 20 个字节,它们的类型号和中断向量由制造厂家规定,用户不能修改。类型号 5~31 为保留中断指针,占用 014H~07FH 的 108 个字节,这是 Intel 公司为将来开发软、硬件保留的中断指针,即使现有系统中未用到,但为了保持系统间的兼容性,以及当前系统与未来系统的兼容性,用户不应使用。类型号 32~255 为用户使用的中断指针,占用 080H~3FFH 的 896 个字节,这些中断类型号和中断向量可由用户任意指定,这就用到了双字节软件中断指令 INTn,其中第

1字节为INT的操作码,第2字节 n 为它的中断类型号。

用户在使用中断之前,必须采用一定的方法将中断服务程序的入口地址设置在与类型号相对应的中断向量表中,完成中断向量表的设置。

7.3 8086/8088 响应中断的过程

中断是一个过程,包括中断请求、中断判优、中断响应、中断处理和中断返回5个阶段。

1. 中断请求

中断请求包括两个方面,即建立中断源和中断请求的屏蔽与开放。建立中断源就是当中断事件发生后,通过硬件或软件将对应的中断源触发器置成响应的有效状态。但中断请求并非中断源一建立并发出就可以得到响应的,必须保证系统对中断没有屏蔽时才能发出信号。

2. 中断判优

如果同时有多个中断源提出中断申请,CPU将进行优先级排队,然后在允许中断的条件下响应和处理优先权最高的中断申请。图7-5开始部分的查询分支就是8086对中断优先级别的判断过程

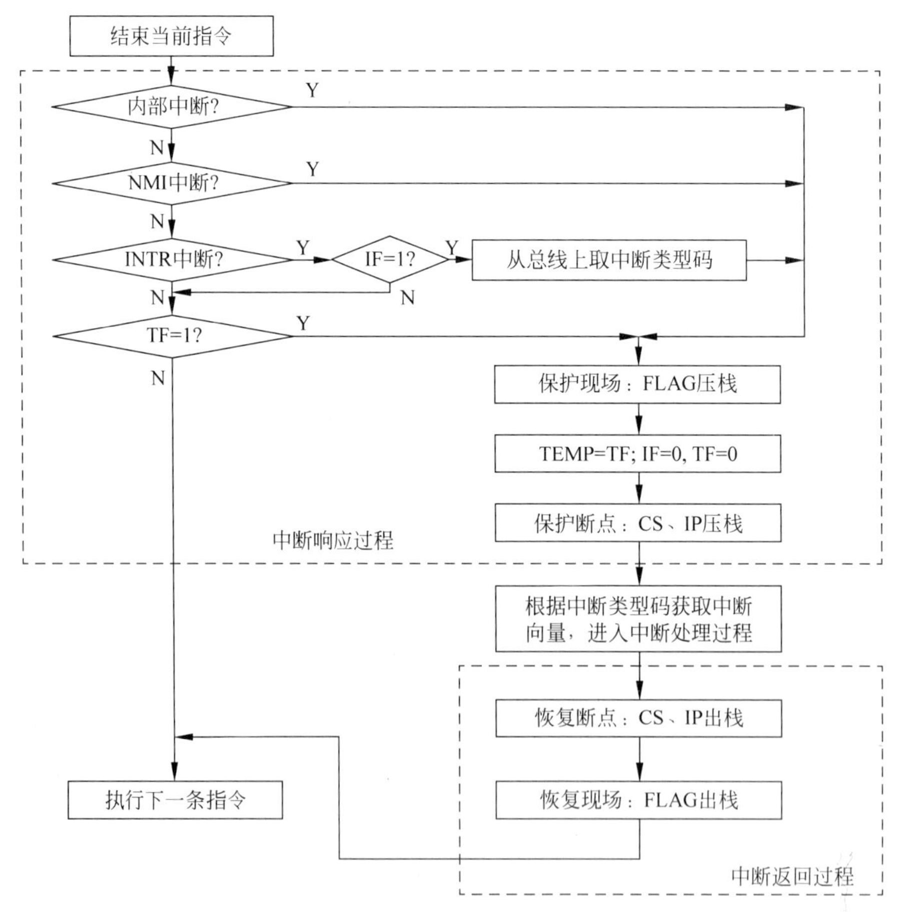

图7-5 8086的中断过程

3. 中断响应

CPU 接收到中断申请后，从停止现行程序到运行中断程序的过程叫作中断响应。中断响应时 CPU 会自动完成以下步骤。

（1）获取中断类型码。在 8086 系统中，产生不同中断时获取中断类型码的方式各不相同。表 7-2 给出了不同类型中断的中断类型码及其获取方式。

表 7-2　不同类型中断的中断类型码及其获取方式

种　　类		中断类型码	获取类型码方法
内部	除法错中断：商＞CPU 可表示的最大值	0	自动
	单步中断：TF=1 产生中断，CPU 在每条指令执行结束测试 TF，用于调试 DEBUG 中的 T 命令	1	自动
	断点中断：指令 INT3 产生中断，用于调试，可置于程序中任何位置，通常显示中间结果 R/M	3	自动
	溢出中断：指令 INTO 测试 OF，OF=1 时产生中断	4	自动
	软中断：指令 INTn 产生中断	n（用户确定）	从指令自动
外部	NMI：灾难性事件，不受 IF 屏蔽，当前指令执行完后立即响应	2	自动
	INTR：一般外部事件，当 IF=1 时响应	n（用户确定）	8259 自动送

（2）关中断。就是把内部的屏蔽设置为禁止中断状态，即当处理器响应中断之后不能马上响应其他外设的中断，因为这时中断现场还没有保护。当处理器响应某种外设的中断时，可以禁止其他外设的中断请求，关中断的状态一直持续到 CPU 执行到一条开中断的指令为止。

（3）保护现场和断点。中断发生前程序的运行状态称为现场，一般主要指系统标志寄存器中的内容。CPU 响应中断前，CS：IP 中的内容是服务子程序完成后处理器要返回并继续执行的指令地址，称为断点。为了保证处理器在中断返回后能正确地返回断点并正确地执行原来的程序，必须在处理器转到服务子程序之前将现场数据（标志寄存器内容）和断点（CS、IP 值）压入堆栈，保护起来，此过程由硬件自动完成。对硬件中断 INTR 和 NMI，系统还将自动清除 IF 和 TF。

（4）获取中断向量。系统通过中断类型码获取中断向量赋值给 CS 和 IP，接入中断入口地址，转而执行中断服务子程序。

4. 中断处理

中断处理即是执行中断服务子程序，如图 7-6 中虚线框内所示。中断处理过程是整个中断过程的核心，是由用户编写的程序控制完成的。

5. 中断返回

中断服务子程序的最后一条指令必须是 IRET 中断返回指令，将使保护在堆栈中的断点出栈，并送回到 CS：IP 中，以便 CPU 能重新从断点处继续执行原被中断的程序。此外，IRET 还具有恢复现场的功能。

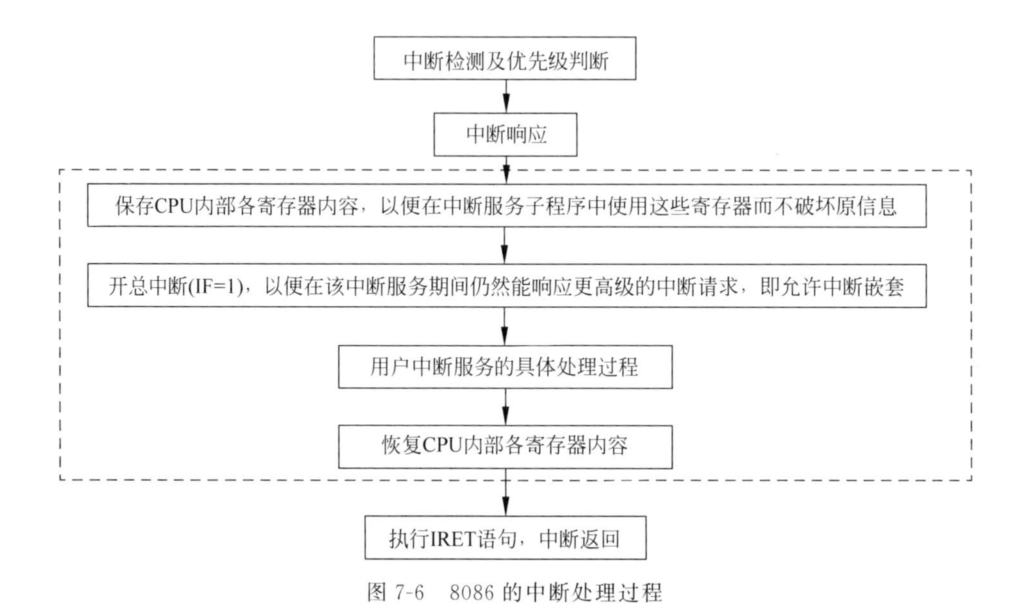

图 7-6　8086 的中断处理过程

7.4　硬件中断的响应过程

硬件中断指的是由 NMI 引脚进入的非屏蔽中断或由 INTR 引脚进入的可屏蔽中断。

(1) NMI (non maskable interrupt)即不可屏蔽中断(即不能屏蔽)，无论状态寄存器中 IF 位的状态如何，CPU 收到有效的 NMI 必须进行响应；NMI 是上升沿有效，中断类型号固定为 2，NMI 通常用于故障处理(如协处理器运算出错、存储器校验出错、I/O 通道校验出错等)。

(2) INTR(interrupt request)是可屏蔽中断请求信号，高电平有效。INTR 请求信号可被中断允许标志 IF 屏蔽。当设置 IF=0，从 INTR 引脚进入的中断请求将得不到有效的响应，只有当 IF=1 时，CPU 则会响应，并通过 $\overline{\text{INTA}}$ 引脚往接口电路送两个脉冲作为应答信号。中断接口电路收到 $\overline{\text{INTA}}$ 信号后，将中断类型码送至数据总线，同时清除中断请求信号。CPU 根据中断类型码找到中断服务程序入口，从而执行中断服务程序。可屏蔽中断的响应、执行与返回的过程如图 7-7 所示。

在微计算机系统中，往往有很多外设需通过中断方式要求 CPU 进行处理，而它们的轻重缓急各不相同，但 CPU 只有一条 INTR 引脚，这时就需要对中断优先权进行管理。

通常对中断优先权采用软件查询方式、菊花链(简单硬件)法、专用芯片(如中断控制器 Intel-8259A 就是此种专用芯片)管理方式三种办法进行管理。

7.5　可编程中断控制器 8259A

8259A 是双列直插式 28 脚的可编程中断控制芯片。它用来管理输入到 CPU 的中断请求，实现优先权判决，提供中断向量、屏蔽中断输入等功能。它能直接管理 8 级中断，若采用级联方式，则不需要附加外部电路最多可用 9 片 8259A 构成双级机构管理 64 级中断。

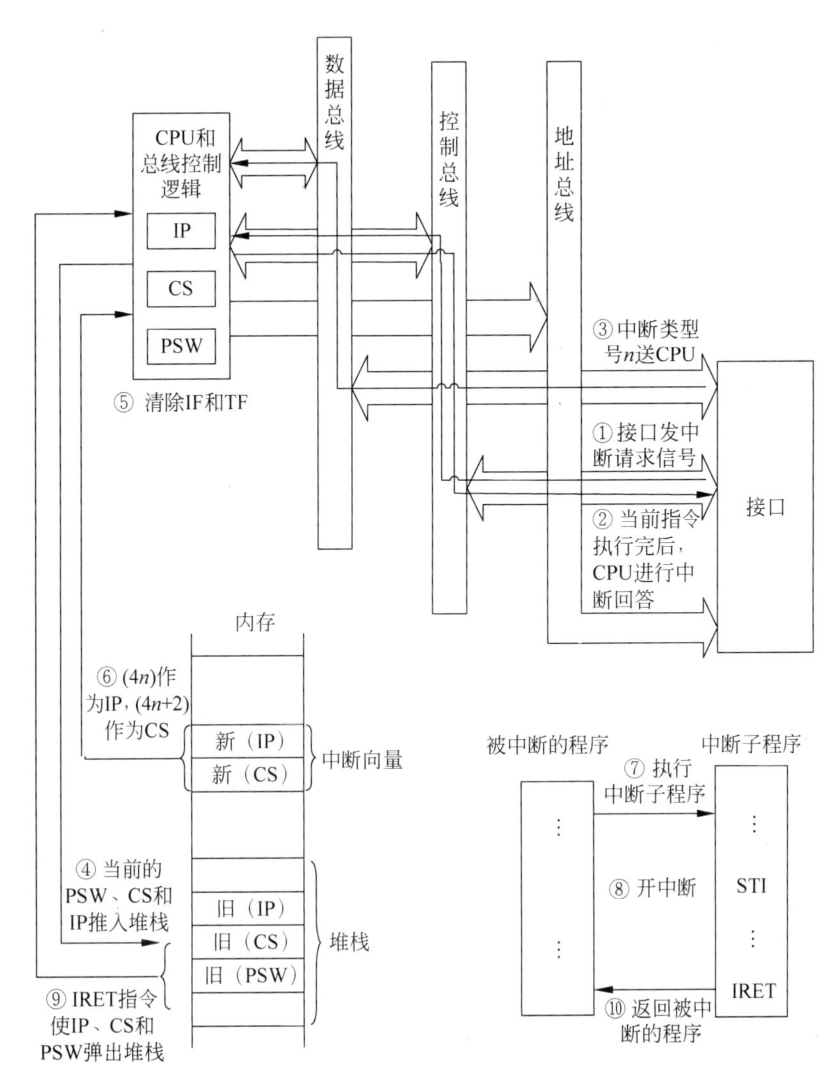

图 7-7　可屏蔽中断的响应、执行与返回

8259A 有多种工作方式，能适应各种系统要求，以便选取最佳中断方案。

8259A 的主要功能归纳为：

(1) 具有 8 级优先权控制，通过芯片级联可以扩展至 64 级优先权控制。

(2) 每一级中断均可通过编程屏蔽或允许。

(3) 在中断响应周期可以提供相应的中断类型号。

(4) 有多种工作方式，可通过编程选择。

(5) 可与 CPU 直接连接，不需外加硬件电路。

7.5.1　8259A 的基本构成及引脚作用

1. 8259A 的基本结构

8259A 内部主要由 8 个基本部分组成。其内部逻辑框图如图 7-8 所示，各部分主要功能如下。

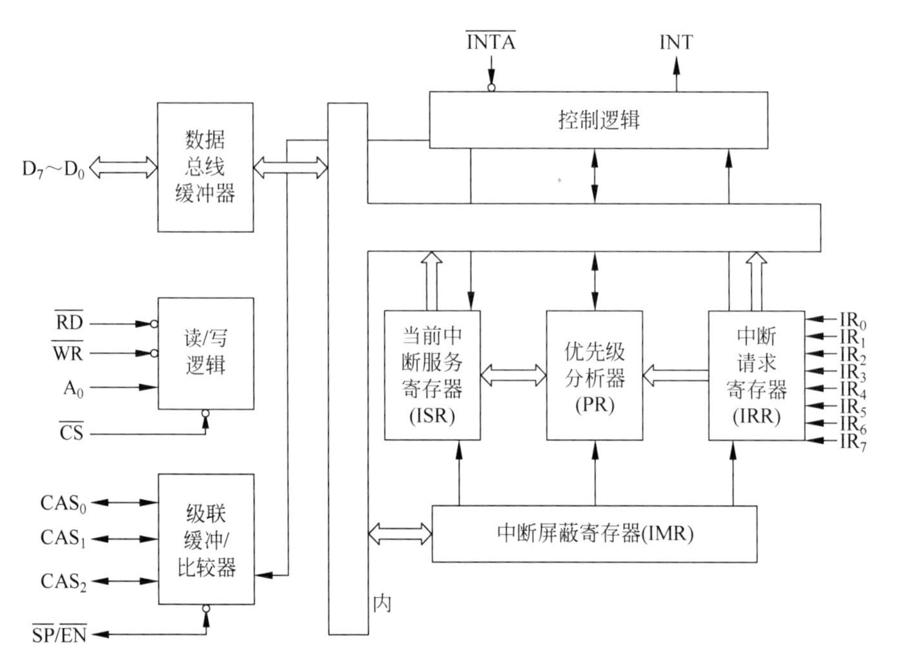

图 7-8　8259 内部逻辑图

1）数据总线缓冲器

这是 8 位的双向三态缓冲器,8259A 通过它与 CPU 进行命令和数据的传送。

2）读写/逻辑

接收来自 CPU 的读/写命令,完成规定的操作。操作过程由 $\overline{CS}$、$\overline{A_0}$、$\overline{WR}$ 和 $\overline{RD}$ 输入信号共同控制。

3）级联缓冲/比较器

当多片 8259A 采用主从结构级联时,用来存放和比较系统中各 8259A 的主、从设备标志。与该部件相连的有级联信号 CAS_0～CAS_2 及双向功能信号 $\overline{SP}/\overline{EN}$。$CAS_0$～$CAS_2$ 是三根级联控制信号。系统最多可以把 8 级中断请求扩展为 64 级主从式中断请求,当 8259A 为主片时,CAS_0～CAS_2 为输出信号,当 8259A 为从片时,CAS_0～CAS_2 为输入信号;引脚 $\overline{SP}/\overline{EN}$ 是具有双功能的双向信号线,用来表示缓冲方式和主从方式两种工作方式。在主从方式下,$\overline{SP}$ 为输出信号线,若 $\overline{SP}=1$,则 8259A 为主片,否则,8259A 为从片。

4）中断请求寄存器(IRR)

它与接口的中断请求线相连,请求中断处理的外设通过 IR0～IR7 对 8259A 请求中断服务,并把中断请求保持在中断请求寄存器中。

5）中断屏蔽寄存器(IMR)

通过软件设置 IMR 可对 8 级中断请求分别独立地加以禁止和允许,当此寄存器某位置"1"时,与之对应的中断请求被禁止。

6）优先级分析器(PR)

检查中断屏蔽寄存器(IMR)的状态,通过 PR 对 IMR 所允许的多个中断请求进行判优,把中断请求寄存器中优先级最高的中断请求送入当前中断服务寄存器(ISR),并向 CPU 输出中断请求信号 INT。

7）当前中断服务寄存器（ISR）

当前中断服务寄存器是一个对应于 8 个中断请求的 8 位寄存器，用于存放当前正在进行处理的中断级。ISR 的置位是在 $\overline{INTA}$ 脉冲期间，由优先级分析器根据 IRR 中各申请中断位的优先级别和 IMR 中屏蔽位的状态，选取允许中断的最高优先级请求位，选通到 ISR 中。当中断处理完毕，ISR 复位。

8）控制逻辑

控制逻辑按初始化设置的工作方式控制 8259A 的全部工作，包括内部控制电路、中断控制电路、初始化命令字寄存器组和操作命令寄存器组。该电路可根据 IRR 的内容和 PR 判断结果向 CPU 发中断请求信号 INT，并接收 CPU 发回的响应信号 $\overline{INTA}$，使 8259A 进入中断服务状态。

2. 8259A 的工作原理

单片 8259A（作为主片）工作时，进入中断处理的过程如下。

（1）当一条或多条中断请求线 IR0～IR7 变高时，设置相应的 IRR 位。

（2）在 8259A 对中断优先权和中断屏蔽寄存器的状态进行判断之后，找到允许中断状态中优先级最高的中断，并向 CPU 发高电平信号 INT，请求中断服务。

（3）CPU 响应中断时，送回应答信号 $\overline{INTA}$。此时为两个连续的负极性脉冲。

（4）8259A 接到来自 CPU 的第一个 $\overline{INTA}$ 时，把允许中断的最高优先级请求位置入当前中断服务寄存器（ISR），并把 IRR 中相应位复位。同时，8259A 准备向数据总线发送中断向量。

（5）在 8259A 发送中断向量的最后一个 $\overline{INTA}$ 脉冲期间，如果是在 AEOI（自动结束中断）方式下，在 $\overline{INTA}$ 脉冲结束时复位 ISR 的相应位。在其他方式下，ISR 相应位要由中断服务程序结束时发出的 EOI 命令来复位。

中断向量的 8 位二进制代码中，高 5 位编程时设置，低 3 位由中断请求线 IR7～IR0 编码提供。当 CPU 读入中断向量后，便从中断向量表中查出相应的中断服务程序入口地址的存放单元，从而控制 CPU 引导至相应中断服务程序入口处。

7.5.2　中断优先级管理方式

8259A 有多种优先级管理方式，能满足不同用户对中断管理的各种不同要求。

1. 设置优先级方式

1）普通全嵌套方式

这是 8259A 最常用、最基本的工作方式。全嵌套工作方式由 ICW_4 的 $D_4=0$ 来确定。如果对 8259A 初始化后没有设置其他优先级方式，则 8259A 默认为该方式。

在全嵌套方式中 8259A 的中断优先级是 IR_0 最高，IR_7 最低。当一个中断已被响应时，在该中断执行过程中，只有比它更高优先级的中断请求才会被响应。

2）特殊全嵌套方式

特殊的全嵌套方式由 ICW_4 的 SFNM=1 来确定。

在特殊全嵌套方式中，当处理某一级中断时，如果再有同级的中断请求，8259A 也会给予响应，从而实现一种对同级中断请求的特殊嵌套。

特殊全嵌套方式一般用于8259A级联情况下，将主片编程为特殊全嵌套方式，而与它的中断请求输入相连的其他从片工作于各种优先级方式。

3）优先级自动循环方式

该方式一般用于系统中多个中断源优先级相等的场合。优先级队列是变化的，一个外设受到中断服务后，它的优先级自动降为最低。

采用优先级自动循环方式的系统中，其初始化优先级队列规定由高到低为IR0，IR1，…，IR7。如果这时IR3有中断请求，且被响应，当IR3的中断服务完毕，则优先级降为最低。这时系统的优先级队列自动循环为：IR4，IR5，IR6，IR7，IR0，IR1，IR2，IR3。这样，当一个设备被轮流服务一次以后，它变为最高优先级，从而得到系统的服务。但是如果不是在循环优先级方式下工作，它可能永远得不到服务。

优先级自动循环方式由 OCW_2 的R=1、SL=0来确定。

4）优先级特殊循环方式

优先级特殊循环方式与优先级自动循环方式相比，只有一点不同，即在优先级特殊循环方式中，初始的最低优先级是由编程来确定的，从而最高优先级中断也由此而定。例如，程序确定IR5为最低优先级，则优先级队列由高到低分别为IR6，IR7，IR0，IR1，…，IR5。

2. 中断屏蔽方式

8259A对中断的屏蔽有两种方式。

1）普通屏蔽方式

在普通屏蔽方式中，每一个屏蔽位都对应一个中断请求输入信号，屏蔽某一个中断，只需对其对应的屏蔽位置"1"来屏蔽，而对其他信号请求没有影响。未被屏蔽的中断请求输入信号仍然按照设定的优先级顺序进行工作，而且保证当某一级中断请求被响应服务时，同级和低级的中断请求将被禁止，如果CPU允许中断，则高级的中断请求还会被响应，实现中断嵌套。

2）特殊屏蔽方式

特殊屏蔽方式主要用于中断服务程序中动态地改变系统的优先级结构。当设定了特殊屏蔽方式后，IMR中为"1"的位仍然屏蔽相应的中断请求信号，但所有未被屏蔽的位被全部开放，无论优先级别是高是低，都可以申请中断，并且都能得到CPU的响应并为之服务。也就是说，这种方式抛弃了同级或低级中断被禁止的原则，任何级别的未被屏蔽的中断请求都会得到响应，所以，可以选择地设定IMR的状态，开启需要的中断输入。

特定屏蔽方式由 OCW_3 的ESMM和SMM确定，设定时ESMM=1，SMM=1，复位时ESMM=1，SMM=0。

3. 中断结束(EOI)的处理方式

当一个中断请求得到响应时，8259A在当前中断服务寄存器(ISR)中设置相应位；当一个中断服务程序结束时，必须将ISR的相应位清零，否则8259A的中断控制功能就会不正常。使ISR相应位清零的工作即为中断结束处理。8259A有3种中断结束方式。

1）中断自动结束方式(AEOI)

中断自动结束方式是最简单的中断结束方式。在此方式下，系统一进入中断过程，当第二个中断响应脉冲 $\overline{INTA}$ 送到后，8259A就自动将当前中断服务寄存器(ISR)中的对应位清零。这样,尽管系统正在为某外设进行中断服务,但在8259A的ISR中却没有对应位指示。

中断自动结束方式的设置是初始化命令字ICW4的AEOI位为1即可。

2）普通中断结束方式

普通中断结束方式用在全嵌套方式下,当CPU向8259A发出中断结束命令时,8259A将ISR中优先级最高的位复位(即当前正在进行的中断服务结束)。只要在程序中往8259A的偶地址端口输出一个操作命令字OCW2,并使OCW2中的EOI=1,SL=0,R=0即可。

3）特殊中断结束方式

特殊中断结束方式用于非全嵌套方式下。用这种结束方式时,在程序中要发一条特殊中断结束命令,指出当前中断服务寄存器(ISR)中的哪一位将被清除。也是通过往8259A的偶地址端口输出一个操作命令字OCW2,并使OCW2中的EOI=1,SL=1,R=0;此时OCW2中的L2、L1、L0就指出了究竟是对ISR中的哪一位进行清除。

7.5.3　8259A的级联方式

在8086/8088微计算机系统中以一片8259A与CPU相连,这片8259A又与下一层的多至8片的8259A相连,称为级联。与CPU相连的8259A称为主片,下一层的8259A均称为从片。8259A的级联结构如图7-9所示。

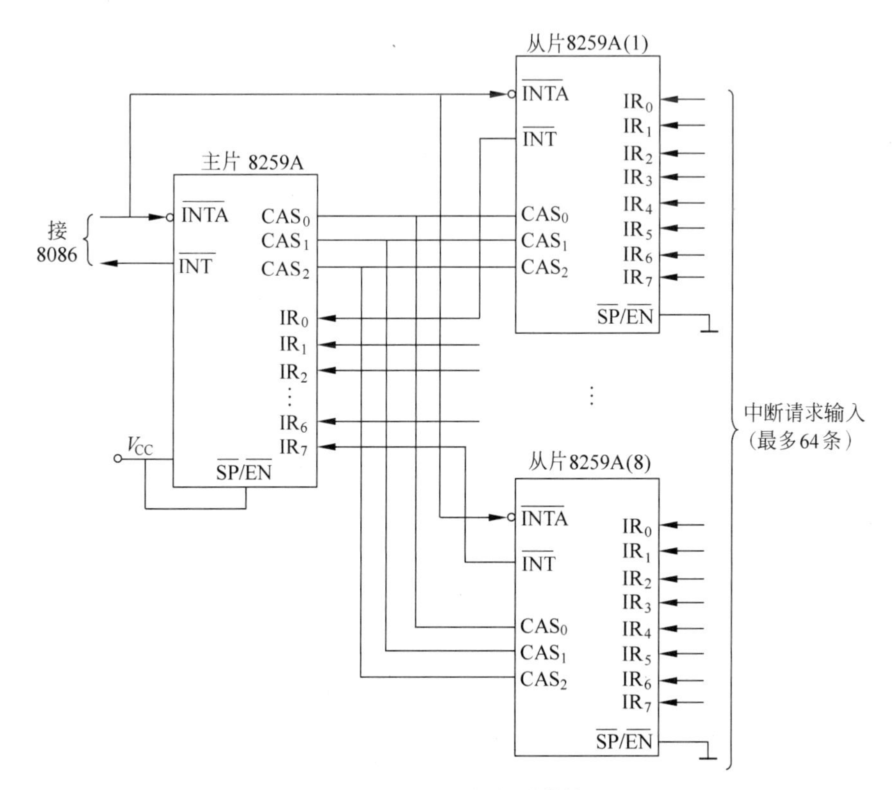

图7-9　8259A的级联结构

在级联结构中，从片的 INT 输出端接至主片的 IR 输入端，由主片的 INT 向 CPU 发中断请求；且所有 8259A 的 CAS_2、CAS_1、CAS_0 互连，主片为输出信号，从片为输入信号，这三条信号线的编码用于选择从片。

级联系统中各 8259A 必须各自有一完整的初始化过程，以便设置各自的工作状态。必须注意：在 8259A 级联方式时，一般不用中断自动结束方式，而用非自动结束方式。在中断服务结束时，CPU 必须发两次中断结束命令，一次对主片，一次对从片。在级联环境下 8259A 可采用特殊全嵌套方式。

7.5.4 8259A 的控制字和初始化编程

8259A 内部有两组存储器，存储着两种控制字：初始化命令字存储器，存放 CPU 写入的初始化命令字(ICW_1～ICW_4)；操作命令字寄存器，存放 CPU 写入的操作命令字(OCW_1～OCW_3)。初始化命令字必须在正常操作开始前写入，以建立 8259A 的基本工作条件，写入后一般不再改变。操作命令字可以在工作开始前或者工作期间写入，允许在系统运行过程中多次修改。

现将 8259A 的初始化命令字 ICW 各位的含义综合于表 7-3 中。操作命令字 OCW 略。

表 7-3 初始化命令字 ICW

<table>
<tr><th colspan="2">ICW_i</th><th>ICW_1</th><th>ICW_2</th><th>ICW_3(主)</th><th>ICW_3(从)</th><th>ICW_4</th></tr>
<tr><td rowspan="8">各位含义</td><td>D_0</td><td>1 要 ICW_4
0 不要</td><td rowspan="3">8080/8085 模式下中断向量地址 A_8～A_{10}</td><td rowspan="8">1 IRQ_i 线上有级联从片；
0 无级联从片</td><td rowspan="3">与主片 IRQ_i 对应的从片的识别码。
IRQ_i 为 000
IRQ_i 为 001
⋮
IRQ_i 为 111</td><td>1 8086/8088 模式
0 8080/8085 模式</td></tr>
<tr><td>D_1</td><td>1 单片 8259
0 多片</td><td>1 自动 EOI
0 正常 EOI</td></tr>
<tr><td>D_2</td><td>8080/8085 模式中断向量地址间距：
1 间距 4
0 间距 8</td><td>1 主 8259
0 从 8259</td></tr>
<tr><td>D_3</td><td>中断请求触发方式：
1 电位触发
0 边沿触发</td><td rowspan="5">8080/8085 模式下中断向量地址 A_{11}～A_{15} 位；
8086/8088 模式下中断类型码 T_3～T_7 位</td><td rowspan="5">不用</td><td>1 缓冲方式
0 非缓冲方式</td></tr>
<tr><td>D_4</td><td>ICW_1 标志位：1</td><td rowspan="2">D_4=1，特殊嵌套方式
D_4=0，一般嵌套方式</td></tr>
<tr><td>D_5</td><td rowspan="3">8080/8085 模式下中断向量地址 A_3～A_7 位</td></tr>
<tr><td>D_6</td><td rowspan="2">不用</td></tr>
<tr><td>D_7</td></tr>
<tr><td colspan="2">端口号</td><td>A_0 口</td><td>A_1 口</td><td>A_1 口(主)</td><td>A_1 口(从)</td><td>A_1 口</td></tr>
</table>

例 7-1 已知 IBM PC/XT 微计算机中使用单片 8259A，试对其进行初始化设置，要求这片 8259A 工作在全嵌套方式，不用中断自动结束方式，不用缓冲方式，中断请求

信号为边沿触发方式。

解　在 IBM PC/XT 微计算机中，8259A 的 ICW1 和 ICW4 的端口地址分别为 20H、21H。初始化设置的程序段如下：

```
MOV AL,13H ; 设置 ICW1(中断请求采用边沿触发方式,单片 8259A,设置 ICW4)
OUT 20H,AL
MOV AL,18H ; 设置 ICW2(将中断类型码高 5 位指定为 00011)
OUT 21H,AL
MOV AL,1DH ; 设置 ICW4(用特殊全嵌套方式); 不用中断自动结束方式,用缓冲方
           ; 式工作于 8086/8088 系统
OUT 21H,AL
```

7.5.5　8259A 应用举例

例 7-2　在 IBM PC/XT 62 芯总线的 IRQ2 端输入一中断请求信号。该信号的中断源可由 62 芯总线 CLK 输出的时钟经 8253 定时/计数器产生，也可由一分频电路直接分频产生。每产生一次中断，要求 CPU 响应后在 CRT 上显示字符“THIS IS A 8259A INTERRUPT!”，中断 10 次后，主机返回 DOS 状态，不再响应中断请求(8253 定时/计数器见第 8 章)。

解　已知 PC/XT 中 8259A 地址为：偶地址 20H，奇地址 21H，并且使用系统的中断类型号为 OAH。

程序包括主程序和中断服务程序。程序流程如图 7-10 所示。

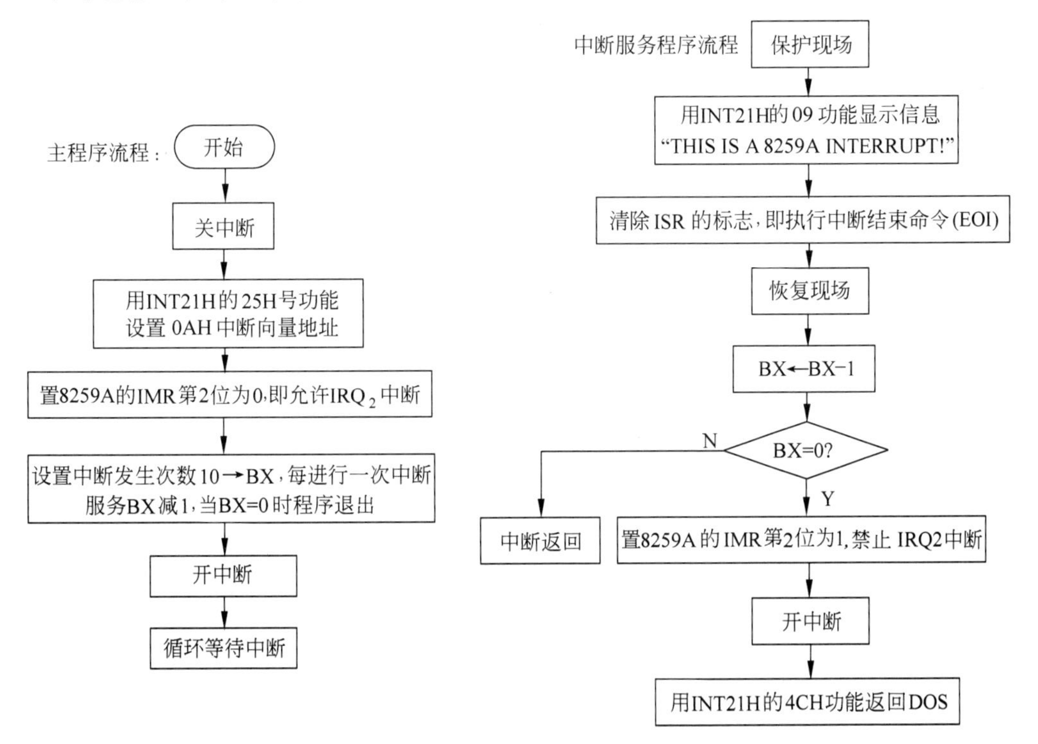

图 7-10　例 7-2 的程序流程图

源程序如下：

```
INTA00   EQU 20H                      ; PC/XT 系统中 8259A 的偶地址端口
INTA01   EQU 21H                      ; PC/XT 系统中 8259A 的奇地址端口
DATA  SEGMENT
MESS  DB 'THIS IS A 8259A INTERRUPT!',OAH,ODH,'$'
DATA  ENDS
CODE  SEGMENT
      ASSUME CS: CODE,DS: DATA
START: MOV AX,CS
     MOV DS,AX                        ; 设置 DS 指向代码段
     MOV DX,OFFSET  INT-PROC
     MOV AX,250AH                     ; 设置 0AH 号中断向量
     INT  21H
; ……………………………………………………………………………………………
     CLI                              ; 关中断
; ……………………………………………………………………………………………
     MOV DX,INTA01
     IN   AL,DX                       ; 允许 IRQ2 中断
     AND  AL,0FBH
     OUT  DX,AL
; ……………………………………………………………………………………………
     MOV BX,10                        ; 设置中断次数为 10
     STI                              ; 开中断
; ……………………………………………………………………………………………
LL:   JMP LL                          ; 循环等待中断
; ……………………………………………………………………………………………
INT-PROC: MOV AX,DATA                 ; 中断服务程序
      MOV DS,AX                       ; 将 DS 指向数据段
      MOV DX,OFFSET MESS
      MOV AH,09
      INT 21H                         ; 显示发生中断信息
; ……………………………………………………………………………………………
      MOV DX,INTA00
      MOV AL,20H
      OUT DX,AL                       ; 发中断结束命令 EOI
      SUB BX,1
      JNZ NEXT                        ; BX 计数减 1,不为 0 转 NEXT
      MOV DX,INTA01
      IN AL,DX
```

```
      OR AL,04                        ; BX 减为 0,关 IRQ2 中断
      OUT DX,AL
; ……………………………………………………………………………………
      STI                             ; 开中断
; ……………………………………………………………………………………
   MOV   AH,4CH
         INT   21H                    ; 返回 DOS
NEXT:   IRET
INT-PROC ENDP
CODE     ENDS
         END   START                  ; 汇编结束
```

习题

7-1 什么是中断、中断类型码、中断向量、中断向量表？在基于 8086/8088 的微计算机系统中，中断类型码和中断向量之间有什么关系？

7-2 8086/8088 系统的中断源分哪两大类？它们分别包括哪些中断？

7-3 什么是硬件中断和软件中断？在 PC 机中两者的处理过程有什么不同？

7-4 试叙述基于 8086/8088 的微计算机系统响应硬件可屏蔽中断的过程。

7-5 在 PC 机中如何使用“用户中断”入口请求中断和进行编程？

7-6 8259A 中断控制器的功能是什么？

7-7 选择题

(1) 中断控制方式的优点是(　　)。

A. 提高 CPU 的利用率

B. 能直接在内存和外设间进行批量数据传输

C. 无须 CPU 干预

D. 硬件连线简单

(2) 在中断方式下，CPU 和外设处于(　　)工作。

A. 串行　　B. 并行　　C. 部分重叠　　D. 交替

(3) 可屏蔽中断请求(INTR)信号电平为(　　)有效。

A. 高电平　　B. 低电平　　C. 上升沿　　D. 下降沿

(4) 非屏蔽中断请求信号电平为(　　)有效。

A. 高电平　　B. 低电平　　C. 上升沿　　D. 下降沿

(5) 8086 CPU 响应可屏蔽中断的条件是(　　)。

A. IF=0，TF=0　　B. IF=1，TF=1

C. IF=0，TF 无关　　D. IF=1，TF 无关

(6) CPU 响应中断请求的时刻是在(　　)。

A. 执行完正在执行的程序以后　　B. 执行完正在执行的指令以后

C. 执行完正在执行的机器周期以后　　D. 执行完本时钟周期以后

(7) 若某可屏蔽中断类型号为0AH,则它的中断服务程序的入口地址存放在以(　　)开始的4字节地址单元中。

A. 0000AH　　B. 00028H　　C. 0004AH　　D. 00040H

7-8　填空题

(1) 8086/8088系统中断源的优先级别依次为________。

(2) 微计算机中断优先级管理的主要方法有:________、________和________。8086/8088系统采用的是其中的________法。

7-9　若8086系统采用单片8259A中断控制器控制中断,中断类型码给定为20H,中断源的请求线与8259A的IR4相连,试问:对应中断源的中断向量表入口地址是什么?若中断服务程序入口地址为4FE24H,则对应该中断源的中断向量表内容是什么?如何定位?

7-10　8259A的主要功能是什么?它内部的主要寄存器有哪些?分别完成什么功能?

7-11　8259A的中断屏蔽寄存器(IMR)与8086中断允许标志(IF)有什么区别?

7-12　在多片8259A级联系统中,为什么主片常采用特殊屏蔽方式?

7-13　试说明8259A的A_0、$\overline{CA}$、$\overline{RD}$、$\overline{WR}$等信号的各种组合对8259A的端口地址访问功能。这种组合说明了8259A的可寻址端口有________个,其中一个是________,另一个是________。

7-14　IBM-PC/AT微计算机采用了两片8259A级联,试画出8259A的级联结构图。

微机接口芯片及应用

CPU与外部设备之间的信息交换是通过I/O接口电路实现的。因此，接口是沟通CPU和外部设备之间的桥梁。本章将在前面有关微计算机I/O接口和I/O技术介绍的基础上，进一步讨论组成微计算机/微处理器系统的一些通用可编程接口芯片。

本章重点：

- 了解可编程接口芯片的一般结构；
- 熟练掌握可编程并行接口8255A的主要性能及应用；
- 熟练掌握可编程定时/计数器8253的主要性能及应用；
- 理解串行通信的基本概念，熟悉可编程串行接口8250的主要性能及应用；
- 熟练掌握可编程并行接口8255A的工作方式、编程及综合应用。

8.1 可编程并行接口芯片8255A

并行通信是计算机与I/O设备进行数据传送的一种方式。其特点是：传送的数据以字节或字为单位，每个数据位占用一根数据传输线，各数据位同时发送或接收，传输效率高，但传输线的成本高。因此，这种通信适用于数据传送距离较近的系统中。

由前面章节介绍我们知道，计算机若要与外设进行通信需要有相应的接口。同样，并行通信需要并行接口。

并行接口的一般特点如下：

(1) 并行接口最基本的特点是在多根数据线上以数据字节为单位与I/O设备或被控对象传送信息。如打印机接口、A/D或D/A转换器接口。并行接口中“并行”的含义是指接口与I/O设备或被控对象一侧的并行数据线。并行接口适用于近距离传送的场合。由于各种I/O设备和被控对象多为并行数据线连接，CPU用并行口来组成应用系统很方便，故使用十分普遍。

(2) 在并行接口中，一般都要求在接口与外设之间设置并行数据线的同时，至少还要设置两根握手信号线，以便互锁异步握手方式的通信。有些芯片中握手信号线是固定的。本节随后将提到的8255A，它的握手信号线却是通过软件编程指定的，属于可编程并行接口。

(3) 在并行接口中，8位或16位是一并运作的，因此，当采用并行接口与外设交换数据时,一定要一次输入/输出 8 位或 16 位。

(4) 并行传送的信息不要求固定的格式,这与串行传送的信息有数据格式的要求不同。

8255 是一种通用的可编程并行 I/O 接口芯片,它是为 Intel 系列微处理器设计的配套电路,也可用于其他微处理器系统中。通过对它进行编程,芯片可工作于不同的工作方式。在微计算机系统中,用 8255 作接口时,通常不需要附加外部逻辑电路就可直接为 CPU 与外设之间提供数据通道,因此它得到了广泛的应用。

8.1.1 8255A 的引脚和内部结构

8255A 是单+5V 电源供电、40 个引脚的双列直插式封装的芯片。其外部引脚排列及信号如图 8-1 所示。作为接口电路的 8255A 具有面向 CPU 和面向外设两个方向的连接能力。其引脚分为两部分。

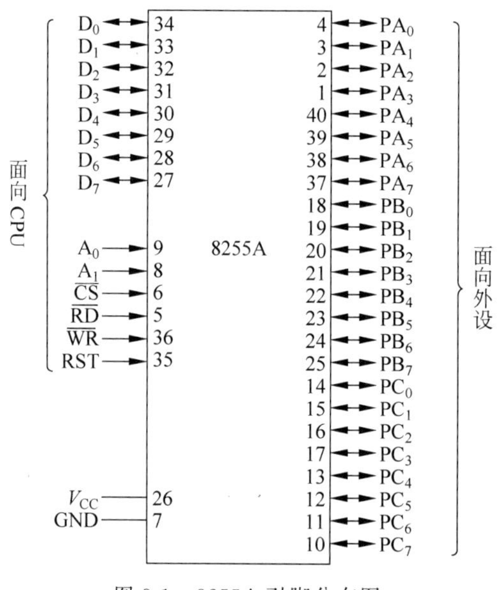

图 8-1 8255A 引脚分布图

1. 与外设连接的引脚

此种引脚共有 $PA_7 \sim PA_0$、$PB_7 \sim PB_0$ 和 $PC_7 \sim PC_0$ 三组,每组 8 条,总共 24 条,分别对应 A、B、C 三个端口,均为双向、三态。$PB_7 \sim PB_0$ 和 $PC_7 \sim PC_0$ 引脚能驱动达林顿复合晶体管(在 1.4V 时输出 1mA),所以 B、C 端口一般作为输出端口。

2. 与 CPU 连接的引脚

8255A 与 CPU 连接的引脚有 8 条数据总线 $D_7 \sim D_0$,全部是双向、三态,用来与 CPU 数据总线相连接;另外还有 6 条输入控制引脚,用来接收 CPU 送来的地址和控制信息。这些引脚分别为:

(1) RESET:复位输入信号,高电平有效。当 RESET 有效时,所有内部寄存器(包括控制寄存器)清零,且把 A、B、C 三个端口都设置为输入方式,对应的 $PA_7 \sim PA_0$、$PB_7 \sim PB_0$、$PC_7 \sim PC_0$ 引脚均为高阻状态。

(2) $\overline{CS}$：片选信号，输入，低电平有效。当 $\overline{CS}$ 有效时，8255A 才被 CPU 选中。

(3) A_0 和 A_1：芯片内部寄存器的选择信号。当 8255A 被选中时，再由 A_0A_1 的编码决定是选端口 A 或 B 或 C，或控制寄存器。

(4) $\overline{RD}$：读信号，输入，低电平有效。当 $\overline{RD}$ 有效时，由 CPU 读出 8255A 的数据或状态信息。

(5) $\overline{WR}$：写信号，输入，低电平有效。当 $\overline{WR}$ 有效时，由 CPU 将数据或命令写到 8255A。

8255A 内部逻辑结构如图 8-2 所示，它由外设接口、内部逻辑和 CPU 接口三部分组成。

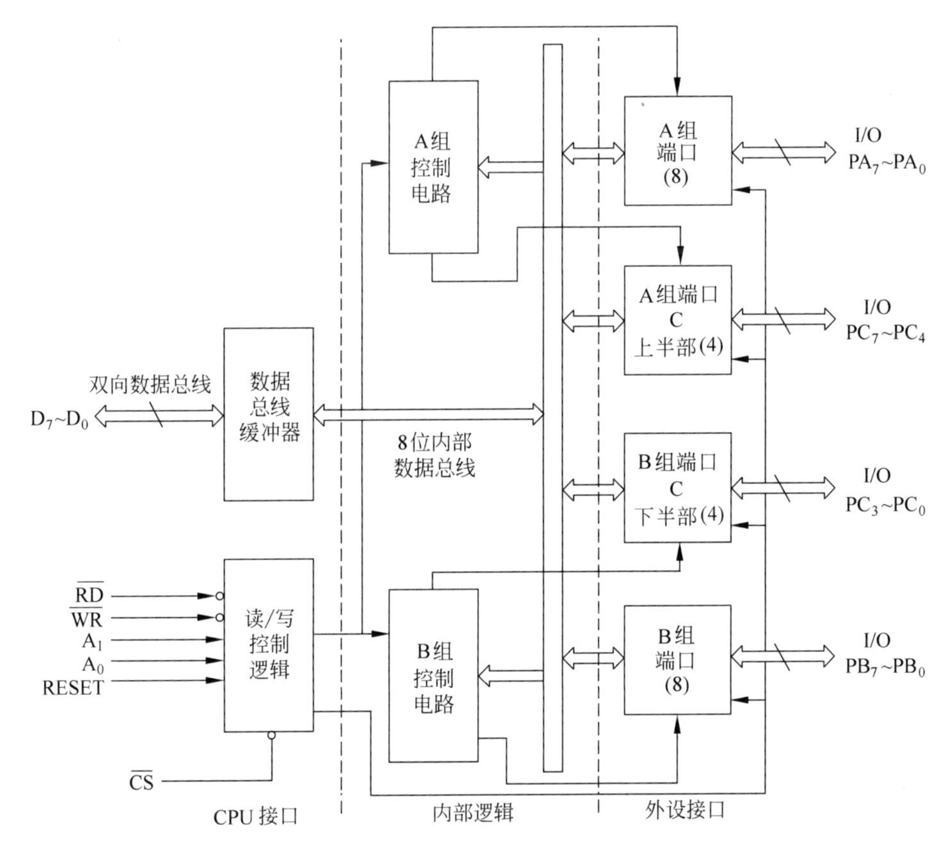

图 8-2　8255A 内部逻辑结构图

1) 外设接口部分(端口 A、B、C)

8255A 有 A、B 和 C 三个输入/输出端口，用来与外部设备相连。每个端口有 8 位，可以选择作为输入或输出，但功能上有不同的特点。

(1) 端口 A：一个 8 位的数据输出锁存/缓冲器和一个 8 位的数据输入锁存器。

(2) 端口 B：一个 8 位的数据输出锁存/缓冲器和一个 8 位的数据输入锁存器。

(3) 端口 C：一个 8 位的数据输出锁存/缓冲器和一个 8 位的数据输入缓冲器(输入无锁存)。

在与外设连接时，端口 A、B 常作为独立的输入端口或输出端口，端口 C 则配合端口 A 和端口 B 的工作。具体地说，端口 C 在工作方式的控制下可分成两个 4 位的端口，高 4 位

(上半部)与端口A组成A组,低4位(下半部)与端口B组成B组,分别用来为端口A或端口B输出控制信号或输入状态信息。

2) 内部逻辑(A组和B组控制电路)

这是两组根据CPU的命令字控制8255A工作方式的电路。每组控制电路从读/写控制逻辑接收各种命令,从内部数据总线接收控制字并发出命令到各自相应的端口。它也可以根据CPU的命令字对端口C的每一位按位"置位"或"复位"控制。

A组控制电路控制端口A和端口C的上半部($PC_7 \sim PC_4$);

B组控制电路控制端口B和端口C的下半部($PC_3 \sim PC_0$)。

3) CPU接口

读写控制逻辑与CPU的6根控制线相连,从CPU的地址和控制总线上接收输入的信号,转变成各种命令送到A组或B组控制电路进行相应的操作。

$\overline{CS}$、A_0、A_1、$\overline{RD}$、$\overline{WR}$五条引脚的电平与8255A读/写操作的关系见表8-1。

表8-1 8255A端口选择和读/写控制逻辑操作表

$\overline{CS}$	$\overline{RD}$	$\overline{WR}$	A_0	A_1	操 作	数据传送方向
0	0	1	0	0	读A口	A口→数据总线
0	0	1	0	1	读B口	B口→数据总线
0	0	1	1	0	读C口	C口→数据总线
0	0	1	1	1	无操作	$D_0 \sim D_7$ 为三态
0	1	0	0	0	写A口	数据总线→A口
0	1	0	0	1	写B口	数据总线→B口
0	1	0	1	0	写C口	数据总线→C口
0	1	0	1	1	写控制口	数据总线→控制口
0	1	1	×	×	无操作	$D_0 \sim D_7$ 为三态
1	×	×	×	×	禁止	$D_0 \sim D_7$ 为三态

8.1.2 8255A的控制字

8255A可以通过指令往控制端口中写入控制字来决定它的工作。8255A有两个控制字,即方式选择控制字和端口C按位置位/复位控制字。

两个控制字共用一个地址,即当地址线A_1、A_0均为1时访问控制字寄存器。为区分两个控制字,控制字的D_7位被给予特殊的含义:D_7位为1,表示方式选择控制字;D_7位为0,表示对端口C按位置位/复位的控制字。

1. 8255A方式选择控制字

方式选择控制字的格式如图8-3所示。由图可知,这个控制字可以分别确定端口A和端口B的工作方式和A、B、C三个端口的输入/输出方向。端口A有0、1、2共三种工作方式,端口B只有0和1两种工作方式。端口C分成两部分,端口C的高4位$PC_7 \sim PC_4$与端口A构成A组,端口C的低4位$PC_3 \sim PC_0$与端口B构成B组。

方式0(Model 0)——基本输入/输出方式

方式1(Model 1)——选通输入/输出方式

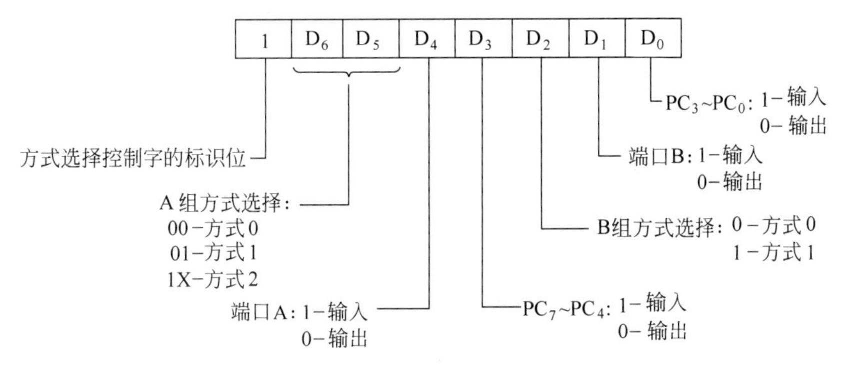

图 8-3　8255A 的方式选择控制字

方式 2(Model 2)——双向数据传送方式

对端口 A 和 B,设定工作方式时全部 8 位为一个整体,而端口 C 的高、低 4 位可以分别选择不同的方向;端口 A、端口 B 以及端口 C 的高 4 位、低 4 位均可以设置为输入端口或输出端口,8255A 四部分的工作方式及每一部分的输入/输出方向都可以任意组合,使得 8255A 的 I/O 结构十分灵活,能适用于各种各样的外设。

必须注意的是,8255A 在工作过程中如果改变工作方式,所有的输出寄存器包括状态触发器将全部复位,然后才能按照新的方式开始工作。

例如:设 8255A 的 A 口工作于方式 0,输入;B 口工作于方式 0,输出;C 口作为 8 位的输出口使用。8255A 控制端口的地址为 21CH,试编写初始化程序。

对照方式选择控制字格式可得到控制字为 10010000B=90H,初始化程序段如下:

```
MOV   AL,90H                ; 方式选择控制字
MOV   DX,21CH               ; 端口号大于 256,间接寻址
OUT   DX,AL                 ; 写入控制寄存器
```

2. 8255A 按位置位/复位的控制字

端口 C 的每 1 位都可以通过向控制寄存器写入置位/复位控制字,使之置位(即输出为 1)或复位(即输出为 0)。端口 C 置位/复位控制字的格式如图 8-4 所示。

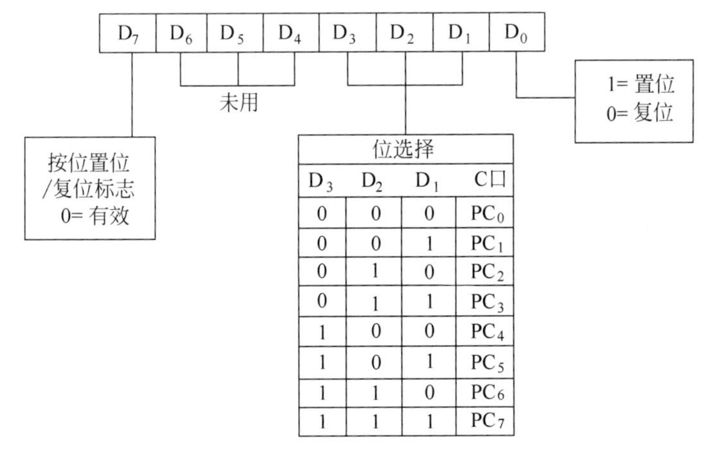

图 8-4　8255A 端口 C 置位/复位控制字

下面是对端口 C 置位/复位控制字的几点说明。

(1) 尽管端口 C 置位/复位控制字是对端口 C 进行操作的,但控制字必须写入控制口,而不是写入端口 C。

(2) 置位/复位控制字的 D_0 位决定了将端口 C 的某位置 1 还是清零。若 D_0 为 1,则对端口 C 中某位置 1,否则清零。

(3) 置位/复位控制字的 D_6、D_5、D_4 位可以为 1,也可以为 0,不影响置位/复位操作。但 D_7 必须为 0,它是对端口 C 置位/复位的特征位。

端口 C 置位/复位控制字只是对 C 端口的输出进行控制,使用它并不破坏已经建立的工作方式,而是对它们实现动态控制的一种支持。它可放在初始化程序以后的任何地方。

例如,利用 8255 的 PC_7 产生负脉冲信号,作为打印机接口电路的数据选通信号(设 PC_7 初始状态为高电平,控制端口地址为 21CH)。

```
MOV   DX,021CH            ; 8255 控制命令字端口地址
MOV   AL,00001110B        ; 置 PC7=0
OUT   DX,AL
NOP                       ; 维持低电平
NOP
MOV   AL,00001111B        ; 置 PC7=1
OUT   DX,AL
```

8.1.3 8255A 工作方式的特点

8255A 有三种工作方式。端口 A 可以在 0、1、2 这三种方式下工作,端口 B 可以在 0 和 1 两种方式下工作。端口 C 做数据口时只能在 0 这种方式下工作。

1. 方式 0

1) 方式 0 的工作特点

方式 0 是一种基本的输入或输出方式。这种方式通常不用联络信号(或不使用固定的联络信号),不使用中断。在这种方式下,可分别将 A 口的 8 条线、B 口的 8 条线、C 口的高 4 位对应的 4 条线和低 4 位对应的 4 条线分别独立定义为输入或输出,因此它们的输入、输出共有 16 种不同的组合。

其基本功能为:

(1) 两个 8 位端口和两个 4 位端口,即端口 A 和端口 B,端口 C 的高 4 位和低 4 位。

(2) 任何一个端口均可作为输入/输出口。

(3) 输出锁存。

(4) 输入不锁存。

(5) 各端口的输入/输出方向可以有 16 种不同的组合。

(6) 在方式 0 下,C 口还有按位置位/复位的能力。

2) 方式 0 的应用

方式 0 适用于同步 I/O 方式及查询方式两种场合。在同步传输中使用 8255A 时,三个数据端口可以实现三路数据传输。在查询方式下,因为方式 0 并没有固定的应答信号,可以

将端口 A 和端口 B 作为数据端口，而把端口 C 的 4 位(高 4 位或者低 4 位)规定为输出口以输出控制信号，另 4 位规定为输入口以输入状态信息。这样，利用端口 C 可配合端口 A、B 完成查询式的输入/输出操作。8255A 的应用见例 8-1。

2. 方式 1

方式 1 也叫作选通的输入/输出方式。8255A 工作于方式 1 时，端口 A 和 B 仍作为数据的输入/输出端口，同时端口 C 的某些位被固定作为端口 A、B 的控制位或状态信息位。

(1) 端口 A 和 B 可分别作为两个数据口工作在方式 1，且任一端口均可作为输入口或输出口，输入/输出带锁存。

(2) 如果 8255A 的端口 A 和 B 中只有一个端口工作在方式 1，那么端口 C 中有 3 位被规定为配合方式 1 的控制和状态信号，此时另一个端口仍可以工作在方式 0，而端口 C 中的其余 5 位也可以任意作为输入或输出口用。当 8255A 的端口 A 和 B 均工作在方式 1 时，端口 C 有 6 位被规定为配合方式 1 的控制和状态信号，余下的 2 位仍可由程序设定作为输入或输出口用。

(3) 方式 1 选通输入方式。

当 A 或 B 口工作于方式 1 输入时，C 口中被固定使用的状态、控制信号如图 8-5 所示。

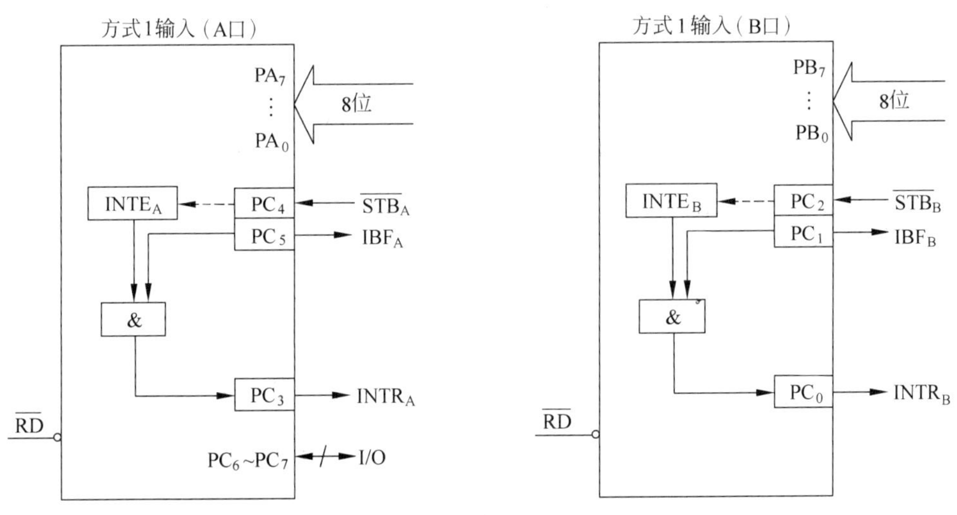

图 8-5　方式 1 选通输入时控制信号

$\overline{STB}$：输入选通信号，低电平有效，由外设提供。利用该信号可将外设数据锁存于 8255A 接口的输入锁存器中。

IBF：输入缓冲器满信号，高电平有效。当它有效时，表示已有一个有效的外设数据被锁存于 8255A 接口的锁存器中。可用此信号通知外设，数据已被锁存于接口中，尚未被 CPU 读走，暂时不能向接口输入数据。在程序查询方式下，CPU 可将此信号作为状态信息位以确定是否有数据到来。

INTR：中断请求信号，高电平有效。对于 A、B 口，可利用 C 口位操作分别使 $PC_4=1$ 或 $PC_2=1$，此时，若 IBF 和 $\overline{STB}$ 均为高电平，在对应的 INTE 信号有效的情况下，则可使 INTR 有效，向 CPU 发出中断请求。也就是说，当外设将数据锁存于接口之中，且又允许中断请求发生时,就会产生中断请求。

INTE:中断允许状态。在方式1下输入数据时,INTR同样受中断允许状态(INTE)控制。A口的$INTE_A$是由PC_4控制的,B口的$INTE_B$是由PC_2控制的。置1时允许中断,置0时禁止中断。利用C口的按位操作可实现该控制。

在方式1下,外设数据的输入过程为:当外设有数据需要输入时,将数据送至8255A的接口上,$\overline{STB}$变为有效,数据锁存入8255A,同时IBF变有效。当$\overline{STB}$由低变高时,若8255A片内中断允许信号INTE高电平有效,则8255A的PC_3位INTR变高电平有效,向CPU发出中断请求。CPU响应中断后,在中断服务程序中CPU执行到从8255A端口读取数据指令时,产生$\overline{RD}$有效信号。一方面将8255A锁存的数据读入到CPU中并延迟一段时间,撤销向CPU申请中断的信号INTR,使其无效,另一方面利用$\overline{RD}$信号的上升沿使IBF复位。

(4) 方式1选通输出方式。

当A或B口工作于方式1输出时,C口中被固定使用的状态、控制信号如图8-6所示。A口使用PC_3、PC_6和PC_7,而B口使用PC_0、PC_1和PC_2。

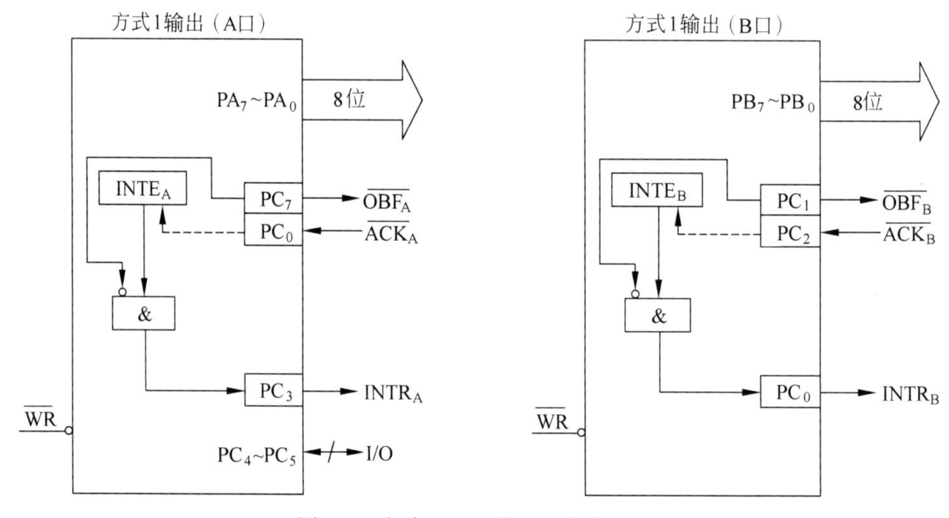

图8-6 方式1选通输出时控制信号

$\overline{OBF}$:输出缓冲器满信号,低电平有效。该信号通知外设,在规定的数据端口上已由CPU输出了一个有效数据,外设可从此端口接收数据。

$\overline{ACK}$:外设响应信号,低电平有效。该信号通知接口,外设已将数据接收并使$\overline{OBF}=1$。

INTR:中断请求信号,高电平有效。当外设接收到一个数据后,通知该信号告诉CPU,刚才输出的数据已经被接收,可以再输出下一个数据。

INTE:中断允许信号。A口和B口的INTR均受INTE的控制,只有当INTE为高电平时,才有可能产生有效的INTR。A口的$INTE_A$由PC_6控制,可用C口的按位操作对PC_6置位或复位,以对中断$INTR_A$进行控制。同理,B口的$INTE_B$用PC_2的按位操作来进行控制。

在方式1下,若利用中断方式进行A口或B口的数据输出,则数据输出过程须从CPU

响应中断开始。进入中断服务程序后，CPU 向指定接口写数据，$\overline{IOW}$ 将数据锁存在接口之中。当数据被锁存并由端口信号线输出时，8255A 就清除 INTR 信号并使 $\overline{OBF}$ 有效。有效的 $\overline{OBF}$ 通知外设接收数据。一旦外设将数据接收，就送出一个有效的 $\overline{ACK}$ 脉冲，该脉冲使 $\overline{OBF}$ 无效，同时产生一个新的中断请求，请求 CPU 向外设输出下一个数据。

3. 方式 2

方式 2 为双向传输方式。外设通过端口 A 既可以向 CPU 发送数据，又能从 CPU 接收数据。方式 2 只适用于端口 A。端口 A 工作在方式 2 时，端口 C 的 $PC_7 \sim PC_3$ 自动配合端口 A 提供控制。

图 8-7 给出了 8255A 工作于方式 2 的控制信号及方式选择控制字格式。其中端口 C 的 5 个控制信号的含义与方式 1 相同。可以看出，双向传送方式不过是端口 A 在方式 1 输出与输入情况下的组合。

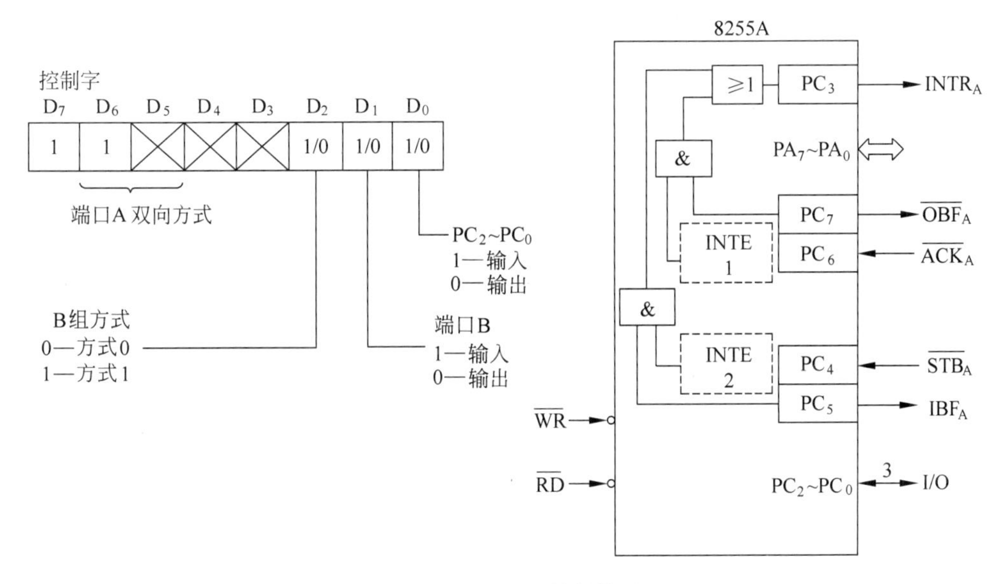

图 8-7 方式 2 的控制信号

根据方式 2 工作的特点，通常选择具有输入和输出功能，但不是同时进行输入、输出的外设与方式 2 配合工作。例如，磁盘驱动器既可接收来自主机的数据，也可以向主机提供数据，而这种输入、输出的过程是分时进行的。如果将磁盘驱动器的数据线与 8255A 的 $PA_7 \sim PA_0$ 相连，再使 $PC_7 \sim PC_3$ 与磁盘驱动器的控制线、状态线相接，即可使用。

8.1.4 8255A 的编程应用

这里，就 8255A 工作于同步传送方式、查询方式和中断方式举例如下。

例 8-1 利用 8255A 作为简单的输入/输出接口，实现同步传送。设在 IBM PC 的扩展板上有一片 8255A，其端口 B 接 8 位二进制开关，端口 C 接 8 位 LED 发光二极管。运行程序时，可观察到 LED 的显示将反映二进制开关的状态，并且，按下任意键时，可退出运行。

设 8255A 的端口地址为

端口 A　218H　　　　端口 B　219H

端口 C　21AH　　　　控制端口　21BH

 **解**　按题意,电路连接如图 8-8 所示。

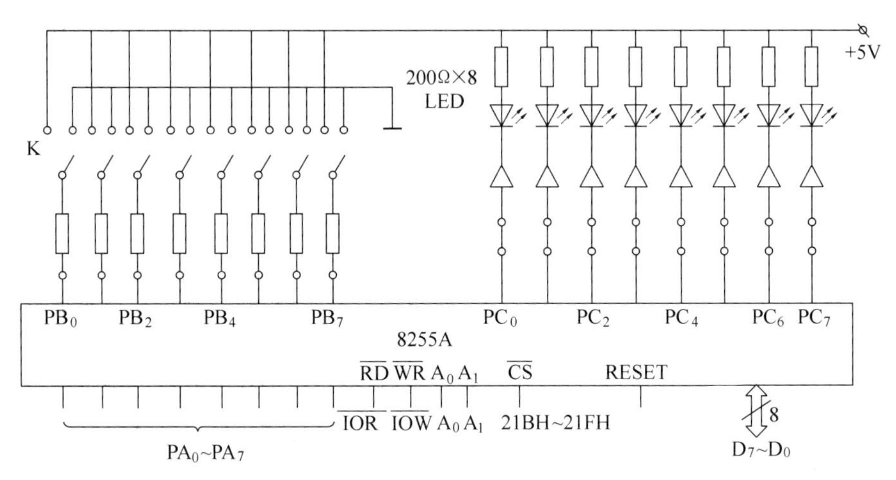

图 8-8　例 8-1 电路连接图

源程序如下:

```
DATA   SEGMENT
MESS   DB   'ENTER ANY KEY TO EXIT TO DOS!',0DH, 0AH, '$'
DATA   ENDS
CODE   SEGMENT
ASSUME CS:  CODE, DS:  DATA
START:    MOV    AX, DATA
MOV       DS, AX
;--------------------------------------------------------------
MOV       AH,     09H          ;显示提示信息
MOV       DX, OFFSET MESS
INT       21H
;--------------------------------------------------------------
INIT:     MOV    DX, 21BH     ; 写入控制字,使端口工作于方式 0,且 B 组端口输
                              ; 入,A 组端口输出
MOV       AL,    82H
OUT       DX,    AL
;--------------------------------------------------------------
READ:     MOV    DX, 219H     ; 从端口 B 输入开关状态
IN        AL,    DX
;--------------------------------------------------------------
```

```
WRITE:  MOV   DX, 21AH   ; 从端口C输出,由LED显示
IN      AL,   DX
;--------------------------------------------------------------------------
MOV     AH,   06H        ; 从键盘输入任意字符
MOV     DL,   0FFH
INT     21H
JNZ     QUITT            ; 判断是否有键按下,有则转退出
JMP     READ             ; 否则,不退出继续读开关状态
;--------------------------------------------------------------------------
QUITT:  MOV   AX, 4C00H  ; 返回DOS
INT     21H
CODE    ENDS
        END   START
```

程序说明：该程序在有外接硬件电路的条件下，经汇编、链接后，在DOS状态下运行。运行后屏幕上显示"ENTER ANY KEY TO EXIT TO DOS!"的提示，如用户从键盘上输入任意字符都可将程序退回到DOS状态。

例 8-2 8255A 作为连接打印机的接口，工作于方式0，如图 8-9 所示。

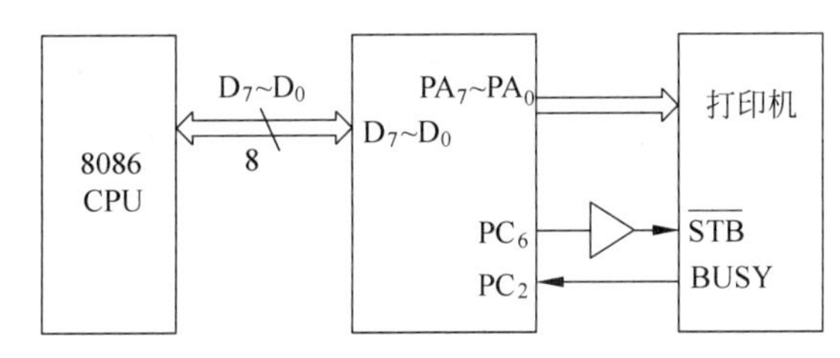

图 8-9 8255A 作为打印机接口示意图

工作过程：当主机要往打印机输出字符时，先查询打印机忙信号。若打印机正在处理一个字符或正在打印一行字符，则忙信号为1；反之，则忙信号为0。因此当查询到忙信号为0时，则可通过8255A在打印机输出一个字符。此时要将选通信号$\overline{STB}$置成低电平，然后再使$\overline{STB}$为高电平，这样，相当于$\overline{STB}$端输出一个负脉冲(初始状态，$\overline{STB}$是高电平)，此负脉冲作为选通脉冲将字符选通到打印机输入缓冲器。现将端口A作为传送字符的通道，工作于方式0，输出方式；端口B未用。端口C也工作于方式0，PC_2作为"BUSY"信号输入端，故PC_3～PC_0为输入方式，PC_6作为$\overline{STB}$信号输出端，故PC_7～PC_4为输出方式。

设8255A的端口地址为：

端口A：00D0H；端口B：00D2H；

端口C：00D4H；控制端口：00D6H；

设要输出的字符已被放在CL寄存器中。

解 程序段如下：

```
INTI:   MOV   AL, 81H   ; 控制字设置,使A、B、C三个端口均工作于方式0,端
```

```
                            ；口A输出，PC7～PC4输出，PC3～PC0输入
          OUT   0D6H, AL
          MOV   AL, 0DH   ；用置0/置1方式选择字使PC6为1则STB为高电平
          OUT   0D6H,AL
;-----------------------------------------------------------------
LPST:     IN    AL, 0D4H  ；读端口C的值
          AND   AL, 04H
          JNZ   LPST      ；若不为0,说明忙信号(PC2)为1,即打印机处于忙状态,
                          ；等待
          MOV   AL, CL
          OUT   0D0H, AL  ；否则,把CL中字符经端口A送打印机
          MOV   AL, 0CH
          OUT   0D6H, AL  ；使STB为0
          INC   AL
          OUT   0D6H, AL  ；再使STB为1,得一个负脉冲输出
;-----------------------------------------------------------------
          …               ；后续程序段
```

8.2 可编程定时器/计数器接口芯片 8253

定时器/计数器在微计算机系统中具有极为重要的作用,例如在IBM PC中作定时用,为计时电子钟提供恒定的时间基准,为动态存储器刷新定时以及扬声器的基音调定时等。在实时操作系统和多任务操作系统中,定时器/计数器则是任务调度的主要依据。

在微计算机系统中,许多情况下将计数和定时统称为定时,并可分为两类:一类是计算机本身运行的时间基准,如时钟发生器,称为内部定时;另一类是在CPU与外设之间或外设与外设之间的时序配合,称为外部定时。本节主要介绍外部定时。

在实际中,由于外部设备的任务、功能各不相同,通常需要人为设定定时器。实现定时的基本方法大致可分为3种。

(1) 软件定时。所谓软件定时就是用户编写一段循环程序让计算机来执行,达到计时的目的,即采用循环方式执行若干条指令,使程序段执行时占据一定的延时时间。这种方法的优点是简单、灵活,无需额外硬件;缺点是CPU在执行延时程序时不再执行其他任务,降低了它的工作效率。此外,软件定时随计算机频率的不同,延迟的时间也不同,因此不适用于通用性和准确性要求高的场合。

(2) 不可编程硬件定时。不可编程硬件定时采用纯硬件定时,如采用通用定时器555或者数字逻辑电路构成定时器。这种硬件定时电路一旦形成,就不易改动,而且延时长短与元器件的参数有很大关系,因此准确性较差,不能满足精确性和灵活性的要求。

(3) 可编程硬件定时。可编程的硬件定时方法是直接对系统时钟脉冲或某一固定频率的脉冲进行计数,当计数到预定的脉冲数时,就获得一段时间并给出定时时间信号。因此,它具有定时时间/计数次数调整方便、不占用CPU时间、通用性强的优点,广泛应用于各种

定时或计数场合。

8253是Intel公司生产的通用定时/计数器，最高工作频率为2.6MHz，具有3个独立的16位计数器通道，为24脚双列直插式大规模集成电路，使用单+5V电源。

8.2.1 8253的主要特点及其应用

1. 8253的主要特点

(1) 有3个独立的16位计数器；

(2) 每个计数器可按二进制或二-十进制计数；

(3) 每个计数器的计数频率可高达2.6MHz；

(4) 每个计数器都可以由程序确定按照6种不同方式工作；

(5) 所有的输入/输出与电平都与TTL兼容。

2. 8253的用途

8253有很强的通用性，可作为定时器和计数器。这使它几乎能适用于所有的由微处理器组成的系统。其具体用途有：

(1) 在多任务的分时系统中作为中断信号实现程序切换；

(2) 可为I/O设备输出精确的定时信号；

(3) 可作为一个可编程的波特率发生器；

(4) 实现时间延迟。

8.2.2 8253内部结构及其引脚信号

8253可作为定时器，也可作为计数器使用。当作为计数器时，即在设置好计数初值后，进行减“1”操作，当减为“0”时，输出一个结束信号；而作为定时器时，即在设置好定时常数后，进行减“1”计数，并按定时常数不断地输出时钟周期整数倍的定时间隔信号。

由此可见这两种用途的主要区别是：8253工作于计数器状态时，减至“0”后输出一个信号便结束；而作为定时器时，则不断重复产生信号。

定时器/计数器的基本原理如图8-10所示。它共有4个寄存器：初始值寄存器、计数输出寄存器、控制寄存器和状态寄存器。

初始值寄存器(16位)用来存放计数初始值，该值由程序写入，若不复位或没有往该寄存器写入新内容，则该值一直保持不变。

计数输出寄存器可在任何时候由CPU读出，计数器中计数值的变化均可由它的内容来反映。

控制寄存器(8位)从数据总线缓冲器中接收控制字，以确定8253的操作方式。

状态寄存器随时提供定时器/计数器当前所处的状态，这些状态有利于了解定时器/计数器某个时刻的内部情况。

8253的内部结构如图8-11所示，由与CPU的接口、控制部分以及3个计数器组成。

1. 数据总线缓冲器

数据总线缓冲器是8253用于和CPU数据总线连接的8位双向三态缓冲器。CPU在对8253进行读/写操作时所有数据都是经过这个缓冲器传送的。这些数据包括：

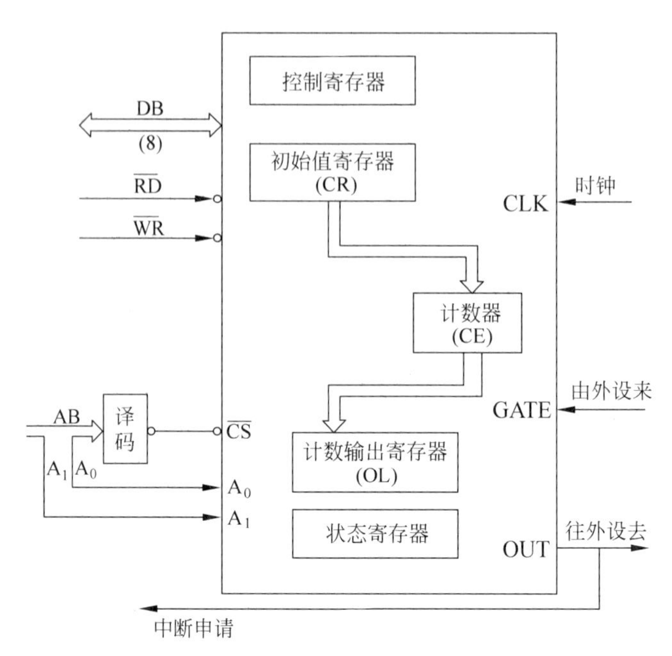

图 8-10　定时器/计数器的基本原理图

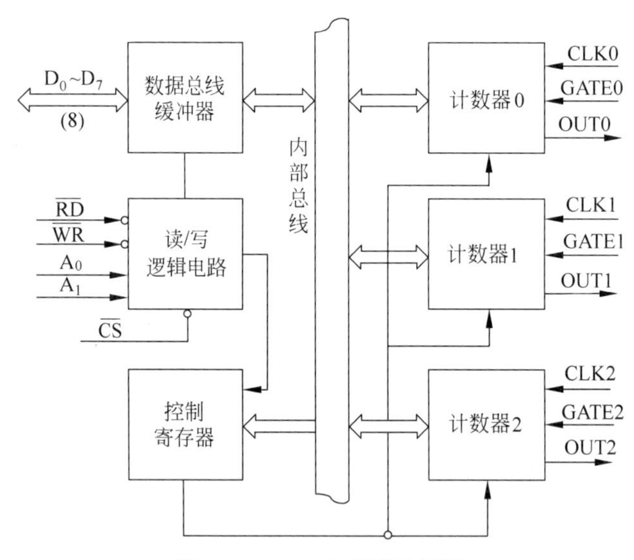

图 8-11　8253 内部结构框图

(1) CPU 向 8253 写入的方式控制字；

(2) CPU 向某计数器写入的初始计数值；

(3) CPU 从某计数器读出的计数值。

2. 读/写逻辑电路

读/写逻辑电路是 8253 内部操作的控制电路，由它决定 3 个计数器和控制寄存器中哪一个能够进行工作，并控制内部总线上数据传送的方向。读/写逻辑从系统控制线上接收输入信号，然后转变成 8253 内部操作的各种控制信号。读/写逻辑接收的输入信号有：

A_1A_0——用来寻址 3 个计数器和控制器；

$\overline{RD}$——读信号，低电平有效，表示 CPU 正在对 8253 的一个计数器进行读操作；

$\overline{WR}$——写信号，低电平有效，表示 CPU 正在对 8253 的一个计数器写入计数初值或对控制寄存器写入控制字；

$\overline{CS}$——片选信号，低电平有效，只有 $\overline{CS}$ 有效时，$\overline{RD}$ 和 $\overline{WR}$ 才被确认，否则不起作用。

3. 控制寄存器

当 $A_1A_0=11$ 时，通过读/写控制逻辑电路选中控制寄存器，此时 CPU 可以写入控制字并寄存起来。寄存在该寄存器中的控制字控制了每个计数器的操作方式，这将在后面详细讲述。控制寄存器只能写入，不能读出。CPU 访问 8253 各寄存器时，其输入信号与各寄存器读/写操作选择的对应关系如表 8-2 所示。

表 8-2　8253 寄存器选择表

$\overline{CS}$	$\overline{RD}$	$\overline{WR}$	A_1	A_0	寄存器选择和操作
0	1	0	0	0	写入计数器 0
0	1	0	0	1	写入计数器 1
0	1	0	1	0	写入计数器 2
0	1	0	1	1	写入方式字至控制寄存器
0	0	1	0	0	读计数器 0
0	0	1	0	1	读计数器 1
0	0	1	1	0	读计数器 2

4. 计数器 0、1 和 2

这 3 个计数器互相独立，各自按不同的方式工作，其工作方式取决于控制字。

从图 8-10 可以看出每个计数器内部结构相同，包含 1 个 8 位的控制寄存器、1 个 16 位的计数初始值寄存器(CR)、1 个计数执行部件(CE)和 1 个输出锁存器(OL)。

执行部件(CE)实际上是一个 16 位的减法计数器，它的起始值就是计数初始值寄存器 CR 的值，而初始值寄存器的值是由程序设置的。输出锁存器(OL)用来锁存计数执行部件(CE)的内容，以便 CPU 执行读操作。CR、CE 和 OL 都是 16 位寄存器，CPU 可通过读/写操作对这些寄存器进行访问。

它内部的每个计数器都有一个时钟引脚 CLK、一个输出引脚 OUT 和一个门控引脚 GATE。

(1) CLK：时钟输入引脚，为计数执行部件 CE 提供一个计数脉冲。CLK 脉冲可以是系统时钟脉冲，也可是其他任意脉冲。输入的 CLK 脉冲可以是均匀的、连续的、周期性的，也可以是不均匀的、断续的、非周期性的。

(2) GATE：门控输入引脚，是允许/禁止计数器工作的输入引脚。当 GATE=1 时，允许计数器工作；当 GATE=0 时禁止计数器工作。通常，可用 GATE 信号启动定时或中止计数器操作。

(3) OUT：定时器/计数器的脉冲输出引脚。当计数器减到 0 时，在 OUT 上产生一个电平或脉冲输出，OUT 脚输出的信号可以是方波、电平或脉冲等，具体情况由工作方式确定。

从图 8-11 还可以看出，8253 除了有以上 3 类引脚外，还有一些其他的外部引脚，它们是数据线、控制线、电源线。其中电源线、数据线的连接是不言而喻的；控制线包括 5 条信号线。这 5 条线的功能已于前面叙述了，除了 $\overline{CS}$ 片选信号接向地址译码器的输出端外，其余 4 条线在系统中均直接与 CPU 的对应信号线相连。

8.2.3 8253 的控制字

在 8253 的初始化程序中，须由 CPU 向 8253 的控制寄存器写入一个控制字 CW，由它规定 8253 的工作方式。控制字 CW 的格式如图 8-12 所示。

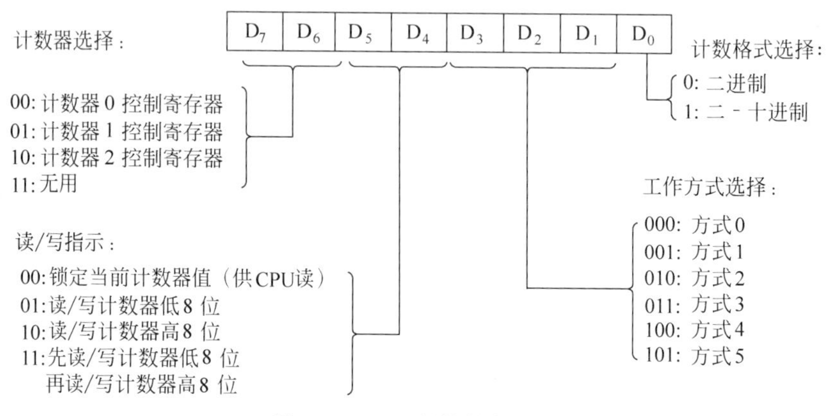

图 8-12 8253 的控制字格式

由图 8-12 可以看出，D_0 位是用来设置计数值格式的，D_3、D_2、D_1 位为工作方式选择位。8253 可有 6 种方式供选择，每种方式下的输出波形各不相同。通过对 D_3、D_2、D_1 这三位的设置来决定 8253 当前工作的方式。D_5、D_4 是读/写格式指示位，CPU 向计数通道写入初值和读取它们的当前状态时，有几种不同的格式，例如，$D_5D_4=10$ 时表示只对计数值的高有效字节进行读/写操作；而 $D_5D_4=00$ 时，则把写控制字时的计数值锁存起来，以后再读。D_7、D_6 位是计数器选择位。不管是计数值格式设置、方式设置还是读/写格式设置，对于 8253 的三个计数器来说，互相都是独立的。但是，它们的控制寄存器的地址是同一个，即 $A_1A_0=11$，因此在设置控制字的时候，要指出是对 8253 的哪一个计数器进行设置，这便是 D_7、D_6 位的功能。

8.2.4 8253 的工作方式

8253 共有以下 6 种工作方式。

1. 方式 0——计数结束产生中断

8253 作为计数器时一般工作于方式 0。当控制字 CW 写入控制寄存器时，使 OUT 输出变低，当计数值 LSB 写入计数器后开始计数，并在计数值减至 0 之前一直保持低电平，直到计数到“0”时，OUT 输出变高。

方式 0 的时序图如图 8-13 所示，其中 LSB=4 为低字节计数初值。

方式 0 的工作特点：

(1) 计数器只计数一次。当计数器减至 0 后，不重新计数，输出 OUT 保持为高，只有写

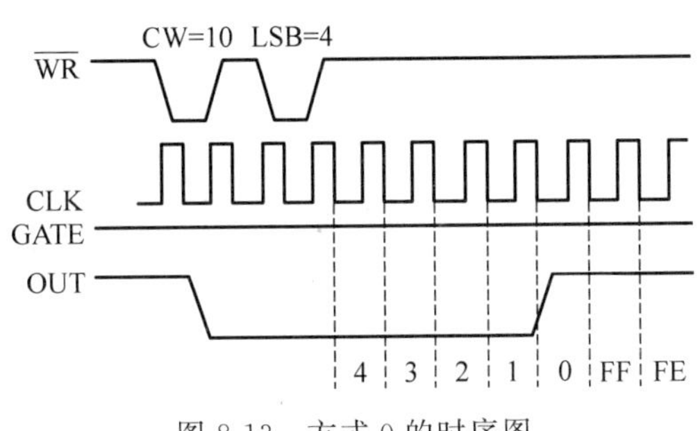

图 8-13 方式 0 的时序图

入另一计数初值后,OUT 变低,才开始新的计数。

(2) 8253 内部是在 CPU 写计数初值的 $\overline{WR}$ 信号上升沿将此值写入计数器的,但必须在 $\overline{WR}$ 信号下一个时钟脉冲到来时,计数初值才送至计数执行部件。

(3) 门控 GATE 可以暂停计数器的计数过程。如果在计数过程中有一段时间 GATE 变低,则计数器暂停计数,直到 GATE 重新变高为止。

(4) 计数过程中,如果有新的计数初值送至计数器,则在下一时钟脉冲到来时,新的初值送至计数执行部件。此后,计数器按新的初值重新计数。如果初值为两个字节,则计数将直到高位字节写完后的下一时钟脉冲才开始。

在实际应用中,在方式 0 下,常将计数结束时的 OUT 上升跳变作为中断信号。

例 8-3 设 8253 计数器 1 工作于方式 0,用 8 位二进制计数,计数值为 23H(设该 8253 在系统中分配的地址为 80H~83H),试写出其初始化程序段。

解 8253 的设置:①将控制字写入控制寄存器,以设置相应的计数器工作在预定的方式下;②写入计数初值。当计数初值写入后,8253 的计数器 1 开始工作。

初始化程序段如下:

```
MOV   AL,50H          ;设定计数器 1 工作方式 0
OUT   83H,AL          ;写入控制寄存器
MOV   AL,23H          ;送计数初值
OUT   81H,AL          ;初值写入计数器 1 的 CR
```

2. 方式 1——可重复触发的单稳态触发器

方式 1 的时序图如图 8-14 所示。

在方式 1 下,当 CPU 写入控制字后,使 OUT 变高电平,写入初值后并不开始计数,只有当 GATE 有触发(脉冲信号的下一个 CLK 时钟到来)时才使 OUT 变低电平,并开始减 1,计数到 0,又使 OUT 变高。如果计数初值为 N,则产生一个宽度为 N 的 CLK 脉冲宽度的负脉冲。

如果再来一个 GATE 触发信号,则又自动重新装入初值,开始新一轮的减 1 计数,计数到 0 又产生一个负脉冲。

在方式 1 下,计数器相当于一个可编程单稳态电路。其工作有如下特点:

(1) 写入控制字后,计数器 OUT 输出端即以高电平作为起始电平,计数初值送到初值

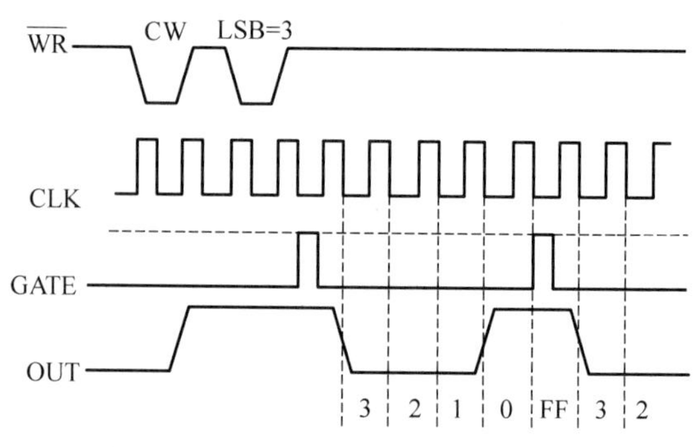

图 8-14 方式 1 的时序图

寄存器后，再经过一个时钟周期，便送到计数执行部件。当门控信号 GATE 上升沿到来时，边沿触发器受到触发，在下一个 CLK 脉冲到来时，输出端 OUT 变为低电平，并在计数到达 0 以前一直维持低电平。

(2) 当计数器减至 0 时，输出端 OUT 变为高电平，并在下一次触发后的第一个时钟到来之前一直保持高电平。

(3) 若计数器初值设置为 N，则在输出端 OUT 将产生维持 N 个时钟周期的输出脉冲。

(4) 方式 1 的触发是可重复的。即当初值为 N 时，计数器受门控信号 GATE 触发，输出端 OUT 出现 N 个时钟周期的输出负脉冲后，如果又来一门控 GATE 的上升沿，输出端 OUT 将再输出 N 个时钟周期的输出负脉冲，而不必重新写入计数初值。

(5) 如果在输出负脉冲期间，又来一个门控信号 GATE 上升沿，则在该上升沿的下一个时钟脉冲后，计数执行部件重取初值进行减 1 计数，减为 0 时输出端才变为高电平，这样，原来的低脉冲就加宽了。

(6) 如果在输出负脉冲期间对计数器写入一个新的计数初值，将不对当前输出产生影响，输出低电平脉宽仍为原来的初值，除非又来一个门控信号 GATE 的上升沿，而在下一门控触发信号到来时，按新的计数初值作减 1 计数。在方式 1 下 GATE 的上升沿作为触发信号使输出端 OUT 变低，当计数变为零时又使输出端自动回到高电平。这是一种单稳态工作方式，输出脉冲的宽度主要取决于计数初值。

例 8-4 设 8253 计数器 2，工作方式 1，按 BCD 码计数，计数值为十进制数 2000。设 8253 的端口地址为 80H～83H。试写其初始化程序段。

解 根据题意，控制字为 A3H，初始值为 2000，因为控制字已经设定为按 BCD 码计数，所以初始值写入时直接写入 2000H 即可。另外，虽然是 16 位计数初始值，但由于计数值低 8 位为 0，所以控制字设定操作控制段只写高 8 位格式，因此只设置 CR 高位初值，而 CR 低 8 位自动清零。

初始化程序段为：

```
MOV   AL,0A3H              ; 设控制字
OUT   83H, AL
```

```
;-----------------------------------------------------------------------
MOV   AL,20H                ;设初值 2000H
MOV   81H,AL
```

3. 方式 2——分频器

当设置 8253 为方式 2 时，输出端 OUT 变高作为初始状态，计数初值 N 置入后的下一个 CLK 脉冲到来时计数执行部件 CE 开始减 1 计数，当减至“1”(注意，不是“0”)，OUT 变低，持续一个 CLK 脉冲后，OUT 又变为高电平，开始一个新的计数过程。在新的初值置入前，保持每 N 个 CLK 脉冲 OUT 输出重复一次，即 OUT 输出波形为 CLK 脉冲的 N 分频。

方式 2 的特点如下：

(1) 上述执行过程是以 GATE 输入端保持高电平为条件的。若 GATE 端加低电平，则不进行计数操作。而 GATE 端的每次从低到高的跳变都将引起计数执行部件重新装入初值。

(2) 若在计数期间送入新的计数值，而 GATE 一直保持高，则输出 OUT 将不受影响。但在下一输出周期，将按新的计数值进行计数。

(3) 若在计数期间送入新的计数值，而 GATE 发生一个由低至高的跳变，那么在下一时钟到来时，新的计数值被送入计数执行部件，计数器按新的计数初值进行分频操作。

例 8-5　设 8253 计数器 1 工作于方式 2，采用二进制计数，计数值为十进制数 100 即 64H(单字节)。设 8253 的端口地址为 80H～83H。试编写其初始化程序段。

解　根据题意，控制字为 54H，初始值为 64H，因为控制字已经设定为按二进制计数，所以初始值写入时直接写入 64H 即可。另外，虽然是 16 位计数初始值，但由于计数值高 8 位为 0，所以控制字设定操作控制段只写低 8 位格式，因此只设置 CR 低位初值，而 CR 高 8 位自动清 0。

初始化程序段为：

```
MOV   AL,54H                ;对计数器 1 送工作方式字
OUT   83H,AL
MOV   AL,64H                ;送计数初值
OUT   81H,AL
```

4. 方式 3——可编程方波发生器

方式 3 与方式 2 的工作类似，不同的是 OUT 的输出为方波或基本对称的矩形波。

方式 3 的时序图如图 8-15 所示。

在方式 3 下，当输入控制字后，输出端 OUT 输出高电平作为初始电平。当计数执行部件获得计数初值后，如门控 GATE 保持高电平，开始做减 1 计数。当计数至一半时，输出变为低电平，计数器继续做减 1 计数，计数至“0”时，输出变为高电平，从而完成一个计数周期。之后，马上自动开始下一个周期，由此不断进行下去，产生周期为 N 个时钟脉冲宽度的输出。当计数值 N 为偶数时，输出端高低电平持续时间相等，为对称的方波；当计数值 N 为奇数时，输出端高电平持续时间比低电平持续时间多一个时钟周期，即高电平持续 $(N+1)/2$，低电平持续 $(N-1)/2$，为矩形波，周期仍为 N 个时钟脉冲周期。

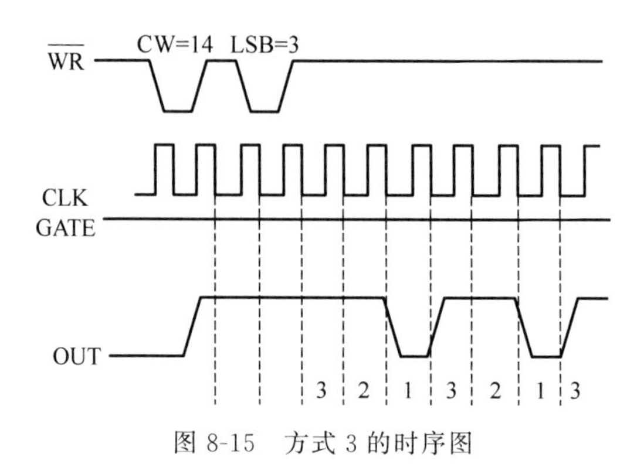

图 8-15 方式 3 的时序图

例 8-6 设 8253 计数器 0 工作于方式 3,采用 BCD 计数方式,计数值为 2000H(设该 8253 在系统中分配的地址为 80H～83H),试写出其初始化程序段。

解 8253 的设置:①将控制字写入控制寄存器,以设置相应的计数器工作在预定的方式下;②写入计数初值。当计数初值写入后,8253 的计数器 0 开始工作。

初始化程序段如下:

```
MOV   AL,37H             ;对计数器 0 送工作方式字
OUT   83H,AL
MOV   AX,2000H           ;送计数初值
OUT   80H,AL             ;先送低 8 位
MOV   AL,AH              ;再送高 8 位
OUT   80H,AL
```

5. 方式 4——软件触发的选通信号发生器

8253 方式 4 和方式 0 十分相似,都是由软件触发计数,但 OUT 输出波形不同。在方式 4 下,当方式控制字写入后,输出端 OUT 变高,作为初始电平。写入初始值后,再过一个时钟周期,计数执行部件获得计数初值,开始减 1 计数。当计数器减至"0"时,输出变为低电平,此低电平持续一个 CLK 时钟周期,然后又自动变高,并一直维持高。通常,方式 4 的负脉冲被用作选通信号。

例 8-7 设 8253 计数器 1 工作于方式 4,按二进制计数,计数初值为 3。端口地址为 E0H～E3H。试编写初始化程序段。

解 初始化程序段为

```
MOV   AL,58H             ; 设控制字
OUT   0E3H,AL
;----------------------------------------------------------------
MOV   AL,3               ; 设置计数初值
OUT   0E1H,AL
```

6. 方式 5——硬件触发的选通信号发生器

方式 5 与方式 1 十分相似,也是一种由 GATE 端引入的触发信号控制的计数或定时工作方式。但方式 5 输出的是负选通脉冲。在方式 5 下,写入控制字后,输出端 OUT 出现高电平。写入计数值后,必须有门控信号 GATE 的上升沿到来,才在下一个 CLK 时钟周期将计数值送到计数执行部件。此后,计数执行部件进行减 1 计数,直到"0",输出端出现一个宽度为 1 个时钟周期的负脉冲,然后又自动变为高电平。输出的负脉冲可作为选通脉冲。

例 8-8 设 8253 的计数器 2 工作于方式 5,按二进制计数,计数初值为 3。端口地址为 E0H~E3H。试编写初始化程序段。

解 其初始化程序段为:

```
MOV   AL,9AH              ;设置控制字
OUT   0E3H,AL
;-----------------------------------------------------------
MOV   AL,3                ;设置计数初值
OUT   0E2H,AL
```

8.2.5 8253 的应用

例 8-9 设在 IBM PC 扩展板上有一 8253 定时器,其端口地址为 200H~203H。它的 CLK0 与 4.77MHz 的系统时钟相连,定时器 1 的时钟输入 CLK1 与定时器 0 的输出 OUT0 相连。要求编程将定时器 0 设为方式 3(方波发生器),其分频比为 2000H;定时器 1 设为方式 2(分频器),分频比为 15,并用双踪示波器观测定时器 0 和定时器 1 的输出波形。

解 8253 的硬件连接如图 8-16 所示。程序流程图如图 8-17 所示。由题可知,8253 的控制端口地址为 203H,定时器 0 的端口地址为 200H,定时器 1 的端口地址为 201H。

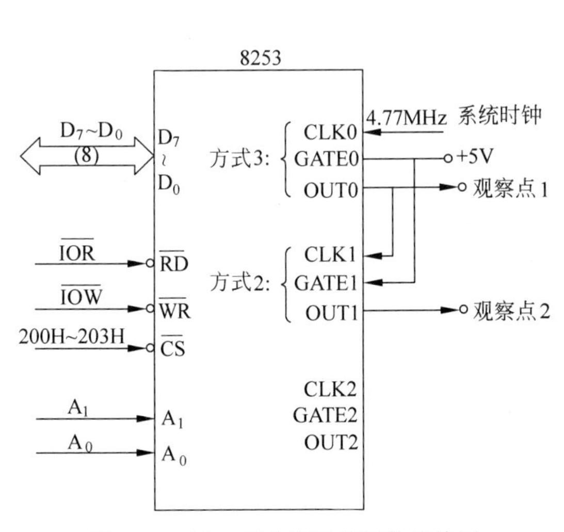

图 8-16 8253 作为定时器硬件连接图

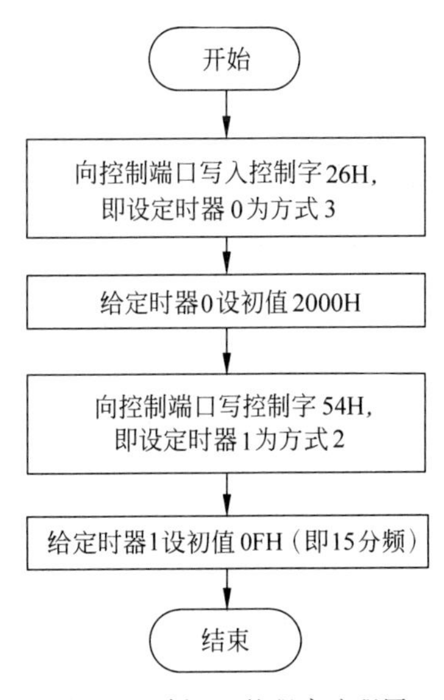

图 8-17 例 8-9 的程序流程图

程序段如下：

```
DATA   SEGMENT                 ; 数据段
TIM_CTL   EQU   203H           ; 控制字寄存器端口地址
TIMER0    EQU   200H           ; 定时器 0 端口地址
TIMER1    EQU   201H           ; 定时器 1 端口地址
DATA      ENDS
CODE   SEGMENT                 ; 代码段
       ASSUME  CS: CODE,DS: DATA
MAIN   PROC     FAR
;-----------------------------------------------------------------
START:  CLI                    ; 关中断
        MOV   DX,TIM_CTL       ; 设置定时器 0 为工作方式 3,计数初值只有高 8
        MOV   AL,26H           ; 位,二进制计数
        OUT   DX,AL
        MOV   DX,TIMER0        ; 定时器 0 端口地址
        MOV   AL,20H           ; 设置定时器 0 计数器初值高 8 位
        OUT   DX,AL
        MOV   DX,TIM_CTL       ; 设置定时器 1 为工作方式 2,计数初值只写低 8
        MOV   AL,54H           ; 位,二进制计数
        OUT   DX,AL
        MOV   DX,TIMER1        ; 向定时器 1 送计数初值低 8 位 0FH,高 8 位自动置 0
        MOV   AL,0FH
        OUT   DX,AL
        STI                    ; 开中断
        RET                    ; 返回 DOS
MAIN    ENDP
CODE    ENDS
        END   START
```

用双踪示波器观察 8253 的 OUT0 输出为 600Hz 的方波,OUT1 输出为 40Hz 的占空比为 14/15(高电平/脉冲周期)的矩形波。

例 8-10 已知 PC 系统板上 8253-5 接口电路如图 8-18 所示。图中的 PCLK 是来自时钟发生器 8248A 的输出时钟,频率为 2.38MHz,经 74LS175 二分频后,作为 8253-5 的 3 个计数器的时钟输入。8253-5 的 3 个计数器的使用情况如下。

(1) 计数器 0：方式 3,二进制计数,GATE0 固定接高电平,OUT0 作为中断请求信号接至 8259A 中断控制器的 IRQ0。此定时中断(约 55ms)用于系统电子钟和磁盘驱动器的马达定时。

(2) 计数器 1：方式 2,GATE1 固定接高电平,OUT1 输出经 74LS74 后作为 DMA 控制器

8237A 通道 0 的 DMA 服务请求信号 DREQ0，用于定时(约 15μs)启动刷新动态 RAM。

(3) 计数器 2：方式 3，输出的 1kHz 方波滤掉高频分量后送到扬声器。门控信号 GATE2 来自 8255A 的 PB_0，OUT2 输出经与门 74LS06 控制，控制信号为 8255A 的 PB_1。因此，可通过控制 PB_1、PB_0 同时为 1 来控制扬声器发声时间。长音时间为 3s，短音时间为 0.5s。

试编写初始化程序段。

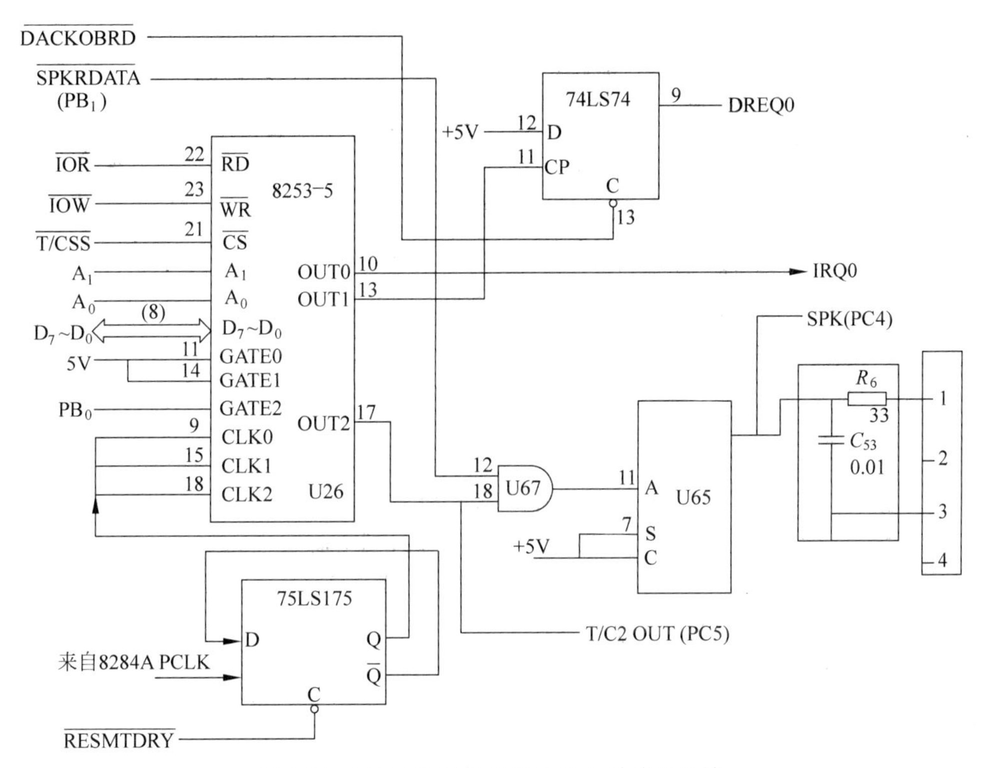

图 8-18 IBM-PC 系统板中 8255A 的接口电路

解 该 8255A 的端口地址为 40H～43H，3 个计数器对应的初始化程序段分别如下(这些程序段已固化在 ROM-BIOS 中)：

(1) 计数器 0 用于定时(约 55ms)中断。

```
MOV   AL,00110110B          ; 16 位二进制计数，方式 3
OUT   43H,AL
;---------------------------------------------------------------
MOV   AL,0                  ; 初值为 0000，即为最大值
OUT   40H,AL                ; OUT 两次变"高"之间的间隔为 840ns×65536=55ms
OUT   40H,AL
```

(2) 计数器 1 用于定时(约 15μs)DMA 请求。

```
MOV   AL,01010100B          ; 只装低 8 位，8 位计数器，方式 2
OUT   43H,AL
;---------------------------------------------------------------
```

```
MOV   AL,12H                ; 初值18,OUT两次变高之间的间隔为840ns×18=15μs,
OUT   41H,AL                ; 2ms内可刷新132次
```

(3) 计数器2用于产生1kHz的方波送至扬声器发声,声响子程序为BEEP,入口地址为FFA08H。

```
BEEP    PROC NEAR
        MOV   AL,10110110B   ; 16位二进制计数器,方式3
        OUT   43H,AL
;-----------------------------------------------------------------
        MOV   AX,0533H       ; 初值为1331
        OUT   42H,AL         ; 先写低字节
        MOV   AL,AH          ; 再写高字节
        OUT   42H,AL
;-----------------------------------------------------------------
        IN    AL,61H         ; 读8255的B口原输出值
        MOV   AH,AL          ; 存于AH
        OR    AL,03H         ; 使PB1、PB0均为1
        OUT   61H,AL
;-----------------------------------------------------------------
        SUB   CX,CX          ; CX为循环计数,最大65536
GT:     LOOP  GT             ; 循环延时
        DEC   BL             ; BL为发声长短的入口条件
        JNZ   GT             ; BL=6发长声,BL=1发短声
;-----------------------------------------------------------------
        MOV   AL,AH          ; 取回AH中的8255A的B口原输出值
        OUT   61H,AL         ; 恢复8255A的B口,停止发声
        RET                  ; 返回
```

例 8-11 欲使8253-5的计数器产生600Hz的方波,经滤波后送至扬声器发音,当按下任一键时声音停止。试编写此程序。

解 利用上述方法,编制的源程序如下:

```
STACK   SEGMENT PARA STACK 'STACK'
        DB  256 DUP(0)
STACK   ENDS
DATA    SEGMENT PARA PUBLIC 'DATA'
FRED    DW 1983
DATA    ENDS
;-----------------------------------------------------------------
```

```
CODE   SEGMENT PARA PUBLIC 'CODE'
       ASSUME CS: CODE,DS: DATA,SS: STACK
;------------------------------------------------------------------
START  PROC  FAR
       PUSH  DS          ; 初始化
       MOV   AX,0
       PUSH  AX
       MOV   AX,DATA
       MOV   DS,AX
;------------------------------------------------------------------
       IN    AL,61H      ; 读 PB 口当前状态
       OR    AL,03H      ; 使 PB1、PB0 均为 1
       OUT   61H,AL      ; 写新 PB 口值,以使扬声器发声
;------------------------------------------------------------------
       MOV   AL,0B6H     ; 命令 8255A 计数器 2,16 位写入,方式 3,二进制命令
       OUT   43H,AL      ; 写入 8255A 控制寄存器
;------------------------------------------------------------------
       MOV   BX,FRED     ; 分频计数值
       MOV   AL,BL       ; 先写低位字节
       OUT   42H,AL
       MOV   AL,BH       ; 再写高位字节
       OUT   42H,AL      ; 8255A 输出 600Hz 方波
;------------------------------------------------------------------
       MOV   AH,0        ; 调用 BIOS 的键盘 I/O 功能程序
       INT   16H         ; 等待按入键值
;------------------------------------------------------------------
       IN    AL,61H      ; 读 PB 口当前状态
       AND   AL,0FCH     ; 使 PB1、PB0 均为 0
       OUT   61H,AL      ; 扬声器停止工作
;------------------------------------------------------------------
       RET               ; 结束,返回 DOS
START  ENDP
CODE   ENDS
       END   START
```

8.3 可编程串行接口芯片 8250

通信过程中,如果数据的所有位被同时传送出去,则称其为并行通信；如果数据被逐位顺序传送,则称其为串行通信。CPU 内部通常采用并行传送的方式,因为并行处理可以大

大提高 CPU 的执行速度,从而提高其工作效率。但如果 CPU 仍然采用并行方式和远距离设备进行数据传输,必然使硬件开销过大,系统费用增高,而且这种增高常常是呈指数规律上升的。因此,对距离较远的通信,人们习惯采用串行方式。把具备串/并、并/串转换功能的接口称为串行通信接口,简称串行接口或串口。

8.3.1 串行通信基础

1. 串行接口的典型结构

图 8-19 是大多数可编程串行接口的典型结构。图中各组成部分的作用如下所述。

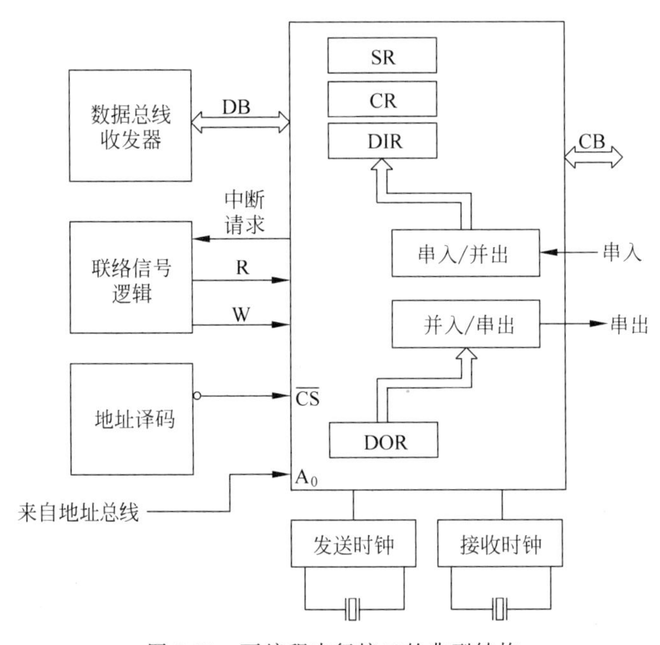

图 8-19 可编程串行接口的典型结构

(1) 数据总线收发器是并行的双向数据通道,负责将 CPU 送来的并行数据传送(简称数传)给串行接口,并将串行接口接收的外设数据送给 CPU。

(2) 联络信号逻辑用于完成 CPU 与串行接口之间信息的联系。

(3) 控制总线(control bus,CB):它是串行接口与外设之间进行数传所必需的各种控制信息的通路。

(4) 串入/串出是串行接口与外设之间的数传通道,均为串行方式。

(5) 发送/接收时钟是串行通信中数据传送的同步信号。

(6) 状态寄存器(SR)用来指示传送过程中可能发生的某种错误或当前的传输状态。

(7) 控制寄存器(CR)接收来自 CPU 的各种控制信息,这些信息是由 CPU 执行初始化程序得到的,包括传输方式、数据格式等。

(8) 数据输入寄存器(data input register,DIR)与串入/并出移位寄存器相连。串入/并出移位寄存器完成串入/并出转换。

(9) 数据输出寄存器(data output register,DOR)与并入/串出移位寄存器相连。并入/

串出移位寄存器的操作与串入/并出相反，完成并出/串入转换。

(10) $\overline{CS}$ 和 A_0。串行接口的各种操作是否有效，取决于 $\overline{CS}$，即片选信号；片选信号低有效时，当前对串口中哪个部件进行操作则取决于地址线 A_0 和读/写信号。通常信号由 CPU 通过地址译码逻辑控制，而 A_0 直接与 CPU 的地址线 A_0 相连。

2. 串行通信的连接方式

串行通信有单工(simplex)、半双工(half-duplex)和全双工(full-duplex)3 种连接方式，分别如图 8-20(a)～(c)所示。

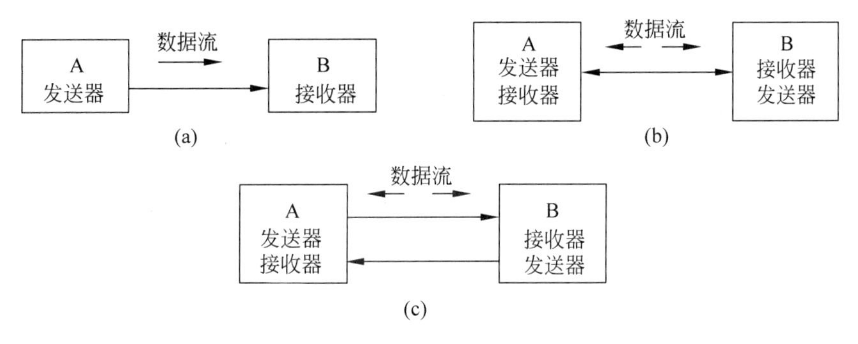

图 8-20　串行通信的 3 种连接示意图

(a) 单工方式；(b) 半双工方式；(c) 全双工方式

8.3.2　串行异步通信接口标准

串行通信有两种基本的类型：一种是串行异步通信(异步通信)；另一种是串行同步通信(同步通信)，其中异步通信应用最为广泛。本节主要介绍串行异步通信。

所谓串行异步通信主要是指字符与字符之间的传送是完全异步的，而一个字符的位与位之间是同步的。简而言之就是，两个字符之间的时间间隔是不固定的、随机的，而在同一个字符中相邻位代码的时间间隔是固定的(由波特率决定)。

常用的串行异步通信标准接口有 RS-232C、RS-485 及 20mA 电流环等接口，应用最广泛的是 RS-232C、RS-485。串行接口标准实际上是逻辑电平转换以及连接器的接口标准，这些标准接口可直接连接同标准的设备。

其中，RS-232C 是由 EIA 协会制定的在数据终端设备和数据通信设备之间串行二进制数据交换的接口标准，全称是 EIA-RS-232-C 协议，RS(recommended standard)代表推荐标准，232 是标识号，C 代表 RS-232 的最新一次修改(1969 年)。

RS-232C 采用负逻辑：空号(space)和控制、状态信号的逻辑"0"对应于电平＋3～＋25V；传号(mark)和控制、状态信号的逻辑"1"对应于电平－3～－25V。因此，计算机与外设的数据通信必须经过相应的电平转换。可完成这种电平转换的芯片有很多，常见的有 MCI1488 和 MCI1489。MCI1488 是总线发送器(PC/XT 中使用 SN75150)，接收 TTL 电平，输出 EIA 电平；MCI1489 是总线接收器(PC/XT 中使用 SN75154)，输入 EIA 电平，输出 TTL 电平。

RS-232C 标准规定了 22 条控制信号线，用 25 芯 DB 插座连接。RS-232C 的信号定义如表 8-3 所示。表中所有的信号线可分为主信道组、辅信道组,大多数微机通信仅使用主信道组,而且并非所有主信道组的信号都要连接,常用的只有 9 条信号。见表中带“*”者。表中 DTE(data terminal equipment)是数据终端设备,DCE(data communication equipment)是数据通信设备。

表 8-3 RS-232C 的信号定义

引脚号	功 能 说 明	引脚号	功 能 说 明
1	保护地	14	(辅信道)发送数据(TxD)
2*	发送数据(TxD)	15	发送信号单元定时(DCE 为源)
3*	接收数据(RxD)	16	(辅信道)接收数据(RxD)
4*	请求发送(RTS)	17	接收信号单元定时(DCE 为源)
5*	清除发送(CTS)	18	未定义
6*	数据通信设备(DCE)准备好(DSR)	19	(辅信道)请求发送(RTS)
7*	信号地(公共地)	20*	数据终端准备好(DTR)
8*	数据载体检测(DCD)	21*	信号质量检测
9	(保留供数据通信设备测试)	22	振铃指示(RI)
10	(保留供数据通信设备测试)	23	数据信号速率选择(DTE/DCE 为源)
11	未定义	24	发送信号单元定时(DTE 为源)
12	(辅信道)数据载体检测(DCD)	25	未定义
13	(辅信道)清除发送(CTS)		

8.3.3 8250 芯片的内部结构及其初始化

1. 8250 的主要功能

8250 可编程串行异步通信接口芯片有 40 条引脚,双列直插式封装,使用单+5V 电源供电。8250 能实现数据串/并或并/串转换,支持异步通信规程,片内有时钟产生电路,波特率可变。它可为应用于远程通信系统中的调制解调器提供控制信号,接收并记录由调制解调器发送给 CPU 的状态信息。它还具有数据回送功能,为调试检测提供了方便。

2. 8250 的内部结构

8250 的内部结构如图 8-21 所示。它包括数据总线缓冲器、选择和读/写控制逻辑、接收缓冲器(RBR)、发送保持寄存器(THR)、调制解调器控制寄存器(MCR)、调制解调器状态寄存器(MSR)、传输线控制寄存器(LCR)、传输线状态寄存器(LSR)、中断使能寄存器(IER)、中断识别寄存器(IIR)、分频次数锁存器(除数寄存器)DLL 及 DLH 等。这里先简介时钟发送环节和中断控制逻辑,其余部分的功能随后介绍。

(1) 时钟发送环节。由波特率发生器、分频次数锁存器(高)和分频次数锁存器(低)组成。由于 8250 的收、发时钟频率固定,即为外部时钟 1.8432MHz 的 16 分频。

(2) 中断控制逻辑。由中断允许寄存器、中断识别寄存器和中断控制逻辑 3 部分组成,用于管理中断优先权、中断申请等。

3. 8250 的 40 引脚

8250 的 40 条引脚中 29 脚未用,40 脚为+5V 电源输入,20 脚为地,其余 37 条引脚分

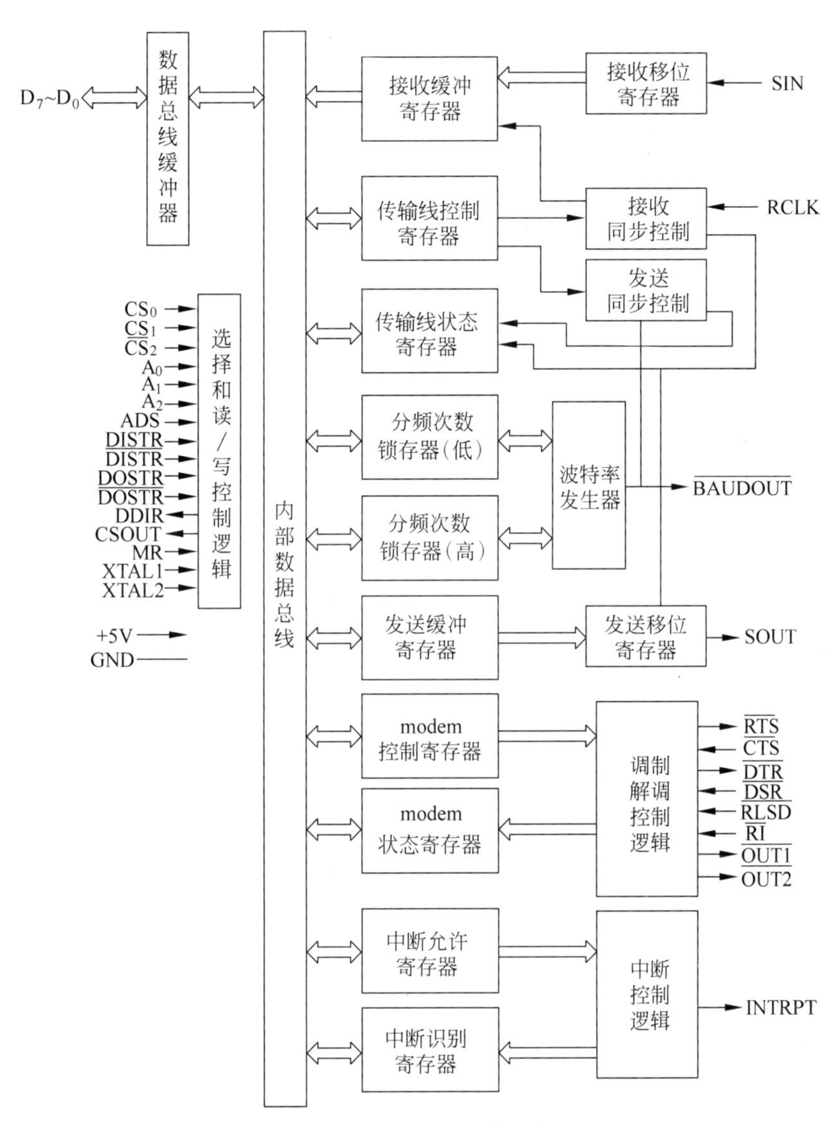

图 8-21 8250 的内部结构框图

成 4 组。

1）并行数据输入/输出组

这是一组与 CPU 的读写操作有关的信号线，由 $D_0 \sim D_7$、CS_0、CS_1、$\overline{CS_2}$、$A_2 \sim A_0$、ADS、CSOUT、DISTR、$\overline{\text{DISTR}}$、$\overline{\text{DOSTR}}$、DOSTR、DDIR 等 21 个信号组成。

（1）$D_0 \sim D_7$：并行数据线。

（2）CS_0、CS_1、$\overline{CS_2}$：片选信号，当 $CS_0 = CS_1 = 1$，$\overline{CS_2} = 0$ 时，芯片被选中。

（3）$A_2 \sim A_0$：地址信号，完成对 8250 片内各寄存器的选择。

（4）ADS：地址选通信号，当 ADS 为低电平时 CS_0、CS_1、$\overline{CS_2}$、$A_2 \sim A_0$ 引脚被锁存，从而为读写操作提供稳定的地址；当 ADS 为高电平时允许地址刷新。为了确保在芯片读写期间有稳定的地址，可将 ADS 接地。

(5) DISTR、$\overline{\text{DISTR}}$和$\overline{\text{DOSTR}}$、DOSTR：数据输入/输出的选通信号，信号名称中的I和O分别代表着CPU对8250进行读或写的操作。DISTR和$\overline{\text{DISTR}}$中只能选择一个信号有效，DOSTR和$\overline{\text{DOSTR}}$亦然。

(6) DDIR：禁止输出信号，高电平有效。只有当CPU从8250读取数据时DDIR=0，其他时候均为高电平。该信号常用来使挂在CPU与8250之间数据线上的收发器禁止动作。

(7) 8250还提供了一个芯片被选中的指示输出CSOUT。当$CS_0=CS_1=1$，$\overline{CS_2}=0$时，该引脚输出一个高电平，表示8250被选中，然后才能开始数据传输。

2) 串行数据输入/输出组

该组信号由SOUT、SIN、XTAL1、XTAL2、RCLK和$\overline{\text{BAUDOUT}}$等组成。

(1) SOUT和SIN：串行数据输出、输入端。

(2) XTAL1和XTAL2：外部时钟(晶振)输入和输出信号。8250的时钟由该外部基准振荡器提供。

(3) RCLK：接收器时钟(16倍于接收波特率的时钟信号)输入。若以芯片的工作时钟为接收时钟，则只要将该引脚与$\overline{\text{BAUDOUT}}$引脚直接相连即可。

3) 与通信设备的联络信号

该组由$\overline{\text{DSR}}$、$\overline{\text{RTS}}$、$\overline{\text{DTR}}$、$\overline{\text{CTS}}$、$\overline{\text{RLSD}}$、$\overline{\text{RI}}$等6个信号组成。

(1) $\overline{\text{DSR}}$：数传机准备就绪信号，是modem控制功能的输入。低电平时表示modem或数传机准备好建立通信线路，可与8250进行数据传输。

(2) $\overline{\text{RTS}}$：请求发送信号，是modem控制功能的输出。低电平时通知modem或数传机8250已准备好发送数据。

(3) $\overline{\text{DTR}}$：数据终端准备就绪信号，是modem控制功能的输出。低电平时通知modem或数传机，8250已准备好通信。

(4) $\overline{\text{CTS}}$：清除发送信号，是modem控制功能的输入。每当modem状态寄存器的CTS位改变状态时，若允许modem状态中断，就会产生一次中断。

(5) $\overline{\text{RLSD}}$：接收线路信号检测输入，由modem控制。$\overline{\text{RLSD}}=0$表明modem已接收到数据载波，8250应立即开始接收解调后的数据。

(6) $\overline{\text{RI}}$：振铃指示输入信号，由modem控制。为0表示modem或数据装置接收到了电话线上的拨号呼叫，要求8250予以回答。

4) 中断请求、复位输入及其他信号

该组由INTRPT、$\overline{\text{OUT}_1}$、$\overline{\text{OUT}_2}$、MR等信号组成。

(1) INTRPT：中断请求输出，高电平有效。当中断允许寄存器IER相应位为1，即中断允许时，只要出现下述条件之一，INTRPT就会变为高电平：接收器数据错，包括重叠错、奇偶错、帧错或间断错；接收缓冲器满；发送缓冲器空以及modem状态寄存器的状态改变。如果有多个条件同时出现时，则8250的中断控制和优先权判定管理逻辑电路将按上述先后次序判定优先级。

(2) $\overline{\text{OUT}_1}$、$\overline{\text{OUT}_2}$：用户指定的输出信号，分别受控于modem控制寄存器的D_2和D_3位。若编程将D_2和D_3设定为1，则$\overline{\text{OUT}_1}$和$\overline{\text{OUT}_2}$均为有效的低电平。8250复位后输出高电平。

(3) MR：主复位信号。当 MR=1 时，8250 进入复位状态，控制逻辑和内部寄存器(接收器、数据发送器和分频锁存器除外)将被清除。

4. 8250 内部寄存器及其寻址

8250 有 10 个可访问的寄存器，它们的地址由 $A_2 \sim A_0$ 这 3 条地址线的 8 种组合决定，因此有几个寄存器共用一个地址的情况。对于地址相同的寄存器，用传输线控制寄存器 D_7 位 DLAB 加以区别。例如，寻址 16 位的除数寄存器，当 DLAB=1 时，$A_2A_1A_0=000$ 访问低 8 位 DLL 锁存器；若 $A_2A_1A_0=001$，则为高 8 位 DLH。相反，寻址接收缓冲器(RBR)和发送缓冲器(TBR)，则必须在 DLAB=0 时，通过读/写两种不同的操作来区分。表 8-4 给出了 8250 内部寄存器的编址情况，列出了 8250 内部寄存器功能与编址的对应关系。

表 8-4 8250 内部寄存器编址

DLAB	A_2	A_1	A_0	被访问的寄存器	0 号板地址
0	0	0	0	接收缓冲器(读)、发送缓冲器(写)	3F8H
0	0	0	1	中断允许寄存器	3F9H
×	0	1	0	中断识别寄存器(只读)	3FAH
×	0	1	1	传输线控制寄存器	3FBH
×	1	0	0	modem 控制寄存器	3FCH
×	1	0	1	传输线状态寄存器	3FDH
×	1	1	0	modem 状态寄存器	3FEH
1	0	0	0	除数寄存器(低字节)	3F8H
1	0	0	1	除数寄存器(高字节)	3F9H

注：0 号板地址是 IBM PC 及其兼容机的 0 号槽中的异步串行通信适配器上的 8250 内部寄存器地址。

5. 8250 的控制字

8250 内部有多个寄存器，分为两组。一组用于工作方式以及通信参数的控制和设置。属于这一组的有波特率分频次数锁存器、传输线控制寄存器、modem 控制寄存器和中断允许寄存器。这些寄存器均是在 8250 初始化时用 OUT 指令置入初值的。初始化后很少再去更新它们。另一组寄存器用于实现通信传输，包括发送、接收缓冲寄存器，传输线状态寄存器和中断识别寄存器。

1) 波特率因子寄存器

初始化的第一个参数是波特率因子，由它决定传输速率。在串行通信中，8250 收/发数据时，其收/发时钟频率与波特率之间的关系为

$$\text{收/发时钟频率}=16\times\text{波特率}$$

而 8250 外部提供的基础时钟频率(即晶振频率)是 1.8432MHz，因此有

$$\text{收/发时钟频率}=\frac{1.8432\times10^{16}}{\text{分频次数}}=16\times\text{波特率}$$

所以，波特率与分频系数的对应关系如表 8-5 所示(注：这是对 IBM PC 的 8250 设置的波特率)。为了设置波特率因子，必须先把传输线控制寄存器的 DLAB 置为 1，然后分别将高、低字节的值送入对应的分频器中。

表 8-5 波特率与设置的分频系数对应表

波特率	分频器(H)	分频器(L)	波特率	分频器(H)	分频器(L)
50	09H	00H	1800	00H	40H
75	06H	00H	2000	00H	3AH
110	04H	17H	2400	00H	30H
134.5	03H	59H	3600	00H	20H
150	03H	00H	4800	00H	18H
300	01H	80H	7200	00H	10H
600	00H	C0H	9600	00H	0CH
1200	00H	60H	19200	00H	06H

2）传输线控制寄存器(LCR)

初始化的第二个参数是 LCR。LCR 的控制字位功能如图 8-22 所示。

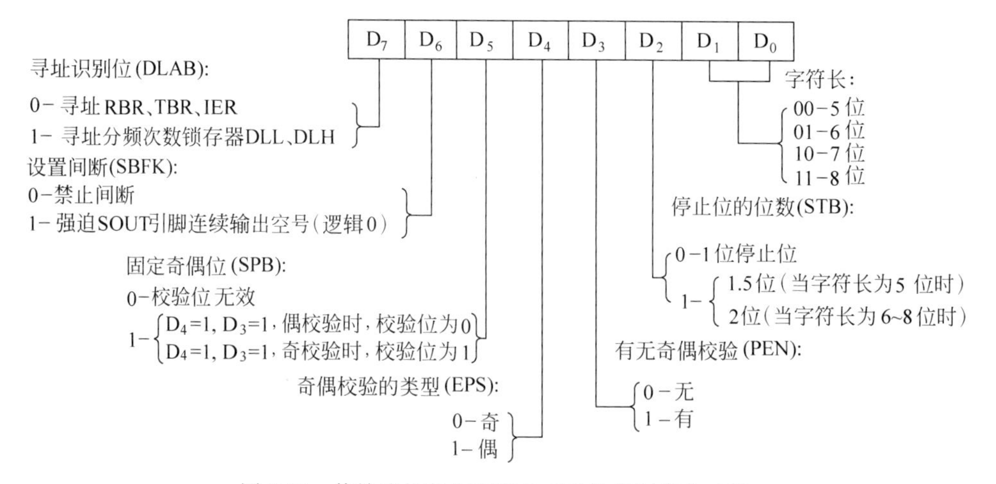

图 8-22 传输线控制寄存器(LCR)的控制字位功能

LCR 决定了串行传输的字符长度、停止位个数及奇偶校验类型。通常高 3 位置成 0，D_7 置 0 表示不访问波特率因子寄存器。

3）调制解调器控制寄存器(MCR)

初始化的第三个参数是调制解调器控制寄存器(MCR)。MCR 控制字的位功能如图 8-23 所示。D_0=1 表示数据终端准备好；D_1=1 表示请求发送；D_2($\overline{OUT1}$)是用户指定的输出，不用；D_3($\overline{OUT2}$)是用户指定的输入，为了把 8250 产生的中断信号经系统总线送到中断控制器的 IRQ4 上，此位需置 1；D_4 通常置 0，若置为 1 则 8250 串行输出被回送。利用这个特点可以编程测试 8250 工作是否正常；D_5、D_6、D_7 总是为 0。

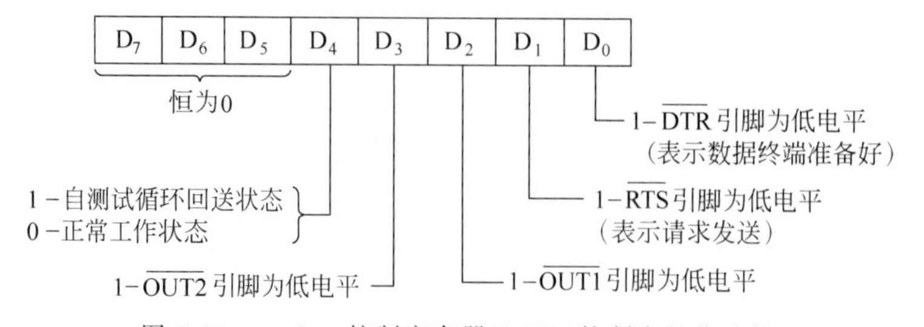

图 8-23 modem 控制寄存器(MCR)控制字的位功能

4）中断允许寄存器（IER）

初始化的最后一个参数是 IER。如果不用中断，就把该寄存器置为 0；若允许中断，只需将相应位置 1 即可。IER 控制字的位功能如图 8-24 所示。

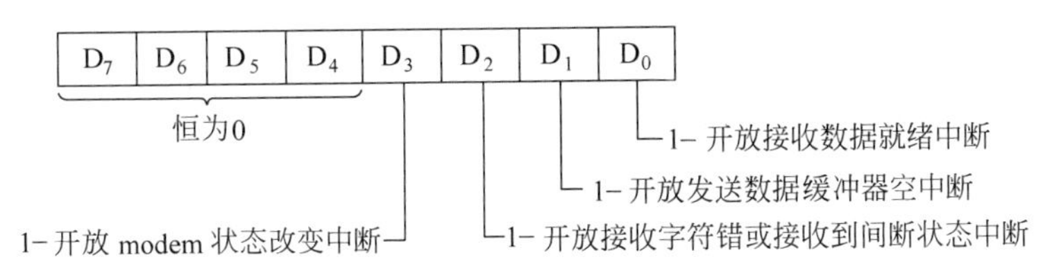

图 8-24 中断允许寄存器（IER）控制字的位功能

6. 用 8250 进行通信

8250 初始化工作结束后，就可以进行串行通信了。每发送一个字符数据时，若发送数据缓冲器空，CPU 才可以将字符输出给 8250 的发送数据缓冲器；如果接收数据缓冲器接收有字符，CPU 才可读取。8250 的内部状态通过传输线状态寄存器（LSR）提供给 CPU。CPU 可以采用查询或中断的方式读取 LSR。

1）查询传输线状态寄存器（LSR）

LSR 的格式如图 8-25 所示。如果要发送一个数据，必须首先读 LSR 并检查 D_5 位，若为 1，则表示发送数据缓冲器空，可以接收 CPU 新送来的数据。数据输入到 8250 后，LSR 的 D_5 位将自动清零，表示缓冲器已满，该状态一直持续到数据发送完毕、发送数据缓冲器变空为止。

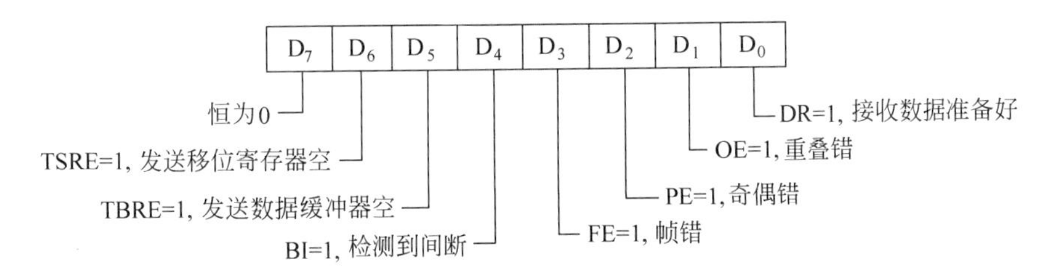

图 8-25 传输线状态寄存器（LSR）状态字的格式

LSR 的 $D_0=1$ 表示 8250 已收到一个数据并将它放在数据接收缓冲器中。这时，CPU 应用 IN 指令读取数据，数据被取走后 D_0 位自动清零。如果 $D_0=1$ 时 8250 又接收了一个新数据，就会冲掉前一个未取走的数据，8250 将产生一个重叠错误即 $D_1=1$。

LSR 也可以用来检测任一接收数据错或接收间断错。如果对应位中有一个是 1，就表示接收数据缓冲器的内容无效。注意，LSR 的内容一旦被读过，8250 中所有的错误位都将自动复位，即使错误未被处理也是这样。

2）查询 modem 状态寄存器（MSR）

MSR 主要用于在有 modem 的系统中了解 modem 的状态。MSR 状态字的格式如图 8-26 所示。MSR 的 $D_0 \sim D_3$ 是记录输入信号变化的状态标志，CPU 读取 MSR 时把这些位清零。若 CPU 读取 MSR 后输入信号发生了变化，则将对应的位置 1，高 4 位 $D_7 \sim D_4$ 以相反的形式记录对应的输入引脚的电平状态。

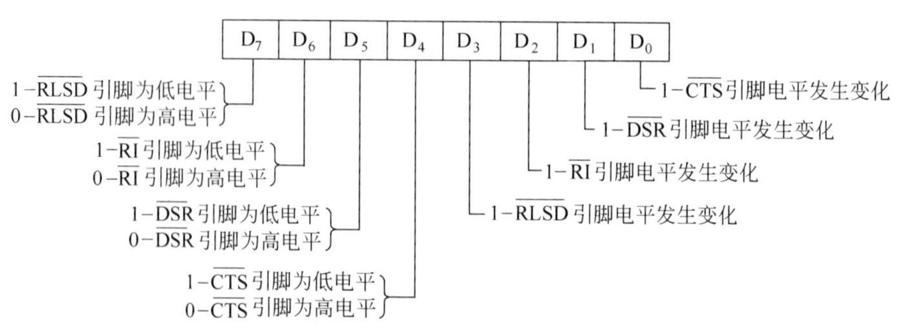

图 8-26 modem 状态寄存器(MSR)状态字的格式

3）查询中断识别寄存器(IIR)

如前所述,8250 内部具有很强的中断结构,可以根据需要向 CPU 发出中断请求。在有多个中断源共存时,查询 IIR 了解中断源的性质是非常必要的。IIR 的状态字格式如图 8-27 所示。

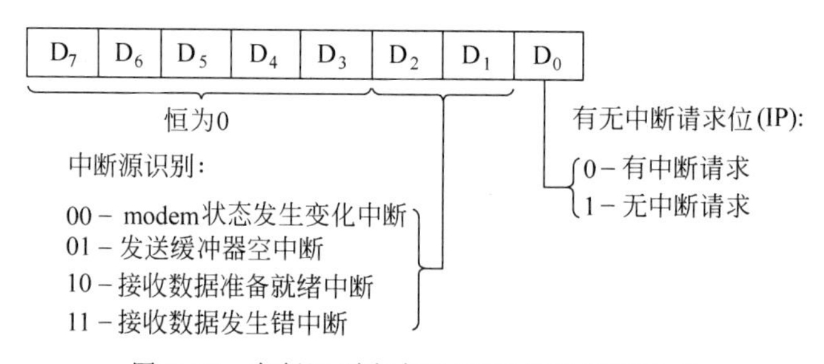

图 8-27 中断识别寄存器(IIR)的状态字格式

注意：通常查询中断识别寄存器在有多个中断源的系统中才有用。

8.3.4 8250 的应用

例 8-12 已知外部给 8250 提供的晶振频率为 1.8432MHz,且分频次数锁存器(DLH 和 DLL)内容为 96。试求：

(1) 8250 的传输速率(波特率)；

(2) 8250 的收/发时钟频率。

解 根据上述计算公式得

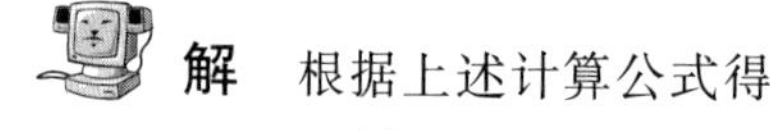

(1) 波特率$=\dfrac{1843200}{96\times16}=1200$(Baud)

(2) 收/发时钟频率$=\dfrac{1843200}{96}=19200$(Hz)

例 8-13 已知在一台 IBM PC 的 0 号扩展槽内,插了一块以 8250 为核心的异步串行通信适配卡。试编写一程序,利用 8250 的循环回送特性,将 IBM PC 作为发送和接收机,从键盘输入内容,经接收后在 CRT 上显示出来。

解 设：数据传输速率为 1200Baud,通信格式为 7 位/字符,一个停止位、奇校

验,数据发送和接收均采用查询方式；程序为循环结构,只要按下键,就显示。

（1）程序流程图如图 8-28 所示。

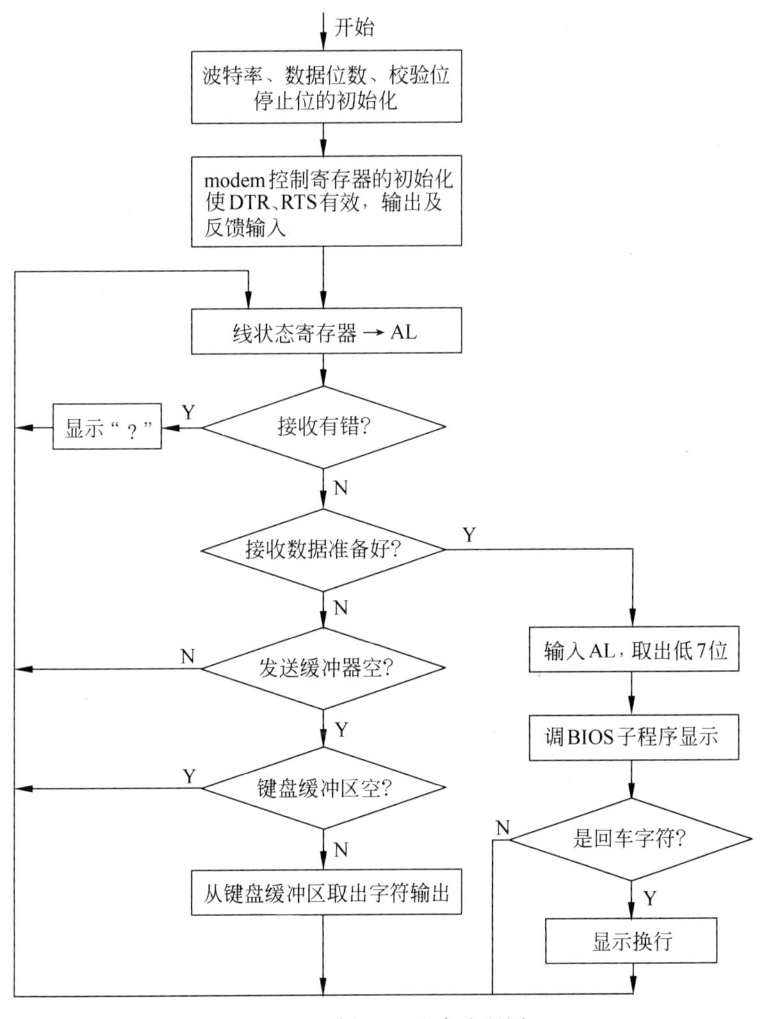

图 8-28　例 8-13 程序流程图

（2）程序如下：

```
STACK   SEGMENT PARA STACK 'STACK'
        DB 256 DUP(0)
STACK   ENDS
CODE    SEGMENT PARA PUBLIC 'CODE'
        ASSUME  CS: CODE, SS: STACK
;-------------------------------------------------------------------
START   PROC  FAR
        PUSH  DS            ; 保存 PSP 段地址
        XOR   AX, AX
        PUSH  AX
```

```
;-----------------------------------------------------------------------
;PART1:初始化8250为7位数据位,1位停止位,奇校验,波特率1200,并设定为
;内部连接方式
          MOV   DX,3FBH
          MOV   AL,80H
          OUT   DX,AL      ;设传输线控制寄存器D7为1
;-----------------------------------------------------------------------
          MOV   DX,3F8H    ;设波特率为1200
          MOV   AL,60H
          OUT   DX,AL
          MOV   DX,3F9H
          MOV   AL,0
          OUT   DX,AL
;-----------------------------------------------------------------------
          MOV   DX,3FBH    ;设奇校验,1位停止位,7位数据位
          MOV   AL,0AH
          OUT   DX,AL
;-----------------------------------------------------------------------
          MOV   DX,3FCH    ;设modem控制寄存器;发DTR和RTS信号,内部
          MOV   AL,13H     ;输出/输入反馈,中断禁止
          OUT   DX,AL
;-----------------------------------------------------------------------
          MOV   DX,3F9H    ;设中断允许寄存器为0,
          MOV   AL,0       ;使4种中断被屏蔽
          OUT   DX,AL
;-----------------------------------------------------------------------
;以上为初始化阶段
;PART2:把接收到的字符显示出来,把键盘输入的发送出去
;-----------------------------------------------------------------------
FOREVER:  MOV   DX,3FDH    ;输入传输线状态寄存器内容,
          IN    AL,DX      ;测接收是否出错
          TEST  AL,1EH
          JNZ   ERROR
;-----------------------------------------------------------------------
          TEST  AL,01H     ;测是否"接收数据准备好"
          JNZ   RECEIVE
;-----------------------------------------------------------------------
          TEST  AL,20H     ;测是否"输出数据缓冲器空"
          JZ    FOREVER    ;不空,返回循环
```

(Note: DTR and RTS are printed with overbars.)

```
; ----------------------------------------------------------------
        MOV   AH,1       ; 测键盘缓冲区是否存在字符
        INT   16H
        JZ    FOREVER    ; 无,返回循环
; ----------------------------------------------------------------
        MOV   AH,0       ; 从键盘缓冲区取一个字符代码入 AL
        INT   16H
; ----------------------------------------------------------------
        MOV   DX,3F8H    ; 把字符代码发送到输出缓冲器
        OUT   DX,AL
; ----------------------------------------------------------------
        JMP   FOREVER
RECEIVE: MOV  DX,3F8H    ; 接收数据准备好,输入字符代码入 AL,取出低 7 位
        IN    AL,DX
        AND   AL,7FH
; ----------------------------------------------------------------
        PUSH  AX
        MOV   BX,0
        MOV   AH,14      ; 显示
        INT   10H
; ----------------------------------------------------------------
        POP   AX
        CMP   AL,0DH     ; 是回车键吗?
        JNZ   FOREVER    ; 不是,则转
; ----------------------------------------------------------------
        MOV   AL,0AH     ; 向显示器输出换行代码 0AH
        MOV   AH,14
        MOV   BX,0
        INT   10H
; ----------------------------------------------------------------
        JMP   FOREVER
ERROR:  MOV   DX,3F8H    ; 输入错误字符,清除准备好标志
        IN    AL,DX
        MOV   AL,'?'
        MOV   BX,0
        MOV   AH,14      ; 显示"?"号
        INT   10H
; ----------------------------------------------------------------
        JMP   FOREVER
; ----------------------------------------------------------------
START   ENDP
CODE    ENDS
        END   START
```

习题

8-1 选择题

(1) 8255A 的读/写控制线 $\overline{RD}=0, A_0=0, A_1=0$ 时，完成的工作是(　　)。

A. 将 A 通道数据读入　　B. 将 B 通道数据读入

C. 将 C 通道数据读入　　D. 将控制字寄存器数据读入

(2) 8255A 写入方式选择控制字，正确数据为(　　)。

A. 00H　　B. 70H　　C. 80H　　D. 7FH

(3) 当 8255A 的 A 口工作在方式 2 时，B 口工作在(　　)。

A. 方式 0　　B. 方式 1　　C. 方式 2　　D. 方式 0 或方式 1

(4) 8255A 工作在方式 2，正确的工作状态为(　　)。

A. A 口工作在输入状态　　B. A 口工作在输出状态

C. B 口工作在输出状态　　D. A 口工作在双向传输状态

(5) 当 8253 的控制线引脚 $\overline{RD}=1, A_0=1, A_1=1, \overline{CS}=0$ 时，完成的工作为(　　)。

A. 读计数器 0　　B. 读计数器 1　　C. 读计数器 2　　D. 无读操作

(6) 若对 8253 写入控制字的值为 AAH，8253 工作状态为(　　)。

A. 计数器 0 工作在方式 5　　B. 计数器 1 工作在方式 5

C. 计数器 2 工作在方式 5　　D. 计数器 3 工作在方式 5

8-2 填空题

(1) 并行通信为________，串行通信为________。

(2) 串行通信有 3 种连接方式，即________、________和________。

(3) 将 8253 计数器 0 设置为二进制计数，工作方式 2，初值为低 8 位，控制字为________。

8-3 简述 8255A 的作用与特性。

8-4 试画出 8255A 与 8086CPU 的连接图，并说明 8255A 的 A_0、A_1 地址线与 8086CPU 的 A_1、A_2 地址线连接的原因。

8-5 8255A 有哪些工作方式？简述各种方式的特点和基本功能。

8-6 简述 8255A 工作在方式 1 时，A 组端口和 B 组端口工作在不同状态(输入或输出)时，C 端口各位的作用。

8-7 使用 8255A 作为 CPU 与打印机接口。A 口工作于方式 0(输出)，C 口工作于方式 0。8255A 与打印机和 CPU 的连线如图 8-29 所示(8255A 的端口地址及 CPU 内存地址自行设定)。试编写一程序，用查询方式将 100 个数据送打印机打印(8255A 的端口地址及 100 个数据的存放地址自行设定)。

8-8 试比较 8253 的方式 2、方式 4 和方式 5。

8-9 已知条件如例 8-14。试编写一程序，以中断方式完成例中的要求。

8-10 利用 8253 作为定时器，8255 一个输出端口控制 8 个指示灯，编写一个程序，使 8 个指示灯依次闪动，闪动频率为每秒 1 次。

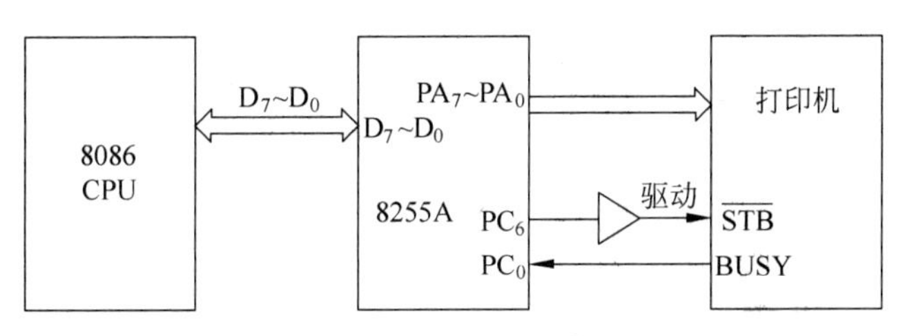

图 8-29 8255A 作为打印机接口示意

8-11 简述 8253 的作用和特性。

8-12 试画出 8253 的内部结构框图。

8-13 试比较软件、硬件和可编程定时/计数器用于定时的特点。

8-14 试比较 8253 与 8254 的相同点和不同点。

参考文献

[1] 周明德. 微型计算机系统原理及应用（IA-32 结构）[M]. 5 版. 北京：清华大学出版社，2007.

[2] 谢瑞和. 微型计算原理与接口技术基础教程[M]. 北京：科学出版社，2005.

[3] 马争. 微计算机与单片机原理及应用[M]. 北京：高等教育出版社，2009.

[4] 马争. 微计算机原理与应用[M]. 北京：清华大学出版社，2013.